电子元器件识别检测与焊接

（第2版）

主　编　何丽梅　侯洪波　罗晓鹏
副主编　马　威　何美霖　于凤春
主　审　黄永定

電子工業出版社
Publishing House of Electronics Industry
北京•BEIJING

内 容 简 介

本书前半部分全面系统地介绍常用电子元件和半导体器件的功能特点与识别检测方法，主要包含电阻器、电容器、电感器、压电元件、分立半导体器件和集成电路等元器件的功能特点与识别检测方法，特别是对近年来兴起的片式元器件进行了较为详尽的介绍。后半部分首先结合企业的生产环境介绍工业自动化生产的焊接方法、焊接设备及其操作要领，其次重点介绍手工焊接理论，以及应用不同设备与工具的焊接方法，包括利用热风台拆焊、焊接片式元器件的 SMT 返修工艺。每章均安排了结合生产实际的实训内容，强调以技能培养为主的中职教学理念。实训内容涵盖各种典型元器件的识别检测、安装和焊接方法，操作案例及相关仪表工具的使用方法。

本书适合作为中等职业学校电子技术应用专业及电子产品制造技术专业的职业技能培训教材，也适合作为从事电子产品生产、装配、检验、测试和维修等工作的工人及技术人员的自学参考书。

图书在版编目（CIP）数据

电子元器件识别检测与焊接 / 何丽梅，侯洪波，罗晓鹏主编. —2 版. —北京：电子工业出版社，2023.5

ISBN 978-7-121-45626-8

Ⅰ. ①电… Ⅱ. ①何… ②侯… ③罗… Ⅲ. ①电子元器件－识别－中等专业学校－教材②电子元器件－检测－中等专业学校－教材③电子元器件－焊接－中等专业学校－教材 Ⅳ. ①TN60

中国国家版本馆 CIP 数据核字（2023）第 089054 号

责任编辑：蒲　玥　　　　特约编辑：田学清
印　　刷：北京天宇星印刷厂
装　　订：北京天宇星印刷厂
出版发行：电子工业出版社
　　　　　北京市海淀区万寿路 173 信箱　　　邮编：100036
开　　本：880×1230　1/16　印张：15.5　字数：377 千字
版　　次：2014 年 6 月第 1 版
　　　　　2023 年 5 月第 2 版
印　　次：2025 年 2 月第 4 次印刷
定　　价：42.80 元

凡所购买电子工业出版社图书有缺损问题，请向购买书店调换。若书店售缺，请与本社发行部联系，联系及邮购电话：（010）88254888，88258888。

质量投诉请发邮件至 zlts@phei.com.cn，盗版侵权举报请发邮件到 dbqq@phei.com.cn。

本书咨询联系方式：010-88254485，puyue@phei.com.cn。

前 言

本书是为适应当前中等职业学校的实际教学需要在第1版的基础上重新编写的。

随着科学技术的发展，特别是新技术、新产品、新工艺、新材料的不断问世，新型电子产品得到了迅速的普及。特别是家电、计算机外设、数码产品及通信设备等，已成为人们生活和工作中不可或缺的工具。

目前，电子产品制造行业需要大批高素质的工人和技术人员，特别需要具有一技之长的技能型人员，因为他们决定着产品的质量和技术水平。不断地提高加工制造业技术人员的素质，不断地更新实用型技能培训教材，是满足人才培养需求的技术保障，也是职业教育的当务之急。

从近几年的就业形势看，电子产品生产线及售后维修技术工人是大多数电子产品制造技术专业毕业生的就业选择。电子元器件识别检测是生产、装配、检验、测试和维修电子产品的基础，而焊接技术则是电子产品制造行业员工必须具备的最基本的技能之一，应该说，如果没有这两项基本能力，就不能成为电子产品制造行业的合格员工。

本书前半部分全面系统地介绍常用电子元件和半导体器件的功能特点与识别检测方法，主要包含电阻器、电容器、电感器、压电元件、分立半导体器件和集成电路等元器件的功能特点与识别检测方法，特别是对近年来兴起的片式元器件进行了较为详尽的介绍。后半部分首先结合企业的生产环境介绍工业自动化生产的焊接方法、焊接设备及其操作要领，其次重点介绍手工焊接理论，以及应用不同设备与工具的焊接方法，包括利用热风台拆焊、焊接片式元器件的SMT返修工艺。每章均安排了结合生产实际的实训内容，强调以技能培养为主的中职教学理念。实训内容涵盖各种典型元器件的识别检测、安装和焊接方法，操作案例及相关仪表工具的使用方法。

本书将党的二十大精神通过宏观层面、微观层面和实践环节三个方面融入了教材。宏观层面：在教材中适当地引入党的二十大精神，让学生对国家的宏观方针政策有更深刻的认识。微观层面：通过细节的融合，让党的二十大精神与实际的教学内容有机结合，形成切实可行的指导思想。在具体的教学过程中，教师可以加入一些实际的例子，来阐述党的二十大精神在丰富国民精神，发挥个人价值、推动事业发展等方面的积极作用。实践环节：

在教材中增加相关实践环节，让学生通过亲身的参与，进一步深化对党的二十大精神内涵的理解。

在本书编写过程中，编者走访调研了相关生产企业的工程技术人员和一些院校的师生，在内容取舍、知识深度的定位方面，听取了广泛的意见。同时删减了部分非必要的内容，修订了第1版中一些文字上的错漏与不当。本书最大特点是内容新、门槛低、实用性强，丰富的图片和清晰流畅的语言便于学生对知识的接受和掌握。

本书由吉林信息工程学校何丽梅、吉林通用航空职业技术学院侯洪波、吉林信息工程学校罗晓鹏担任主编，吉林信息工程学校马威、何美霖、于凤春担任副主编。其中侯洪波编写第1章、第6章，罗晓鹏编写第3章、第4章，马威编写第2章、何美霖编写第5章，于凤春编写第7章、第8章，吉林信息工程学校何丽梅、黄永定统稿，并由黄永定主审全书。

本书适合作为中等职业学校电子技术应用专业及电子产品制造技术专业的职业技能培训教材，也适合作为从事电子产品生产、装配、检验、测试和维修等工作的工人及技术人员的自学参考书。

为方便教师教学，本书还配有电子教学资源，有需要的读者可登录华信教育资源网免费注册后进行下载，若有问题请在网站上留言或与电子工业出版社联系（E-mail:hxedu@phei.com.cn）。

需要说明的是，本书中没有特别标明的尺寸单位默认为mm。

编　者

目 录

第 1 章

电阻器的识别检测

1.1 电阻器基础知识

1.1.1 电阻器的功能

当电流流过导体时，导体对电流的阻力作用被称为电阻。在电路中起电阻作用的元件被称为电阻器，简称电阻，用字母 R 表示。图 1-1 所示为电阻器在电路图中的符号，电阻器符号上的横线、斜线和数字表示电阻器的功率。

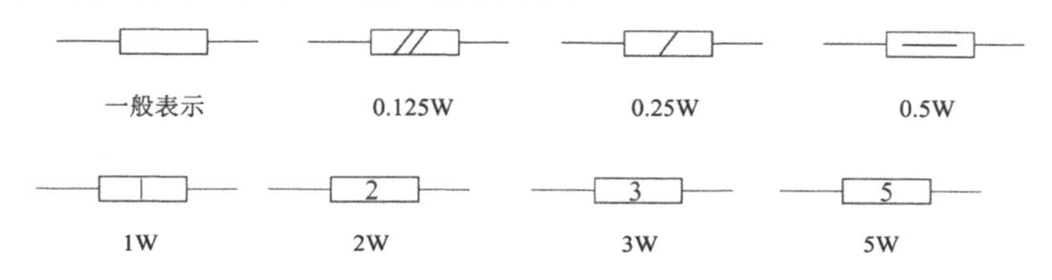

图 1-1 电阻器在电路图中的符号

电阻器在电路中可用作分压器、分流器和负载电阻，与电容器一起可以组成滤波器及延时电路。电阻器在电源电路或控制电路中可用作取样电阻；在电源电路中可用作去耦电阻；在晶体管电路中可用作偏置电阻以确定工作点。电阻器可以用于进行电路的阻抗匹配，也可以用于实现降压或限流等。

1.1.2 电阻器的类型和特性

电阻器按封装形式可分为通孔插装（THT）电阻器和表面安装（SMT）电阻器两种类型；按构成材料可分为合金型电阻器、薄膜型电阻器、合成型电阻器等类型；按结构可分为固定电阻器、可变电阻器和电位器等类型。

1. **碳膜电阻器**

碳膜电阻器是通过气态碳氢化合物在高温和真空条件下分解，碳沉积在瓷棒或瓷管上，形成一层结晶碳膜得到的。改变碳膜的厚度、长度或用刻槽的方法，可以得到不同的电阻值。碳膜电阻器的成本低、性能一般。

2. 金属膜电阻器

金属膜电阻器一般采用真空蒸发工艺制得，即在真空中加热合金，合金蒸发后使瓷棒表面形成一层导电金属膜。它的耐热性、噪声电势、温度系数等电性能比碳膜电阻器优良。金属膜电阻器的制造工艺比较灵活，不仅可以通过调整材料成分和金属膜厚度调整电阻值，还可以通过刻槽调整电阻值，因此可以制成性能良好、电阻值范围较宽的电阻器。金属膜电阻器与碳膜电阻器相比，体积小、噪声低、稳定性好，但成本较高。

3. 金属氧化膜电阻器

金属氧化膜电阻器是由能水解的金属盐类溶液（如四氯化锡和三氯化锑），在炽热的玻璃或陶瓷的表面分解沉积制成的。金属氧化膜电阻器的主要特点是耐高温，工作温度范围为 140～235℃，在短时间内可超负荷使用；温度系数为$\pm3\times10^{-4}$/℃；化学稳定性好。这种电阻器的电阻率较低，小功率金属化膜电阻器的电阻值不超过 100kΩ，因此应用范围受到限制，但可用作补充金属膜电阻器的低阻部分。

4. 碳质电阻器

碳质电阻器是把碳黑、树脂、黏土等混合物压制后经过热处理制成的，并且在电阻体上用色环表示它的电阻值。碳质电阻器成本低、电阻值范围宽，但性能差，现在已基本淘汰。

5. 线绕电阻器

线绕电阻器是用康铜或镍铬合金电阻丝绕制在陶瓷骨架上，以防潮并防止线圈松动，在其外面再加上保护层制成的。线绕电阻器分为精密型线绕电阻器和功率型线绕电阻器两种。

精密型线绕电阻器特别适用于测量仪表或其他高精度电路，其精度等级一般为±0.01%，最高为±0.005%及以上；温度系数小于10^{-6}/℃，工作稳定，可靠性高；电阻值范围为 0.01Ω～10MΩ。

功率型线绕电阻器的额定功率在 2W 以上，适用于大功率的场合，最大功率可达 200W；电阻值范围为 0.15Ω～1MΩ，精度等级为±5%～±20%。功率型线绕电阻器分为固定式和可调式两种，可调式通常用于功率电路的调试。由于采用线绕工艺，因此功率型线绕电阻器的自身电感和分布电容都很大，不适宜在高频电路中使用。

6. 合成型电阻器

合成型电阻器是将导电材料与非导电材料按一定比例混合成不同电阻率的材料制成的。它最突出的优点是可靠性高。例如，优质实心电阻器的可靠性通常是金属膜电阻器和碳膜电阻器的 5～10 倍。因此，尽管它有噪声大、线性度差、精度低、高频特性不好等缺点，但因具有一定可靠性，所以仍在特定范围内使用。

合成型电阻器的种类较多，按结构可分为实心电阻器和漆膜电阻器；按黏结剂的结构可分为有机型电阻器（如酚醛树脂电阻器）和无机型电阻器（如玻璃电阻器、陶瓷电阻器等）；按用途可分为通用型电阻器、高阻型电阻器、高压型电阻器等。各种合成型电阻器的结构和特点如表 1-1 所示。

表 1-1　各种合成型电阻器的结构和特点

名称	结构	特点
金属玻璃釉电阻器	以无机材料作为黏合剂，用印刷烧结工艺在陶瓷基体上形成电阻膜，这种电阻膜的厚度比普通薄型电阻器的电阻膜要厚许多	具有较高的耐热性和耐潮性，常制成小型贴片式电阻器
实心电阻器	用有机树脂和碳粉合成电阻率不同的材料后经热压制成	体积大小与相同功率的金属膜电阻器相当。电阻值范围为几欧到二十几兆欧，精度等级为±5%、±10%、±20%
合成膜电阻器	以碳黑作为导电材料，以有机树脂作为黏合剂混合制成导电悬浮液，均匀涂覆在陶瓷绝缘基体上，经加热聚合后制成高压和高电阻值电阻器。有的还用玻璃壳封装制成真空兆欧电阻器，可防止合成膜受潮或氧化，以提高电阻值的稳定性	合成膜电阻器有高压型电阻器和高阻型电阻器两类。高压型电阻器的外形大多为一根无引脚的电阻长棒，表面涂成红色。 高压型电阻器的电阻值范围为几十兆欧到几千兆欧，精度等级为±5%、±10%，耐压有 10kV 和 35kV 两种。高阻型电阻器的电阻值范围更大一些，精度等级为±5%、±10%
电阻网络	电阻网络也叫集成电阻或电阻排，它综合了掩模、光刻、烧结等工艺技术，在一块基片上制成多个参数和性能一致的电阻器，连接成电阻网络	随着电子产品密集化和元器件集成化发展，在电路中常需要一些参数、性能、作用相同的电阻器。例如，计算机检测系统中的多路 D/A 和 A/D 转换电路，往往需要多个电阻值相同、精度高、温度系数小的电阻器，使用电阻网络很容易满足上述要求

1.2　通孔插装电阻器

通孔插装电阻器是采用通孔插装工艺制成的电阻器，一般由骨架、电阻体、引出线及保护层四部分组成。几种通孔插装电阻器如图 1-2 所示。

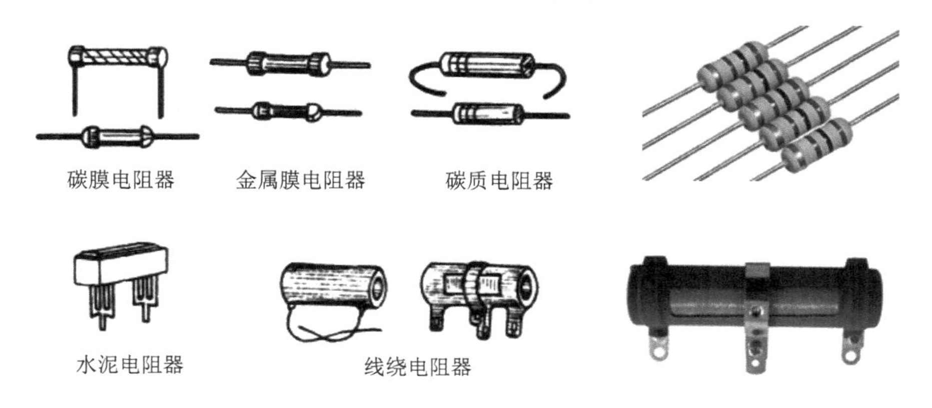

图 1-2　几种通孔插装电阻器

1.2.1　电阻器的型号及命名方法

根据国家标准，电阻器和电位器的型号由以下几部分组成：第一部分用字母表示主称（用 R 表示电阻器，用 W 表示电位器）；第二部分用字母表示产品材料；第三部分一般用数字表示产品分类，个别类型也可用字母表示；第四部分用数字表示序号。

电阻器的主称、产品材料和产品分类的符号和意义如表 1-2 所示。

表 1-2　电阻器的主称、产品材料和产品分类的符号和意义

第一部分		第二部分		第三部分		
符号	意义	符号	意义	符号	电阻器	电位器
R	电阻器	T	碳膜	1	普通	普通
W	电位器	J	金属膜	2	普通	普通
		Y	氧化膜	3	超高频	—
		H	合成膜	4	高阻	—
		C	沉积膜	5	高阻	—
		S	有机实心	6	—	—
		N	无机实心	7	精密	精密
		X	线绕	8	高压	特种函数
		I	玻璃釉膜	9	特殊	特殊
				G	高功率	—
				T	可调	
				W		微调
				D	—	多圈
				X		小型

在部分电子产品中，除使用普通电阻器之外，有时还要用到敏感电阻器。敏感电阻器的主称用 M 表示，其材料的符号和意义如表 1-3 表示。

表 1-3　敏感电阻器材料的符号和意义

符号	意义	符号	意义
F	负温度系数热敏材料	S	湿敏材料
Z	正温度系数热敏材料	C	磁敏材料
G	光敏材料	L	力敏材料
Y	压敏材料	Q	气敏材料

1.2.2　电阻器的主要参数

电阻器的主要参数有标称电阻值、允许误差、额定功率、极限工作电压、稳定性、噪声电动势、最高工作温度、温度特性、高频特性等，使用时一般主要考虑标称电阻值、允许误差、额定功率。

1. 标称电阻值和允许误差及其标注方法

电阻器的标称电阻值是指在电阻体上所标注的电阻值。电阻器的电阻值单位为欧姆，简称欧，用 Ω 表示。电阻值的范围很广，可从零点几欧到几十兆欧，常见标称系列有 E24、E12、E6 等。

以 E24 系列 1.0 为例，电阻器的标称电阻值可为 1Ω、10Ω、100Ω、1kΩ、10kΩ、100kΩ、1MΩ、10MΩ 等，其他各系列以此类推。通用电阻器采用的标称系列如表 1-4 所示，精密电阻器采用 E48、E96、E192 等系列。电阻器的标称电阻值为表 1-4 中所列数值的 10^n 倍，其中 n 为正整数、负整数或零。

表 1-4 通用电阻器采用的标称系列

标称系列	允许误差	标称电阻值 1Ω
E24	Ⅰ级 ±5%	1.0、1.1、1.2、1.3、1.5、1.6、1.8、2.0、2.2、2.4、2.7、3.0、3.3、3.6、3.9、4.3、5.1、5.6、6.2、6.8、7.5、8.2、9.1
E12	Ⅱ级 ±10%	1.0、1.2、1.5、1.8、2.2、2.7、3.3、3.9、4.7、5.6、6.8、8.2
E6	Ⅲ级 ±20%	1.0、1.5、2.2、3.3、4.7、6.8

电阻器的标称电阻值和实测值之间允许的最大允许误差范围被称为电阻器的允许误差。通常电阻器的允许误差分为三级：Ⅰ级允许误差为±5%；Ⅱ级允许误差为±10%；Ⅲ级允许误差为±20%。电阻器的标称电阻值和允许误差一般都标注在电阻体上，常用标注方法有以下几种。

（1）直标法。用阿拉伯数字和单位符号（Ω、kΩ、MΩ）在电阻体表面直接标出电阻值，用百分数直接标出允许误差的方法被称为直标法。图 1-3 所示为电阻器的直标法，表示该电阻器的电阻值为 5.1kΩ，允许误差为±5%。若电阻体表面未标出其允许误差，则表示允许误差为±20%；若直标法未标出电阻值单位，则其单位为 Ω。

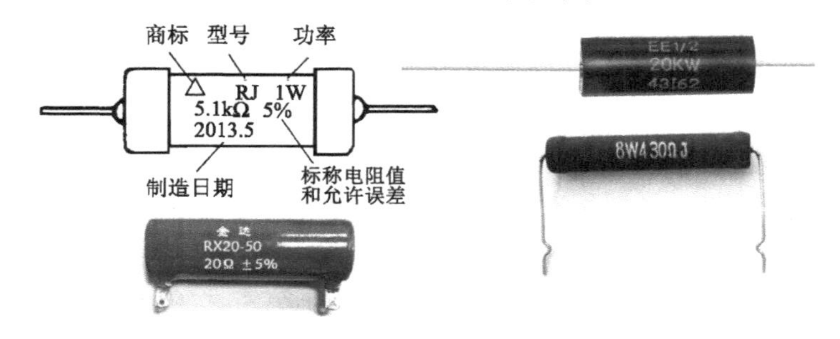

图 1-3 电阻器的直标法

（2）文字符号法。用阿拉伯数字和文字符号进行有规律的组合，表示标称电阻值和允许误差的方法被称为文字符号法。其标称电阻值的组合规律是电阻值单位用文字符号表示，即用 R 表示欧姆，用 k 表示千欧，用 M 表示兆欧；电阻值的整数部分写在电阻值单位符号的前面，电阻值的小数部分写在电阻值单位符号的后面。电阻值单位符号的位置代表标称电阻值有效数字中小数点所在位置。允许误差一般用Ⅰ、Ⅱ、Ⅲ表示。例如，0.51Ω 的电阻器用文字符号表示为 R51；5.1Ω 的电阻器用文字符号表示为 5R1；51Ω 的电阻器用文字符号表示为 51R；5.1kΩ 的电阻器用文字符号表示为 5k1，如图 1-4 所示。

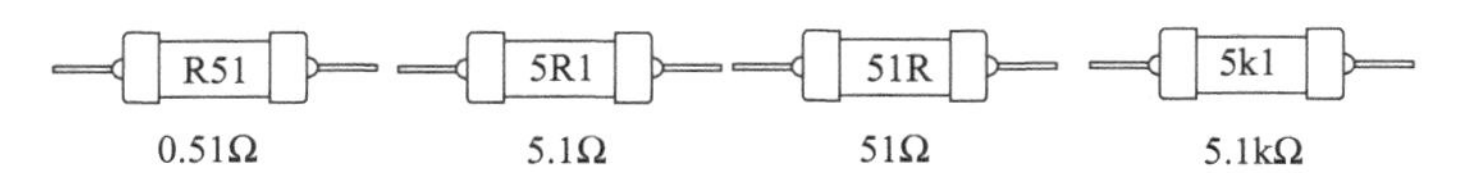

图 1-4 电阻器的文字符号法

（3）色标法。用不同的色环标注在电阻体上，表示电阻器的标称电阻值和允许误差的方法被称为色标法，其颜色规定如表 1-5 所示。

表 1-5 色标的颜色规定

颜色	有效数字	乘数	允许误差/%
棕色	1	10^1	±1

续表

颜色	有效数字	乘数	允许误差/%
红色	2	10^2	±2
橙色	3	10^3	—
黄色	4	10^4	—
绿色	5	10^5	±0.5
蓝色	6	10^6	±0.2
紫色	7	10^7	±0.1
灰色	8	10^8	—
白色	9	10^9	−20～+50
黑色	0	10^0	—
银色	—	10^{-2}	±10
金色	—	10^{-1}	±5
无色	—	—	±20

常见的色标法有四色环法和五色环法两种。四色环法一般用于普通电阻器标注；五色环法一般用于精密电阻器标注。四色环法色环标注意义为，从左至右第一位、第二位色环表示有效值；第三位色环表示乘数，即有效值后面 0 的个数；第四位表示允许误差。用四色环法标注的电阻器如图 1-5 所示，该电阻器第一位色环颜色为红色，表示有效值为 2；第二位色环颜色为紫色，表示有效值为 7；第三位色环颜色为黄色，表示乘数为 10^4；第四位色环颜色为银色，表示允许误差为±10%。该电阻器的电阻值为 270000Ω（270kΩ），允许误差为±10%。

五色环法色环标注意义为，从左至右的第一位到第三位色环表示有效值；第四位色环表示乘数；第五位色环表示允许误差。用五色环法标注的电阻器如图 1-6 所示，该电阻器第一位色环颜色为红色，表示有效值为 2；第二位色环颜色为紫色，表示有效值为 7；第三位色环颜色为黑色，表示有效值为 0；第四位色环颜色为棕色，表示乘数为 10^1；第五位色环颜色为棕色，表示允许误差为±1%，该电阻的电阻器值为 2700Ω（2.70kΩ），允许误差为±1%。

五环电阻器一般都是金属氧化膜电阻器，主要用于精密设备或仪器。

（4）数码表示法。用三位数码表示电阻器的标称电阻值和允许误差的方法被称为数码表示法。其标注方法为，从左至右第一位和第二位为有效数字；第三位为乘数，即 0 的个数，单位为Ω。其允许误差通常用文字符号表示。例如，103 表示电阻值为 10×10^3Ω（10000Ω），100 表示电阻值为 10Ω，102 表示电阻值为 1kΩ。当电阻值小于 10Ω 时，以“×R×”表示，并将 R 看作小数点，如 8R2 表示 8.2Ω。

2. 电阻器的额定功率

当电流流过电阻器时会使电阻器产生热量，当流过电阻器的电流过大，电阻器温升过高时会将其烧坏。在规定温度下，电阻器在电路中长期连续工作允许消耗的最大功率被称为额定功率。其中非线绕电阻器的额定功率系列为 0.05W、0.125W、0.25W、0.5W、1W、5W，线绕电阻器的额定功率系列为 3W、4W、8W、10W、16W、25W、40W、50W、75W、100W、150W、250W、500W 等。电阻器的额定功率在电路符号上的标注如图 1-1 所示。

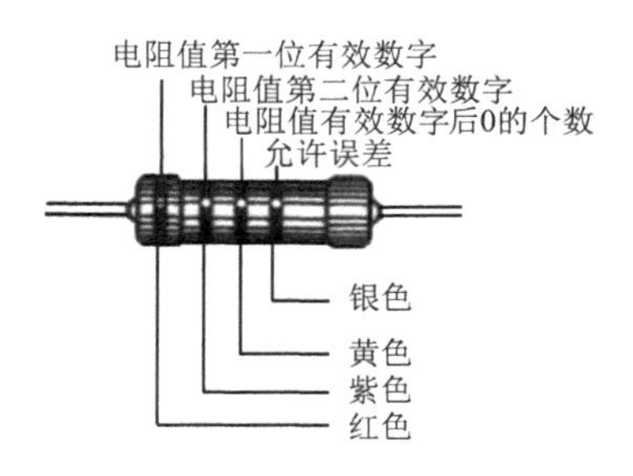

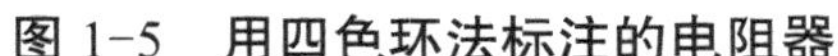
图 1-5　用四色环法标注的电阻器

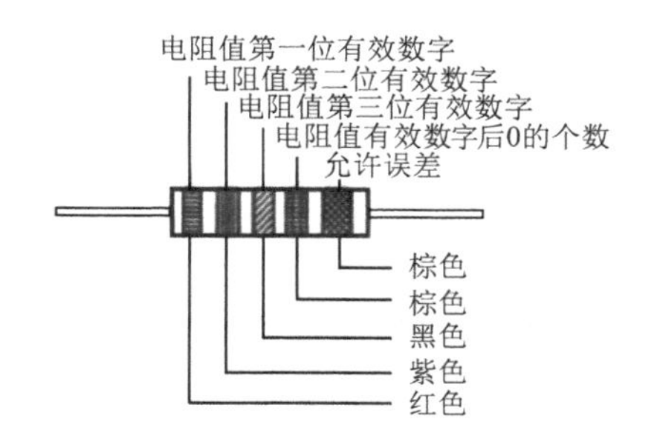

图 1-6　用五色环法标注的电阻器

1.2.3　电阻器的选用

不同种类的电阻器，性能特点各不相同。在选用时不仅要考虑技术参数，还要考虑价格和外形尺寸等因素，既要使电子产品达到设计技术要求，又要使电子产品整机成本降低。常用电阻器的选用如表 1-6 所示。

表 1-6　常用电阻器的选用

应用场合	电阻器类型					
	碳膜电阻器	合成碳实心电阻器	金属氧化膜电阻器	金属膜电阻器	金属玻璃釉电阻器	线绕电阻器
通用	✓	✓	✓			
半精密			✓	✓	✓	
精密				✓	✓	✓
中功率					✓	
大功率			✓		✓	✓
高频、快速响应	✓		✓	✓		
高频、大功率	✓		✓	✓		
高压、高阻	✓				✓	
电阻网络	✓			✓	✓	

（1）高频电路中应选用分布电感和分布电容小的非线绕电阻器，如碳膜电阻器、金属膜电阻器和金属氧化膜电阻器等。

（2）高增益小信号放大电路中应选用低噪声电阻器，如金属膜电阻器、碳膜电阻器和线绕电阻器，而不选用噪声较大的合成碳膜电阻器和有机实心电阻器。

（3）线绕电阻器的功率较大、电流噪声小、耐高温，但体积较大。普通线绕电阻器常用于低频电路作为限流电阻器、分压电阻器、泄放电阻器或大功率管的偏压电阻器。精度较高的线绕电阻器多用于固定衰减器、电阻箱、计算机及各种精密电子仪器。

（4）所选电阻器的电阻值应接近应用电路中计算值的一个标称值，应优先选用标准系列的电阻器。一般电路中使用的电阻器允许误差为±5%～±10%。精密仪器及特殊电路中的电阻器应选用精密电阻器。

（5）所选电阻器的额定功率要符合应用电路对电阻器功率容量的要求，一般不应随意加大或减小电阻器的功率。若应用电路中要求用功率型电阻器，则其额定功率可为实际应用电路要求功率的 1 到 2 倍。

1.3 片式电阻器

1.3.1 普通固定片式电阻器

1. 封装外形

固定片式电阻器（SMT 电阻器）按封装外形可分为片状 SMT 电阻器和圆柱形 SMT 电阻器两种，固定片式电阻器的外形与结构如图 1-7 所示。SMT 电阻器按制造工艺可分为厚膜型（RN 型）和薄膜型（RK 型）两大类。片状 SMT 电阻器一般是用厚膜工艺制作的，其制作流程是，先在一个高纯度氧化铝（Al_2O_3，96%）基底平面上印刷二氧化钌（RuO_2）电阻浆来制作电阻膜，可以改变电阻浆成分或配比得到不同的电阻值，也可以用激光在电阻膜上刻槽微调电阻值；然后印刷玻璃浆覆盖电阻膜，并烧结成釉保护层；最后把基片两端做成焊端。

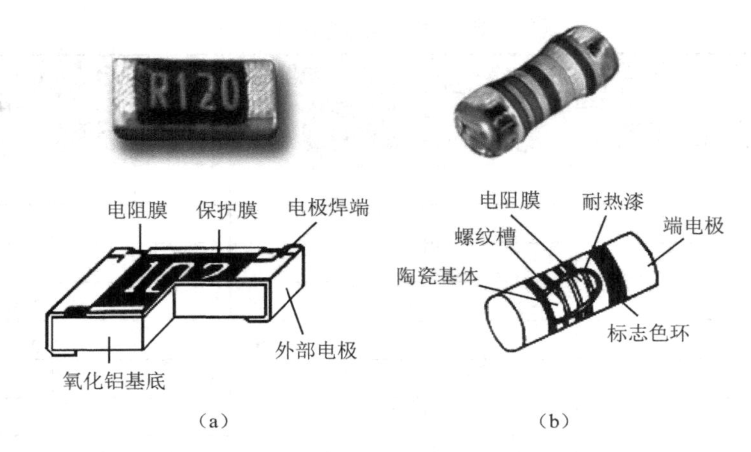

图 1-7 固定片式电阻器的外形与结构

圆柱形 SMT 电阻器（MELF）可以用薄膜工艺制作；在高铝陶瓷基体表面溅射镍铬合金膜或碳膜，在膜上刻槽调整电阻值，两端压上金属焊端，再涂覆耐热漆形成保护层并印上色环标志。圆柱形 SMT 电阻器主要有碳膜 ERD 型、金属膜 ERO 型及跨接用的 0Ω 电阻器三种。

2. 封装尺寸

片状 SMT 电阻器是根据其封装尺寸的大小划分成几个系列型号的，现有两种表示方法，欧美产品大多采用英制系列，日本产品大多采用公制系列，我国这两种系列都可以使用。无论哪种系列，系列型号的前两位数字都表示元件的长度，后两位数字都表示元件的宽度。例如，公制系列 3216（英制 1206）的矩形片状电阻器，长 L=3.2 mm（0.12 in），宽 W=1.6 mm（0.06 in）。系列型号的发展变化也反映了 SMC 元件的小型化进程：5750（2220）→4532（1812）→3225（1210）→3216（1206）→2520（1008）→2012（0805）→1608（0603）→1005（0402）→0603（0201）→0402（01005）。典型 SMC 系列的外形尺寸如表 1-7 所示。

表 1-7　典型 SMC 系列的外形尺寸

单位：mm/in

公制/英制型号	L	W	a	b	t
3216/1206	3.2/0.12	1.6/0.06	0.5/0.02	0.5/0.02	0.6/0.024
2012/0805	2.0/0.08	1.25/0.05	0.4/0.016	0.4/0.016	0.6/0.016
1608/0603	1.6/0.06	0.8/0.03	0.3/0.012	0.3/0.012	0.45/0.018
1005/0402	1.0/0.04	0.5/0.02	0.2/0.008	0.25/0.01	0.35/0.014
0603/0201	0.6/0.02	0.3/0.01	0.2/0.005	0.2/0.006	0.25/0.01

图 1-8 所示为矩形 SMT 电阻器的外形尺寸示意图。

图 1-9 所示为 MELF 电阻器的外形尺寸示意图，以 ERD-21TL 为例，L=2.0（+0.1，-0.05）mm，D=1.25（±0.05）mm，T=0.3（+0.1）mm，H=1.4mm。

通常电阻器封装尺寸与功率的关系为 0201-1/20W，0402-1/16W，0603-1/10W，0805-1/8W，1206-1/4W。

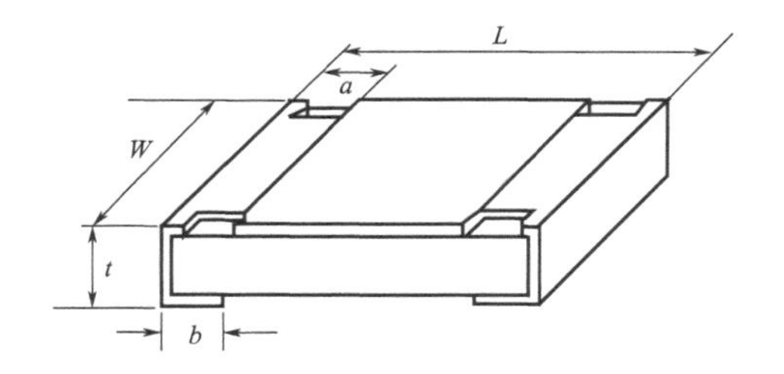

图 1-8　矩形 SMT 电阻器的外形尺寸示意图

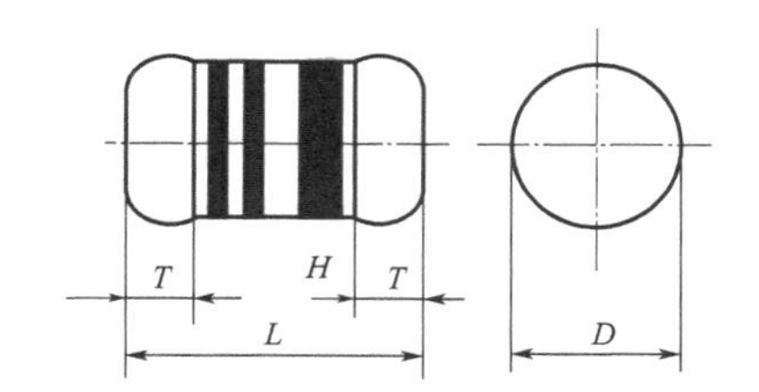

图 1-9　MELF 电阻器的外形尺寸示意图

3. 标称数值的标注

从电子元件的功能特性来说，片状 SMT 电阻器的参数数值系列与传统插装元件的差别不大，标准的标称数值系列有 E6（电阻值允许误差为±20%）、E12（电阻值允许误差为±12%）、E24（电阻值允许误差为±5%），精密元件还有 E48（电阻值允许误差为±2%）、E96（电阻值允许误差为±1%）等几个系列。

（1）片状 SMT 电阻器标称数值的标注。1005、0603 系列片状 SMT 电阻器的表面积太小，难以用手工装配焊接，所以元件表面不印刷它的标称数值（参数印在编带的带盘上）。3216、2012、1608 系列片状 SMT 电阻器的标称数值一般用印在元件表面上的三位数字表示（E24 系列）：前两位数字是有效数字，第 3 位数字表示乘数（有效数字后零的个数）。例如，电阻器表面印有 114，表示电阻值为 110kΩ；印有 5R6，表示电阻值为 5.6Ω；印有 R39，表示电阻值为 0.39Ω，如图 1-10 所示。跨接电阻器采用 000 表示。

图 1-10　印在元件表面上的三位数字表示电阻值

当片状 SMT 电阻器电阻值允许误差为±1%时，电阻值采用 4 位数字表示。当电阻值大于或等于 100Ω 时，则前 3 位数字是有效数字，第 4 位表示有效数字后所加 0 的个数，如 2002 表示 20 kΩ；当电阻值介于 10～100Ω 时，在小数点处加 R，如 15.5Ω 记为 15R5；当电阻值小于或等于 10Ω 时，在小数点处加 R，不足 4 位的在末尾加 0，如 4.8Ω 记为 4R80。

精度为±1%的精密电阻器还有另一种表示方法（见表 1-8）。E96 系列的电阻值参数用两位数字代码加一位字母代码表示。与 E24 系列不同的是，E96 系列的精密电阻器不能从它的标注上直接读取电阻值，需要根据前两位数字代码通过查表 1-8 得知电阻值，再乘以字母代码表示的倍率。例如，元件上的标注为 39X，从表 1-8 中可查得 39 对应数值为 249，X 对应数值为 10^{-1}，因此这个电阻器的电阻值为 $249\times10^{-1}\Omega=24.9\Omega$（±1%）。又如，元件上的标注为 01B，从表 1-8 中可查得 01 对应数值为 100，B 对应数值为 10^{1}，因此这个电阻器的电阻值为 $100\times10^{1}\Omega=1\text{k}\Omega$（±1%）。

表 1-8　E96 系列精密电阻器代码表

代码	电阻值	代码	电阻值	代码	电阻值	代码	电阻值	代码	电阻值	代码	电阻值
01	100	17	147	33	215	49	316	65	464	81	681
02	102	18	150	34	221	50	324	66	475	82	698
03	105	19	154	35	226	51	332	67	487	83	715
04	107	20	158	36	232	52	340	68	499	84	732
05	110	21	162	37	237	53	348	69	511	85	750
06	113	22	165	38	243	54	357	70	523	86	768
07	115	23	169	39	249	55	365	71	536	87	787
08	118	24	174	40	255	56	374	72	549	88	806
09	121	25	178	41	261	57	383	73	562	89	825
10	124	26	182	42	267	58	392	74	576	90	845
11	127	27	187	43	274	59	402	75	590	91	866
12	130	28	191	44	280	60	412	76	604	92	887
13	133	29	196	45	287	61	422	77	619	93	909
14	137	30	200	46	294	62	432	78	634	94	931
15	140	31	205	47	301	63	442	79	649	95	953
16	143	32	210	48	309	64	453	80	665	96	976

注：A 表示 10^{0}，B 表示 10^{1}，C 表示 10^{2}，D 表示 10^{3}，E 表示 10^{4}，F 表示 10^{5}，G 表示 10^{6}，H 表示 10^{7}，X 表示 10^{-1}，Y 表示 10^{-2}，Z 表示 10^{-3}。

（2）圆柱形电阻器标称数值的标注。圆柱形电阻器用三位、四位或五位色环表示电阻值的大小，每位色环所代表的意义与通孔插装色环电阻完全一样。例如，五位色环电阻器的色环从左至右第一位色环颜色为绿色，表示有效值为 5；第二位色环颜色为棕色，表示有效值为 1；第三位色环颜色为黑色，表示有效值为 0；第四位色环颜色为红色，表示乘数为 10^{2}；第五位色环颜色为棕色，表示允许误差为±1%。因此，该电阻器的电阻值为 51000Ω（51.00kΩ），允许误差为±1%。

SMT 电阻器在料盘等包装上的标注目前尚无统一的标准，不同生产厂家的标注不尽相同。图 1-11 所示为片状电阻器标识的含义，其中标识“RC05K103JT”表示该电阻器是 0805 系列 10kΩ 允许误差为±5%的片状电阻器，其温度系数为±250%。

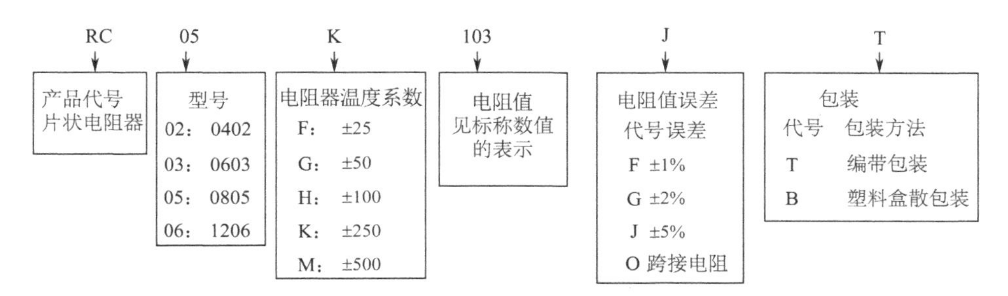

图 1-11　片状电阻器标识的含义

4. 主要技术参数

虽然 SMT 电阻器的体积很小，但它的电阻值范围不小，精度也不低，常用典型 SMT 电阻器的主要技术参数如表 1-9 所示。3216 系列电阻器的电阻值范围为 0.39Ω～10MΩ，额定功率可达 1/4W，允许误差有±1%、±2%、±5%和±10%四个系列，额定工作温度上限为 70℃。

表 1-9　常用典型 SMT 电阻器的主要技术参数

系列型号	3216	2012	1608	1005
电阻值范围	0.39Ω～10MΩ	2.2Ω～10MΩ	1Ω～10MΩ	10Ω～10MΩ
允许误差/%	±1、±2、±5、±10	±1、±2、±5	±2、±5	±2、±5
额定功率/W	1/4、1/8	1/10	1/16	1/16
最大工作电压/V	200	150	50	50
工作温度范围/额定温度/℃	(−55～+125) /70	(−55～+125) /70	(−55～+125) /70	(−55～+125) /70

5. 片状 SMT 电阻器的焊端结构

片状 SMT 电阻器的电极焊端一般由三层金属构成，如图 1-12 所示。电极焊端的内部电极通常采用厚膜技术制作的钯银（Pd-Ag）合金电极，中间电极是镀在内部电极上的镍（Ni）阻挡层，外部电极是镀铅锡（Sn-Pb）合金。中间电极的作用是避免在高温焊接时焊料中的铅和银发生置换反应，从而导致厚膜电极“脱帽”，造成虚焊或脱焊。镍的耐热性和稳定性好，对内部电极起到了阻挡层的作用，但镍的可焊接性较差，采用镀铅锡合金制成的外部电极可以提高可焊接性。随着无铅焊接技术的推广，外部电极焊端表面的合金镀层也可改用无铅焊料。

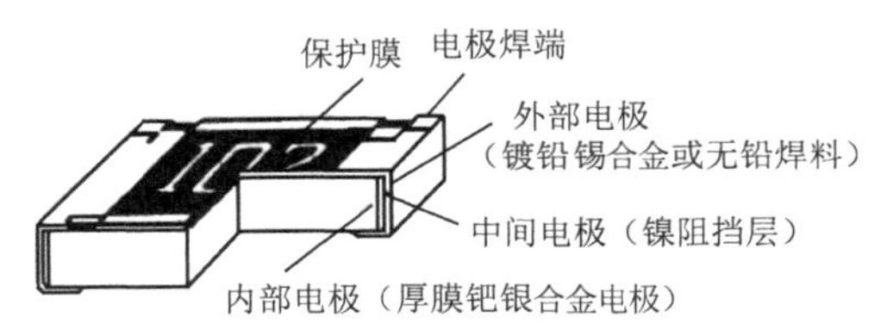

图 1-12　片状 SMT 电阻器的电极焊端的三层金属

1.3.2　片式电阻排

电阻排也被称为电阻网络或集成电阻，简称电阻排，是将多个参数与性能一致的电阻器，按预定的配置要求连接后置于一个组装体内的电阻网络。

SMT 电阻排安装体积小，目前已在多数场合中取代了 SIP（单列直插封装）电阻排。

常用的 SMT 电阻排有 8P4R（8 个引脚 4 个电阻器）和 10P8R（10 个引脚 8 个电阻器）两种规格。小型固定电阻排一般采用标准矩形封装形式，主要有 0603、0805、1206 等几种尺寸。图 1-13 所示为 8P4R 型 3216 系列 SMT 电阻排的外形与尺寸。

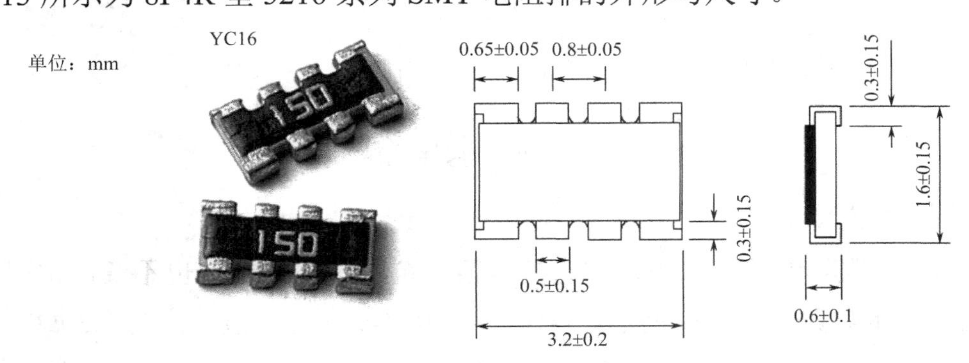

图 1-13　8P4R 型 3216 系列 SMT 电阻排的外形与尺寸

通常，SMT 电阻排是没有极性的，不过有些类型的 SMT 电阻排由于内部电路连接方式不同，在应用时还是需要注意引脚的顺序。例如，10P8R 型的 SMT 电阻排 1、5、6、10 引脚内部连接不同，有 L 型和 T 型之分。L 型的 1、6 引脚相通，T 型的 5、10 引脚相通，如图 1-14 所示。在使用 SMT 电阻排时，最好确认一下该电阻排表面是否有 1 引脚的标注（凹坑或圆点）。

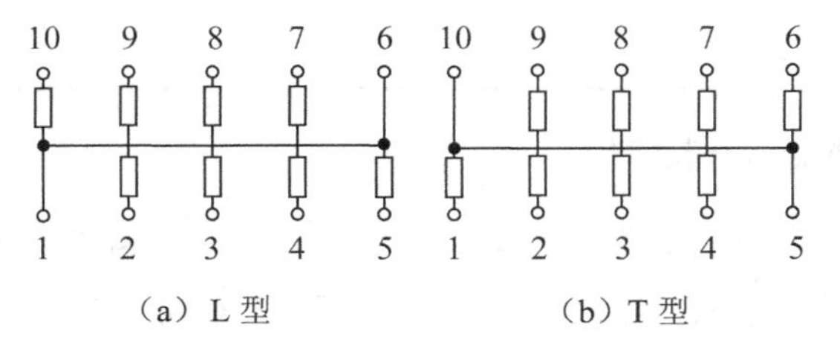

图 1-14　10P8R 型的 SMT 电阻排电路形式

电阻排的电阻值通常用三位数字表示，标注在电阻体表面。在三位数字中，从左至右的第一位、第二位为有效数字，第三位表示前两位数字乘以 10 的 n 次方（单位为 Ω）。例如，图 1-13 中实物图上的标注为 150，表示它的标称电阻值为 15Ω。SMT 电阻排的精度一般为 J（5%）、G（2%）、F（1%）。

1.4　特殊功能电阻器

1.4.1　热敏电阻器

热敏电阻器是电阻值随温度变化而变化的敏感元件。在工作温度范围内，电阻值随温度上升而增加的是正温度系数（PTC）热敏电阻器；电阻值随温度上升而减小的是负温度系数（NTC）热敏电阻器。

图 1-15 所示为四种常见的热敏电阻器的电阻值-温度特性曲线。曲线 1 是金属铂热敏电阻器的特性曲线，它的电阻值随温度上升而呈线性增大，电阻温度系数为+0.004Ω·m 左

右。曲线 2 是普通 NTC 热敏电阻器的特性曲线，它的电阻值随温度上升而呈指数减小，室温下的电阻温度系数为-0.06～-0.02Ω·m。曲线 3 是 CTR 热敏电阻器的特性曲线，它的电阻值在某一特定温度附近随温度上升而急剧减小，变化量达 2 到 4 个数量级。PTCA 型和 PTCB 型曲线是钛酸钡 PTC 热敏电阻器的特性曲线。前者为缓变型，室温下的电阻温度系数为+0.03～+0.08Ω·m；后者为开关型，在某一较小温度区间内，电阻值急剧增加几个数量级，电阻温度系数为+0.10～+0.60Ω·m。

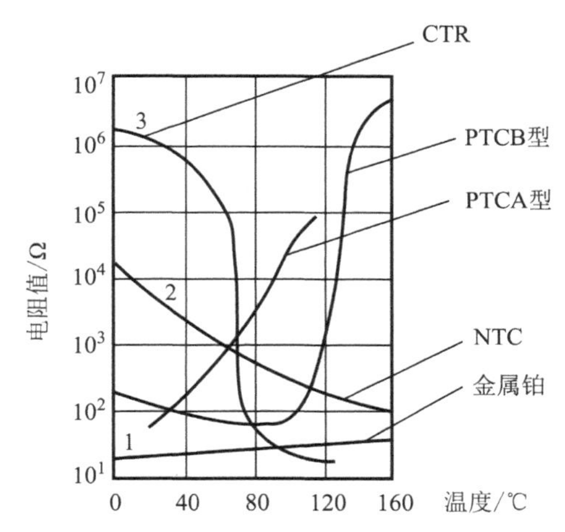

图 1-15　四种常见的热敏电阻器的电阻值-温度特性曲线

1. PTC 热敏电阻器

PTC 是 Positive Temperature Coefficient 的缩写，意思是正温度系数，泛指正温度系数很大的半导体材料或元器件。人们通常提到的热敏电阻器是指正温度系数热敏电阻器，简称 PTC 热敏电阻器。PTC 热敏电阻器是一种典型具有温度敏感性的半导体电阻器，温度越高，它的电阻值越大。当超过一定的温度（居里温度）时，它的电阻值随着温度的升高阶跃性地增大。

PTC 热敏电阻器在工业上可用于温度的测量与控制，也可用于汽车某部位的温度检测与调节，还可大量用于民用设备，如实现热水器的水温、空调与冷库的温度控制，利用本身的加热功能应用于气体分析和风速机等方面。

PTC 热敏电阻器除了用作加热元件，还能起到“开关”的作用，兼具敏感元件功能、加热器功能和开关功能的 PTC 热敏电阻器被称为“热敏开关”。电流通过元件后使元件温度升高，即发热体的温度升高，当该温度超过居里温度后，电阻值增大，从而限制电流上升，于是电流的下降导致元件温度降低，电阻值减小，从而使电路电流增大，元件温度升高，周而复始，因此 PTC 热敏电阻器既具有使温度保持在特定范围内的功能，又能起到“开关”的作用。利用这种阻温特性可将 PTC 热敏电阻器做成加热元件，应用于暖风器、电烙铁、烘衣柜、空调等，对电器起到过热保护作用。

图 1-16 所示为 PTC 热敏电阻器，其中图 1-16（a）所示为普通 PTC 热敏电阻器，图 1-16（b）所示为用于 CRT 彩电显像管消磁的 PTC 消磁电阻器，图 1-16（c）所示为电冰箱压缩机的 PTC 启动器。

（a）普通 PTC 热敏电阻器

（b）PTC 消磁电阻器

（c）PTC 启动器

图 1-16　PTC 热敏电阻器

2. NTC 热敏电阻器

NTC 是 Negative Temperature Coefficient 的缩写，意思是负温度系数。NTC 热敏电阻器是一种以过渡金属氧化物为主要原材料，采用电子陶瓷工艺制成的热敏陶瓷组件。

NTC 热敏电阻器的电阻值随温度的升高而减小，利用这一特性既可以将其制成测温、温度补偿和控温组件，又可以将其制成功率型组件，抑制电路的浪涌电流（这是由于 NTC 热敏电阻器有一个额定的零功率电阻值，当其串联在电源回路中时，可以有效地抑制开机浪涌电流，并且在完成抑制浪涌电流作用后，利用电流的持续作用，使 NTC 热敏电阻器的电阻值减小到非常小的程度）。

NTC 热敏电阻器根据材料、制作工艺的不同，有不同的电阻值和温度变化特性。NTC 热敏电阻器的型号、规格有很多，在电子产品中被广泛应用。它具有多种封装形式，形状各异，价格低廉，能够很方便地应用到各种电路中。

NTC 热敏电阻器的温度测量范围一般为-10～+300℃，也可做到-200～+10℃。NTC 热敏电阻器温度计的精度可以达到 0.1℃，感温时间可以短至 10s 以下。它不仅可以用于粮仓测温仪，也可以用于食品储存、医药卫生、海洋、深井、高空、冰川等方面的温度测量。

图 1-17 所示为 NTC 热敏电阻器及 NTC 温度传感器的实物图。

（a）NTC热敏电阻器

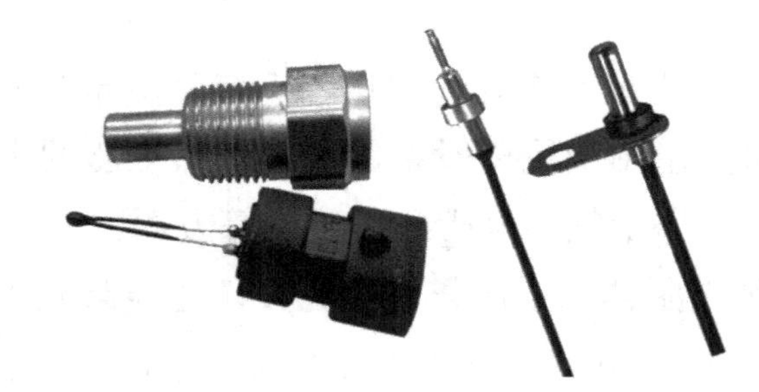
（b）NTC温度传感器

图 1-17　NTC 热敏电阻器及 NTC 温度传感器的实物图

温度系数热敏电阻器的命名标准由四部分构成。其中，第一部分为字头符号，用字母 M 表示主称为敏感电阻器；第二部分用字母表示敏感电阻器的类别，Z 表示 PTC 热敏电阻器，F 表示 NTC 热敏电阻器；第三部分用数字 0～9 表示热敏电阻器的用途或特征；第四部分用数字或字母、数字混合表示序号。

例如，在 MF54-1 中，M 表示敏感电阻器，F 表示 NTC 热敏电阻器。有些厂家的产品在序号之后又加了一个数字，如 MF54-1 中的“-1”也属于序号，通常叫“派生序号”，其标准由各厂家自己制定。

1.4.2 光敏电阻器

光敏电阻器也被称为光导管、光电导探测器。它是利用半导体的光电导效应制成的一种电阻值随入射光的强弱变化而改变的电阻器，当入射光强时，电阻值减小；当入射光弱时，电阻值增大。还有另一种光敏电阻器，当入射光弱时，电阻值减小；当入射光强时，电阻值增大。

1. 光敏电阻器的工作原理

光敏电阻器常用的制作材料为硫化镉，也有用硒、硫化铝、硫化铅和硫化铋等材料制作的光敏电阻器。这些制作材料具有在特定波长的光照射下，电阻值迅速减小的特性。这是由于光照产生的载流子都参与导电，在外加电场的作用下做漂移运动，电子奔向电源的正极，空穴奔向电源的负极，从而使光敏电阻器的电阻值迅速下降。

光敏电阻器一般用于光的测量、光的控制和光电转换（将光的变化转换为电的变化）。常用的光敏电阻器是硫化镉光敏电阻器，它是由半导体材料制成的。光敏电阻器对光的敏感性（光谱特性）与人眼对波长为 0.4～0.76μm 的可见光的响应很接近，只要是人眼可感受到的光，都会引起它的电阻值变化。在设计光控电路时，都用白炽灯（小电珠）光线或自然光线作为控制光源，以使设计大为简化。

2. 光敏电阻器的结构

通常，光敏电阻器都被制成薄片结构，以便吸收更多的光能。当它受到光的照射时，半导体片（光敏层）内激发出电子-空穴对，参与导电，使电路中电流增强。为了获得高的灵敏度，光敏电阻器的电极常采用梳状结构，该结构是在一定的掩模下向光电导薄膜上蒸镀金或铟等金属形成的。

光敏电阻器通常由光敏层、玻璃基片（或树脂防潮膜）和电极等组成。光敏电阻器在电路中用字母“RL”“RG”表示。一般光敏电阻器的结构如图 1-18 所示。

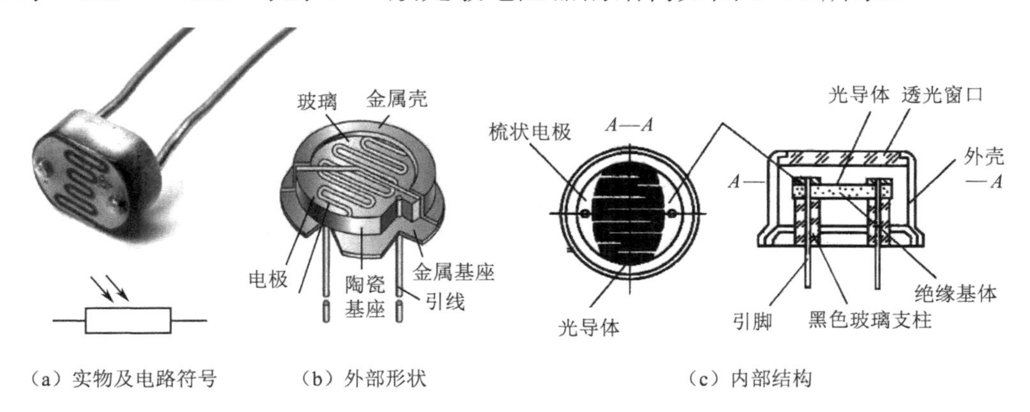

图 1-18　一般光敏电阻器的结构

3. 光敏电阻器的类型与应用

根据光敏电阻器的光谱特性，光敏电阻器可分为以下三种。

（1）紫外光敏电阻器：对紫外线较灵敏，主要有硫化镉光敏电阻器、硒化镉光敏电阻器等，用于探测紫外线。

（2）红外光敏电阻器：主要有硫化铅光敏电阻器、碲化铅光敏电阻器、硒化铅光敏电阻器、锑化铟光敏电阻器等，广泛用于导弹制导、天文探测、非接触测量、人体病变探测、红外光谱、红外通信等国防、科学研究和工农业生产领域。

（3）可见光光敏电阻器：主要有硒光敏电阻器、硫化镉光敏电阻器、硒化镉光敏电阻器、碲化镉光敏电阻器、砷化镓光敏电阻器、硅光敏电阻器、锗光敏电阻器、硫化锌光敏电阻器等，主要用于各种光电控制系统，如光电自动开关门户，航标灯、路灯和其他照明系统的自动亮/灭，自动给水和自动停水装置，机械上的自动保护装置和“位置检测器”，极薄零件的厚度检测器，照相机自动曝光装置，光电计数器，烟雾报警器，光电跟踪系统等。

1.4.3 压敏电阻器

压敏电阻器是一种具有非线性伏安特性，并有抑制瞬态过电压作用的固态电压敏感元件。在电力工业中，常使用压敏材料制成避雷器阀片。反向特性的硒整流片和雪崩二极管等也具有压敏特性，但习惯上仍沿用各自的原名。

氧化锌压敏电阻器是压敏电阻器的一种，是用氧化锌非线性电阻器作为核心元件制成的电冲击保护元件。氧化锌非线性电阻器是以氧化锌（ZnO）为主体材料，添加多种其他微量元素，用陶瓷工艺制成的化合物半导体元件。压敏电阻器的电路符号与实物图如图 1-19 所示。

(a)　　(b)

图 1-19　压敏电阻器的电路符号与实物图

压敏电阻器的基本特性是电流—电压关系的非线性。当加在它两端的电压低于某个阈值电压，即压敏电压时，它的电阻值极大，为兆欧级；当加在它两端的电压超过压敏电压后，电阻值随电压的增高急剧下降，可以小到欧级、毫欧级。压敏电阻器与普通电阻器不同，普通电阻器遵守欧姆定律，而压敏电阻器的电压与电流呈特殊的非线性关系。当压敏电阻器两端所加电压低于标称额定电压时，其电阻值接近∞，内部几乎无电流流过；当其两端电压升高至略高于标称额定电压时，它将被迅速击穿导通，并由高阻状态变为低阻状态，工作电流也急剧增大；当其两端电压降低至低于标称额定电压时，压敏电阻器又能恢复高阻状态；当压敏电阻器两端电压超过其最大限制电压时，压敏电阻器将完全被击穿损坏，无法再自行恢复。

压敏电阻器广泛地应用在家电及其他电子产品中，起到电压保护、防雷、抑制浪涌电流、吸收尖峰脉冲、限幅、高压灭弧、消噪、保护半导体元器件等作用。

SJ1152-82 标准中压敏电阻器的型号命名分为四部分。其中，第一部分用字母 M 表示主称为敏感电阻器；第二部分用字母 Y 表示压敏电阻器；第三部分用字母表示压敏电阻器的用途和特征；第四部分用数字表示序号，有的序号后面还标有标称电压、通流容量或电阻体直径、电压允许误差等。

例如，MYL1-1 表示防雷用压敏电阻器，MY31-270/3 表示 270V/3kA 普通压敏电阻器。

1.4.4　湿敏电阻器

湿敏电阻器是一种对湿度敏感的元件，其电阻值随环境的相对湿度变化而变化。湿敏电阻器的特点是在基片上覆盖一层用感湿材料制成的膜，当空气中的水蒸气吸附在感湿膜上时，元件的电阻率和电阻值都发生变化，利用这一特性即可测量湿度。

湿敏电阻器广泛用于洗衣机、空调、微波炉等家电，以及在工农业等领域用于湿度检测、湿度控制。

湿敏电阻器的电路符号与实物图如图 1-20 所示，其中图 1-20（a）为湿敏电阻器的电路符号，图 1-20（b）为湿敏电阻器的实物图。从图 1-20（b）中可以看出，它有两个引脚，没有正、负极之分。

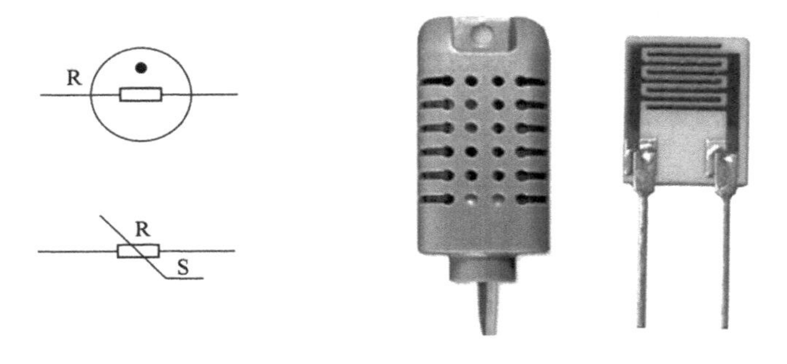

图 1-20　湿敏电阻器的电路符号与实物图

湿敏电阻器根据感湿层使用的材料和配方不同，可分为正电阻湿度特性（湿度增大，电阻值增大）湿敏电阻器和负电阻湿度特性（湿度增大，电阻值减小）湿敏电阻器，具体主要有氯化锂湿敏电阻器、碳湿敏电阻器和氧化物湿敏电阻器。氯化锂湿敏电阻器随湿度上升而电阻值减小，缺点为测试范围小，特性重复性不好，受温度影响大。碳湿敏电阻器的缺点为低温灵敏度低，受温度影响大，易老化。氧化物湿敏电阻器由氧化锡、镍铁酸盐等材料制成，性能较优越，可长期使用，受温度影响小，电阻值与湿度呈线性关系。

湿敏电阻器型号可分为三部分，如 MS0l-a 是通用型湿敏电阻器，其中 M 表示敏感电阻器，S 表示湿敏电阻器，0l-a 表示序号。如果在 MS 的后面标有 k 或 c，则分别表示控制湿度和测量湿度的湿敏电阻器。

常见的湿敏电阻器有 ZHC 型、MS01 型、MS04 型、SM-1 型、MSC3 型、YSH 型等。例如，MS01 型湿敏电阻器是由硅粉掺入少量碱金属氧化物烧结制成的，其电阻值随周围大气相对湿度的增加而减小，属于负温度特性湿敏电阻器。图 1-21 所示为 MS01 型湿敏电阻器的结构图。

单位：mm

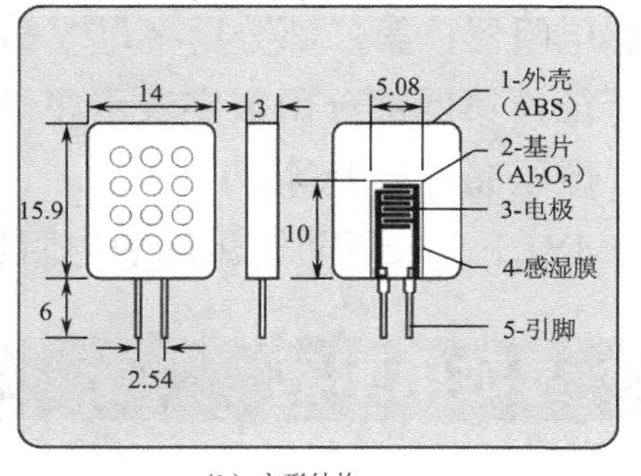

（a）半圆形结构　　（b）方形结构

图 1-21　MS01 型湿敏电阻器的结构图

MS01 型湿敏电阻器具有以下特点。

（1）体积小、质量轻、使用寿命长、价廉，且具有较高的机械强度。

（2）抗水性好。可以在相对湿度很大和很小（100%RH 和 0%RH）的环境中重复使用。在 100%的水蒸气中可以正常工作，甚至短时间浸入水中也不致完全失效。

（3）响应时间短。例如，当温度为 20℃时，把 MS01 型湿敏电阻器从 30%RH 的环境移入 90%RH 的环境，当电阻值改变全量程的 63%时，其响应时间不超过 5s。

（4）抗污染能力强。在微量的碱、酸、盐及灰尘空气中可以正常工作，不会失效。

（5）电阻值变化范围大。当温度为 20℃，相对湿度在 30%RH～90%RH 变化时，电阻值在 10^6～10^3 数量级变化，常用电阻值位于一个容易测量的范围（当相对湿度为 70%RH 时，电阻值约为 40kΩ）。因此，MS01 型湿敏电阻器用于检测空气相对湿度或粮仓内布点遥测粮堆湿度较为合适。

湿敏电阻器的测试主要测量不同湿度下湿敏电阻器的电阻值，需配合湿度计进行测量。将湿敏电阻器置于不同湿度环境下，测出 50%RH、70%RH 和 90%RH 环境下的电阻值，并与标称电阻值进行比较，可测量其干燥时和受水湿时的电阻值变化，良好的湿敏电阻器的电阻值变化十分明显。

1.4.5　力敏电阻器和磁敏电阻器

1. 力敏电阻器

力敏电阻器是一种能将机械应力转换为电信号的特殊元件，是利用半导体材料的压力电阻效应制成的。所谓压力电阻效应，即半导体材料的电阻率随机械应力的变化而变化的效应，就是指电阻值随所加外力的大小而改变。力敏电阻器主要用于各种张力计、转矩计、加速度计、半导体传声器及各种压力传感器。

通常电子秤中就有力敏电阻器，常用的压力传感器有金属应变片和半导体力敏电阻器。力敏电阻器一般以桥式连接，受力后破坏了电桥的平衡，使其输出电信号。

力敏电阻器的主要品种有硅力敏电阻器、硒碲合金力敏电阻器。比较而言，硒碲合金力敏电阻器具有更高的灵敏度。以力敏电阻器为核心元件的碳压力传感器广泛地用于各种动态压力测量。它的体积小、质量轻、耐高温、反应快、制作工艺简单，是其他动态压力传感器所不能比的。

2. 磁敏电阻器

磁敏电阻器是采用锑化铟（InSb）或砷化铟（InAs）等材料，根据半导体的磁阻效应制成的。磁敏电阻器多采用片形膜式封装结构，有两端、三端（内部有两个串联的磁敏电阻器）之分。磁敏电阻器的工作原理是利用半导体的磁阻效应，电阻值随穿过它的磁通密度的变化而变化。根据半导体磁阻元件在弱磁场中的电阻率 ρ 与磁感应强度 B 之间的关系，当半导体材料确定时，磁敏电阻器的电阻值与磁感应强度呈平方关系。磁敏电阻器一般用于交流变换器、频率变换器、功率电压变换器、位移电压变换器等电路作为控制元件，也可用于接近开关、磁卡文字识别、磁电编码器、电动机测速等方面或制作磁敏传感器，还可用于制作无触点开关和可变无接触电位器等。

1.4.6 水泥电阻器和熔断电阻器

1. 水泥电阻器

水泥电阻器有普通水泥电阻器和水泥线绕电阻器两类。水泥线绕电阻器属于功率较大的电阻器，允许较大电流通过。它是将电阻丝绕在无碱性耐热瓷件上，外面加上耐热、耐湿及耐腐蚀的材料，无保护固定，并把绕线电阻体放入方形瓷器框，用特殊无燃性耐热水泥（其实是一种耐火泥，俗称水泥）充填密封制成的。水泥电阻器的外侧主要是白色的陶瓷材料，一般为方形，这是其特别容易区分识别的特点。水泥电阻器的外形如图 1-22 所示。

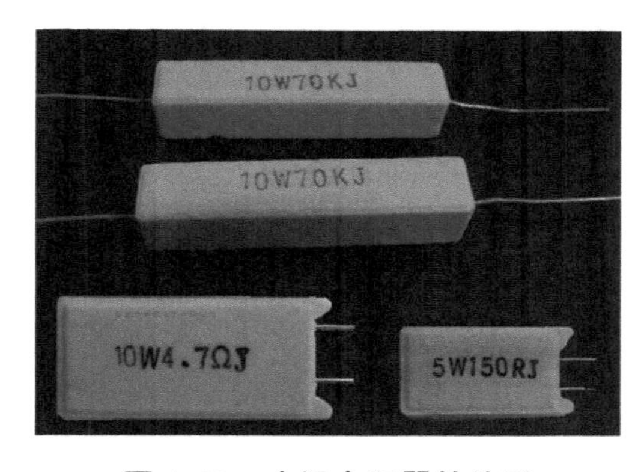

图 1-22 水泥电阻器的外形

水泥电阻器的作用和一般电阻器一样，只是由于水泥电阻器可以承受较大的电流，因此通常被用于大功率、大电流的场合。水泥电阻器有 2W、3W、5W、10W 甚至更大的功率，如其与电动机串联，可以限制电动机的启动电流，电阻值一般不大。空调、电视机等功率在百瓦级以上的电器中，基本都会用到水泥电阻器。另外，水泥电阻器还广泛应用于电源适配器、音响设备、音响分频器、仪器仪表、汽车等。

水泥电阻器有以下优点。

（1）耐震、耐湿、耐热及散热性良好，价格低。

（2）完全绝缘，适用于印制电路板（PCB）。

（3）结构为在瓷棒上绕线，电阻线与引脚通过电焊链连接，电阻值准确，使用寿命长。

（4）高电阻值采用金属氧化膜体（MO）代替绕线方式实现。

（5）电阻温度系数小，呈直线变化。

（6）耐短时间超负荷，低噪声，电阻值长久使用无变化。

（7）防爆性能好。

水泥电阻器的缺点在于体积大，精密度往往不能满足使用要求。

2. 熔断电阻器

熔断电阻器是近年来才大量采用的一种新型元件，它集电阻器与熔断器于一身。当电路正常工作时，熔断电阻器起到电阻器的作用，让电流通过；当电路中出现过流故障，流过熔断电阻器的电流大于它的熔断电流时，熔断电阻器迅速无声、无烟、无火地熔断，相当于熔断丝，起到过流熔断的作用，防止因过流而烧坏电路中其他元器件。

熔断电阻器按工作方式可分为不可修复式熔断电阻器和可修复式熔断电阻器两种类型。不可修复式熔断电阻器是当电路中流过电阻器的电流加大时，电阻器温度升高，熔断材料的电阻膜层或线绕电阻丝熔断，起到保护元件的作用。可修复式熔断电阻器是薄膜电阻器，在电阻器的一端采用低熔点焊料焊接一根弹性金属片（或丝），当温度过高时焊点熔化，弹性金属片（或丝）与电阻器断开，起到保护元件的作用。在排除电路故障后，可修复式熔断电阻器可修复再用。由于应用中熔断电阻器既让电流通过给电路供电，又起限流作用，因此熔断电阻器的电阻值较低，多为几欧至几十欧，上百欧的较少，这也决定了它被设计应用在单元电路的最前端。熔断电阻器作为电路中的熔断丝，具有体积小、安装方便的优点，因为一般熔断丝在电路中要用支架来安装，所以安装不方便。

国内目前主要采用不可修复的膜式熔断电阻器。其基体采用莫来石（莫来石是铝硅酸盐在高温下的生成物，可人工加热铝硅酸盐形成莫来石）等耐高温材料，熔断材料采用低熔点玻璃浆料或金属氧化浆料，保护外壳采用有机硅树脂、阻燃漆等材料。

一般在熔断电阻器上只标注它的标称电阻值。熔断电阻器标称电阻值标注采用色标法，有的用四色环、有的用一色环。用四色环标注的熔断电阻器标称电阻值的具体表示方法与用色标法标注的电阻器一样。只标注一条色环的熔断电阻器，这条色环同时表示标称电阻值和标称功率。一般红色环表示标称功率为 0.25W，标称电阻值为 2.2Ω；黑色环表示标称功率为 0.25W，标称电阻值为 10Ω。熔断电阻器的外形与电路符号如图 1-23 所示。

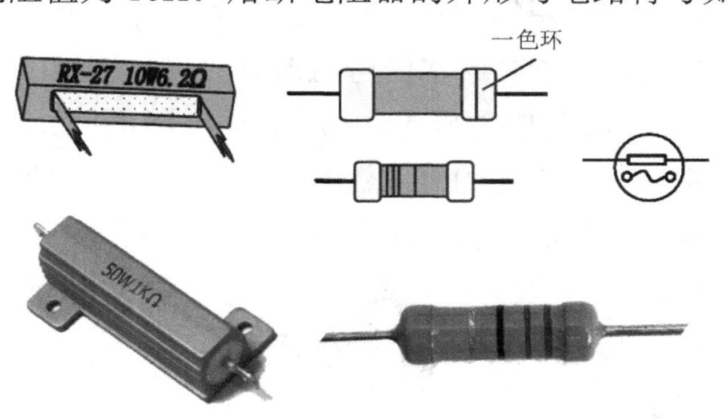

图 1-23　熔断电阻器的外形与电路符号

熔断特性是熔断电阻器最重要的指标，是指当电路的实际功耗是额定功率的数倍时，连续负荷运行一定时间后，在规定的环境温度范围内保证电阻器熔断。

熔断特性在进行电路设计选用熔断电阻器时非常重要，所以当熔断电阻器损坏时，最好选用相同型号的熔断电阻器来更换。应当指出，熔断电阻器参数中的额定电流与熔断电流是两种不同的参数。前者是熔断电阻器能承受的最大工作电流，不会烧断熔断电阻器。后者比额定电流大，当达到熔断电流时，熔断电阻器会被熔断。

1.5　电阻器的检测实训

1.5.1　普通电阻器的检测实训

1. 实训目的

熟悉电阻器的电阻值及允许误差的标注方式，熟练识读色环电阻器的电阻值及允许误差。建立电阻器的检测思路与流程，重点掌握电阻器的检测特点与检测方法，能够利用指针式万用表和数字万用表对不同类型的普通电阻器进行检测。

2. 实训器材

（1）指针式万用表（一人一块）。

（2）数字万用表（一人一块）。

（3）普通固定电阻器若干（含色环电阻器及其他标注方法的电阻器）。

【知识链接】

万用表的使用

电子元器件的检测使用的仪表主要是指针式万用表和数字万用表，因此熟练掌握它们的使用方法和注意事项是学习电子元器件检测技能的基础。

万用表也被称为多用表、复用表、繁用表等，是电力电子等部门不可缺少的测量仪表，一般以测量电压值、电流值和电阻值为主要目的。万用表按显示方式可分为指针式万用表和数字万用表。万用表是一种多功能、多量程的测量仪表。一般万用表可测量直流电流值、直流电压值、交流电流值、交流电压值、电阻值和音频电平等，还可以测电容量、电感量及半导体的一些参数（如β）等。图1-24所示为指针式万用表和数字万用表的实物图。

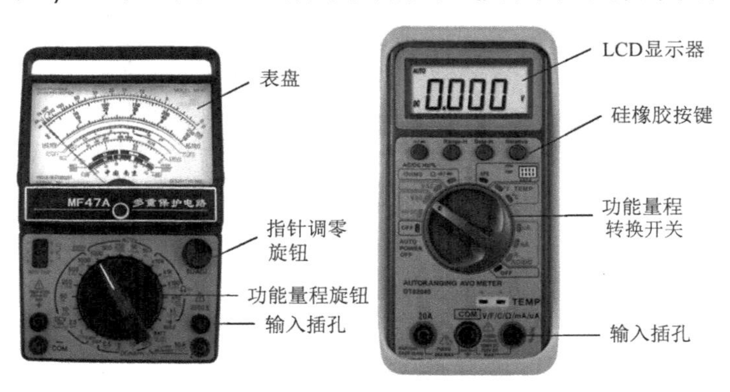

图1-24　指针式万用表和数字万用表的实物图

（1）MF47指针式万用表使用说明。

MF47 指针式万用表是设计新颖的磁电系整流式便携多量程万用表，可供测量直流电流值、交流电流值、直流电压值、交流电压值电阻值等，具有26个基本量程和电平、电容、电感、晶体管直流参数等附加量程。

MF47指针式万用表由表头、测量电路及功能量程旋钮（以下简称量程旋钮）三个主要部分组成。

① 刻度盘与挡位盘。刻度盘与挡位盘印制成红、绿、黑三色，表盘颜色分别按交流红色、晶体管绿色、其余黑色对应制成，使用时读数便捷，刻度盘上装有反光镜，以消除视差。除交流、直流 2500V 和直流 5A 分别有单独插孔之外，调到其余各挡只需转动量程旋钮，使用方便。

表头是一只高灵敏度的磁电式直流电流表，万用表的主要性能指标基本取决于表头的性能。表头的灵敏度是指当指针满刻度偏转时，流过表头的直流电流值，这个值越小，说明表头的灵敏度越高，测量电压时的内阻越大，其性能越好。图 1-25 所示为 MF47 指针式万用表的表盘，上面有四条刻度线，它们的功能分别如下（从上到下）：第一条刻度线旁标有 R 或 Ω，指示的是电阻值（左边是∞，右边是 0，刻度不均匀），当量程旋钮在 Ω 挡时，读此条刻度线；第二条刻度线旁标有 ACV、DCV 和 DCmA，指示的是交流电压、直流电压值和直流电流值（左边是 0，右边是 250、50 或 10，刻度均匀），当量程旋钮在交流电压挡、直流电压挡或直流电流挡，量程选择除交流 10V 以外的其他位置时，读此条刻度线；第三条刻度线旁标有 10V，指示的是 10V 的交流电压值，当量程旋钮在交流电压挡、直流电压挡，量程选择交流 10V 时，读此条刻度线；第四条刻度线旁标有 dB，指示的是音频电平。

② 使用方法。在使用前应检查指针是否指示在机械零位上，若不指示在零位上，则可旋转表盖的指针调零旋钮使其指示在零位上。

将红、黑表笔分别插入“＋”“-”插孔，当测量交流、直流 2500V 或直流 5A 时，红表笔应分别插入标有 2500V 或 5A 的插孔。

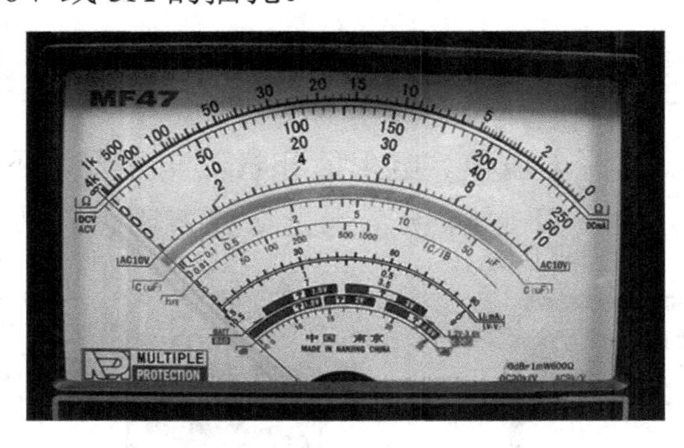

图 1-25　MF47 指针式万用表的表盘

（2）数字万用表使用说明。

在使用数字万用表前要了解数字万用表上的一些按键和符号，如 Power 是指电源开关，HOLD 是指锁屏按键，B/L 一般是指背光灯；还要了解功能量程转换开关（以下简称转换开关），V-或 DCV 表示直流电压挡，V～或 ACV 表示交流电压挡，A-或 DCA 表示直流电流挡，A～或 ACA 表示交流电流挡，Ω 表示电阻挡，二极管符号表示二极管挡（也被称为蜂鸣挡），F 表示电容挡，H 表示电感挡，h_{FE} 表示三极管电流放大系数测试挡。一般数字万用表有四个输入插孔，分别是 VΩ 插孔、COM 插孔、mA 插孔、10A 插孔或 20A 插孔。COM 插孔也被称为公共端，是专门插入黑表笔的插孔。

当测量电压时，要选择合适的量程。如果测量直流电压，则要选择直流电压挡 V-（DCV）；如果测量交流电压，则要选择交流电压挡 V～（ACV）。先将红表笔插入 VΩ 插孔，黑表笔插入 COM 插孔，然后将红、黑表笔并联到电路中测量电压。如果不知道被测电阻器的电压值有多大，则要选择最大量程。

当测量直流电压时，不必考虑正、负极，因为数字万用表不像指针式万用表那样，直流信号测量反了，指针反打，数字万用表只显示符号，说明信号是从黑表笔进入的。

当测量电流时，根据被测电流大小不同，选择不同插孔，如果测量小电流，则要将红表笔插入 mA 插孔，黑表笔插入 COM 插孔。将红、黑表笔串联到电路中测量电流，如果 LCD 显示器显示 1 或 OL（溢出符号），则说明超过量程，要增大量程。mA 插孔一般会设置一个 200mA 的保险管，当测量大电流时要将红表笔插入 10A 插孔或 20A 插孔，黑表笔插入 COM 插孔。10A 插孔或 20A 插孔一般不设保险管，当测量大电流时，一定要注意测量时间，正确的测量时间应该为 10～15s，如果测量时间过长，则电流挡康铜或锰铜分流电阻过热引起电阻值变化，会造成测量误差。

当测量电阻时，先选择 Ω 挡，再选择适当量程，如果不知道被测电阻器的电阻值有多大，则应该选择最大量程；然后将红表笔插入 VΩ 插孔，黑表笔插入 COM 插孔，接在电阻器的两端，因为电阻器没有正、负极，所以不分正、负极。在测量中，如果 LCD 显示器还是显示 1 或 OL，则要使用最大量程测量一遍；如果使用最大量程测量该电阻器的电阻值，LCD 显示器还是显示 1，则说明该电阻器开路；如果 LCD 显示器显示 001，则说明该电阻器内部击穿。当测量电阻时，短接表笔测出表笔线的电阻值一般在 0.1～0.3Ω，不能超过 0.5Ω，如果超过，则说明数字万用表的电池是 9V，也就是因数字万用表电源电压偏低而引起的，或者是因选择开关刀盘与 PCB 接触松动而引起的。

当测量二极管时，要使用二极管挡，数字万用表二极管挡 VΩ 插孔和 COM 插孔的开路电压为 2.8V 左右，将红表笔插入 VΩ 插孔，黑表笔插入 COM 插孔，使红表笔接触二极管的正极，黑表笔接触二极管的负极，测得的是二极管的正向电阻值，反之测得的是二极管的反向电阻值。在数字万用表中红表笔接触内部电池正极带正电，黑表笔接触内部电池负极带负电，正好跟指针式万用表相反，在指针式万用表中当选择 Ω 挡时红表笔接触内部电池负极，黑表笔接触内部电池正极。

3. 实训内容与步骤

❖ 任务 1　色环电阻器识读训练

【操作步骤】

（1）四环电阻器识读训练 1：根据给出的四环电阻器的标称电阻值和允许误差写出对应的色环颜色排列（见表 1-10）。

表 1-10　四环电阻器识读训练 1

序号	标称电阻值	允许误差	色环颜色排列	序号	标称电阻值	允许误差	色环颜色排列
1	1.2Ω	±5%		7	10kΩ	±10%	
2	10Ω	±5%		8	47kΩ	±5%	
3	27Ω	±5%		9	390kΩ	±20%	

续表

序号	标称电阻值	允许误差	色环颜色排列	序号	标称电阻值	允许误差	色环颜色排列
4	300Ω	±10%		10	620kΩ	±10%	
5	2kΩ	±5%		11	2.2MΩ	±5%	
6	5.1kΩ	±5%		12	7.5MΩ	±10%	

（2）四环电阻器识读训练2：每人取20个不同电阻值的四环电阻器，根据实物写出对应的标称电阻值、允许误差、色环颜色（见表1-11）。

表1-11　四环电阻器识读训练2

序号	标称电阻值	允许误差	色环颜色排列	序号	标称电阻值	允许误差	色环颜色排列
1				11			
2				12			
3				13			
4				14			
5				15			
6				16			
7				17			
8				18			
9				19			
10				20			

（3）五环电阻器识读训练1：根据给出的五环电阻器的标称电阻值和允许误差写出对应的色环颜色排列（见表1-12）。

表1-12　五环电阻器识读训练1

序号	标称电阻值	允许误差	色环颜色排列	序号	标称电阻值	允许误差	色环颜色排列
1	1Ω	±1%		8	5.1kΩ	±1%	
2	9.1Ω	±1%		9	20kΩ	±1%	
3	47Ω	±1%		10	33kΩ	±5%	
4	56Ω	±1%		11	100kΩ	±1%	
5	360Ω	±1%		12	750kΩ	±1%	
6	680Ω	±5%		13	1.2MΩ	±1%	
7	1.5kΩ	±1%		14	2.2MΩ	±1%	

（4）五环电阻器识读训练2：每人取20个不同电阻值的五环电阻器，根据实物写出对应的标称电阻值、允许误差（见表1-13）。

表1-13　五环电阻器识读训练2

序号	色环颜色排列	标称电阻值	允许误差	序号	色环颜色排列	标称电阻值	允许误差
1	橙橙黑红棕			11	棕黑黑银棕		
2	绿蓝黑红棕			12	红红黑银棕		
3	棕灰黑橙棕			13	棕红黑金棕		
4	紫绿黑橙棕			14	橙黑黑金棕		
5	蓝灰黑橙棕			15	黄紫黑黑棕		
6	红紫黑黄棕			16	白棕黑黑棕		

续表

序号	色环颜色排列	标称电阻值	允许误差	序号	色环颜色排列	标称电阻值	允许误差
7	橙白黑黄棕			17	红黑黑棕棕		
8	橙蓝黑黄棕			18	黄橙黑棕棕		
9	绿棕黑绿金			19	灰红黑棕棕		
10	蓝红黑绿金			20	棕绿黑红棕		

注：表 1-13 中的色环颜色排列，可根据实训条件随意改换，即所设识读的电阻值是任意的。

【要点提示】

（1）除特殊情况外，色环电阻器本体基本有两种颜色：一种是米黄色，一般是四环电阻器用的颜色；另一种是蓝色，一般是高精度五环电阻器用的颜色。

（2）正确识读色环电阻器，关键是正确区分第一环和最后一环。一般第一环与引脚间的距离要小一些，最后一环（表示允许误差的色环）与它前面的色环间的距离比其他色环之间的距离要大一些（$AB<BC$），较标准的表示方法应是表示允许误差的色环宽度是其他色环宽度的 1.5～2 倍，如图 1-26 所示。

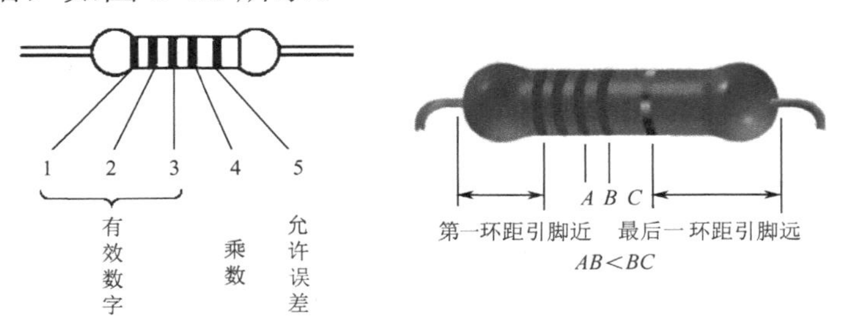

图 1-26　色环与引脚之间的距离

❖ 任务 2　普通电阻器的万用表检测

电阻器的标称电阻值与实际值电阻都有一定的允许误差，若要知道电阻器的实际电阻值或电阻器是否已损坏，则要用仪表进行测量，通常测量电阻值可以采用万用表。

【操作步骤】

（1）使用指针式万用表测量电阻值。

①将量程旋钮转至 Ω 挡并选择合适的量程，如图 1-27 所示。

图 1-27　将量程旋钮转至 Ω 挡并选择合适的量程

② 将两只表笔短接，旋转指针调零旋钮进行调零，使指针指示在 0 刻度处，如图 1-28 所示。

③ 将两只表笔分别与电阻器的两个引脚接触，根据表针指示位置进行读数，并与电阻

器自身标称电阻值进行对照，如果二者相近（在允许误差范围内），则说明该电阻器正常，如果二者相差太大，则说明该电阻器不良。测量时的正确握持方法如图 1-29 所示。

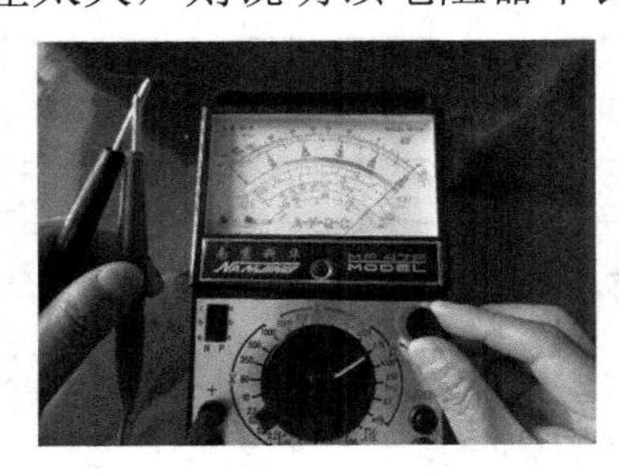

图 1-28　指针调零旋钮

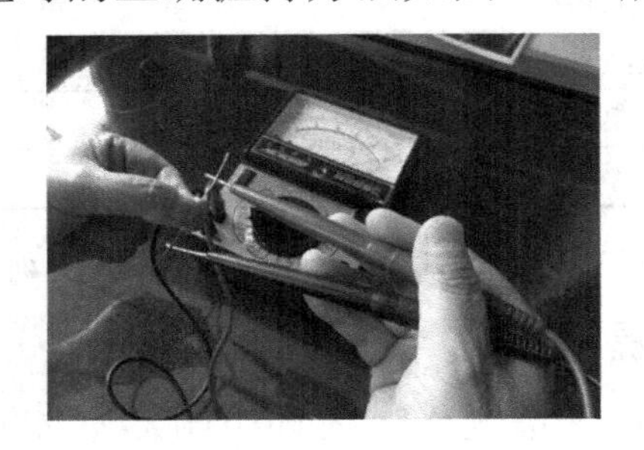

图 1-29　测量时的正确握持方法

④ 交换两只表笔再次测量，以确保测量结果的准确性。

⑤ 所测量电阻值=指针读数×所选挡位。例如，使用 $R\times100$ 挡，当指针指示在 20 刻度处时，测量结果是 20×100=2000Ω。

【要点提示】

① 在使用指针式万用表测量电阻值时，每次换挡都要重新调零。

② 在测量时，特别是在测量电阻值为几十千欧以上的电阻器时，手不要触碰表笔与电阻器的导电部分，以免引入人体电阻，使测量结果产生误差。

③ 在读数时，眼睛要正对指针，避免读数产生误差。

④ 由于 Ω 挡刻度的非线性，它的中间一段分布较为精细，因此应合理选择挡位，使指针尽可能指示在刻度的中段位置，即在全刻度的 20%～80%弧度范围内，使测量结果更准确。

（2）使用数字万用表测电阻值。

① 将黑表笔插入 COM 插孔，红表笔插入 VΩHz 插孔，如图 1-30 所示。

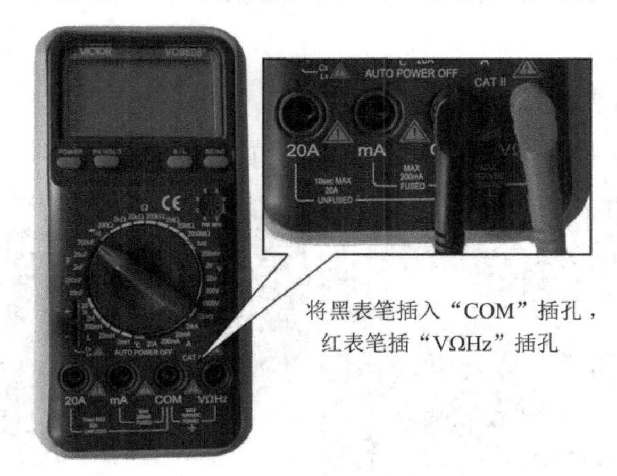

图 1-30　正确插入两只表笔

② 将转换开关转至合适的 Ω 挡，如若测量的是标称电阻值为几十欧的电阻器，则转至 $R\times200\Omega$ 挡，如图 1-31 所示。

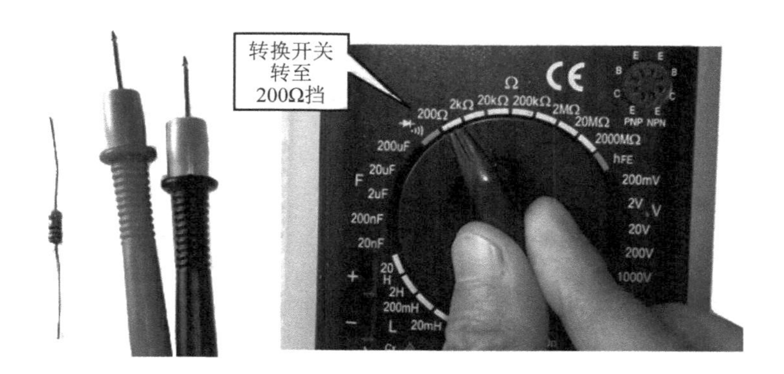

图 1-31 **转换开关转至合适的 Ω 挡**

③ 将两只表笔与电阻器的两个引脚接触，测量结果将显示在 LCD 显示器上，根据挡位识读电阻器的电阻值和单位，如图 1-32 所示。

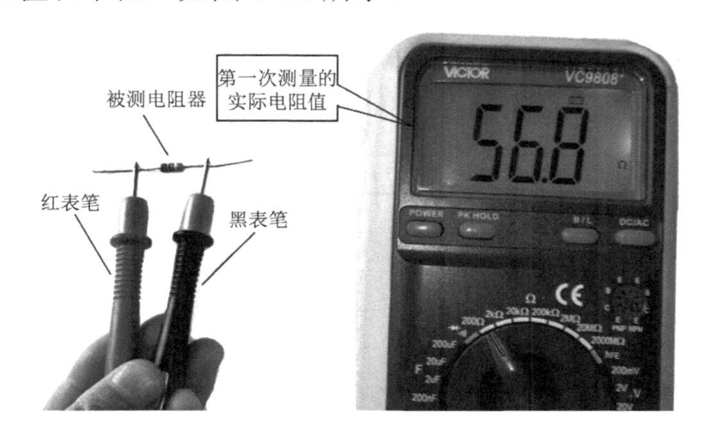

图 1-32 **第一次测量结果**

④ 交换两只表笔再次测量，比较两次测量值，以确保测量结果的准确性，如图 1-33 所示。

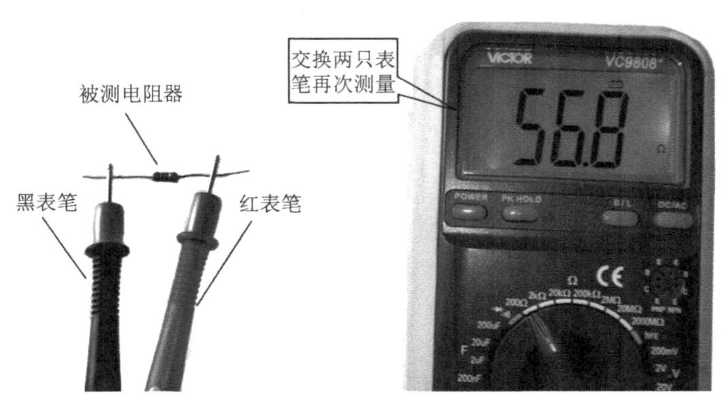

图 1-33 **交换两只表笔再次测量**

【注意】

关于读数与单位。在使用数字万用表测量时，一般不需要调零，测量时 LCD 显示器显示的数值就是测量值。如果在测量正确时 LCD 显示器显示 1，则说明被测电阻器的电阻值大于被选的挡位，此时将挡位调大到合适位置并重新测量即可。在开始时，一定要先选大挡位，再从大到小调整。

由于数字万用表挡位上写的数字是该挡下能测量的最大电阻值，因此显示的电阻值肯定小于标称电阻值。假如一个电阻器用 20kΩ 挡测量 LCD 显示器显示 69，那它是 69Ω 的电阻器，不是 69kΩ 或 69MΩ 的电阻器，因为这挡最大只能测量到 20kΩ，如果是 69kΩ 或 69MΩ 的电阻器，用 20kΩ 挡测量显然超出量程，那么 LCD 显示器显示 1 或 OL。

【实训记录】

用指针式万用表和数字万用表各检测 10 只不同类型的电阻器，并将检测结果填入表 1-14。

表 1-14　普通电阻器检测实训记录

用指针式万用表检测				用数字万用表检测			
序号	电阻器类型	标称电阻值	实测值	序号	电阻器类型	标称电阻值	实测值
1	四环碳膜电阻器			1			
2				2			
3				3			
4	五环金属膜电阻器			4			
5				5			
6				6			
7	直标线绕电阻器			7			
8				8			
9	水泥电阻器			9			
10				10			

1.5.2　敏感电阻器的检测实训

1. 实训目的

熟悉热敏电阻器、光敏电阻器和湿敏电阻器的外形与标识，掌握用数字万用表检测热敏电阻器、湿敏电阻器类型的方法，掌握用指针式万用表检测光敏电阻器性能的方法。

2. 实训器材

（1）指针式万用表（一人一块）。

（2）数字万用表（一人一块）。

（3）PTC 热敏电阻器和 NTC 热敏电阻器若干。

（4）热风枪或大功率电烙铁 1 个。

（5）功能正常和已损坏失效的光敏电阻器若干。

3. 实训内容与步骤

❖ 任务 1　热敏电阻器的检测

将指针式万用表的量程旋钮转至 Ω 挡（根据标称电阻值确定挡位），先用鳄鱼夹代替表笔分别夹住热敏电阻器的两个引脚，记下此时的测量值；然后用手捏住热敏电阻器，观察指针指示的数值，此时会看到指针指示的数值（指针会慢慢移动）随着温度的升高而改变，这表明电阻值在逐渐改变，当电阻值改变到一定数值时，指示的数值（或指针）会逐渐稳定。若环境温度接近体温，则采用这种方法效果不佳，这时可用电烙铁、电吹风、开水杯等靠近或紧贴热敏电阻器进行加热，可以看到电阻值明显改变，这样可证明该热敏电阻器是好的。若在此过程中指针指示的数值没有改变，则说明该热敏电阻器已失效。

【操作步骤】

（1）PTC 热敏电阻器的检测如图 1-34 所示。先用数字万用表测量常温下 PTC 热敏电阻器的电阻值，并记录此时的测量值；然后用热风枪对该电阻器进行加热，观察数字万用表读数的变化，并记录加热后的测量值，比较两次测量值，据此判断该电阻器的好坏。

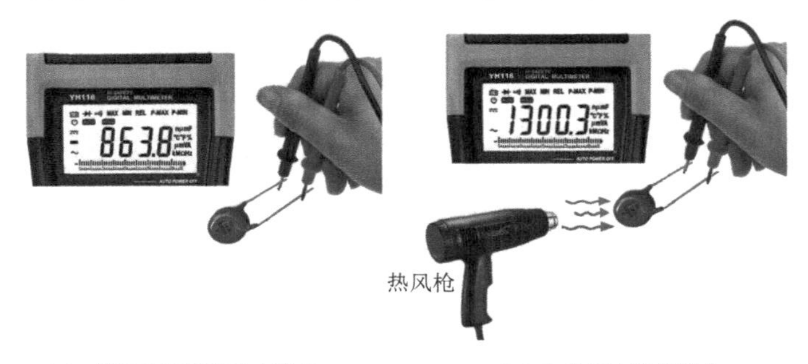

（a）常温下接近标称电阻值　　（b）加热后电阻值增大

图 1-34　PTC 热敏电阻器的检测

（2）NTC 热敏电阻器的检测如图 1-35 所示。先用数字万用表测量常温下 NTC 热敏电阻器的电阻值，并记录此时的测量值；然后将电烙铁移近该电阻器对其进行加热，观察数字万用表读数的变化，并记录加热后的测量值，比较两次测量值，据此判断该电阻器的好坏。

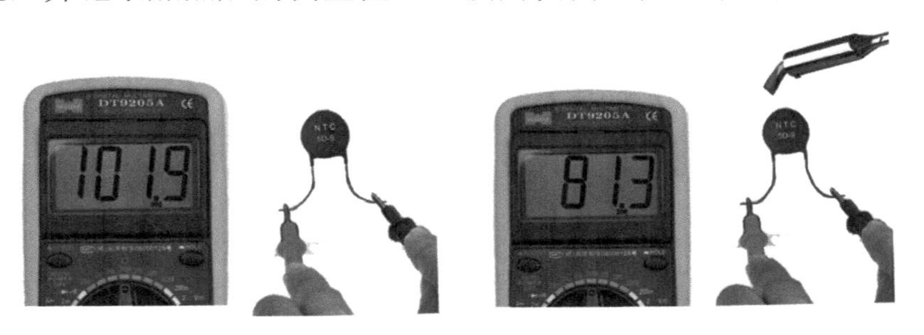

（a）常温下接近标称电阻值　　（b）加热后电阻值减小

图 1-35　NTC 热敏电阻器的检测

（3）将外部型号隐去的 PTC 热敏电阻器和 NTC 热敏电阻器各 10 只混装在同一容器中，利用数字万用表及加热设备依次按上述方法进行检测。

【实训记录】

将以上检测结果填入表 1-15。

表 1-15　热敏电阻器检测实训记录

序号	加热前电阻值	加热后电阻值	热敏电阻器类型	是否损坏	序号	加热前电阻值	加热后电阻值	热敏电阻器类型	是否损坏
1					11				
2					12				
3					13				

续表

序号	加热前电阻值	加热后电阻值	热敏电阻器类型	是否损坏	序号	加热前电阻值	加热后电阻值	热敏电阻器类型	是否损坏
4					14				
5					15				
6					16				
7					17				
8					18				
9					19				
10					20				

【要点提示】

（1）对标识缺失或模糊不清的热敏电阻器，在加热过程中电阻值若减小，则是 NTC 热敏电阻器；若增大，则是 PTC 热敏电阻器。

（2）在使用万用表检测 NTC 热敏电阻器时，需要注意热敏电阻器上的标称电阻值与万用表的测量值不一定相等。这是由于标称电阻值是用专用仪器在环境温度为 25℃的条件下测得的，在使用万用表测量时有一定的电流通过热敏电阻器产生热量，而且环境温度不一定正好是 25℃，因此不可避免地会产生误差。

热敏电阻器对温度的敏感度较高，在要求较高的场合不宜用万用表直接测量其电阻值，这是因为万用表的工作电流比较大，当电流通过热敏电阻器时会使其发热从而导致电阻值改变。

❖ 任务 2　光敏电阻器的检测

【操作步骤】

（1）使用指针式万用表进行检测。将量程旋钮转至 Ω 挡，一般光敏电阻器的表面不标注标称电阻值。

由于光敏电阻器具有电阻值随入射光线的变化而变化的特性，因此在使用指针式万用表对光敏电阻器进行检测时，要将量程旋钮转至较大量程，如 R×1k 或 R×1M 挡。

（2）进行调零（零欧姆校正），如图 1-36 所示。

（3）先将光敏电阻器放在正常光照条件下进行检测，把黑、红表笔分别搭在光敏电阻器两端的引脚上，观察此时指针指示的数值，若可以测得一个固定的电阻值，则说明该光敏电阻器性能正常，可以使用，如图 1-37 所示；若测得的电阻值趋于 0 或∞，则说明该光敏电阻器已损坏。

（4）用一块黑布或黑纸片将光敏电阻器的透光窗口遮住，使其处于完全黑暗的状态下，如图 1-38 所示。此时测量该光敏电阻器的电阻值（在测量时注意不能用手同时接触光敏电阻器的两个引脚，以免其电阻值减小），测得的电阻值就是该光敏电阻器的暗电阻，读数通常为 MΩ 数量级，此值越大说明该光敏电阻器性能越好，若此值很小甚至趋于 0 或与正常光照条件下的电阻值接近，则说明该光敏电阻器已损坏，不能继续使用。

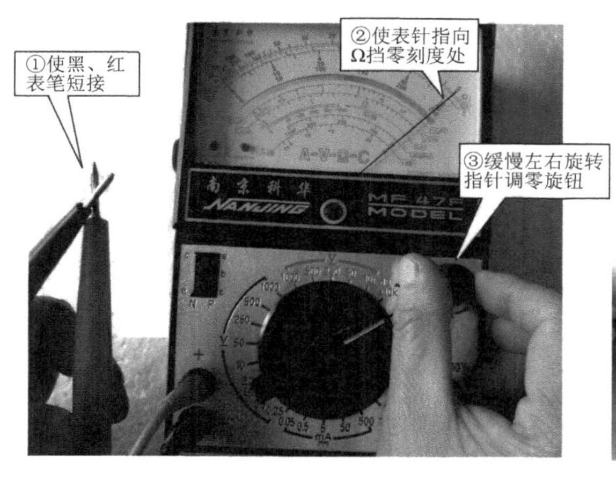

图 1-36 调零

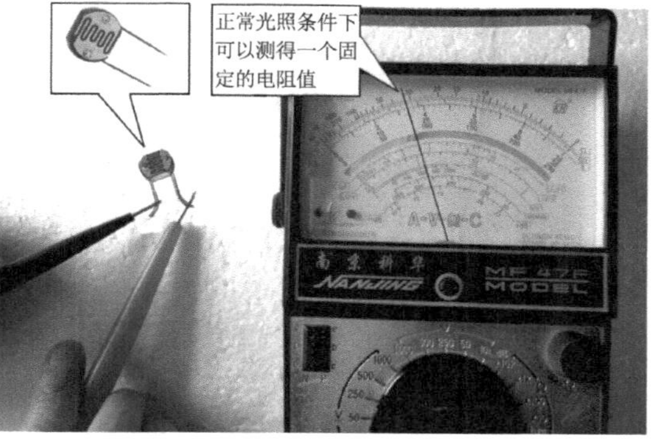

图 1-37 在正常光照条件下进行检测

（5）将遮住光敏电阻器的透光窗口的黑布去掉，量程旋钮转至 $R\times1\text{k}\Omega$ 挡，将光源（如手电筒）对准光敏电阻器的透光窗口照射，此时指针应有较大幅度的摆动，电阻值明显减小，通常为几千欧或十几千欧，如图 1-39 所示。若此值越小，则说明该光敏电阻器性能越好；若此值很大甚至趋于∞，则说明该光敏电阻器内部已开路损坏，不能继续使用。

（6）将光敏电阻器的透光窗口对准光源，用黑布在光敏电阻器的透光窗口上部晃动，使其间断受光，此时指针应随黑布的晃动而左右摆动。若指针始终停在某一位置不随黑布的晃动而左右摆动，则说明该光敏电阻器已损坏。

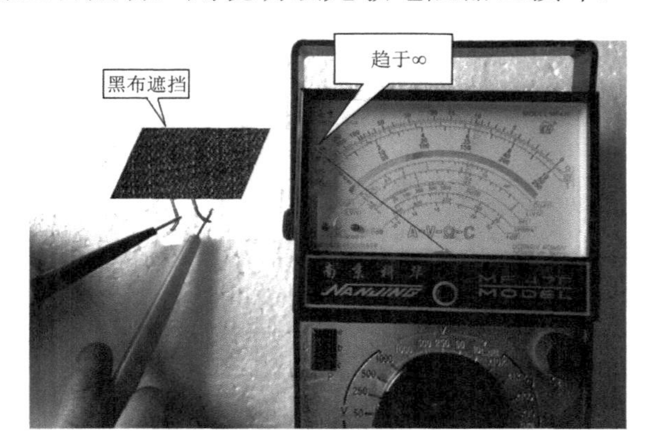

图 1-38 光敏电阻器的暗电阻测量

图 1-39 光敏电阻器的电阻值在强光照射下的测量

【实训记录】

将以上检测结果填入表 1-16。

表 1-16 光敏电阻器检测实训记录

序号	有光照时电阻值	强光照时电阻值	无光照时电阻值	性能是否正常	序号	有光照时电阻值	强光照时电阻值	无光照时电阻值	性能是否正常
1					6				
2					7				
3					8				
4					9				
5					10				

❖ 任务 3　湿敏电阻器的检测

【操作步骤】

（1）因为湿敏电阻器的电阻值随周围环境湿度的变化而变化，所以在湿敏电阻器的表面一般不标注标称电阻值。

（2）使用数字万用表进行检测。打开数字万用表的电源开关，将转换开关转至 Ω 挡，量程转至 R×20kΩ 挡。图 1-40 所示为选择量程。

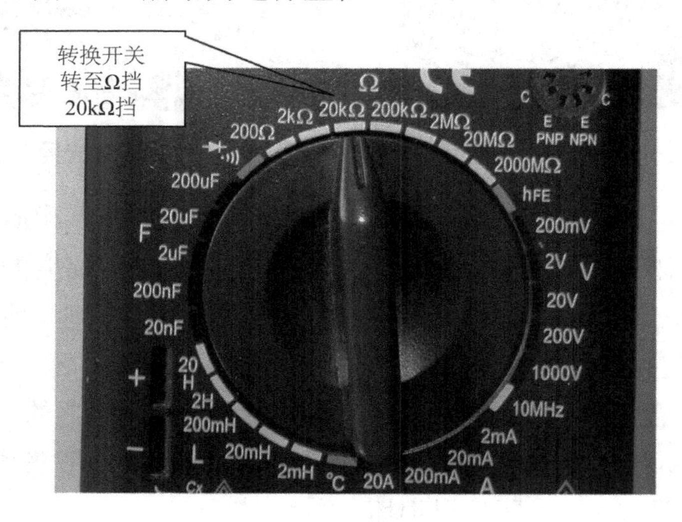

图 1-40　选择量程

（3）在正常湿度条件下检测湿敏电阻器的电阻值，将红、黑表笔分别搭在湿敏电阻器的两个引脚上，观察数字万用表的读数，可以测得一个固定的电阻值（几千欧到几十千欧），若测得的电阻值趋于 0 或∞，则说明该湿敏电阻器已损坏，如图 1-41 所示。

（4）用湿毛刷或湿棉签增加湿敏电阻器表面的湿度，再次测量其电阻值，观察数字万用表的读数，若测得的电阻值比在正常湿度条件下测得的电阻值大，则说明该湿敏电阻器性能正常，且为 PTC 湿敏电阻器；若测得的电阻值与在正常湿度条件下测得的电阻值相等或相近，则说明该湿敏电阻器性能异常，如图 1-42 所示。

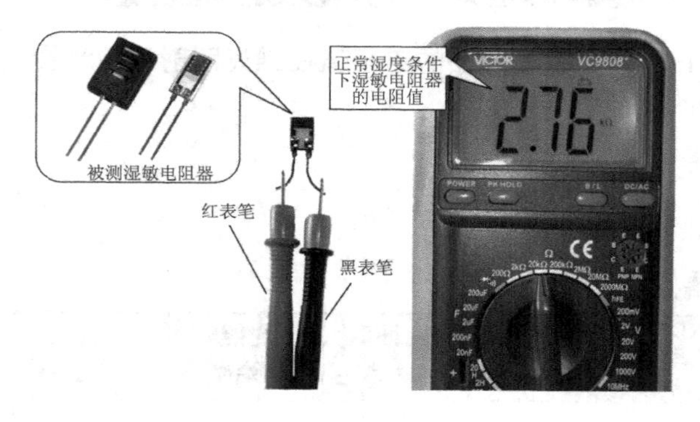

图 1-41　在正常湿度条件下检测湿敏电阻器

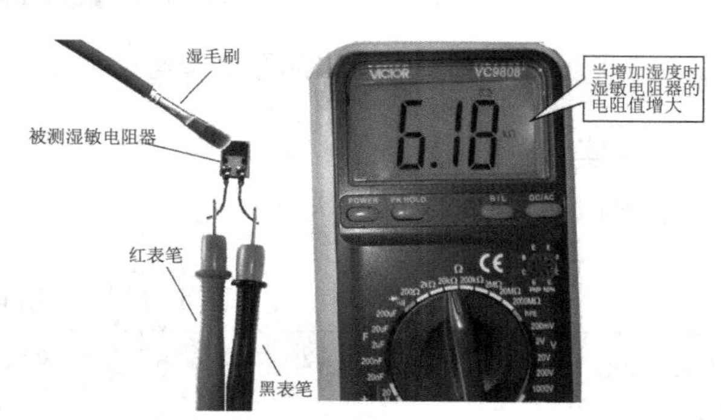

图 1-42　增加湿敏电阻器表面的湿度再次测量

【实训记录】

将以上检测结果填入表 1-17。

表 1-17　湿敏电阻器检测实训记录

序号	正常时电阻值	加湿后电阻值	性能是否正常	序号	正常时电阻值	加湿后电阻值	性能是否正常
1				6			
2				7			
3				8			
4				9			
5				10			

1.5.3　电位器和电阻排的检测实训

1. 实训目的

熟悉电位器和电阻排的外形与标识，掌握使用万用表检测电位器和电阻排性能的方法。

2. 实训器材

（1）指针式万用表（一人一块）。

（2）数字万用表（一人一块）。

（3）各种类型的电位器和电阻排若干。

3. 实训内容与步骤

【知识链接】

电位器的基本知识

电位器是一种可以人为地将电阻值连续调整变化的电阻器。电位器有三个引出端，其中一个为滑动端，另外两个为固定端，滑动端运动使其电阻值在标称电阻值范围内变化。

（1）电位器的类型。

电位器的类型有很多，按材料分有合成碳膜电位器、有机实心电位器和线绕电位器等；按外形结构分有带开关电位器和不带开关电位器、推拉式（直滑式）电位器和旋柄式电位器、双联电位器和单联电位器、通孔插装式电位器和片式电位器等（见表 1-18）。

表 1-18　常用电位器的结构及特点

名称	结构	特点
线绕电位器	用合金电阻丝在绝缘骨架上绕制成电阻体，滑动端簧片可在电阻体上滑动。既有精度达±0.1%的精密线绕电位器，又有额定功率在 100W 以上的大功率线绕电位器。线绕电位器有单圈线绕电位器、多圈线绕电位器、多联线绕电位器等几种	有精度易于控制、稳定性好、温度系数小、噪声小、耐压高等优点。但电阻值范围较窄，一般为几欧到几十千欧。线绕电位器按不同用途可分为普通型线绕电位器、精密型线绕电位器、微调型线绕电位器；按电阻值变化规律可分为线性线绕电位器、对数线绕电位器和指数型线绕电位器
合成碳膜电位器	先在绝缘基体上涂覆一层合成膜，经加温聚合后形成碳膜片，再与滑动端簧片等其他零件组合制成。合成碳膜电位器有单联合成碳膜电位器和多联合成碳膜电位器等几种	电阻值变化连续，范围宽；对温度和湿度的适应性差，使用寿命较短；成本低，广泛用于收音机、电视机等家电产品。额定功率有 1/8W、1/4W、1W、2W 等，一般电阻值允许误差精度为±20%。电阻值变化规律分为线性、对数和指数型等

续表

名称	结构	特点
有机实心电位器	由导电材料与有机填料、热固性树脂配制成电阻粉，经过热压后在基座上形成实心电阻体。轴端尺寸与形状分为多种规格，有带锁紧功能和不带锁紧功能两种类型	优点是结构简单、耐高温、体积小、使用寿命长、可靠性高；缺点是耐压偏低、噪声较大、转动力矩大等。多用于对可靠性要求较高的电子仪器。电阻值范围为几十欧到几千欧，功率多为 1/4～2W，允许误差精度有±5%、±10%、±20%几种
多圈电位器	调节方式有螺旋（指针）式、螺杆式等不同形式	属于精密电位器，调整电阻值需要使滑动端簧片旋转多圈，故调整精度高、分辨力高。多圈电位器的种类很多，有线绕型多圈电位器、有机实心型多圈电位器等
数字电位器	采用 IC 技术制成的电位器；把一串电阻集成到一个 IC 内部，采用 MOS 管控制电阻串联	网络与公共端连接；控制精度由控制的位数决定，一般为 8 位、10 位、12 位等；可用在模拟电路中实现阻抗匹配、放大回路的放大系数控制等；避免了抖动、调节操作麻烦等传统电位器的缺点；为设备的自动增益、电压变化、阻抗匹配等提供了便捷方式

电位器的电路符号、结构图及常见电位器的外形如图 1-43 所示。

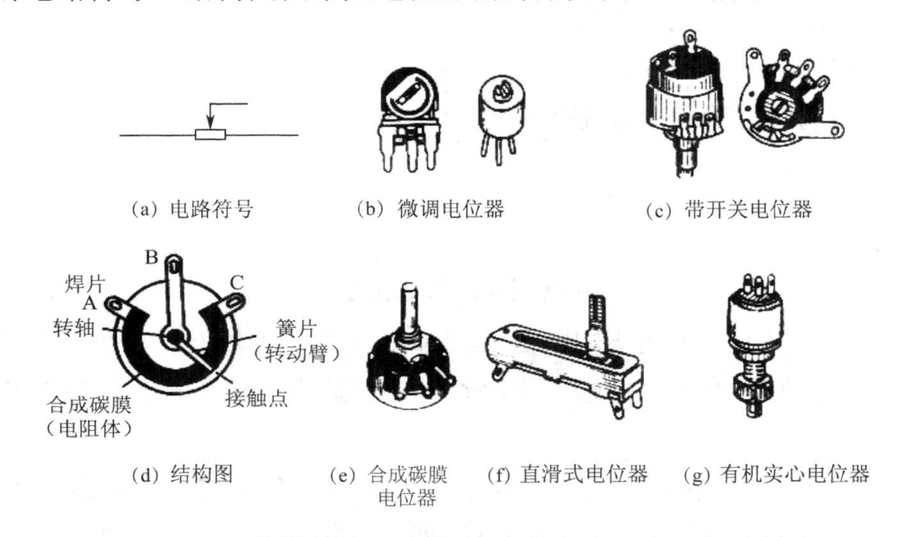

图 1-43　电位器的电路符号、结构图及常见电位器的外形

（2）电位器的用途。

① 用作分压器。当调节电位器的转柄或滑柄时，动触点在电阻体上滑动。此时，在电位器的输出端（一个固定端和滑动触点引出端之间）可获得与电位器外加电压和转动臂转角或行程呈一定关系的输出电压。

② 用作变阻器。当电位器用作变阻器时，应把它接成两端器件，这样在电位器的行程范围内即可获得一个平滑连续变化的电阻值。

③ 用作电流控制器。当电位器用作电流控制器时，其中一个选定的电流输出端必须是滑动触点引出端。

（3）电位器的主要参数。

① 标称电阻值是指电位器上标注的电阻值，该值等于电阻体两个固定端之间的电阻值。标称电阻值的单位有 Ω、kΩ、MΩ。

② 额定功率是指电位器在交流或直流电路中，在规定的大气压和产品标准规定的温度下，长期连续正常工作时允许消耗的最大功率。一般为 0.1W、0.25W、0.5W、1W、1.6W、2W、3W、5W、10W、16W、25W 等。

③ 电阻值变化规律是指电位器在调节时电阻值随接触点变化而变化的规律。按电阻值变化规律，电位器可分为直线式电位器、对数式电位器、指数式电位器三种。

a. 直线式电位器。直线式电位器的电阻值随滑动端运动呈线性、均匀变化。它一般用字母 X 表示，适用于进行分压、偏流的调整等。

b. 对数式电位器。对数式电位器的电阻值随滑动端运动呈对数规律变化。它一般用字符 D 表示，适用于进行收音机、音响等音调的控制。

c. 指数式电位器。指数式电位器的电阻值随滑动端运动呈指数规律变化。它一般用字母 Z 表示，适用于进行收音机、音响等音量的控制。

在调节这三种电位器时，电阻值随接触点变化而变化的规律如图 1-44 所示。

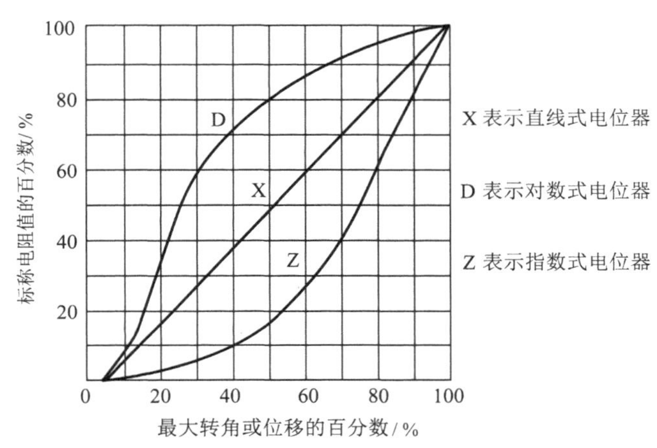

图 1-44　电阻值随接触点变化而变化的规律

④ 最大工作电压（也被称为额定工作电压）是指电位器在规定的条件下，能长期可靠地工作时允许承受的最高工作电压。电位器的实际工作电压应小于额定工作电压。

❖ 任务 1　电位器的类型判定与质量检测

【操作步骤】

（1）首先，将不同类型的电位器（见图 1-45）混装；其次，根据电位器外观与本体上的型号标志进行初步分拣，并读出标称电阻值，确定固定端与滑动端；最后，用指针式万用表测量标称电阻值。在测量时，选择 Ω 挡的适当量程，将两只表笔分别接触电位器两个固定引脚焊片，测量电位器的总电阻值是否与标称电阻值相同。若测得的电阻值为∞或比标称电阻值大，则说明该电位器已开路或损坏。

（2）电位器固定端和滑动端的质量检测。对于不能明确认定固定端和滑动端的电位器，可将量程旋钮转至 Ω 挡，根据标称电阻值选择合适量程，两只表笔与电位器的任意两个引脚接触，同时调节电阻值大小。在调节过程中如果指针不摆动，则说明两只表笔接触的两个引脚为固定端，另一个引脚为滑动端；如果不符合上述情况，则将两只表笔接触另外两个引脚再试。电位器的结构及引脚排列如图 1-46 所示。

图 1-45　不同类型的电位器

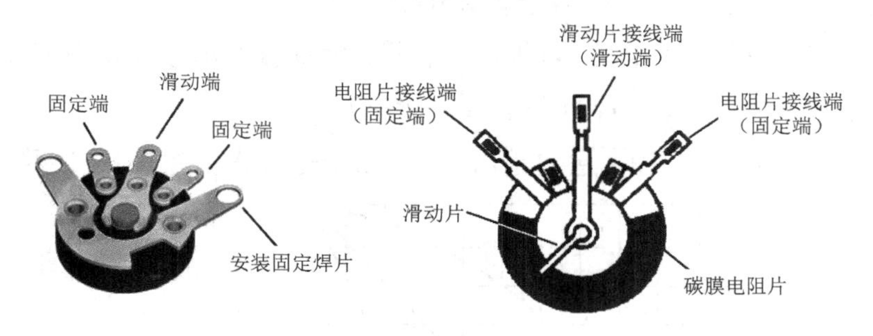

图 1-46　电位器的结构及引脚排列

（3）使用指针式万用表检测电位器的质量。

① 将两只表笔分别接触电位器中心头（滑动端）与两个固定端中的任意一个，慢慢旋转电位器的转柄，使其从一个极端位置旋转至另一个极端位置，正常的电位器指针指示的电阻值应从标称电阻值（或 0Ω）连续变化至 0Ω（或标称电阻值）。在旋转电位器转柄的过程中，指针应平稳摆动，而不应有任何跳动现象，若有跳动现象，则说明该电位器存在接触不良的故障。直滑式电位器的质量检测方法与此相同，如图 1-47 所示。

② 带开关电位器的质量检测。对于带开关电位器，除了按以上方法检测电位器的标称电阻值及接触情况，还应检测其开关是否正常。旋转电位器的转柄，检查开关是否灵活，接通/断开时是否能听到清脆的“咔嗒”声。先将量程旋钮转至 $R\times1\Omega$ 挡，两只表笔分别接触电位器开关的两个固定引脚焊片，旋转电位器的转柄，使开关接通，指针指示的电阻值应从∞变为 0Ω；然后断开开关，指针应从 0Ω 返回∞处。在测量时，应反复接通/断开电位器的开关，观察每次接通/断开时电阻值的变化，若开关接通时电阻值不为 0Ω，开关断开时电阻值不为∞，则说明该电位器的开关已损坏。

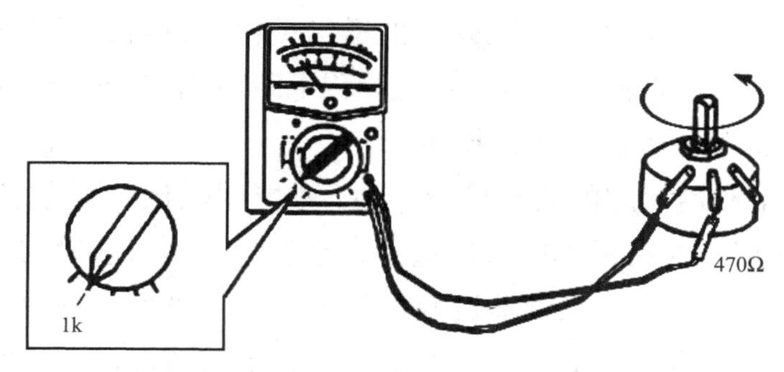

图 1-47　直滑式电位器的质量检测

（4）将以上检测结果填入表 1-19。

表 1-19　电位器检测实训记录

序号	类型与型号	标称电阻值	实测总电阻值	旋转手感及旋转时电阻值变化情况
1				
2				
3				
4				
5				
6				
7				
8				
9				
10				

【知识链接】

同轴双联电位器的检测

同轴双联电位器相当于两个电位器的综合，并且两个电阻器的总电阻值相等，各自有三个接线焊片。同轴双联电位器是传统立体声音响设备中一个很重要的元件，它的好坏直接影响立体声的平衡与声像定位。同轴双联电位器的外形与电路符号如图 1-48 所示。以下介绍同轴双联电位器的检测方法。

第一步，根据同轴双联电位器的标称电阻值选择量程，将指针式万用表指针调零后分别测量同轴双联电位器每个电位器的标称电阻值，即 A1、C1 与 A2、C2 之间的电阻值，质量好的同轴双联电位器这两个电阻值应相等，并且等于被测同轴双联电位器的标称电阻值。

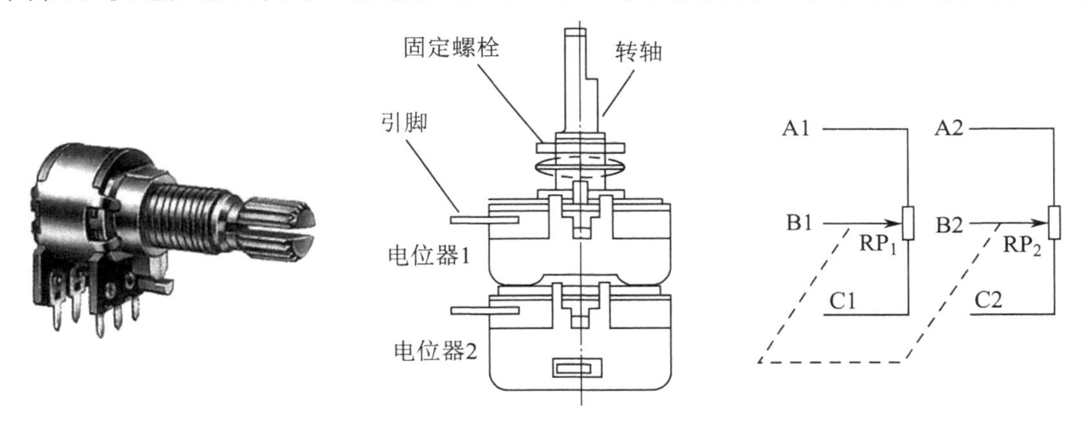

图 1-48　同轴双联电位器的外形与电路符号

第二步，测量同轴双联电位器的同步性能好坏。先用导线分别将 A1、C2 及 A2、C1 短接；然后用万用表测量中心头 B1、B2 之间的电阻值。在理想的情况下，无论电位器的转柄旋转到什么位置，B1、B2 之间的电阻值均应等于 A1、C1 或 A2、C2 之间的电阻值（指针应始终保持在 A1、C1 或 A2、C2 之间的电阻值的刻度上不动）。若指针有摆动，即 B1、B2 之间的电阻值波动较大，则说明该同轴双联电位器的同步性能不良。

❖ 任务 2 电阻排的检测

【知识链接】

电阻排的基础知识

电阻排（Line of Resistance）也叫集成电阻，是一种集多个电阻器于一体的电阻器件。常用的电阻排有 A 型电阻排和 B 型电阻排两种。A 型电阻排的引脚个数总是奇数，它的左端有一个公共端（用白色的圆点或菱形表示）。常见的 A 型电阻排有 4 个或 8 个电阻器，所以引脚共有 5 个或 9 个（特殊情况例外），如图 1-49 所示。

B 型电阻排的引脚个数总是偶数，它没有公共端。常见的 B 型电阻排有 4 个电阻器，所以引脚共有 8 个。图 1-50 所示为片式 B 型 8P4R 电阻排的实物外形与内部电路，该电阻排的标称电阻值是 10MΩ。

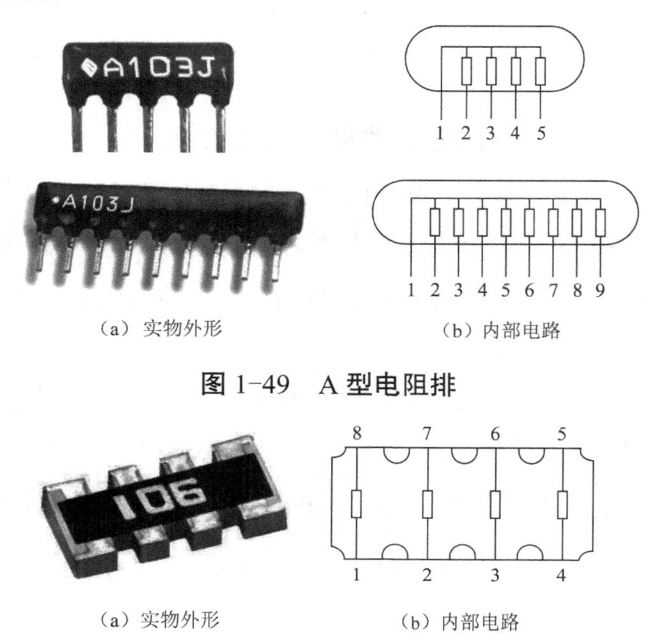

（a）实物外形 （b）内部电路

图 1-49 A 型电阻排

（a）实物外形 （b）内部电路

图 1-50 片式 B 型 8P4R 电阻排的实物外形与内部电路

电阻排的标称电阻值与内部电路结构通常可以从型号上识别出来，其型号标注如图 1-49（a）所示。型号中的第一位字母 A 表示内部电路结构代码；103 表示电阻排的标称电阻值为 10kΩ，即在三位数字中，从左至右数第一位、第二位表示有效数字，第三位表示有效数字乘以 10 的 n 次方，单位为 Ω；最后一位字母 J 表示允许误差为 5%；如果电阻值中有小数点，则用 R 表示，并占一位有效数字。以此类推，标注 222 的电阻器的电阻值为 2200Ω，即 2.2kΩ。

【注意】

要防止将这种标注方法与一般的数字标注方法弄混，如标注 220 的电阻器的电阻值为 22Ω，只有标注 221 的电阻器的电阻值才为 220Ω。

标注 0 或 000 的电阻排的电阻值为 0Ω，这种电阻排实际上是跳线（短路线）的。

一些精密电阻排采用四位数字加一位字母的标注方法（或只有四位数字）。前三位数字分别表示电阻值的百位、十位、个位的有效数字，第四位数字表示前面三位有效数字乘以

10 的 n 次方，单位为Ω；数字后面的字母表示允许误差（G=2%、F=1%、D=0.25%、B=0.1%、A 或 W=0.05%、Q=0.02%、T=0.01%、V=0.005%）。例如，标注 2341 的电阻排的电阻值为 234×10=2340Ω。

【提示】

在选用时要注意，有的电阻排内有两种电阻值的电阻器，在其表面会标注这两种电阻值，如 220Ω/330Ω。

【操作步骤】

（1）选择一个待测电阻排，通过型号标注读出该电阻排的电阻值。例如，由如图 1-49（a）所示的 A 型电阻排的实物外形，可以看到型号标注为 A103J。根据前面所学知识可读出该电阻排的内部电路结构代码为 A，即该电阻排为 A 型电阻排，其标称电阻值为 10kΩ，允许误差为±5%。

（2）使用数字万用表进行测量。接通电源开关，将转换开关调整到Ω挡，根据 A 型电阻排的标称电阻值，将量程调整为 R×20kΩ 挡。

（3）短接两只表笔并调零。操作方法与本节检测其他电阻器相同。

（4）将一只表笔接触 A 型电阻排的公共引脚，另一只表笔接触 A 型电阻排的另一个引脚进行检测，观察数字万用表的读数，此时测得的电阻值应与标称电阻值相近，如图 1-51 所示。

（5）保持接触 A 型电阻排的公共引脚的一只表笔不动，用另一只表笔检测 A 型电阻排的另外几个引脚，若测得的电阻值与第一次测得的电阻值相同，则说明该电阻排正常；若测得的电阻值均为∞或其中一个引脚的电阻值为∞，则说明该电阻排已损坏，如图 1-52 所示。

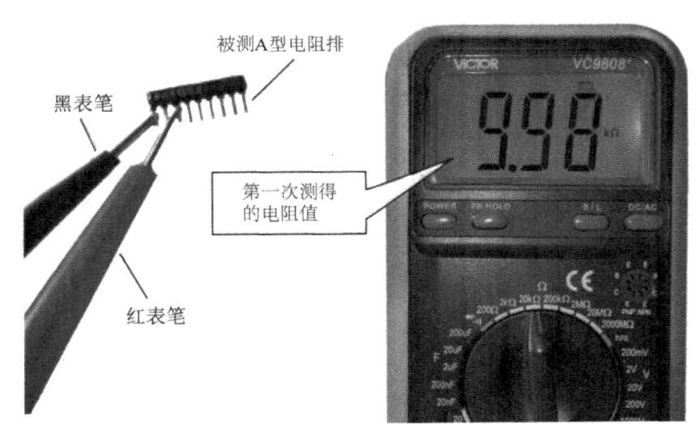

图 1-51　**第一次测量 A 型电阻排**

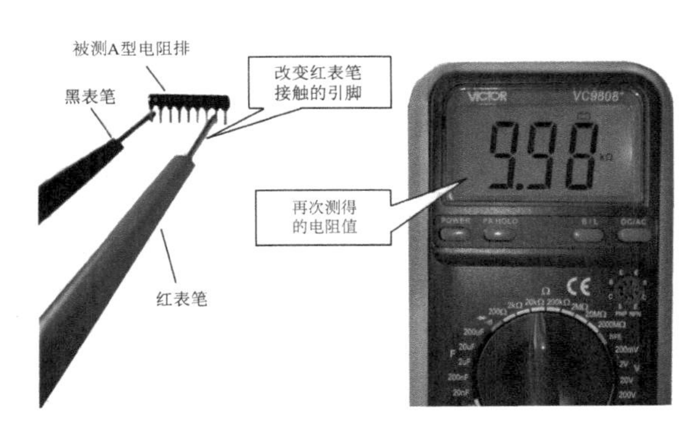

图 1-52　**改变引脚再次测量**

（6）将两只表笔同时接触除公共引脚以外的其他任意两个引脚，测得的电阻值应是标称电阻值的 2 倍。

需要注意的是，在对电阻排进行检测时，注意防止表笔与其他引脚短路，以免造成检测结果不准确。

【实训记录】

将以上检测结果填入表 1-20。

表 1-20　A 型电阻排检测实训记录

序号	类型与型号	标称电阻值	实测电阻值（公共引脚与其他任意引脚之间）的电阻值	除公共引脚以外，其他任意两引脚之间的电阻值
1				
2				
3				
4				
5				
6				
7				
8				
9				
10				

第2章

电容器的识别检测

2.1 电容器的种类及型号命名方法

2.1.1 电容器的基本知识概述

在电子制作中需要用到各种各样的电容器，它们在电路中分别起着不同的作用。与电阻器相似，电容器通常简称电容，用字母C表示。顾名思义，电容器就是“储存电荷的容器”。尽管电容器品种繁多，但是它们的基本结构和原理是相同的。两片相距很近的金属中间被某物质（固体、气体或液体）隔开，构成了电容器。这两片金属被称为极板，中间的物质被称为介质。电容器分为容量固定的电容器与容量可变的电容器。常见的是容量固定的电容器，非常常见的是电解电容器和瓷片电容器。

不同的电容器储存电荷的能力也不同。规定当电容器外加1V直流电压时所储存的电荷量被称为该电容器的电容量。

在电路中，电容器用来通过交流电而阻隔直流电，也用来存储和释放电荷以充当滤波器，平滑输出脉动信号。小电容量的电容器通常在高频电路中使用，如收音机、发射机和振荡器。大电容量的电容器往往用于滤波和存储电荷。电容器还有一个特点：一般1μF以上的电容器均为电解电容器，1μF以下的电容器多为瓷片电容器，当然也有其他的，如独石电容器、涤纶电容器、小电容量的云母电容器等。电解电容器有一个铝壳，里面充满了电解质，并引出两个电极作为正（+）、负（-）极。与其他电容器不同，电解电容器在电路中的极性不能接错，而其他电容器没有极性。

把电容器的两个电极分别接在电源的正、负极上，过一会儿后即使把电源断开，两个电极之间仍然会有残留电压，这是因为电容器储存了电荷。电容器的极板之间产生电压、积蓄电能的过程被称为电容器的充电。充好电的电容器两端有一定的电压。电容器储存的电荷向电路释放的过程被称为电容器的放电。

在电路中，电容器只有在充电过程中才有电流流过，充电过程结束后电容器是不能通过直流电的，它在电路中起着“隔直流”的作用。在电路中，电容器常被用于耦合、旁路和滤波等，利用的都是它“通交流，隔直流”的特性。交流电不仅方向往复交变，而且大小也按规律变化。若电容器接在交流电源上，电容器连续地充电、放电，则电路中会流过与交流电变化规律一致（相位不同）的充电电流和放电电流。

2.1.2 电容器的分类

1. 按结构分类

电容器按结构分类有固定电容器、可变电容器和微调电容器。

2. 按介质材料分类

电容器按介质分类有有机介质电容器、无机介质电容器、陶瓷电容器、云母电容器、电解电容器和空气介质电容器等。

3. 按用途分类

电容器按用途分类有高频旁路电容器、低频旁路电容器、滤波电容器、调谐电容器、高频耦合电容器、低频耦合电容器等。

4. 按工艺分类

电容器按工艺分类有采用 THT 工艺的通孔插装电容器和采用 SMT 工艺的片式电容器。

电容器的外形与电路符号如图 2-1 所示。

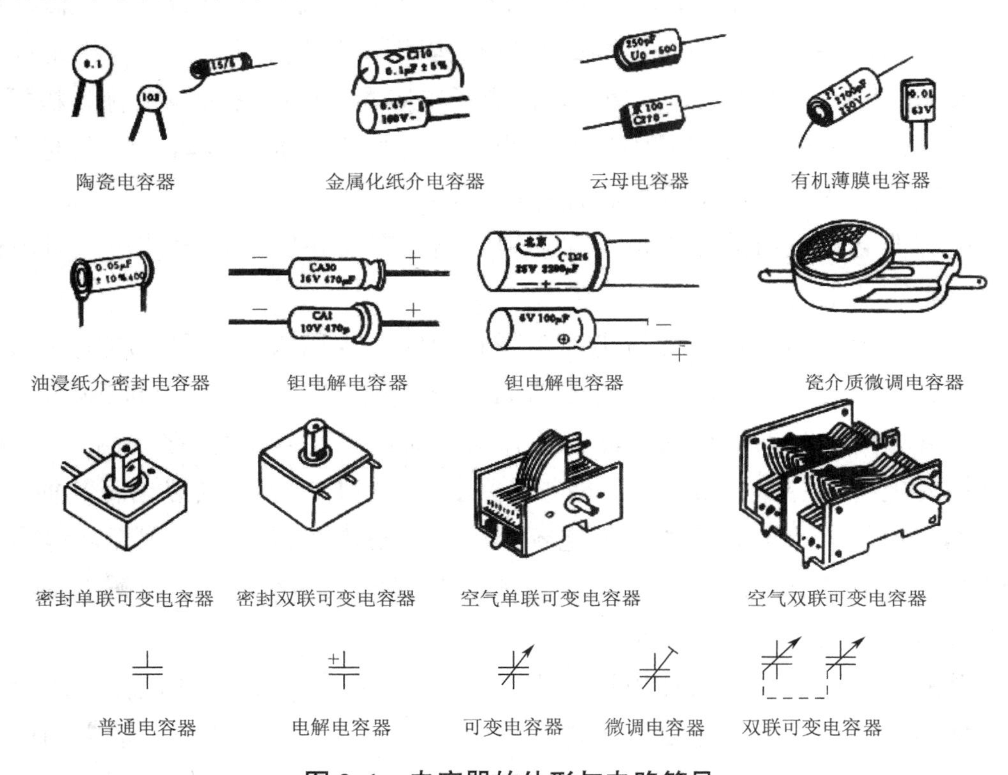

图 2-1 电容器的外形与电路符号

2.1.3 电容器的型号命名方法

根据国家标准规定，电容器的型号由以下几部分组成：第一部分用字母 C 表示产品主称为电容器；第二部分用字母表示产品材料；第三部分用数字表示产品分类；第四部分用数字表示产品序号。

电容器的型号命名方法如表 2-1 所示。

表 2-1 电容器的型号命名方法

第一部分		第二部分		第三部分				
符号	意义	符号	意义	符号	意义			
					瓷介电容器	云母电容器	电解电容器	有机电容器
C	电容器	C	高频瓷介	1	圆片	非密封	箔式	非密封（金属箔）
		Y	云母	2	管形（圆柱）	非密封	箔式	非密封（金属化）
		Z	纸介	3	迭片	密封	烧结粉 非固体	密封（金属箔）
		J	金属化纸介	4	多层（独石）	独石	烧结粉 固体	密封（金属化）
		B	聚苯乙烯有机薄膜	5	穿心	—	穿心	穿心
		L	聚酯涤纶有机薄膜	6	支柱式	—	交流	交流
		D	铝电解	7	交流	标准	片式	无极性
		A	钽电解	8	高压	高压	高压	—
		N	铌电解	9	—	—	特殊	特殊
				G	高功率			
				W	微调			

2.1.4 电容器的主要参数

电容器的主要参数有标称容量、允许误差、额定工作电压、绝缘电阻等。

1. 电容器的标称容量和允许误差及其标注方法

当电容器绝缘介质不同时，其标称容量系列也不同。高频有机薄膜介质电容器、瓷介电容器的标称容量系列采用与电阻器相同的 E24、E12 系列。其中，电容量在 4.7pF 以上的电容器，标称容量系列采用 E24 系列；电容量小于或等于 4.7pF 的电容器，标称容量系列采用 E12 系列。铝、钽、铌等电解电容器，标称容量系列采用 E6 系列。纸介电容器、金属化纸介电容器根据电容量不同，采用不同标称容量系列，当其标称容量在 100μF～1pF 时，采用 E6 系列；当标称容量在 1～100pF 时，采用 1、2、4、6、8、10、15、20、30、50、100 系列。

电容器的电容量单位为法拉，用字母 F 表示。常用的单位有微法（μF）、纳法（nF）、皮法（pF）。电容量单位换算关系为 $1F=10^6μF=10^9 nF=10^{12} pF$。

电容器的允许误差一般分为三级：Ⅰ级，允许误差为±5%；Ⅱ级，允许误差为±10%；Ⅲ级，允许误差为±20%。电解电容器的允许误差为-30%、+100%。另外，有部分电容器用 F 表示允许误差为±1%；用 G 表示允许误差为±2%；用 J 表示允许误差为±5%；用 K 表示允许误差为±10%；用 M 表示允许误差为±20%；用 N 表示允许误差为±30%；用 Z 表示允许误差为-20%、+80%。

固定式电容器的标称容量系列和允许误差如表 2-2 所示。

表 2-2 固定式电容器的标称容量系列和允许误差

系列代号	E24	E12	E6
允许误差	±5%（Ⅰ）或（J）	±10%（Ⅱ）或（K）	±20%（Ⅲ）或（m）

续表

标称容量对应数值	10、11、12、13、15、16、18、20、22、24、27、30、33、36、39、43、47、51、56、62、68、75、82、90	10、12、15、18、22、27、33、39、47、56、68、82	10、15、22、23、47、68

注：标称容量为表中数值或表中数值再乘以 10^n，其中 n 为正整数或负整数，单位为 pF。

电容器的标称容量和允许误差都标注在电容体上，其标注方法有以下几种。

（1）直标法。直标法是指将标称容量和允许误差直接标注在电容体上。图 2-2（a）所示为电容量为 22μF、额定工作电压为 400V 的电容器。用直标法标注的电容量有时电容器上不标注单位，其识读方法为凡标注数值大于 1 的无极性电容器，电容量单位为 pF，如 4700 表示电容量为 4700 pF；凡标注数值小于 1 的无极性电容器，电容量单位为 μF，如 0.01 表示电容量为 0.01μF；凡有极性电容器，电容量单位为 μF，如 10 表示电容量为 10μF。

（2）文字符号法。文字符号法是指将电容量的整数部分标注在电容量单位符号前面，小数部分标注在电容量单位符号后面，电容量单位符号所占位置为小数点的位置。例如，4n7 表示电容量为 4.7 nF（4700 pF），如图 2-2（b）所示。若在数字前标注 R 字样，则电容量为零点几微法，如 R47 表示电容量为 0.47μF。这类标注方法所用的电容量单位符号（量级），一般为 P、n、μ、m 等，如 4P7 表示 4.7pF，3m3 表示 3300μF 等。

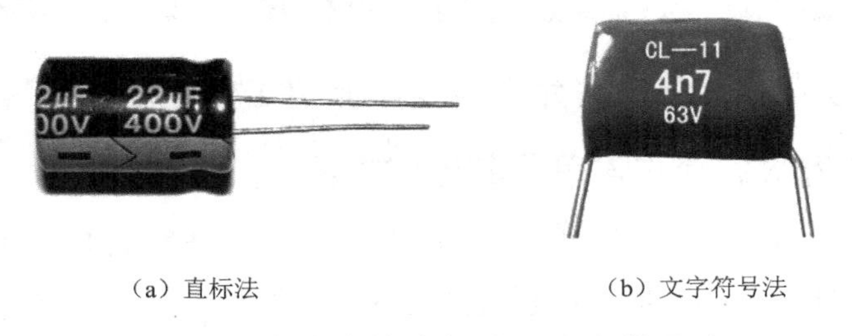

（a）直标法　　（b）文字符号法

图 2-2　电容器的直标法和文字符号法

（3）数码表示法。数码表示法是指用三位数字表示电容器的电容量大小。其中，前两位数字为电容器标称容量的有效数字，第三位数字表示有效数字后面 0 的个数，单位为 pF，如 103K 表示电容量为 10×10^3 pF，允许误差为±10%。若第三位数字为 9，则有效数字应乘以 10^{-1}，如 229 表示电容量为 22×10^{-1} pF，即 2.2pF。在电容器的标注方法中，数码表示法是非常常用的。

数码表示法与直标法对初学者来讲比较容易混淆，其区别方法是直标法的第三位可能为 0，而数码表示法第三位不为 0。

（4）色标法。电容器的色标法标注意义与电阻器的色标法标注意义相同，颜色意义也与电阻器的色标法颜色意义基本相同，其电容量单位为 pF。但是，当电容器引脚同向时，色环电容器的识别顺序是从上到下的，如图 2-3 所示，表示该电容器容量为 4700pF。

2. 电容器的额定工作电压

电容器的额定工作电压是指电容器接入电路后能够长期可靠地工作，在不被击穿的情况下能承受的最大直流电压。在使用电容器时，一定不能超过其额定工作电压，否则会造成电容器损坏，严重时还会造成爆炸。电容器的额定工作电压一般都直接标注在电容器表面。部分小型电解电容器的额定工作电压也采用色标法标注，如用棕色表示额定工作电压为 6.3V，用灰色表示额定工作电压为 16V，用红色表示额定工作电压为 10V。电容器的额定工作电压色标一般标于其正极引脚的根部。颜色与额定工作电压的关系如表 2-3 所示。

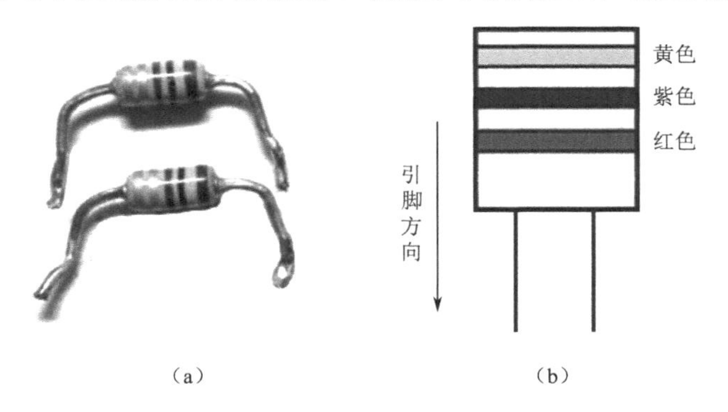

图 2-3　电容器的标称容量的色标法

表 2-3　颜色与额定工作电压的关系

颜色	黑	棕	红	橙	黄	绿	蓝	紫	灰
额定工作电压/ V	4	6.3	10	16	25	32	42	50	63

3. 电容器的绝缘电阻

电容器的绝缘电阻是检测电容器绝缘性能好坏的一个重要参数，绝缘电阻的大小取决于介质绝缘质量的优劣及电容器的结构、制造工艺。电容器的绝缘电阻越大越好，绝缘电阻越大，当电容器加上直流电压时，两极之间产生的漏导电流越小；反之，两极之间产生的漏导电流越大。

2.2　常用电容器的特性及应用

1. 聚酯（涤纶）电容器

符号：CL。

电容量：40pF～4μF。

额定工作电压：63～630V。

主要特点：用两片金属箔做的电极夹在极薄绝缘介质中，卷成圆柱形或扁柱形芯子，介质是涤纶材料的，介电常数较高。这种电容器体积小、电容量大，稳定性较好，适宜用作旁路电容器。

应用：用于对稳定性和损耗要求不高的低频电路。

参数识别：通常聚酯电容器的额定工作电压采用一个数字和一个字母组合的方法进行标注。数字表示 10 的幂指数，字母表示数值，单位是 V（伏）。A=1.0，B=1.25，C=1.6，D=2.0，E=2.5，F=3.15，G=4.0，H=5.0，J=6.3，K=8.0，Z=9.0。例如，2A 表示 1.0×10^2=100V，1J 表示 6.3×10=63V，2G 表示 4.0×10^2=400V，1K 表示 8.0×10=80V。图 2-4 所示为聚酯电容器的实物图，其中标注的 2A473J

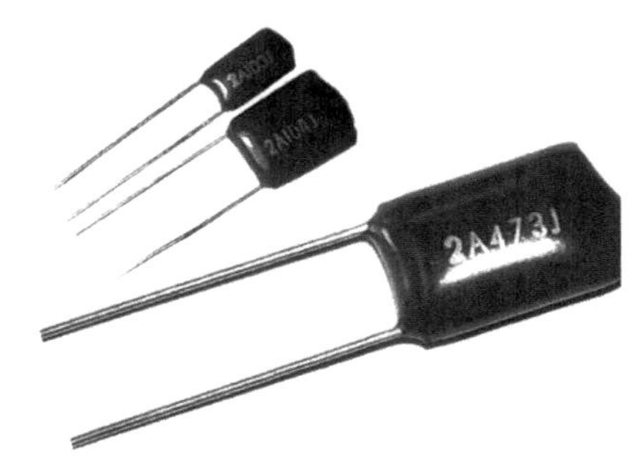

图 2-4　聚酯电容器的实物图

表示电容量为 47000pF，额定工作电压为 100V，允许误差为±5%。

2. 聚苯乙烯电容器

符号：CB。

电容量：10pF～1μF。

额定工作电压：100V～30kV。

主要特点：聚苯乙烯电容器属于有机薄膜电容器，介质是聚苯乙烯薄膜，电极有金属箔式和金属膜式两种。由于聚苯乙烯薄膜是一种热缩性的定向薄膜，因此卷绕成形的电容器可以采用自身热收缩聚合的方法做成非密封性结构。对于高精度、须密封的电容器，用金属或塑料外壳进行灌注封装。用金属膜式电极制作的电容器被称为金属化聚苯乙烯薄膜电容器，其工作稳定，损耗低，体积较大。

应用：用于对稳定性和损耗要求较高的电路，如各类精密测量仪表、汽车收音机、工业用接近开关、高精度的数/模转换电路。

3. 聚丙烯电容器

符号：CBB。

电容量：1000pF～10μF。

额定工作电压：63V～2kV。

主要特点：无极性，绝缘阻抗很高，频率特性优异，介质损失很小，体积小，电容量大，稳定性好，但温度系数大。

聚丙烯电容器的型号规律：小于 1μF 的标称容量按 E6 系列规定，前两位数字有 10、15、22、33、47、68 共 6 种（如有 334，没有 344、354 等），第三位数字表示有效数字后面 0 的个数（如 104 表示 100000，即 0.1μF）。E12 系列的标称容量有 12 种，除了 E6 系列的 6 种还有 12、18、27、39、56、82。

应用：用于仪器、仪表、家电等中的交流、直流电路，广泛用于音响系统分频线路。其中，CBB22 特别适用于各种类型的节能灯和电子整流器，CBB60 适用于频率为 50Hz/60Hz 的交流电源供电的单相电动机的启动和运转。聚丙烯电容器的实物图如图 2-5 所示。

图 2-5　聚丙烯电容器的实物图

4. 云母电容器

符号：CY。

电容量：10pF～0.1μF。

额定工作电压：100V～7kV。

主要特点：将金属箔或在云母片上喷涂银层做的电极板和云母层叠合后，压铸在胶木粉或封固在环氧树脂中制成。云母电容器的介质损耗小、绝缘电阻大、温度系数小、精度高、温度特性好、耐热性好、使用寿命长，但价格较高。

应用：用于高频振荡电路、脉冲电路及对可靠性和稳定性要求较高的电子装置。

5. 高频瓷介电容器

符号：CC。

电容量：1～6800pF。

额定工作电压：63～500V。

主要特点：用高介电常数的陶瓷（钛酸钡一氧化钛，介电常数一般小于100）挤压成圆管、圆片或圆盘作为介质，并用烧渗法将银镀在陶瓷上作为电极制成。高频瓷介电容器的正温度系数小，高频损耗小，电气性能稳定，基本上不随温度、电压、时间的改变而变化。

应用：用于对稳定性、可靠性要求较高的高频、超高频、甚高频的场合，如用于高稳定振荡回路作为回路电容器及垫整电容器。

6. 低频瓷介电容器

符号：CT。

电容量：10pF～4.7μF。

额定工作电压：50～100V。

主要特点：体积小、价格便宜、损耗大、稳定性差。

应用：低频瓷介电容器限用在工作频率较低的回路中起旁路或“隔直流”作用，或者用在对稳定性和损耗要求不高的场合，不宜用在脉冲电路中，因为它们易于被脉冲电压击穿。

瓷介电容器的实物图如图2-6（a）所示，其中体积较大的是高压瓷介电容器，额定工作电压为12kV；体积较小的是低频瓷介电容器。

7. 玻璃釉电容器

符号：CI。

电容量：10pF～0.1μF。

额定工作电压：63～400V。

主要特点：稳定性较好、损耗小、耐高温（200℃）。

应用：用于脉冲、耦合、旁路等电路。

玻璃釉电容器的实物图如图2-6（b）所示。

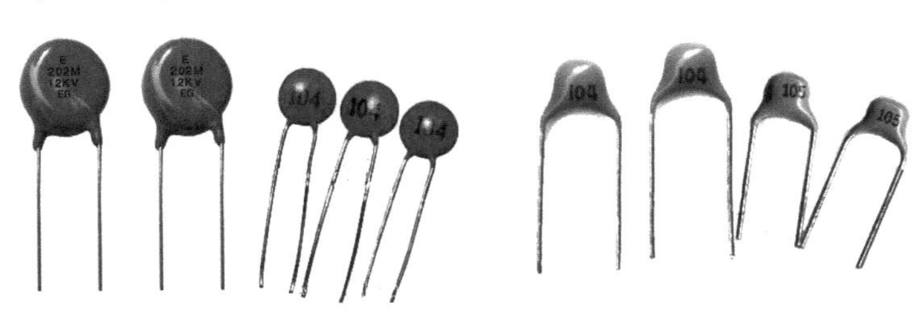

（a）瓷介电容器　　（b）玻璃釉电容器

图2-6　瓷介电容器和玻璃釉电容器的实物图

8. 铝电解电容器

符号：CD。

电容量：0.47～10000μF。

额定工作电压：6.3～450V。

主要特点：有极性，单位体积的电容量非常大，是其他品种电容器的电容量的几十到几百倍，价格便宜，但损耗大，漏电流大。

应用：用于电源滤波、低频耦合、去耦、旁路等电路。

铝电解电容器的内部结构与外观图如图 2-7 所示。

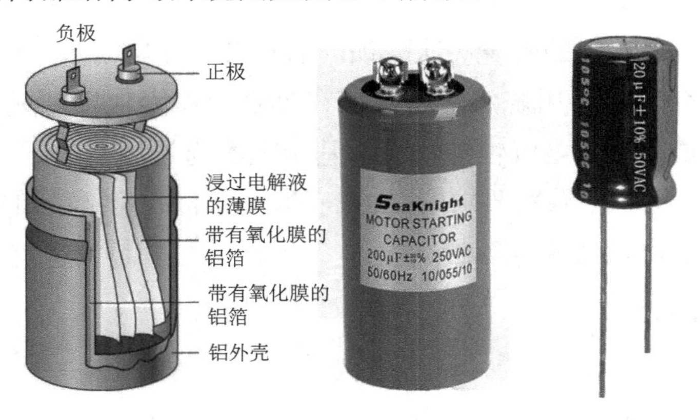

图 2-7 铝电解电容器的内部结构与外观图

9. 钽电解电容器

符号：CA。

电容量：0.1～1000μF。

额定工作电压：6.3～125V。

主要特点：损耗、漏电流小于铝电解电容器。

应用：用于要求高的电路代替铝电解电容器。

10. 独石电容器（多层陶瓷电容器）

电容量：0.5pF～10μF。

主要特点：电容量大、体积小、可靠性高、电容量稳定、耐高温、耐湿性好等。

应用：广泛用于精密电子仪器，如用于各种小型电子设备作为谐振、耦合、滤波、旁路电容器。

11. 空气介质可变电容器

可变电容量：100～1500pF。

主要特点：损耗小，效率高；可根据要求制成直线式、直线波长式、直线频率式和对数式等。空气介质可变电容器如图 2-8（a）所示。

应用：用于电子仪器、广播电视设备等。

12. 薄膜介质可变电容器

可变电容量：15～550pF。

主要特点：体积小，质量轻，比空气介质可变电容器的损耗大。

应用：用于通信、广播接收机等场合。薄膜介质可变电容器的实物图如图 2-8（b）所示。

13. 陶瓷介质微调电容器

可变电容量：0.3～22pF。

主要特点：损耗较小、体积较小。

应用：用于精密调谐的高频振荡回路。

陶瓷介质微调电容器的实物图如图 2-9 所示。

（a）　（b）

图 2-8　空气介质可变电容器和薄膜介质可变电容器的实物图

图 2-9　陶瓷介质微调电容器的实物图

各类电容器的结构和特点总结如表 2-4 所示。

表 2-4　各类电容器的结构和特点总结

名称	结构	特点
纸介电容器	以电容器纸作为绝缘介质，以金属箔作为电极板卷绕制成	成本低，电容量大，耐压范围宽，但体积大，漏电损耗大，适用于直流或低频电路
金属化纸介电容器	在电容器纸上蒸发一层金属膜作为电极，卷制后封装制成	成本低、电容量大、体积小。最大特点是受到高电压击穿后能够自愈。金属化纸介质电容器的电容量不稳定，等效电感和漏电损耗都较大，适用于低频和对稳定性要求不高的电路
有机薄膜电容器	采用卷绕式绕法结构，其介质材料为有机薄膜。包括涤纶电容器、聚丙烯电容器、聚苯乙烯电容器、聚四氟乙烯电容器、聚碳酸酯电容器等几种	在体积、质量和电参数上，比纸介电容器或金属化纸介电容器优越。最常见的涤纶薄膜电容器体积小，电容量大、耐热、耐湿性好，但稳定性不好，性能比金属化纸介电容器稍好，适合用作旁路电容器
瓷介电容器	瓷介电容器是先在陶瓷薄片两面喷涂银层并焊接引脚，再经过被釉封装制成的。常见的低压小功率瓷介电容器有瓷片、瓷管、瓷介独石等品种。高压大功率瓷介电容器可制成鼓形、瓶形等形状	容易制造、成本低、安装方便、应用广泛，常见的有低压小功率瓷介电容器和高压大功率瓷介电容器两种。当使用陶瓷材料的介电性能不相同时，低压小功率瓷介电容器可分为高频瓷介电容器、低频瓷介电容器。高频瓷介电容器体积小、耐热性好、绝缘电阻大、损耗小、稳定性好，电容量一般为几皮法到零点几微法，常用于损耗小和电容量稳定的高频、脉冲、温度补偿等电路。低频瓷介电容器绝缘电阻小、损耗大、电容量大、稳定性差，一般用于对损耗和电容量稳定性要求不高的低频电路作为旁路、耦合元件。高压大功率瓷介电容器额定直流电压为几十千伏，通常用于高压供电系统的功率因数补偿

续表

名称	结构	特点
云母电容器	以云母为介质，用金属箔或金属层电极夹引脚和云母片层叠后在胶木粉中压铸制成	云母电容器具有耐压范围宽、性能稳定、电容量精度高、可靠性高、自身电感和漏电损耗都非常小等优点，广泛用于高温、高频、脉冲电路。云母电容器的允许误差为±0.01%～±0.03%，这一特点是其他种类的电容器所不具备的；直流耐压通常为几百伏到几千伏；温度系数小，可用在高温条件下；电容量稳定，即使长时间存放后，电容量变化小于 0.01%到 0.02%；成本高、体积大、电容量有限
玻璃电容器	玻璃电容器以玻璃和玻璃釉为介质。常见的玻璃电容器有玻璃独石电容器和玻璃釉独石电容器两种	玻璃电容器的生产工艺简单，成本低。具有良好的防潮性和抗震性，能在 200℃左右的高温下长时间稳定地工作，是一种稳定性好、耐高温的电容器。玻璃电容器的稳定性介于云母电容器与瓷介电容器之间，体积只有云母电容器的几十分之一
铝电解电容器	铝电解电容器是用经过腐蚀后，又通过赋能工艺生成了氧化膜介质的铝箔和浸有电解液的纤维纸带叠放并卷绕成圆筒形后，封装在铝壳内制成的	铝电解电容器是使用最广泛的通用型电解电容器之一，适用于电源滤波和音频旁路电路。铝电解电容器的绝缘性能差，漏电损耗大，电容量为零点几微法到几千微法，额定工作电压一般为几伏到几百伏
钽电解电容器	采用金属钽溶液或粉剂作为电解质	具有绝缘电阻大、漏电小、使用寿命长、存放性能稳定、频率及温度特性好等优点，但额定工作电压低。钽电解电容器主要用于一些电性能要求较高的电路，如积分、计时、延时开关电路等。除液体钽电解电容器之外，目前在混合 IC 或微型电子产品中，还使用超小型固体钽电解电容器
可变电容器	可变电容器由数片半圆形动片和定片组成平板式结构，动片和定片之间用空气或介质隔开，动片组绕轴相对于定片组旋转 0°～180°，可改变电容量大小。常见的小型密封薄膜介质可变电容器采用聚苯乙烯薄膜作为片间介质	可变电容器主要用于需要经常调整电容量的场合，如收音机频率调谐电路等
瓷介微调电容器	在上下两块同轴陶瓷片上分别喷涂半圆形银层，定片固定不动，旋转动片可改变两块银片的相对位置，从而在较小范围内改变电容量	一般运用于高频回路且不常进行频率微调的场合

2.3 片式电容器

片式电容器，即 SMT 电容器，目前使用较多的主要有两种：陶瓷系列（瓷介）电容器和钽电解电容器。其中，瓷介电容器约占 80%，其次是钽和铝电解电容器，有机薄膜电容器和云母电容器使用较少。

2.3.1 片式多层陶瓷电容器

片式多层陶瓷电容器（独石电容器）以陶瓷材料为电容介质，多层陶瓷电容器是在单层盘状电容器的基础上制成的，电极深入电容器内部，并与陶瓷介质相互交错。片式多层陶瓷电容器英文简称为 MLCC。片式多层陶瓷电容器通常是无引脚矩形结构的，其外形标准与片式电阻器大致相同，仍然采用长×宽表示。

片式多层陶瓷电容器采用介质有 COG、X_7R、Z_5V 等多种材料，它们有不同的电容量范围及温度特性，以 COG 为介质的电容器的温度特性较好。不同介质材料的片式多层陶瓷电容器的电容量范围如表 2-5 所示。

表 2-5　不同介质材料的片式多层陶瓷电容器的电容量范围

型号	COG	X_7R	Z_5V
0805C	10～560pF	120pF～0.012μF	—
1206C	680～1500pF	0.016～0.033μF	0.033～0.10μF
1812C	1800～5600pF	0.039～0.12μF	0.12～0.47μF

片式多层陶瓷电容器的内部电极以低电阻率的导体银联连而成，提高了品质因数和共振频率特性，采用整体结构，具有高可靠性、高品质、高电感量等特性。片式多层陶瓷电容器已经大量用于汽车工业、手机、PHS、WLNA、军事和航天产品等高频电路、中频增幅电路。

对于元件上的标注，早期采用字母及数字表示电容量，它们均代表特定的数值，只要查表就可以估算出电容器的电容量。片式电容器的电容量系数表和电容量倍率表如表 2-6 和表 2-7 所示。

表 2-6　片式电容器的电容量系数表

字母	A	B	C	D	E	F	G	H	J	K	L
电容量系数	1.0	1.1	1.2	1.3	1.5	1.6	1.8	2.0	2.2	2.4	2.7
字母	M	N	P	Q	R	S	T	U	V	W	X
电容量系数	3.0	3.3	3.6	3.9	4.3	4.7	5.1	5.6	6.2	6.8	7.5
字母	Y	Z	a	b	C	d	e	f	m	n	t
电容量系数	8.2	9.1	2.5	3.5	4.0	4.5	5.0	6.0	7.0	8.0	9.0

表 2-7　片式电容器的电容量倍率表

下标数字	0	1	2	3	4	5	6	7	8	9
电容量倍率/pF	1	10^1	10^2	10^3	10^4	10^5	10^6	10^7	10^8	10^9

例如，片式电容器上标注为 F_5，从表 2-6 可知字母 F 代表电容量系数为 1.6，从表 2-7 可知数字 5 表示电容量倍率为 10^5，由此可得该电容器的电容量为 1.6×10^5pF。

现在，片式多层瓷介电容器上通常不做标注，相关参数标注在料盘上。对于片式电容器外包装上的标注，目前仍无统一的标准，不同厂家的标注方式略有不同。以下是三星（SAMAUNG）公司的片式电容器外包装上的标注方式。

CL	21	B	102	K	B	N	C
电容器	尺寸	温度特性	电容量	允许误差	额定工作电压	厚度	包装

尺寸：03=0201，05=0402，10=0603，21=0805，31=1206，32=1210。

温度特性：C=COG，B=X7R，E=Z5U，F=Y5V，S=S2H，T=T2H，U=U2J。

电压：Q=6.3V，P=10V，O=16V，A=25V，B=50V，C=100V。

厚度：N=标准厚度，A=比 N 薄，B=比 N 厚。

包装：B=散装，C=纸带包装，E=塑料编带包装。

片式多层陶瓷电容器外层电极与片式电阻器相同，也是 3 层结构的，即 Ag-Ni/Cd-Sn/Pb。片式多层陶瓷电容器的结构与外形如图 2-10 所示。

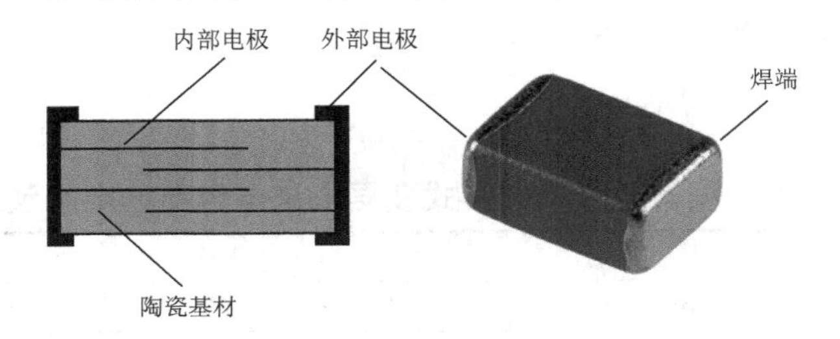

图 2-10　片式多层陶瓷电容器的结构与外形

2.3.2　片式电解电容器

片式电解电容器与传统的电解电容器一样常见，最常见的是铝电解电容器和钽电解电容器。

1. 铝电解电容器

铝电解电容器的电容量和额定工作电压的范围比较宽，做成贴片形式比较困难，一般是异形的。铝电解电容器主要应用于各种消费类电子产品，价格低廉。按外形和封装材料的不同，铝电解电容器可分为矩形（树脂封装）和圆柱形（金封）两类。

铝电解电容器的制作方法：第一，将高纯度的铝箔（含铝 99.9%～99.99%）电解腐蚀成高倍率的附着面，并在硼酸、磷酸等弱酸性的溶液中进行阳极氧化，形成电介质薄膜作为阳极箔；第二，将低纯度的铝箔（含铝 99.5%～99.8%）电解腐蚀成高倍率的附着面作为阴极箔；第三，用电解纸将阳极箔和阴极箔隔离后烧成电容器芯子，经电解液浸透，根据电解电容器的工作电压及电导率的差异，分成不同的规格；第四，用密封橡胶铆接封口；第五，用金属铝壳或耐热环氧树脂封装。

由于铝电解电容器采用非固体介质作为电解材料，因此在回流焊工艺中，应严格控制焊接温度，特别是回流焊接的峰值温度和预热区的升温速率。当采用手工焊接时，电烙铁与电容器的接触时间应尽量控制在 2s 以下。

铝电解电容器的电容量和额定工作电压在其外壳上均有标注，外壳上的深色标注表示负极，如图 2-11 所示。其中，图 2-11（a）所示为铝电解电容器的形状和结构，图 2-11（b）所示为铝电解电容器的标注和极性表示方式。

在 SMT 工艺中电容器本身是直立于 PCB 的，与 THT 铝电解电容器的区别是片式铝电解电容器有黑色的橡胶底座。

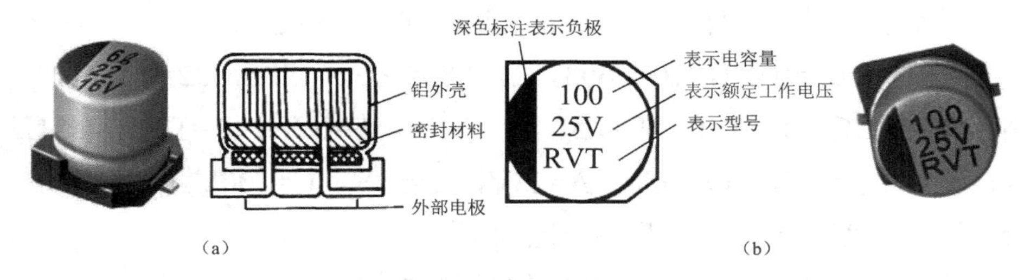

图 2-11　铝电解电容器

2. 钽电解电容器

钽电解电容器的性能优异，是所有电容器中体积小且能达到较大电容量的产品，因此容易被制成适于表面安装的小型和片式元件。虽然钽原料稀缺，钽电解电容器价格比较昂贵，但是由于大量采用高比容钽粉，加上对电容器制造工艺的改进和完善，因此钽电解电容器得到了迅速的发展，使用范围日益广泛。

目前生产的钽电解电容器主要有烧结型固体钽电解电容器、箔形卷绕固体钽电解电容器、烧结型液体钽电解电容器三种，其中烧结型固体钽电解电容器约占目前生产总量的 95% 以上，而又以非金属密封型的树脂封装式为主体。图 2-12 所示为烧结型固体电解质片状钽电容器的内部结构图。

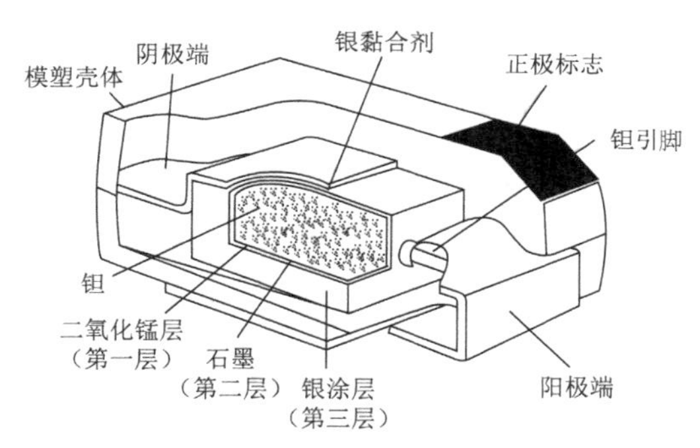

图 2-12　烧结型固体电解质片状钽电容器的内部结构图

钽电解电容器的工作介质是在钽金属表面生成的一层极薄的五氧化二钽膜。此层氧化膜介质与组成电容器的一个端极结合成整体，不能单独存在。因此，钽电解电容器单位体积的电容量特别大，即比容量非常高，特别适宜于小型化。在钽电解电容器的工作过程中，具有自动修补或隔绝氧化膜中疵点的性能，使氧化膜介质随时得到加固和恢复其应有的绝缘能力，而不遭到连续地累积性破坏。这种独特自愈性能，保证了钽电解电容器使用寿命长和可靠性高的优势。

钽电解电容器按外形可分为片状矩形钽电解电容器和圆柱形钽电解电容器两种；按封装形式可分为裸片型钽电解电容器、模塑封装型钽电解电容器和端帽型钽电解电容器三种，如图 2-13 所示。

（1）裸片型钽电解电容器，即无封装外壳钽电解电容器，吸嘴无法吸取，贴片机无法贴装，一般用于手工贴装。裸片型钽电解电容器尺寸小，成本低，对恶劣环境的适应能力差。对裸片型钽电解电容器来说，有引脚的一端为正极。

（2）模塑封装型钽电解电容器，即常见的矩形钽电解电容器，多数为浅黄色塑封。模塑封装型钽电解电容器单位体积的电容量小，成本高，尺寸较大，可用于自动化生产。该类型电容器的阴极和阳极与框架引脚的连接会使热应力过大，对机械强度影响较大，广泛应用于通信类电子产品。对模塑封装型钽电解电容器来讲，靠近深色标记的一端为正极。

（3）端帽型钽电解电容器也被称为树脂封装型钽电解电容器，其主体为黑色树脂封装，两端有金属帽电极。端帽型钽电解电容器体积中等，成本较高，高频性能好，机械强度高，适合自动贴装，常应用于投资类电子产品。对端帽型钽电解电容器来讲，靠近白色标记线的一端为正极。

端帽型钽电解电容器的尺寸范围：宽度为 1.27～3.81mm；长度为 2.54～7.239mm；高度为 1.27～2.794mm；电容量为 0.1～100μF；直流工作电压范围为 4～25V。

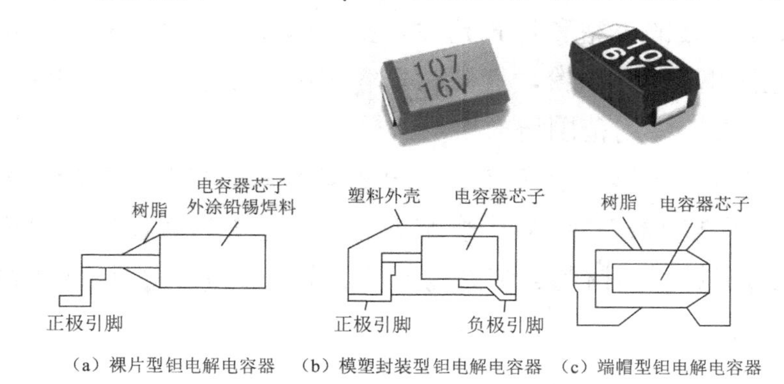

（a）裸片型钽电解电容器　（b）模塑封装型钽电解电容器　（c）端帽型钽电解电容器

图 2-13　钽电解电容器的类型

（4）圆柱形钽电解电容器：由阳极、固体半导体阴极组成，采用环氧树脂封装。圆柱形钽电解电容器的制作方法为：第一，将阳极引脚的钽金属线放入钽金属粉末中，加压成形；第二，在 1650～2000℃的高温真空炉中烧结成阳极芯片，并将该芯片放入磷酸等电解质中进行阳极氧化，形成介质膜，通过钽金属线与非磁性阳极端子连接后作为阳极；第三，浸入硝酸锰等溶液中，在 200～400℃的气浴炉中进行热分解，形成二氧化锰固体电解质膜并作为阴极；第四，成膜后，在二氧化锰层上沉积一层石墨，再涂银浆，并用环氧树脂封装；第五，打上标志。从圆柱形钽电解电容器的结构可以看出，该电容器有极性，阳极采用非磁性金属，阴极采用磁性金属，通常可根据其磁性判断正、负电极。圆柱形钽电解电容器的电容量采用色环标注，沿引脚方向，用不同的颜色表示不同的数字，第一色环、第二色环表示电容量，第三环表示有效数字后 0 的个数（单位为 pF）；具体颜色对应的数值为黑色对应 0、棕色对应 1、红色对应 2、橙色对应 3、黄色对应 4、绿色对应 5、蓝色对应 6、紫色对应 7、灰色对应 8、白色对应 9（实例见表 2-8）。

表 2-8　圆柱形钽电解电容器的色环标注

<table>
<tr><th rowspan="2">额定工作电压/V</th><th rowspan="2">本色涂色</th><th rowspan="2">标称容量/μF</th><th colspan="4">色环</th></tr>
<tr><th>第 1 环</th><th>第 2 环</th><th>第 3 环</th><th>第 4 环</th></tr>
<tr><td rowspan="6">35</td><td rowspan="11">橙色
粉红色</td><td>0.1</td><td rowspan="2">棕色</td><td>黑色</td><td rowspan="6">黄色</td><td rowspan="6">粉红色</td></tr>
<tr><td>0.15</td><td>绿色</td></tr>
<tr><td>0.22</td><td>红色</td><td>红色</td></tr>
<tr><td>0.33</td><td>橙色</td><td>橙色</td></tr>
<tr><td>0.47</td><td>黄色</td><td>紫色</td></tr>
<tr><td>0.68</td><td>蓝色</td><td>灰色</td></tr>
<tr><td rowspan="3">10</td><td>1.00</td><td rowspan="2">棕色</td><td>黑色</td><td rowspan="5">绿色</td><td rowspan="3">绿色</td></tr>
<tr><td>1.50</td><td>绿色</td></tr>
<tr><td>2.20</td><td>红色</td><td>红色</td></tr>
<tr><td rowspan="2">6.3</td><td>3.30</td><td>橙色</td><td>橙色</td><td rowspan="2">黄色</td></tr>
<tr><td>4.70</td><td>黄色</td><td>紫色</td></tr>
</table>

2.4　电容器的识别检测实训

1. 实训目的

熟悉电容器的功能特点，建立电容器的检测思路及检测流程，重点掌握对不同品种电容器的识别及电容量、额定工作电压的判读，能够使用万用表对不同品种电容器的性能质量进行初步检测。

2. 实训器材

（1）指针式万用表（一人一块）。

（2）数字万用表（一人一块）。

（3）各种类型的电容器若干。

3. 实训内容与步骤

❖ 任务 1　电容器类型识别（目测）

根据电容器的外形及本体上的型号参数标识，对混装的不同类型的电容器进行分拣，并在表 2-9 中记录分拣后电容器的类型、标称容量、额定工作电压。对有极性的电容器，同时判别出其正、负极。

表 2-9　电容器外观识别训练

序号	电容器型号	电容器类型	电容量标注方式	标称容量	额定工作电压	正、负极标志（无极性填“无”）
1						
2						
3						
4						
5						
6						
7						
8						
9						
10						

待识别确认的电容器包含以下品种。

按通孔插装式分：铝电解电容器、钽电解电容器、独石电容器、聚丙烯电容器、云母电容器、聚酯（涤纶）电容器、低频瓷介电容器、高频瓷介电容器等。

按贴片式分：铝电解电容器、钽电解电容器、多层陶瓷电容器等。

【要点提示】

电解电容器通常采用以下方式表示引脚的极性：采用长短不同的引脚表示，通常长的引脚为正极引脚，如图 2-14（a）所示；采用不同的端头形状表示，如图 2-14（b）所示，这种方式应用在两个引脚轴向分布的电解电容器中，用符号标出负极，如在电解电容器的绝缘封套上画出像负号的符号表示这个引脚为负极引脚，如图 2-14（c）所示，这一特征在图 2-14（a）的图中也可以看到。

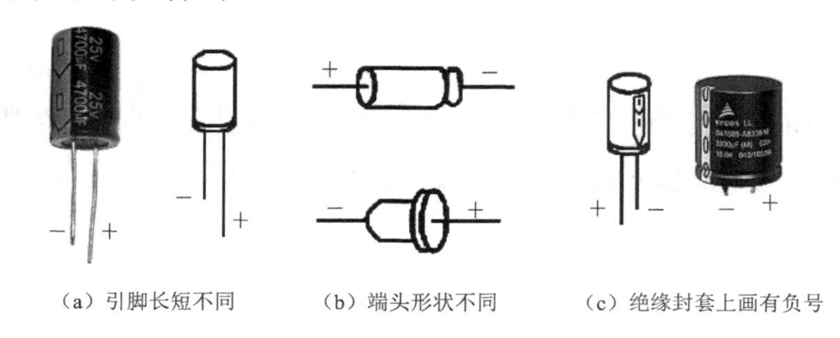

（a）引脚长短不同　（b）端头形状不同　（c）绝缘封套上画有负号

图 2-14　电解电容器引脚极性的表示方式

❖ 任务 2　使用数字万用表直接测量电容器的电容量

目前，大多数数字万用表都具有测量电容量的功能，量程分为 2000p、20n、200n、2μ 和 20μ 五挡，或者 400n、4μ、40μ、200μ 四挡等，视不同型号而异。在测量时可将已放电的电容器的两个引脚直接插入 Cx 插孔，选择适当的量程后即可识读 LCD 显示器显示的数值。

量程的选择：选择 2000p 挡，适用于测量电容量小于 2000pF 的电容器；选择 20n 挡，适用于测量电容量在 2000pF～20nF 的电容器；选择 200n 挡，适用于测量电容量在 20～200nF 的电容器；选择 2μ 挡，适用于测量电容量在 200nF～2μF 的电容器；选择 20μ 挡，适用于测量电容量在 2～20μF 的电容器。

【操作步骤】

选取若干种不同电容量的电容器，利用具有测量电容量功能的数字万用表，按以上介绍的方法、原则进行测量训练。

（1）打开数字万用表的电源开关，根据待测电容器的标称容量选择适合量程。例如，若测量 47μF 的铝电解电容器，则选择 200μF 挡。

（2）将待测电容器的引脚插入电容测试插孔，如图 2-15（a）所示。在测量铝电解电容器时需要注意，将电容器的正极引脚插入标有“＋”符号的测试插孔，负极引脚插入标有“－”符号的测试插孔。

（3）识读 LCD 显示器显示的数值，如图 2-15（b）所示。图 2-15（b）中显示实测值为 51.5μF，由于铝电解电容器的允许误差为±20%，因此该测电容器符合要求。

【注意】

（1）当被测电容器短路或电容量超过数字万用表的最大量程时，LCD 显示屏将显示 1 或 OL。

（2）所测电容器在测量前必须全部充分放电。

（3）当测量在线电容时，必须将电路电源切断，并将被测电容器充分放电。

（4）有些数字万用表虽然有测量电容量的功能，但是没有专门的测试插孔，仍然采用表笔接触电容器引脚的方法；如果被测电容器为有极性电容器，则应将红表笔接触其正极引脚。

（5）在测量大电容量的电容器时需要较长时间，当量程选择 $R\times 100\mu F$ 挡时约为 15s。

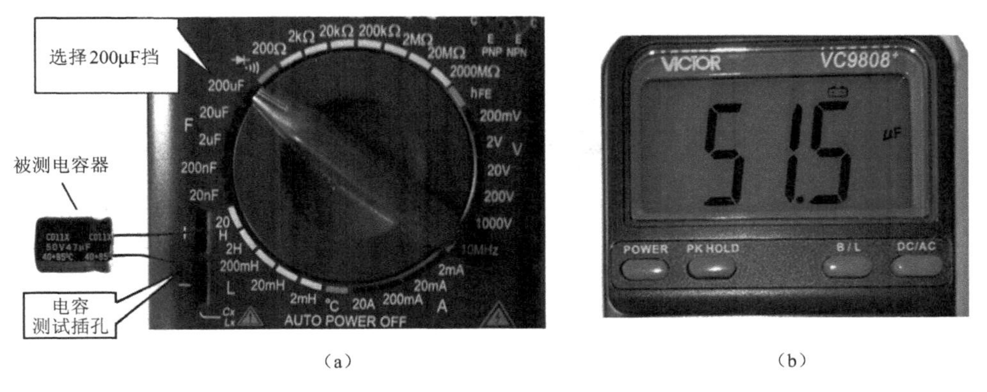

（a）　　（b）

图 2-15　使用数字万用表直接测量电容器的电容量

【技能扩展】

❖ 使用数字万用表间接测量小电容量

经验证明，有些型号的数字万用表（如 DT890B＋）在测量 50pF 以下的电容量时误差较大，在测量 20pF 以下的电容量时几乎没有参考价值，此时可采用间接法测量小电容量。这种方法测量 1～20pF 的小电容量较为准确。

具体测量方法如下。

（1）找一只电容量在 220pF 左右的电容器，用数字万用表测出其实际电容量 C_1，如图 2-16 所示，由图 2-16 可知，其实测值为 224pF。

（2）把待测小电容量的电容器与已测出实际电容量的较大电容量的电容器并联，测出其总电容量 C_2，如图 2-17 所示。由图 2-17 可知，并联后的电容器实际电容量为 243pF。

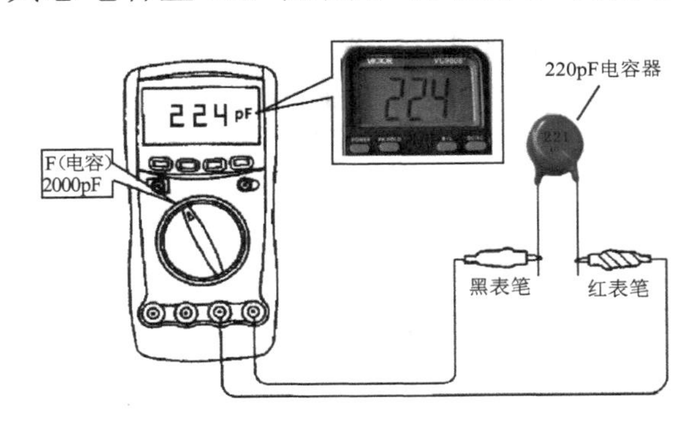

图 2-16　测量 220pF 左右的电容量

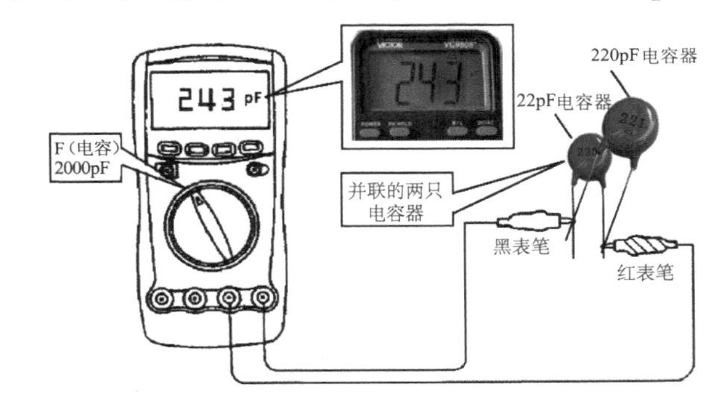

图 2-17　测量并联后的电容量

（3）两者之差（C_2-C_1）为被测小电容量的电容器的电容量。在本例中，C_2-C_1=243-224=19，即被测小电容量的电容器的实际电容量为 19 pF。

【注意】

（1）无论是对电容器的漏电电阻的测量，还是对短路、开路的测量，在测量过程中要注意手不能同时碰触电容器的两个引脚。

（2）由于电容器在测量过程中有充电、放电的过程，因此在第一次测量后，必须先将其放电，尤其是较大电容量的电解电容器（用数字万用表表笔将电容器的两个引脚短路一下即可），然后进行第二次测量。

【实训记录】

将以上测量结果填入表2-10。

表2-10　电容器测量实训记录

序号	电容器类型	数字万用表挡位	标称容量	测量值	备注
1					
2					
3					
4					
5					
6					
7					
8					
9					
10					
数字万用表型号			测量方法	直接□	间接□

❖ 任务3　使用指针式万用表检测电容器

【操作步骤】

（1）漏电电阻的测量。

① 先将量程旋钮转至Ω挡，量程选择 R×10k 或 R×1k 挡（视电容器的电容量而定），然后用两只表笔分别接触电容器的两个引脚，指针朝顺时针方向（向右）摆动一个角度，又慢慢地朝逆时针方向（向左）回归到∞位置的附近，此过程为电容器的充电，如图2-18所示。

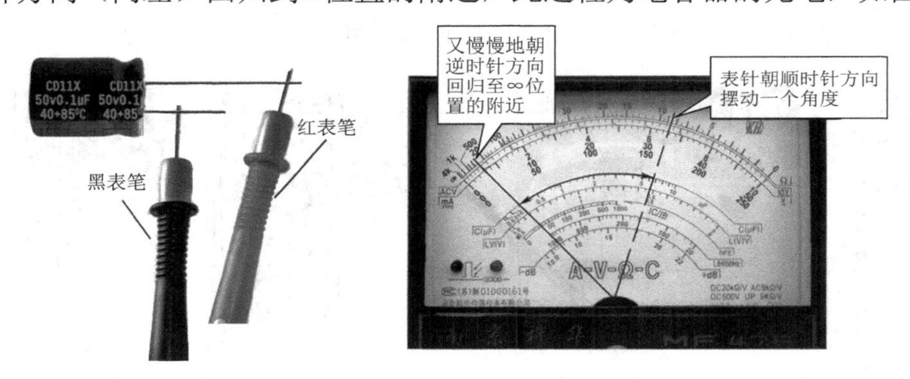

图2-18　漏电电阻的测量

② 当指针静止时，观察其指示的电阻值，该值为电容器的漏电电阻（R）。在测量过程中若指针距离∞较远，则表明该电容器漏电严重，不能使用。有的电容器在测量漏电电阻时，指针回归到∞位置，又顺时针摆动，这表明该电容器漏电更严重。一般要求电容量的漏电电阻 R≥500kΩ，否则不能使用。

（2）电容器的断路（开路）、击穿（短路）检测。

检测电容量为6800pF～1F 的电容器，量程选择 R×10k 挡后将两只表笔分别接触电容器的两个引脚，在表笔接通的瞬间，应能见到指针有一个很小的摆动。若未看清指针摆动，则可将两只表笔互换后再测量，此时指针摆动的幅度应略大一些；若在上述检测过程中指针无摆动，则说明该电容器已开路或失效，如图 2-19 所示。

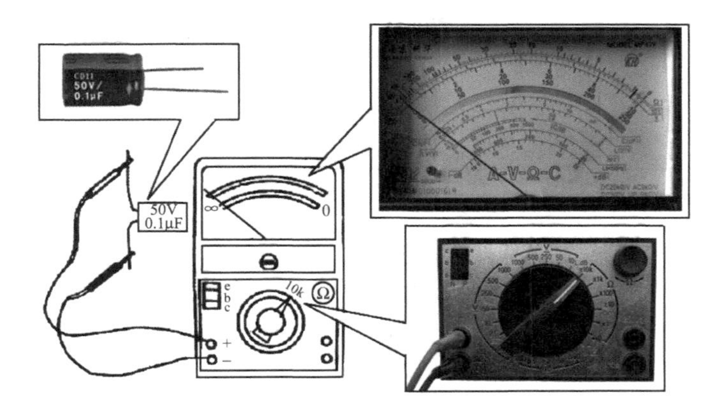

图 2-19　指针无摆动，说明电容器已开路或失效

若指针向右摆动一个很大的角度，且停止不动（即没有回归现象），则说明该电容器已被击穿或漏电严重，如图 2-20 所示。

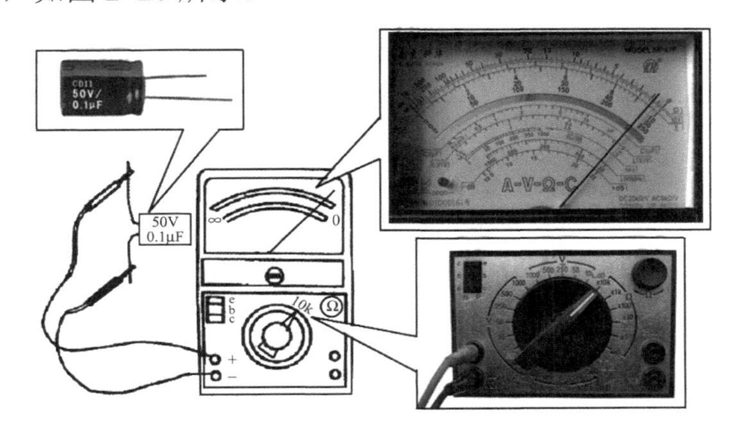

图 2-20　电容器已被击穿或漏电严重

（3）电解电容器的引脚极性判断。

先用指针式万用表测量电解电容器的漏电电阻，并记下这个电阻值的大小，然后将两只表笔互换后再测量其漏电电阻，将两次测量的电阻值进行对比，漏电电阻小的一次黑表笔接触的引脚是负极，如图 2-21 所示。

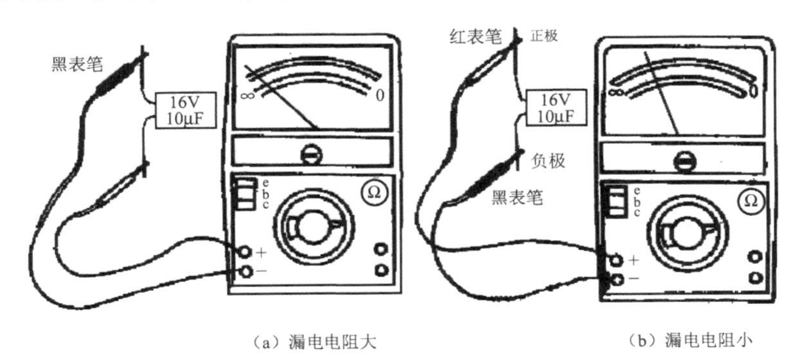

（a）漏电电阻大　（b）漏电电阻小

图 2-21　电解电容器的引脚极性判断

【实训记录】

将以上测量结果填入表 2-11。

表 2-11　电容器测量实训记录

<table>
<tr><td colspan="6">小电容量的电容器测量（以 0.01～0.047μF 为例）</td></tr>
<tr><td>序号</td><td>指针式万用表挡位</td><td>电容器型号</td><td>标称容量</td><td>指针摆动角度</td><td>实测漏电电阻</td></tr>
<tr><td>1</td><td></td><td></td><td></td><td></td><td></td></tr>
<tr><td>2</td><td></td><td></td><td></td><td></td><td></td></tr>
<tr><td>3</td><td></td><td></td><td></td><td></td><td></td></tr>
<tr><td>4</td><td></td><td></td><td></td><td></td><td></td></tr>
<tr><td>5</td><td></td><td></td><td></td><td></td><td></td></tr>
<tr><td colspan="6">大电容量的电容器测量（以 100～1000μF 为例）</td></tr>
<tr><td>序号</td><td>指针式万用表挡位</td><td>电容器型号</td><td>标称容量</td><td>指针摆动角度</td><td>实测漏电电阻</td></tr>
<tr><td>1</td><td></td><td></td><td></td><td></td><td></td></tr>
<tr><td>2</td><td></td><td></td><td></td><td></td><td></td></tr>
<tr><td>3</td><td></td><td></td><td></td><td></td><td></td></tr>
<tr><td>4</td><td></td><td></td><td></td><td></td><td></td></tr>
<tr><td>5</td><td></td><td></td><td></td><td></td><td></td></tr>
<tr><td colspan="2">检测中出现的问题</td><td colspan="4"></td></tr>
</table>

【要点提示】

（1）对于电容量小于 5000pF 的电容器，一般使用指针式万用表难以测量其漏电电阻。

（2）在检测大电容量的电容器（如电解电容器）时，由于其电容量大，充电时间长，因此当测量电解电容器时，要根据其电容量的大小，适当选择量程，电容量越小，量程越小，否则会把电容器的充电误认为击穿。

（3）在检测电容量小于 6800pF 的电容器时，由于其电容量太小，充电时间很短，充电电流很小，在使用指针式万用表检测时无法看到指针摆动，因此只能检测电容器是否漏电，不能判断是否开路，即在检测这类小电容量的电容器时，指针应不摆动，若摆动了一个较大的角度，则说明该电容器漏电或被击穿。关于这类小电容量的电容器是否开路，用这种方法是无法检测到的，可采用代替检查法，或者使用具有测量电容功能的数字万用表测量。

第3章 电感器与压电元件的识别检测

3.1 电感器的种类及主要参数

3.1.1 电感器的基本知识概述

电感器是用绝缘导线绕制的各种线圈的统称，简称电感。用导线绕成一匝或多匝以产生一定自感量的电子元件，常被称为线圈或电感线圈。为了增加电感量、提高品质因数并缩小体积，常在线圈中插入磁芯。在高频电子设备中，PCB 上一段特殊形状的铜皮也可以制成一个电感器，通常这种电感器被称为印制电感器或微带线。在电子设备中，经常能看到由许多磁环与连接电缆制成的电感器（将电缆中的导线在磁环上绕几圈作为线圈），该电感器是电路中常用的抗干扰元件，对高频噪声有很好的屏蔽作用，故被称为吸收磁环。由于吸收磁环通常使用铁氧体材料制成，因此也被称为铁氧体磁环（磁环）。

根据电磁感应原理，电感器派生出了很多种器件，如各种变压器、滤波器等。

电感器的特性与电容器的特性正好相反，其具有阻止交流电通过而允许直流电顺利通过的特性。电感器对直流电呈通路状态，如果不计算线圈的电阻值，那么直流电可以“畅通无阻”地通过电感器。实际上，直流信号通过线圈时的电阻值就是导线本身的电阻值，压降很小，所以在电路分析中往往忽略不计。当交流信号通过线圈时，线圈两端会产生自感电动势，自感电动势的方向与外加电压的方向相反，阻止交流电的通过。电感器对交流电的阻碍作用被称为阻抗，交流信号频率越高，线圈阻抗越大。在电路中，电感器经常与电容器一起工作，组成 LC 滤波器、LC 振荡器等。

3.1.2 电感器的种类与用途

电感器的种类很多，大多由外层瓷釉线圈（Enamel Coated Wire）环绕铁素体（Ferrite）线轴制成，而有些防护电感器把线圈完全置于铁素体。由于一些电感器元件的磁芯可以调节，因此可以改变电感量。小电感器可以用一种铺设螺旋轨迹的方法直接蚀刻在 PCB 上；也可以用制造晶体管的工艺制造在集成电路中，但电感量很小。

电感器按电感量形式分为固定电感器、可变电感器、微调电感器；按结构特点分为单层电感器、多层线圈和蜂房式线圈等；按芯子介质材料分为空芯电感器、铁芯电感器、铜芯电感器和磁芯电感器等。在实际应用中，变压器、互感器、阻流圈、振荡线圈、偏转线圈、天线线圈、中周、继电器、延迟线和磁头等，都属于电感器的种类。各种电感器的外形与电路符号如图 3-1 所示。

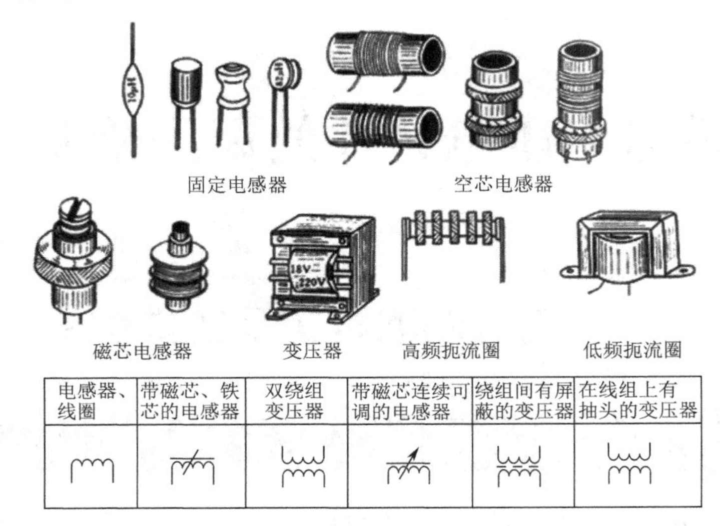

图 3-1　各种电感器的外形与电路符号

1. 小型固定电感器

小型固定电感器通常是用漆包线在磁芯上直接绕制制成的，主要用在滤波、振荡、陷波、延迟等电路中。小型固定电感器有密封式和非密封式两种封装形式，这两种封装形式又都有立式和卧式两种外形结构。

（1）立式密封固定电感器。立式密封固定电感器采用径向型引脚。国产立式密封固定电感器的电感量范围为 0.1～2200μH（直接标注在外壳上），额定工作电流为 0.05～1.6A，误差范围为±5%～±10%；进口立式密封固定电感器的电感量更大、电流量范围更广、误差更小。进口立式密封固定电感器有 TDK 系列色码电感器，其电感量用色点标注在电感器外壳上。立式密封固定电感器的外形如图 3-2 所示。

图 3-2　立式密封固定电感器的外形

（2）卧式密封固定电感器。卧式密封固定电感器采用轴向引脚。国产卧式密封固定电感器有 LG1、LGA、LGX 等系列（L 表示电感器，G 表示高频，X 表示小型）。

LG1 系列电感器的电感量范围为 0.1～22000μH（直接标注在外壳上）；LGA 系列电感器采用超小型结构，外形与 1/2W 色环电阻器相似，电感量范围为 0.22～100μH（用色环直接标注在外壳上），额定工作电流为 0.09～0.4A；LGX 系列色码电感器为小型封装结构，电感量范围为 0.1～10000μH，额定工作电流分为 50mA、150mA、300mA 和 1.6A 四种规格。

LGA 系列卧式密封固定电感器的结构与外形如图 3-3 所示。

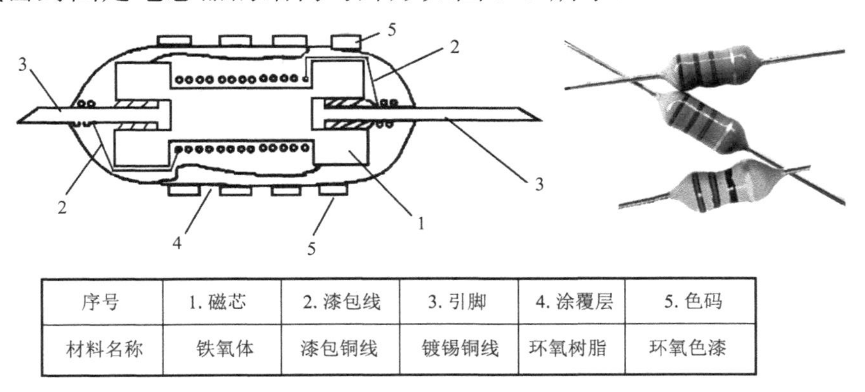

序号	1. 磁芯	2. 漆包线	3. 引脚	4. 涂覆层	5. 色码
材料名称	铁氧体	漆包铜线	镀锡铜线	环氧树脂	环氧色漆

图 3-3　LGA 系列卧式密封固定电感器的结构与外形

2. 空芯电感器

用导线绕制在纸筒、胶木筒、塑料筒上或绕制后脱胎制成的线圈被称为空芯电感器。在绕制这类电感器时，线圈中间不加介质材料。空芯电感器的绕制方法有很多，常见的有密绕法、间绕法、脱胎法及蜂房式绕法等。

采用密绕法绕制的空芯电感器可用在音响中作为音频输出端的分频线圈；采用脱胎法绕制的空芯电感器可用在电视机或调频收音机中作为高频调谐器；采用蜂房式绕法绕制的空芯电感器可用在中波波段收音机中作为高频扼流圈等。空芯电感器的外形与某种空芯电感器的结构如图 3-4 所示。

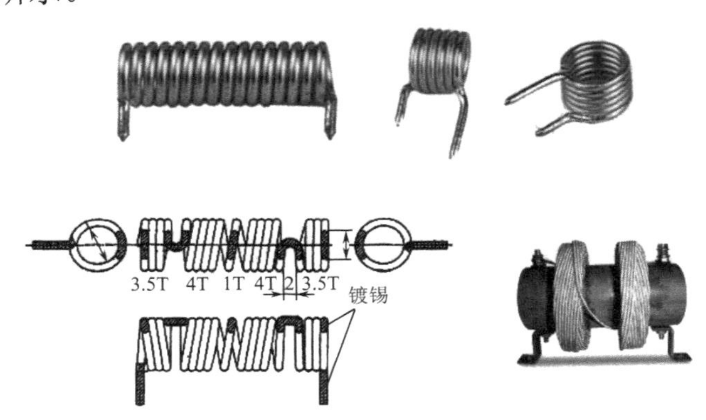

图 3-4　空芯电感器的外形与某种空芯电感器的结构

3. 磁芯电感器

将导线在铁氧体磁芯、磁环上绕制成线圈或在空芯电感器中装入由磁芯制成的线圈均被称为磁芯电感器。磁芯电感器广泛应用于电视机、收录机等家用电子设备中的滤波、振荡、频率补偿等电路。磁芯电感器的外形如图 3-5 所示。

铁氧体磁芯是由致密匀质的陶瓷结构非金属磁性材料制成的，有低矫顽力，也被称为软磁铁氧体。它由氧化铁（Fe_2O_3）和一种或几种其他金属（如锰、锌、镍、镁）的氧化物或碳酸盐化合物组成。铁氧体原料在压制后经过 1300℃高温烧结，并通过机器加工制成满足应用需求的成品磁芯。相比于其他类型的磁性材料，铁氧体的优点是磁导率很高，并且在广泛的频率范围内具有高电阻和涡流损耗小等优势。这些材料特性使铁氧体成为制造高频变压器、宽带变压器、可调电感器和其他电感器的理想材料。

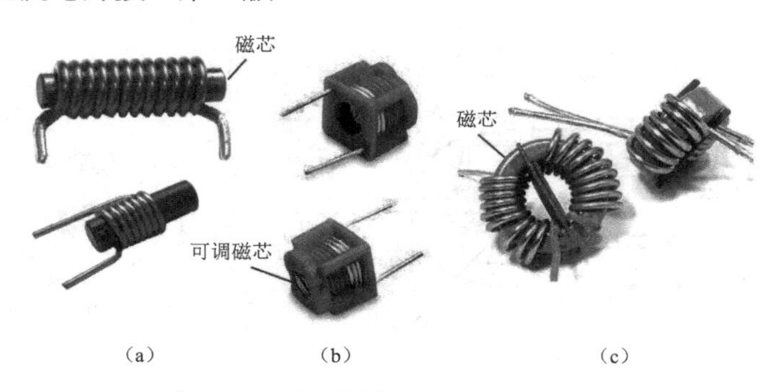

图 3-5　磁芯电感器的外形

4. 可调电感器

可调电感器是在空芯电感器中插入位置可变的磁芯或铜芯材料制成的。当转动磁芯或铜芯时，可以改变磁芯或铜芯在线圈中的相对位置，即改变电感量，如图 3-5（b）所示。

可调电感器在无线电接收设备的中、高频调谐电路中被广泛采用，如收音机和电视机的中频变压器（中周）。

5. 扼流线圈

扼流线圈也被称为阻流线圈，有高频扼流线圈和低频扼流线圈之分。高频扼流线圈是在空芯电感器中插入磁芯制成的，主要用来阻止电路中高频信号的通过；低频扼流圈是在空芯电感器中插入硅钢片等铁芯材料制成的，主要用来阻止电路中低频信号的通过。低频扼流线圈和电容器常被组成电子设备中的电源滤波网络。

6. 共模电感

共模电感（Common Mode Choke），也被称为共模扼流线圈，常用在计算机的开关电源中过滤共模的电磁干扰（EMI）信号。

计算机内部的主板上混合了各种高频电路、数字电路和模拟电路，这些电路在工作时会产生大量的高频电磁波并互相干扰，这就是电磁干扰。电磁干扰会通过主板上的布线或外接线缆向外发射，造成电磁辐射污染，不但影响其他的电子设备正常工作，还对人体有伤害。

共模电感实质上是一个双向滤波器。它一方面要滤除信号线上共模电磁干扰；另一方面要抑制本身不向外发射电磁干扰，避免影响同一电磁环境下其他电子设备的正常工作。

图 3-6 所示为常见的共模电感的外形，在实际电路设计中，可以采用多级共模电路更好地滤除电磁干扰。在图 3-6 中下半部分是一种贴片式共模电感，其结构和功能与通孔插装式共模电感是一样的。

图 3-6　常见的共模电感的外形

3.1.3 电感器的型号命名方法

电感器的型号命名由三部分组成：第一部分用字母表示主称（电感器）；第二部分用字母与数字混合或数字表示电感量；第三部分用字母表示误差范围。电感器的型号命名及各部分的意义如表 3-1 所示。

表 3-1 电感器的型号命名及各部分的意义

第一部分		第二部分			第三部分	
字母	意义	数字与字母	数字	意义	字母	意义
L 或 PL	电感器	2R2	2.2	2.2μH	J	±5%
		100	10	10μH		
		101	100	100μH	K	±10%
		102	1000	1mH	M	±20%
		103	10000	10mH		

应该指出的是，目前固定电感器的型号命名方法各生产厂有所不同，尚无统一的标准。

3.1.4 电感器的主要参数

1. 电感量及允许误差

电感量也被称为自感系数，表示电感元件自感应能力的一种物理量。当通过一个线圈的磁通发生变化时，线圈中便会产生电势，即电磁感应现象，产生的电势被称为感应电势。感应电势正比于磁通变化的速度和线圈的圈数。电感量的基本单位为 H（亨）、毫亨（mH）、微亨（μH）、毫微亨（nH），换算关系为 $1H=10^3mH=10^6\mu H=10^9nH$。

电感器上标注的电感量表示线圈本身固有特性，反映了线圈存储磁场能的能力，也反映了当电感器通过变化电流时产生感应电势的能力。电感量的大小与线圈的圈数、线圈线径、绕制方式及磁芯材料等有关，与电流大小无关。线圈的圈数越多，绕制的线圈越集中，电感量越大；线圈内有磁芯的比无磁芯的电感量大，磁芯磁导率大，电感量也大。

固定电感器的标称电感量可以用直标法标注，也可以用色环法标注。色环电感器的电感量一般用四色环法标注，与电阻器的色环标注和识读方法相似，单位是 μH。电感器标称值系列一般按 E12 系列标注。

电感器的实际电感量相对于标称电感量的最大允许误差范围被称为允许误差。

一般固定电感器的允许误差分为 I 级、II 级、III级，分别表示允许误差为±5%、±10%、±20%。精度要求较高的振荡线圈允许误差为±0.2%～±0.5%。

2. 品质因数（Q 值）

品质因数是线圈的重要参数，通常被称为 Q 值。Q 值的大小反映了线圈损耗的大小、质量的高低。

Q 值是衡量线圈品质好坏的一个物理量。Q 值越高，表明线圈的功耗越小，效率越高，“品质”越好。Q 值是感抗 X_L 与其等效电阻的比值，即 $Q=X_L/R$；线圈的 Q 值越高，回路的损耗越小；Q 值与线圈的结构（导线粗细、多股或单股、绕法、磁芯）有关，即与导线的直流电阻值、骨架的介质损耗、屏蔽罩或由铁芯引起的损耗、高频趋肤效应的影响等有关，线圈的 Q 值通常为几十到一百。

3. 分布电容

线圈的匝与匝间、线圈与屏蔽罩间、线圈与底板间存在的电容被称为分布电容。分布电容会导致线圈的 Q 值减小，稳定性变差，也会导致线圈工作频率低于理想线圈的固有频率，因此线圈的分布电容越小越好。为减小线圈的分布电容，可以采用线径较细的导线绕制线圈、减小线圈骨架的直径及采用间绕法或蜂房式绕法等方法来解决。

4. 额定工作电流

额定工作电流（标称电流）是线圈中允许通过的最大工作电流，其大小与绕制线圈的线径粗细有关。国产色码电感器通常用在外壳上印刷字母的方法标注额定工作电流。其中，A、B、C、D、E 分别表示额定工作电流为 50mA、150mA、300mA、700mA、1600mA。大体积电感器的额定工作电流和电感量都在外壳上标明。

3.2 片式电感器

片式电感器也被称为表面安装电感器，是继片式电阻器、片式电容器之后迅速发展起来的一种新型无源元件。它与其他片式元器件（SMC 及 SMD）一样，是适用于 SMT 的新一代无引脚或短引脚微型电子元件。片式电感器引出端的焊接面在同一平面上。

片式电感器除了与传统的通孔插装电感器有相同的扼流、退耦、滤波、调谐、延迟、补偿等功能，还特别在 LC 调谐器、LC 滤波器、LC 延迟线等多功能器件中体现了独到的优越性。

片式电感器从制造工艺分主要有四种类型：绕线型片式电感器、叠层型片式电感器、编织型片式电感器和薄膜片式电感器。其中，绕线型片式电感器是传统绕线电感器小型化的产物；叠层型片式电感器采用多层印刷技术和叠层生产工艺制成，体积比绕线型片式电感器小，是电感元件领域重点开发的产品。由于微型电感器要达到足够的电感量和 Q 值比较困难，同时磁性元件中的电路与磁路交织在一起，制作工艺比较复杂，因此电感器作为三大基础无源元件之一，其片式化明显滞后于电容器和电阻器。尽管如此，电感器的片式化仍取得了很大的进展，不仅种类繁多，而且有相当多的产品已经系列化、标准化，并已批量生产。常见的片式电感器的类型如表 3-2 所示。目前使用较多的主要有绕线型片式电感器、叠层型片式电感器和卷绕型片式电感器。

表 3-2　常见的片式电感器的类型

类型	形状	种类
固定电感器	矩形	绕线型、叠层型、固态型
	圆柱形	绕线型、卷绕印刷型、叠层卷绕型
可调电感器	矩形	绕线型（可调线圈、中频变压器）

续表

类型	形状	种类
LC 复合元件	矩形	LC 滤波器、LC 调谐器、中频变压器、LC 延迟线
	圆柱形	LC 滤波器、陷波器
特殊产品	LC、LRC、LR 网络	

3.2.1 绕线型片式电感器

绕线型片式电感器实际上是把传统的卧式绕线型电感器稍加改进制成的，制造时将导线（线圈）缠绕在磁芯上。低电感量时用陶瓷作磁芯；高电感时用铁氧体作磁芯，绕组可以垂直也可以水平。一般，垂直绕组的尺寸最小；水平绕组的电气性能要稍好一些，绕线后加上端电极。端电极也被称为外部端子，其取代了传统的通孔插装式电感器的引脚。

绕线型片式电感器的特点是电感量范围广（mH～H）、精度高，损耗小（Q 值大），容许电流大，制作工艺简单、继承性强，成本低，但不足之处是在进一步小型化方面受到了限制。

绕线型片式电感器的实物图如图 3-7 所示。

图 3-7　绕线型片式电感器的实物图

对绕线型片式电感器来说，由于使用磁芯不同，因此结构上也有多种形式，其结构分别如下。

（1）工字形结构。工字形结构的电感器是在工字形磁芯上绕线制成的，如图 3-8（a）（开磁路）、图 3-8（b）（闭磁路）所示。

（2）槽形结构。槽形结构的电感器是在磁性体的沟槽上绕上线圈制成的，如图 3-8（c）所示。

（3）棒形结构。棒形结构的电感器与传统的卧式棒形电感器基本相同，是在棒形磁芯上绕线制成的。棒形结构的电感器用适合表面安装的端电极代替了通孔插装用的引脚。

（4）腔体结构。腔体结构的电感器是把绕好的线圈放在磁性腔体内，加上磁性盖板和端电极制成的，如图 3-8（d）所示。

还有一类绕线型片式电感器是采用 H 型陶瓷芯，经过绕线、焊接、涂覆、环氧树脂灌封等工艺制成的，如图 3-9 所示。由于这类电感器的端电极已预制在陶瓷芯体上，因此制造工艺更加简单，可以进一步小型化。这类电感器的电感量较小，但自谐振频率高（通常为 5～6GHz，最高达 12.5GHz）。由于用陶瓷作磁芯的绕线型片式电感器在较高的工作频率下，能够保持稳定的电感量和相当高的 Q 值，因此其被广泛应用在高频回路中。

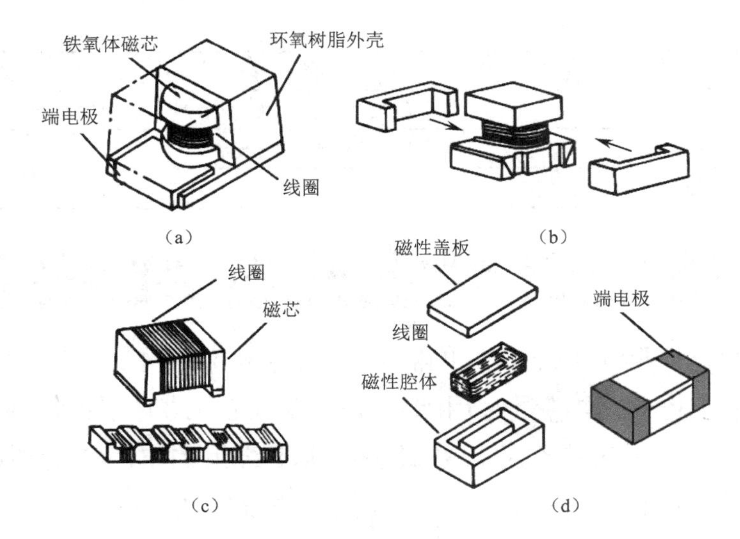

图 3-8　绕线型片式电感器的结构

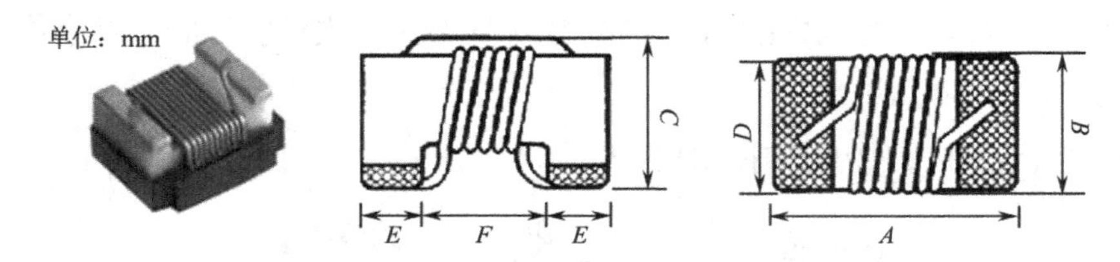

图 3-9　H 型陶瓷芯绕线型片式电感器的结构

3.2.2　叠层型片式电感器

叠层型片式电感器（MLCI）的结构与多层型陶瓷电容器相似，在制造时用铁氧体浆料和导电浆料交替印刷叠层后，经过高温烧结形成具有闭合磁路的整体。导电浆料经过烧结后形成的螺旋式导电带相当于传统电感器的线圈，被螺旋式导电带包围的铁氧体相当于磁芯，螺旋式导电带外围的铁氧体使磁路闭合。MLCI 的外形与结构如图 3-10 所示。

MLCI 的制造关键是线圈的螺旋式导电带。目前螺旋式导电带常用的加工方法有交替（分部）印刷法和叠片通孔过渡法。此外，低温烧结铁氧体材料时选择适当的黏合剂种类与含量对 MLCI 的性能非常重要。

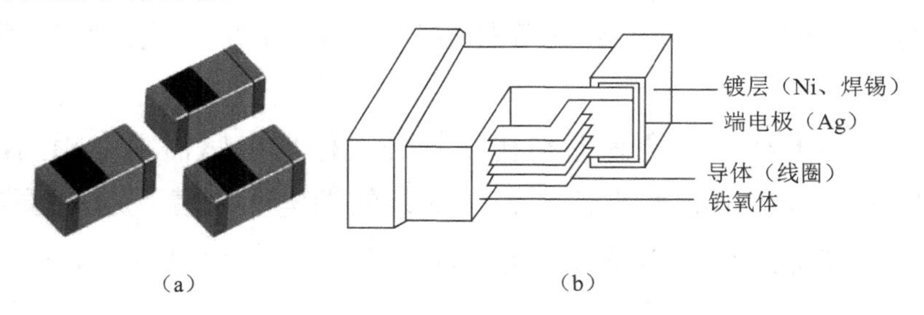

图 3-10　MLCI 的外形与结构

MLCI 与绕线型片式电感器相比具有如下特点。

（1）烧结密度高、机械强度好。

（2）一体化结构，将线圈密封在铁氧体中成为一个整体，可靠性高。

（3）磁路闭合，磁通量泄漏很少，不干扰周围的元器件，也不易受周围元器件的干扰，适合高密度安装。

（4）无引脚，可以做到薄型、小型化；耐热性、可焊性好；形状规整，适合自动化表面安装生产。

MLCI 的电感量较小，且 Q 值低。MLCI 被广泛应用在 VTR、TV、音响、汽车电子、通信、混合电路中。

3.3　变压器

变压器也是一种电感器，是利用两个线圈靠近时的互感现象工作的，是电子产品中十分常见的元件。

变压器是将两组或两组以上的线圈（初级线圈和次级线圈）绕在同一骨架上，并在绕好的线圈中插入铁芯或磁芯等导磁材料制成的，在电路中起电压变换和阻抗变换等作用。变压器的种类很多，常见的有电源变压器、高中频变压器、音频变压器等。一般情况下铁芯变压器多用于低频电路，磁芯变压器多用于中、高频电路。变压器的外形与电路符号如图 3-11 所示。

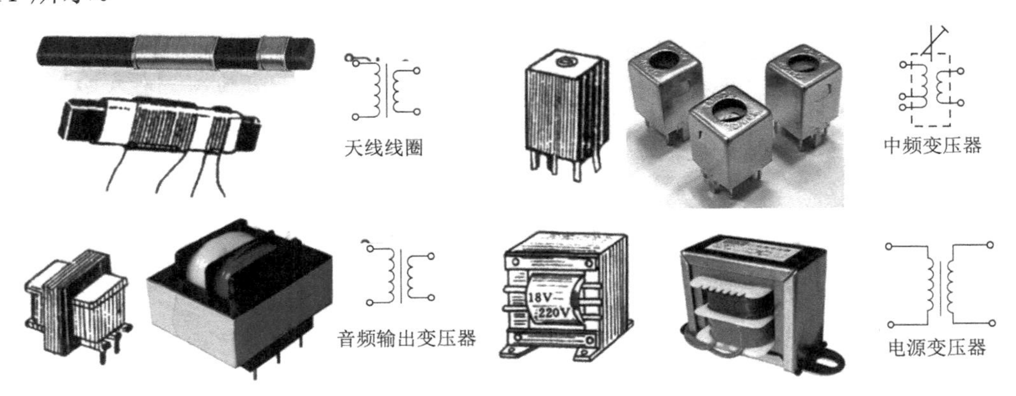

图 3-11　变压器的外形与电路符号

3.3.1　变压器的种类和用途

1. 按工作频率分类

工频变压器：工作频率为 50Hz 或 60Hz。

中频变压器：工作频率为 400Hz 或 1kHz。

音频变压器：工作频率为 20Hz 或 20kHz。

超音频变压器：工作频率为 20kHz 以上，不超过 100kHz。

高频变压器：工作频率通常为几千赫兹到几百千赫兹。高频变压器分为耦合线圈和调谐线圈两大类。调谐线圈与电容器可以组成串、并联谐振电路，起到选频作用。天线线圈、谐振线圈等都是高频线圈。

2. 按用途分类

电源变压器：用于提供电子设备所需电源的变压器。

音频变压器：用于音频放大电路和音响设备的变压器，实现阻抗匹配、耦合信号、将信号倒相等。（只有在阻抗匹配的情况下，20Hz～20kHz 的音频信号的传输损耗及失真才能降到最小。）

中周变压器：是超外差式收音机和电视机中的重要元件，在电路中起到选频、耦合等作用。中周变压器的磁芯、磁帽用低频或高频特性的磁性材料制成。低频磁芯中周变压器用于收音机；高频磁芯中周变压器用于电视机和调频收音机。中周变压器有单调谐和双调谐两种，收音机多采用单调谐电路。常用的中周变压器有 TFF-1、TFF-2、TFF-3；10TV21、10LV23、10TS22 等型号，用于电视机。中周变压器的适用频率范围为几千赫兹到几十兆赫兹。

行输出变压器：也被称为逆行程变压器，是接在电视机行扫描的输出级。

脉冲变压器：工作在脉冲电路中的变压器，波形一般为单极性矩形脉冲波。

特种变压器：具有特殊功能的变压器，如参量变压器、稳压变压器、超隔离变压器、传输线变压器、漏磁变压器。

开关电源变压器：用在开关电源电路中的变压器。

通信变压器：用在通信网络中起到隔直流、滤波作用的变压器。

3.3.2 变压器的结构特点

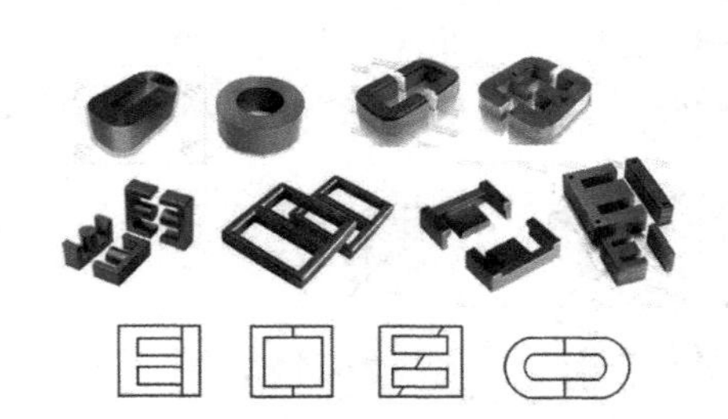

图 3-12　变压器的芯子的外形

变压器的基本组成部分是铁芯和绕组，还有一些其他辅助部件。变压器的骨架是线圈与铁芯之间的绝缘物，是线圈绕制过程的托架。骨架有圆形和方形等几种，其材料有绝缘纸、胶木板、塑料等。

变压器的绕组通常有采用平绕法、双线并绕法、分段或分层法绕制的绕组等。绕组的材料有漆包线或纱包线等。

变压器的芯子通常由硅钢片、坡莫合金（导磁合金）、铁氧体等材料制成。变压器的芯子的外形有 C、EI、口、F、O 等形状，如图 3-12 所示。

1. 高中频变压器的结构

（1）固定磁芯变压器：由两个以上线圈与固定磁芯组成。固定磁芯变压器一般为高频变压器，如收音机天线的线圈。

（2）可调磁芯变压器：一般为中频变压器，频率范围从几十赫兹到几千赫兹。它由两组导线绕制在同一个芯子上，并在芯子上或在芯子中加一个磁帽或磁芯制成。转动磁帽或磁芯可以改变中频变压器电感量的大小。因此，中频变压器除了具有电压、阻抗变换作用，还具有在某个频率谐振的特性。可调磁芯变压器是多用于无线电接收机的中频变压器。

2. 低频变压器的结构

低频变压器是在两组或多组线圈中插入硅钢片组成的。低频变压器由于芯子中插入了硅钢片，因此也被称为铁芯变压器。低频变压器可分为电源变压器、耦合变压器、推动变压器、音频输入变压器、输出变压器等种类。

3.3.3　变压器的型号命名方法

1. 小型变压器的型号命名方法

国产小型变压器的型号命名由三部分组成：第一部分用字母表示主称为变压器；第二部分用数字表示变压器的额定功率，单位用 VA 或 W 标识；第三部分用数字表示产品的序号。国产小型变压器的型号命名及各部分的意义如表 3-3 所示。

表 3-3　国产小型变压器的型号命名及各部分的意义

第一部分		第二部分	第三部分
字母	意义	用数字表示变压器的额定功率	用数字表示产品的序号
CB	音频输出变压器		
DB	电源变压器		
GB	高压变压器		
HB	灯丝变压器		
RB 或 JB	音频输入变压器		
SB 或 ZB	用于扩音机的定阻式音频输送变压器（线间变压器）		
SB 或 EB	用于扩音机的定压式或自耦式音频输送变压器		
KB	开关变压器		

例如，DB-60-2 型表示 60VA 电源变压器。

2. 中频变压器的型号命名方法

中频变压器的型号命名由三部分组成：第一部分用字母表示主称（或特征、用途）；第二部分用数字表示外形尺寸（单位 mm）；第三部分用数字表示中波级数。中频变压器的型号命名及各部分的意义如表 3-4 所示。

表 3-4　中频变压器的型号命名及各部分的意义

第一部分		第二部分		第三部分	
字母	意义	数字	意义	数字	意义
T	中频变压器	1	7×7×12	1	中波第一级
L	线圈或振荡线圈	2	10×10×14	2	中波第二级
T	磁性瓷芯式	3	12×12×16	3	中波第三级
F	用于调幅收音机	4	20×25×36	—	—
S	短波段	—	—	—	—

例如，TTF-2-1 型为用于调幅收音机中波第一级的磁性瓷芯式中频变压器，外形尺寸为 10mm×10mm×14mm。

3.3.4　变压器的主要参数

1. 额定电压和额定电流

（1）额定电压包括初级额定电压（U_1）和次级额定电压（U_2）。初级额定电压通常是指变压器一次侧绕组按规定应加上的电压值；次级额定电压是指当变压器初级加上额定电压时，次级输出的电压有效值。

若将变压器视为理想的变压器，并忽略所有损耗，则其在电路中的变压比为

$$n=U_1 / U_2=N_1 / N_2$$

（2）额定电流是指当变压器初级加上额定电压并且在满负荷条件下工作时，初级输入电流（I_1）和次级输出电流（I_2）。若忽略所有损耗，则变压器在电路中的电流关系为

$$U_1 / U_2=I_2 / I_1$$

2. 变压器的额定容量与效率

变压器的额定容量是指变压器在额定工作条件下的输出能力。对于大功率变压器，可以用次级绕组的额定电压与额定电流的乘积表示。对于小功率电源变压器，由于工作情况不同，因此初级容量、次级容量应分别计算。

初级额定电压有效值与额定电流有效值的乘积被称为初级容量，用 P1 表示。次级额定电压有效值与额定电流有效值的乘积被称为次级容量，用 P2 表示。将初级容量与次级容量的算术平均值作为小功率电源变压器的额定容量。

在实际运用中，变压器存在损耗，其损耗主要有铜线损耗、铁芯损耗和漏磁损耗等。一般来讲，变压器的容量越大，效率越高；变压器的容量越小，效率越低。例如，10W 以下变压器的效率仅为 60%～70%，而 100W 以上变压器的效率高达 90%以上。

3. 额定频率

额定频率是指变压器正常工作时的电压频率值。一般情况下变压器的额定频率为 50Hz，有需要时可以按 400Hz、1kHz、10kHz 等频率设计变压器。

4. 空载电流

当电源变压器次级开路时，初级绕组仍有一定的电流流过，这个电流就是变压器的空载电流。

5. 温升

温升是指变压器在额定负载下工作到热稳定后，其线包的平均温度与环境温度之差。

6. 工作温度等级

工作温度等级是指根据变压器采用的绝缘材料的使用寿命而规定允许的工作温度，并用级别表示。

3.4 石英晶体谐振器及压电陶瓷元件

目前电子产品中广泛使用石英晶体、声表面波滤波器、陶瓷谐振等元件。这些元件使电子产品整体性能得到了较大提高，下面分别介绍其特点及性能。

3.4.1 石英晶体谐振器

石英晶体谐振器简称晶振，是使用具有压电效应的石英晶体薄片制成的。这种石英晶

体薄片在受到外加交变电场的作用时会产生机械振动，当交变电场的频率与石英晶体的固有频率相同时，振动会变得很强烈，这就是晶体谐振特性的反应。利用这种特性，可以用石英晶体谐振器取代 LC（线圈和电容）谐振回路、滤波器等。由于石英晶体谐振器具有体积小、质量轻、Q 值高、频率稳定度高等优点，因此被应用于家电和通信设备。石英晶体谐振器的外形与电路符号如图 3-13 所示。

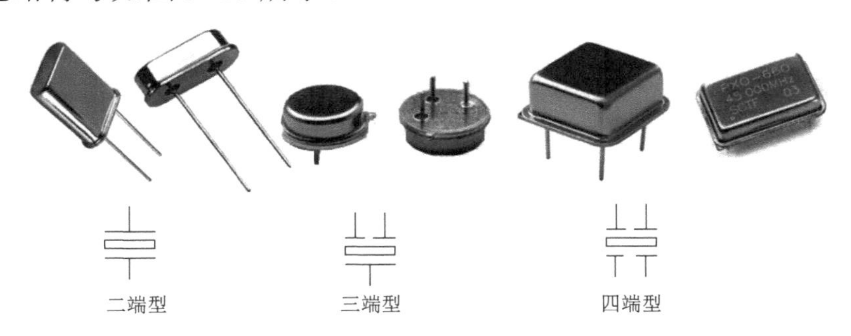

图 3-13　石英晶体谐振器的外形与电路符号

1. 石英晶体元件的结构及性能

石英晶体元件由石英晶片、晶片支架和外壳等构成。石英晶体元件在电路中的作用相当于一个高 Q 值的 LC 谐振元件。切割石英晶体的方位不同，切割出来的石英晶片切型也不同，常见的切型有 AT 型、BT 型、DT 型、X 型、Y 型等几种。不同切型的石英晶片性能不同，频率的温度特性差别较大。晶片支架用于固定晶片及引出电极，有焊线式和夹紧式两种。石英晶体元件的封装外壳有玻璃真空密封型、金属封装型、陶瓷封装型及塑料封装型等。石英晶体元件一般为两个电极，也有三个或四个电极形式的。

2. 石英晶体元件的种类

石英晶体元件按不同分类方法可分为不同种类，其种类如表 3-5 所示。

表 3-5　石英晶体元件的种类

按频率精度与稳定性分类	按封装形式分类	按用途分类
高精度	玻璃真空密封型	用于彩色电视机
中精度	金属封装型	用于影碟机
普通型	陶瓷封装型	用于摄录像机
—	塑料封装型	用于电话
—	—	用于手机对讲机
—	—	用于石英手表

尽管石英晶体元件分类较多，但彼此间性能差别不大，只要体积及性能参数基本一致，许多石英晶体元件之间就可以互换使用。

3. 石英晶体元件的命名方法

国产石英晶体元件的命名由三部分组成：第一部分用字母表示外壳材料及形状，如 J 表示金属外壳、S 表示塑料外壳、B 表示玻璃外壳等；第二部分用字母表示石英晶片的切割方式，如 A 表示 AT 型、B 表示 BT 型等；第三部分用数字表示石英晶体元件的主要参数性能及外形尺寸，如 4.433 618 75 表示石英晶体元件的标称工作频率。

4. 石英晶体谐振器的主要参数

石英晶体谐振器的主要参数有标称工作频率、负载电容、激励电平、工作温度范围及温度频差。

（1）标称工作频率：石英晶体谐振器的振荡频率，该频率与负载电容的容量值有关。

（2）负载电容：与石英晶体谐振器各引脚相关联的总有效电容（包括应用电路内部与外围各电容）之和。负载电容常用的标准值有 16pF、20pF、30pF、50pF、100pF。

（3）激励电平：石英晶体谐振器在工作时消耗的有效功率。激励电平决定了电路工作频率的稳定程度。激励电平常用的标准值有 0.1mW、0.5mW、1mW、2mW、4mW。

（4）工作温度范围：石英晶体谐振器在正常工作时允许的最低环境温度到最高环境温度。

（5）温度频差：石英晶体谐振器在工作温度范围内的工作频率相对于基准温度下工作频率的最大偏离值。温度频差用来反映石英晶体谐振器的频率温度特性。

5. 常见的石英晶体谐振器的封装形式及型号

（1）引脚石英晶体谐振器根据封装形式分为 49U（石英片为圆形片，外形尺寸为 4mm×11mm×13mm，不包括引脚）、49S（有的地方称为 49US，石英片为圆方形片，外形尺寸为 11.05mm×4.65mm×3.5mm，高度有不同尺寸，不包括引脚）、50U（外形与 49U 一样，引脚为粗引脚）、49B（外形与 49S 一样，加绝缘片后引脚被压扁，可以用 SMT 贴片，行业内也称为假贴片，因为用的不是贴片 Base）、UM-1（石英片为圆形片，外形尺寸 8.0mm×7.9mm×3.2mm，不包括引脚、Base 和引脚镀金）、UM-5（石英片为圆形片，外形尺寸 6.0mm×7.9mm×3.2mm，不包括引脚、Base 和引脚镀金）、49M、49N、49A（为 49U 打弯腿加工，可以用 SMT 贴片）。

另外，柱形引脚石英晶体谐振器，如 3×10、3×9、2×8、2×6 均由外形尺寸命名（不包括引脚长度），也可以做成打弯腿，类似于 SMT 贴片的形状，该系列也被称为表晶。

（2）无引脚石英晶体谐振器（片式谐振器）根据外形尺寸命名分为 7050（7×5）、6035（6.0×3.5）、5032（5.0×3.2）、4025（4.0×2.5）、3225（3.2×2.5）、2520（2.5×2.0）、2016（2.0×1.6）、2012（2.0×1.2）。目前，3225 及以上型号国内比较常见；2520 有些外资厂也有加工；2016、2012 主要是日本生产的，这些都用 SMT 贴片上板，对可焊性和晶体外形尺寸要求严格。贴片型石英晶体谐振器是按大小和引脚位分类的，如 0705（7×5）、6035（6×3.5）、5032（5×3.2）等，引脚位有 4pin 和 2pin 之分。图 3-14 所示为无引脚石英晶体谐振器的实物图。

图 3-14 无引脚石英晶体谐振器的实物图

3.4.2 压电陶瓷元件

压电陶瓷元件与石英晶体元件一样，也是利用“压电”效应制成的一种频率元件。它在无线电接收设备的中频放大电路中运用非常广泛，如目前家用收音机、电视机的中放电路，或多或少地采用了不同类型的压电陶瓷元件。

压电陶瓷元件按用途可分为压电陶瓷滤波器、压电陶瓷陷波器和压电陶瓷谐振器等。例如，6.5MHz 带通滤波器允许频率为 6.5MHz 的信号通过，对除 6.5MHz 以外的信号进行抑制；4.43MHz 带阻滤波器允许除 4.43MHz 以外的信号通过，对 4.43MHz 的信号进行抑制。

1. 压电陶瓷元件的结构及特点

压电陶瓷元件由锆钛酸铝陶瓷材料制成薄片，先在薄片两边镀上金属银层，然后在金属银层上做电极引脚，最后用塑料等材料封装制成。陶瓷元件的基本结构、工作原理、特性、等效电路等与石英晶体元件相似，但其频率精度、稳定性等主要性能比石英晶体元件差一些。压电陶瓷元件的外形如图 3-15 所示。

图 3-15　压电陶瓷元件的外形

2. 压电陶瓷元件的分类及命名方法

压电陶瓷元件按用途和功能可分为压电陶瓷陷波器、压电陶瓷滤波器、压电陶瓷鉴频器和压电陶瓷谐振器等；按引出电极数目可分为两电极压电陶瓷元件、三电极压电陶瓷元件和四电极及以上的多电极压电陶瓷元件等。由于两端压电陶瓷滤波器的通频带较窄，因此目前彩色电视机中广泛采用三端压电陶瓷滤波器。

压电陶瓷元件一般采用塑料封装或复合材料封装，有的采用金属封装。国产压电陶瓷元件的型号命名由五部分组成，其型号命名及各部分的意义如表 3-6 所示。

表 3-6　国产压电陶瓷元件的型号命名及各部分的意义

<table>
<tr><th colspan="2">第一部分：元件功能</th><th colspan="2">第二部分：材料性质</th><th colspan="2">第三部分</th><th colspan="2">第四部分</th><th colspan="2">第五部分</th></tr>
<tr><th>符号</th><th>意义</th><th>符号</th><th>意义</th><th>符号</th><th>意义</th><th>符号</th><th>意义</th><th>符号</th><th>意义</th></tr>
<tr><td>L</td><td>滤波器</td><td>T</td><td>压电陶瓷</td><td rowspan="2">W 或 B</td><td rowspan="2">无下标数字</td><td rowspan="2">数字和 K</td><td rowspan="2">标称工作频率和单位（kHz）</td><td rowspan="4">字母表示</td><td rowspan="4">产品类别或系列</td></tr>
<tr><td>X</td><td>陷波器</td><td></td><td></td></tr>
<tr><td>J</td><td>鉴频器</td><td></td><td></td><td></td><td></td><td rowspan="2">数字和 M</td><td rowspan="2">标称工作频率和单位（MHz）</td></tr>
<tr><td>Z</td><td>谐振器</td><td></td><td></td><td></td><td></td></tr>
</table>

3. 压电陶瓷元件的主要参数和更换

压电陶瓷元件的主要参数有标称工作频率、插入损耗、陷波深度、失真度、鉴频输出电压、通带宽度、谐振阻抗等。选用和更换压电陶瓷元件只要型号、功能和标称工作频率一致即可。

3.4.3 声表面波滤波器

声表面波滤波器（Surface Acoustic Wave Filter，SAWF）是利用石英、铌酸锂、钛酸钡晶体的压电效应特性制成的。具有压电效应的晶体在受到电信号的作用时会产生弹性形变并发出机械波（声波），即可把电信号转为声信号。由于这种声波只在晶体表面传播，因此也被称为声表面波。

声表面波滤波器是一种集成滤波器，使用“压电”和“反压电”的原理进行信号的传播。不同频率的信号在声表面波滤波器中换能的能力不同，从而形成了对不同频率信号的滤波能力。声表面波滤波器的电路符号与外形如图 3-16 所示。

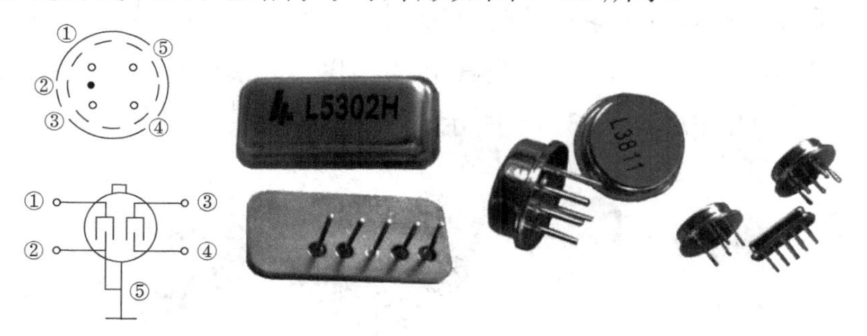

图 3-16　声表面波滤波器的电路符号与外形

1. 声表面波滤波器的结构

声表面波滤波器的结构如图 3-17 所示。声表面波滤波器由压电晶体基片、输入换能器、输出换能器组成。压电晶体通常由铌酸锂材料制成。换能器呈叉指形，能将电压信号转换成机械波，也能将机械波转换成电压信号，其几何尺寸和形状决定了滤波器通频带特性。

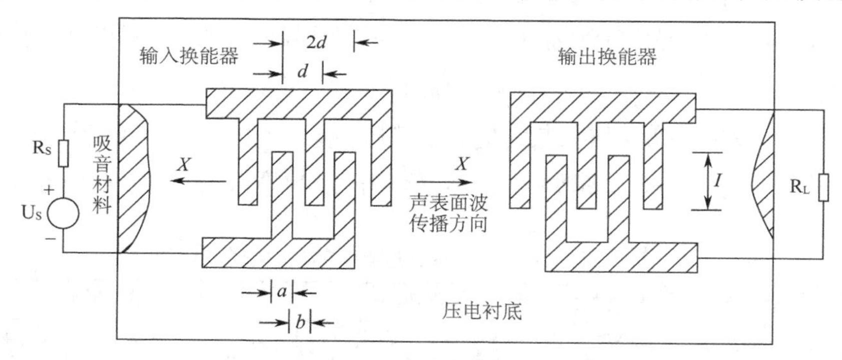

图 3-17　声表面波滤波器的结构

声表面波滤波器的特点：选择性好，吸收深度为-40～-35dB；幅频特性及相频特性好，且无须调整；温度稳定性好，不易老化；过载能力强，不会因输入信号的不同而引起频率特性的变化。声表面波滤波器也存在插入损耗大、传输效率低和三次反射等缺点。

2. 声表面波滤波器的主要参数

声表面波滤波器的主要参数有中心频率、通带宽度、矩形系数、插入损耗、最大带外抑制、幅度波动、线性相位偏移等。

声表面波滤波器虽然是模拟器件，但是由于其良好的滤波特性（让需要的信号通过，滤除不需要的信号），因此在众多领域被广泛应用，特别是在有线电视系统中，图像中频滤波器、伴音滤波器、频道残留边带滤波器等声表面波滤波器均是实现邻频传输的关键。此外，由于声表面波滤波器具有抗干扰能力强的特点，因此在GPS接收机的前端滤波器中也被大量采用。

用万用表直流电阻值挡检测声表面波滤波器的1、2两个输入端和3、4两个输出端之间的电阻值，若其性能良好，则均应为无穷大。除2端外，其他各端与屏蔽极5端之间的电阻值也应为无穷大，而2端和5端都与金属外壳相连并一同接地。

3.5 电感器的识别检测实训

1. 实训目的

学会识别电感器和变压器的类型，熟悉各种电感器和变压器的名称，了解不同类型的电感器和变压器的作用，掌握电感器和变压器的检测方法。

（1）能用目视法判断、识别常见的电感器和变压器的类型，能正确说出各种电感器和变压器的名称。

（2）能正确识读电感器和变压器上标注的主要参数，并了解其作用和用途。

（3）会使用万用表对各种电感器和变压器进行测量，并对其质量进行判断。

2. 实训器材

（1）指针式万用表（一人一块）。

（2）数字万用表（一人一块）。

（3）各种类型的电感器若干。

（4）电子产品PCB（如音频设备、家电的PCB）若干（两人一块）。

3. 实训内容与步骤

❖ 任务1 电感器的类型识别与质量检测

【操作步骤】

（1）不同类型的电感器的检测。根据电感器的外形及外壳上的型号参数标识，对混装的不同类型的电感器进行检测，并记录检测后电感器的型号、类型、标称容量、允许误差等。

待鉴别确认的电感器，包含以下类型。

① 通孔插装式：立式密封固定电感器、卧式密封固定电感器、空芯电感器、磁芯电感器等。

② 贴片式：绕线式片式电感器、片式多层陶瓷电感器。

③ 混装在色码电感器中的色环电阻器、色环电容器。

【要点提示】

注意色码电感器与色环电阻器、色环电容器的区别：色码电感器的外形与色环电阻器差不多，但色码电感器两头尖，中间大，与引脚衔接的地方是逐渐变细的；而色环电阻器两边粗，中间细，很均匀，与引脚衔接的地方是垂直横切面的。

一般，色码电感器用绿色作底色，色环电阻器用棕黄色、蓝色或灰白色作底色，色环电容器的底色大都是比色码电感器颜色浅的白绿色。色码电感器与色环电阻器的外观特征区别如图 3-18 所示。

（2）色码电感器的识读。对各种标注的色码电感器进行识读，并记录识读结果。

（3）使用指针式万用表检测色码电感器的好坏。将量程旋钮转至 $R\times1$ 挡，两只表笔分别接触色码电感器的任意一个引脚，此时指针应朝顺时针方向摆动。根据测出的电阻值，可具体分下述三种情况进行鉴别。

① 被测色码电感器电阻值为 0，其内部有短路故障，如图 3-19 所示。

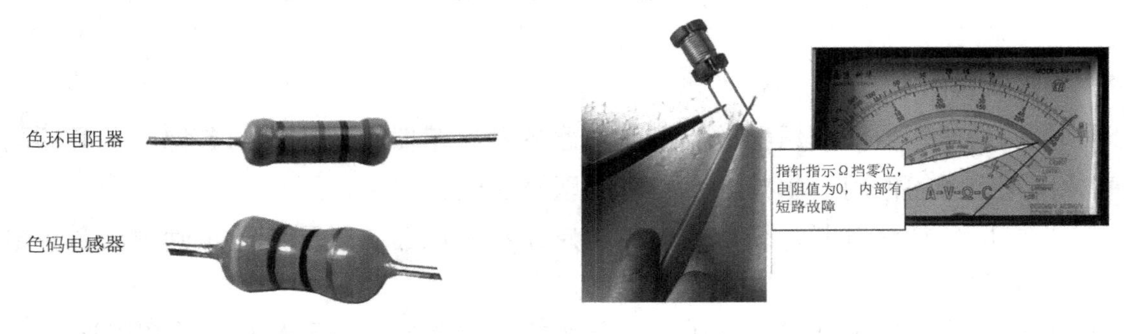

图 3-18　色码电感器与色环电阻器的外观特征区别　　**图 3-19　电阻值为 0**

② 指针摆动，被测色码电感器有直流电阻值读数。直流电阻值与绕制电感器线圈所用的漆包线径、绕制圈数有直接关系，只要能测出直流电阻值，就可认为被测色码电感器基本正常，如图 3-20 所示。

③ 指针不动，被测色码电感器的电阻值为∞，说明其内部有开路故障，如图 3-21 所示。

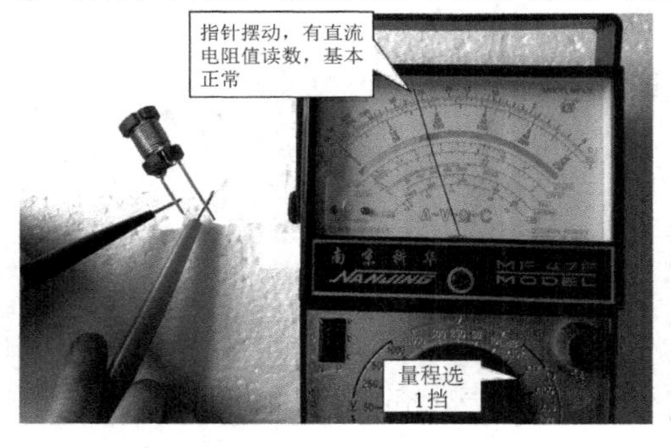

图 3-20　有直流电阻值读数

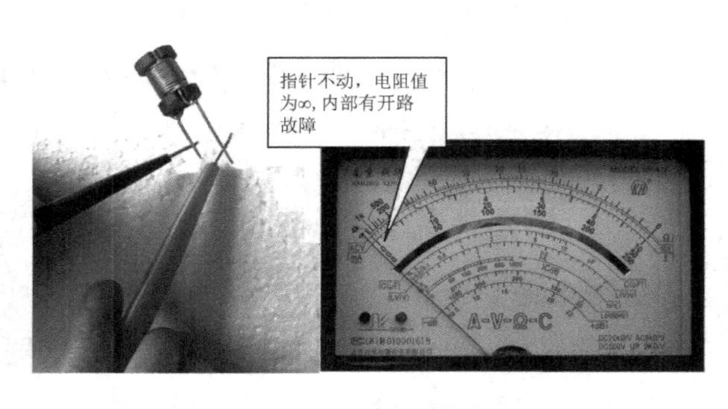

图 3-21　电阻值为∞

（4）当有条件时，对电子产品 PCB 上的小型电感器元件、线圈、变压器等进行识别、判断和在线检测；对自制和非标元件，要尽可能测出其相关参数，并对其工艺质量做出评价。

【实训记录】

① 将步骤（1）的识读结果填入表 3-7。

② 将步骤（2）的识读结果填入表 3-8。

③ 将步骤（3）的检测结果填入表 3-9。

表 3-7　电感器的外观识读记录

序号	型号	类型	标称容量	允许误差
1				
2				
3				
4				
5				

表 3-8　色码电感器的识读记录

型号	色环颜色（从左到右）	电感量	允许误差等级	额定工作电流	电流组别
LG1	黑橙黄金				A
LG400	金橙橙金				A
LG402	黑绿棕金				A
LG404	黑绿橙金				D
LGX	金橙绿金				B

表 3-9　使用指针式万用表测量色码电感器的直流电阻值记录

序号	类型	使万用表挡位	直流电阻值	备注
1				
2				
3				
4				
5				

❖ 任务 2　使用数字万用表测电感量

有的数字万用表具有测试电感量的功能，如 VICTOR/胜利的 VC9808+ 数字万用表，测量电感量的量程分为别 2mH、20mH、200mH、2H、20H 共五挡，如图 3-22 所示。

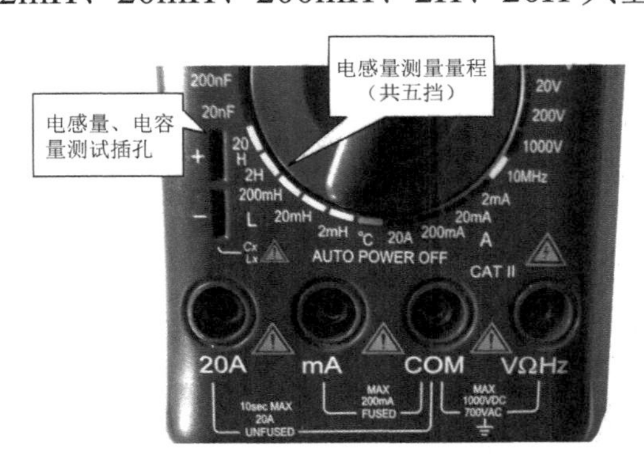

图 3-22　VICTOR/胜利的 VC9808 + 数字万用表的电感量测量量程

【操作步骤】

（1）打开数字万用表的电源开关，根据待测色码电感的标称值选择适合的量程。

（2）将待测色码电感的引脚插入电感量、电容量测试插孔。对于没有该测试插孔的数字万用表，将两只表笔插入面板上的 Lx、COM 插孔，分别与待测色码电感器的引脚接触，读 LCD 显示器显示的数值，如图 3-23 所示，其中被测色码电感器的标称容量为 39mH，量程为 200mH，实测值为 36.7mH。

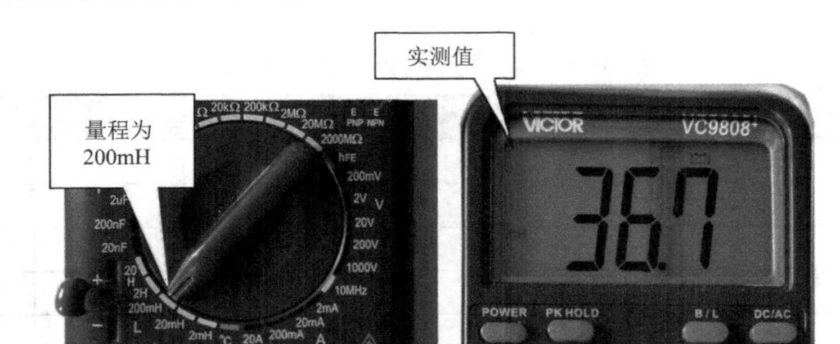

图 3-23　测量过程

（3）在测量不同标称值的电感量时，注意随时改变量程，如果测量时 LCD 显示器显示 OL，那么说明超出量程，要将转换开关转至较大的量程。

【实训记录】

将以上测量结果填入表 3-10。

表 3-10　电感量直接测量记录

序号	类型	万用表挡位	标称值	实测值	备注
1					
2					
3					
4					
5					

❖ 任务 3　一般变压器的直观识别与绕组检测

【操作步骤】

（1）对变压器进行直观识别。将若干不同类型、规格的变压器混装，根据前面学过的知识对其进行分拣，并说明其类型。

（2）使用指针式万用表 Ω 挡（$R\times1$ 挡）对磁芯变压器、铁芯变压器、带中心抽头的变压器各个绕组进行测量，记录变压器一次侧绕组和二次侧绕组的电阻值（若有多个二次侧绕组的电阻值，则逐一测量）。图 3-24 所示为变压器各绕组的直流电阻值的测量。

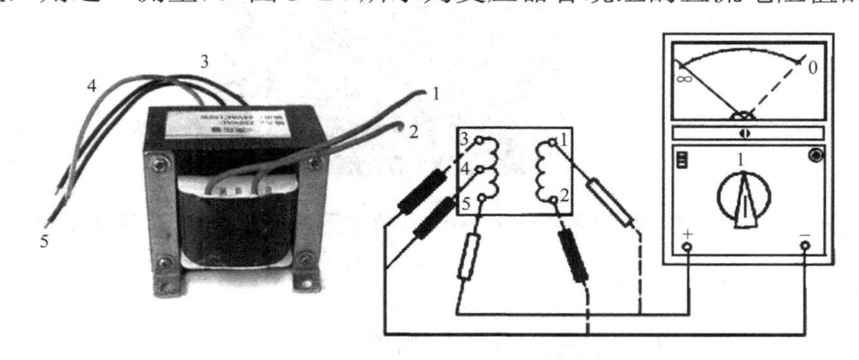

图 3-24　变压器各绕组的直流电阻值的测量

（3）检测电源变压器。将电源变压器的一次绕组侧接 220V 电源，使用指针式万用表交流电压挡测量二次侧绕组（1 组或 2 组）输出电压，在测量中切记注意安全。图 3-25 所示为测量电源变压器的二次侧绕组输出电压的示例。

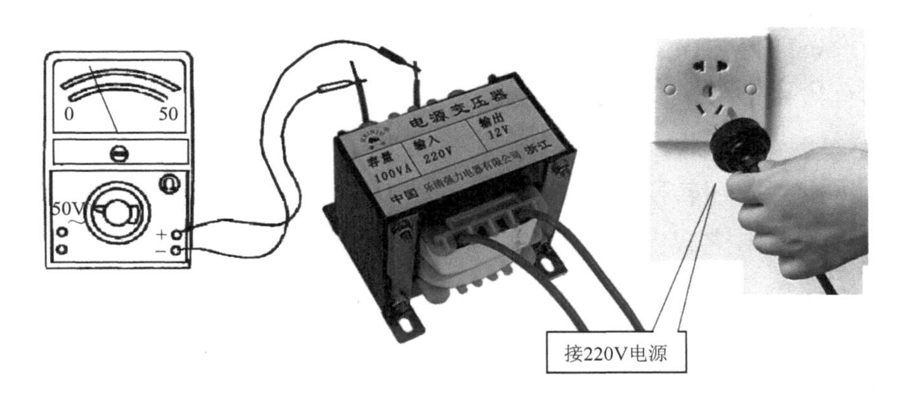

图 3-25　测量电源变压器的二次侧绕组输出电压的示例

【实训记录】

将以上测量结果填入表 3-11，并分析实测值与标称值的差别。

表 3-11　变压器的直观识别和质量检测记录

序号	变压器的类型	一次侧绕组的电阻值	二次侧绕组的电阻值 1	二次侧绕组的电阻值 2	标称工作频率	二次侧绕组输出电压 1	二次侧绕组输出电压 2
1							
2							
3							
4							
5							

【技能扩展】

电源变压器的质量检测

（1）通过观察电源变压器的外观，检查其是否有明显的异常现象，如线圈引脚是否断裂、脱焊，绝缘材料是否有烧焦的痕迹，铁芯紧固螺杆是否松动，硅钢片是否锈蚀，绕组线圈是否外露等。

（2）绝缘性检测。使用指针式万用表 R×10k 挡分别测量铁芯与一次侧绕组、一次侧绕组与各二次侧绕组、铁芯与各二次侧绕组、静电屏蔽层与各二次侧绕组、二次侧各绕组之间的电阻值，指针均应指示∞位置不动，否则说明该电源变压器绝缘性能不良。

（3）线圈通断的检测。将量程旋钮转至 R×1 挡，在测试中，若某绕组的电阻值为∞，则说明该绕组有短路故障。

（4）判断一次侧绕组线圈与二次侧绕组线圈。电源变压器的一次侧绕组引脚与二次侧绕组引脚一般都是分别从两侧引出的，并且一次侧绕组标有 220V 字样，二次侧绕组标有额定电压值，如 15V、24V、35V 等。根据这些标记进行识别。

（5）空载电流的检测。检测空载电流的方法有直接测量法和间接测量法，具体描述如下。

① 直接测量法。将二次侧各绕组全部空载，将具有交流电流测量功能的指针式万用表量程旋钮转至交流电流 200mA 挡，表笔串入一次侧绕组。当一次侧绕组的插头接 220V 交流电源时，指针指示的位置就是空载电流。此值不应大于变压器满载电流的 10%～20%。

一般常见的电子设备的电源变压器的正常空载电流应在 100mA 左右，如果超出太多，则说明该电源变压器有短路故障。

② 间接测量法。在电源变压器的一次侧绕组中串联一个 10Ω/5W 的电阻器，二次侧绕组仍全部空载。将量程旋钮转至交流电压挡，加电后用两只表笔测出电阻器 R 两端的电压降 U，并用欧姆定律算出空载电流 $I_{空}$，即 $I_{空}=U/R$。

（6）空载电压的检测。将电源变压器的一次侧绕组接 220V 电源，使用指针式万用表交流电压挡依次测出各绕组的空载电压。此值应符合要求，即允许误差范围一般为高压绕组小于或等于±10%，低压绕组小于或等于±5%，带中心抽头的两组对称绕组的电压差小于或等于±2%。一般小功率电源变压器的允许温升为 40～50℃，如果所用绝缘材料质量较好，则其允许温升还可以提高。

（7）检测判断各绕组的同名端。在使用电源变压器时，有时为了得到所需的次级电压，可以将两个或多个次级绕组串联起来使用。在采用串联法使用电源变压器时，参与串联的各绕组的同名端必须正确连接，否则该电源变压器不能正常工作。

① 用电池辅助判断一次侧绕组和二次侧绕组的同名端。用电池触碰电源变压器的一次侧绕组，如图 3-26 所示，若在触碰的瞬间指针向右摆动，则 A、a 为同名端，B、b 为同名端；若指针摆动角度小，则可以选择 50μA 挡或其他小交流电流量程，也可以根据电源变压器的变比选择量程，但应遵循从大量程到小量程的原则。

② 检测电源变压器二次侧两组相同绕组的同名端。若电源变压器的二次侧有两组电压一样的绕组，想将其串联起来做全波整流，则可以用以下简单办法判断同名端。

先把电源变压器的二次侧两组绕组的引脚线头分别选一根连接在一起，接通一次侧绕组的电源，用指针式万用表测量没有连接在一起的另外两根引脚线头，若电压比单组高一倍，则是串联，即 a、c 为同名端；若无电压或电压很小，则连接在一起的两根引脚线头是同名端，即 b、c 为同名端，如图 3-26（b）所示。

（8）电源变压器短路故障的综合检测判断。电源变压器发生短路故障后的主要表现是发热严重和二次侧绕组输出电压失常。通常，线圈内部匝间短路点越多，短路电流越大，电源变压器发热越严重。检测判断电源变压器是否有短路故障的简单方法是测量空载电流（测试方法前面已经介绍）。存在短路故障的电源变压器，空载电流远大于满载电流的 10%。当短路故障严重时，电源变压器在空载加电后几十秒内迅速发热，用手触摸铁芯有烫手的感觉，此时不用测量空载电流就可以断定该电源变压器有短路故障。

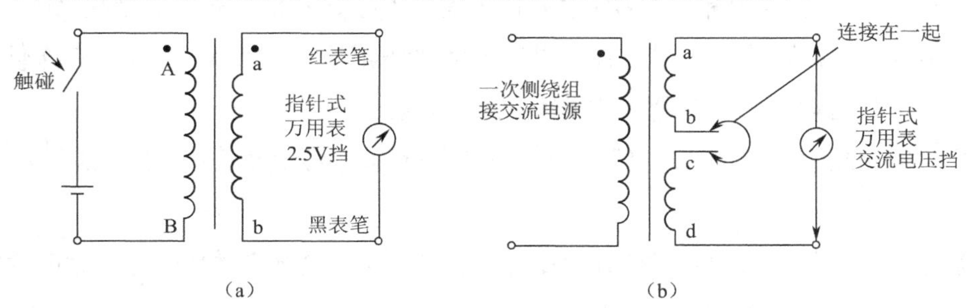

图 3-26　同名端的判断

3.6　石英晶体谐振器和压电陶瓷元件的识别检测实训

1. 实训目的

学会识别石英晶体谐振器和压电陶瓷元件的种类，熟悉各种压电陶瓷元件的名称，并了解其作用及特点，掌握石英晶体谐振器和压电陶瓷元件的检测方法。

（1）能用目视法识别常见的石英晶体谐振器和压电陶瓷元件的种类。

（2）会使用简单方法对各种石英晶体谐振器和压电陶瓷元件进行一般检测，并对其质量做出判断。

2. 实训器材

（1）指针式万用表（一人一块）。

（2）数字万用表（一人一块）。

（3）各种类型石英晶体谐振器和压电陶瓷元件若干。

3. 实训内容与步骤

❖ 任务1　石英晶体谐振器的外观检查和质量检测

【操作步骤】

（1）外观检查：检查石英晶体谐振器的外观是否整洁、无裂纹、引脚牢固可靠，若贴近耳朵轻摇有声音，则该石英晶体谐振器一定是坏的（内部的晶体已经碎了，即使能用频率也已经改变）。

（2）使用指针式万用表 $R\times10\text{k}$ 挡测量石英晶体谐振器的电阻值，若电阻值很小甚至趋于0，则说明该石英晶体谐振器内部短路，已经损坏，如图3-27所示。

需要注意的是，若所测电阻值为∞，则不能断定石英晶体谐振器是否正常或损坏（正常或内部短路，电阻值均为∞）。

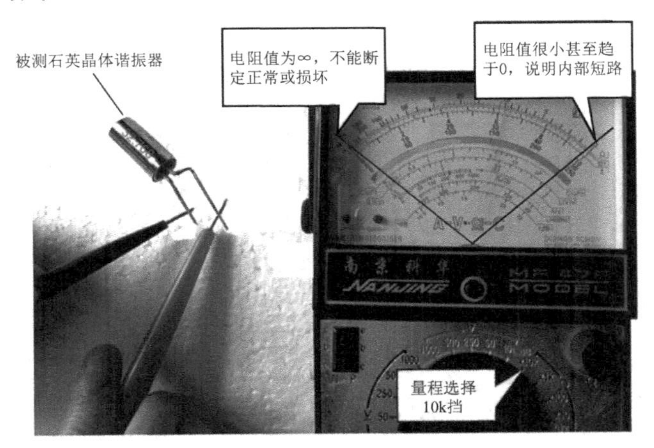

图3-27　使用指针式万用表 $R\times10\text{k}$ 挡测量石英晶体谐振器的电阻值

（3）试电笔检查法：使用一只试电笔，将刀头插入电源插排的火线插孔内，用手捏住石英晶体谐振器的一个引脚，另一个引脚接触试电笔的顶端，若氖管发红，则说明该石英晶体谐振器是正常的；若氖管不亮，则说明该石英晶体谐振器已经损坏。图3-28所示为试电笔检查法的示意图。

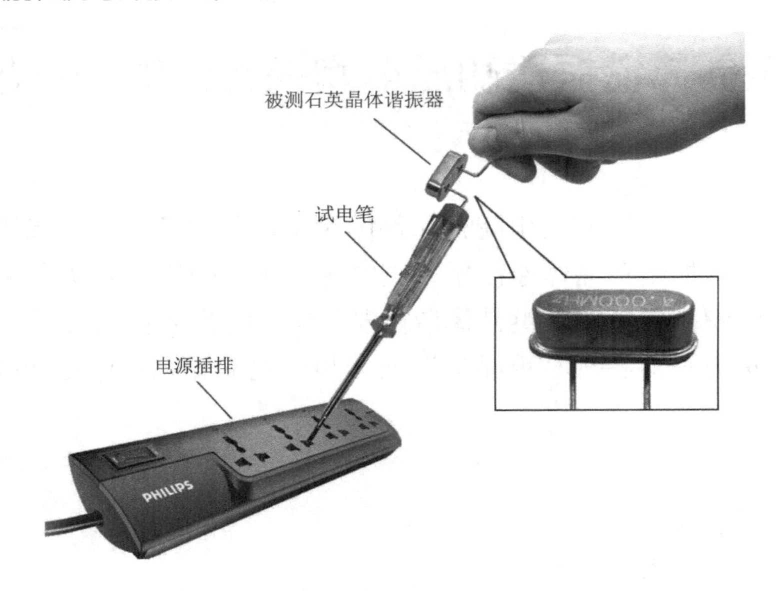

图 3-28　试电笔检查法的示意图

需要注意的是，此步骤一定要注意安全！

（4）使用数字万用表电容挡测量石英晶体谐振器的等效电容量。将转换开关转至 2000pF 电容挡（或其他较小挡位，如 20nF 挡），测量石英晶体谐振器的等效电容量。不同的石英晶体谐振器的正常电容量具有一定的范围，可以测量正常同种石英晶体谐振器得到参考值（一般在几十到几百皮法）。常见的 429kHz、455kHz、480kHz、500kHz、560kHz 石英晶体谐振器的电容量参考值分别为 320～340pF、290～310pF、350～363pF、405～430pF、170～196pF。若实测值在上述相应范围内，则说明石英晶体谐振器质量良好，否则说明其有故障（但此方法不能测出石英晶体谐振器是否有频偏）。

图 3-29 所示为对一个 455kHz 石英晶体谐振器的测量情况，在选择 20nF 挡测量电容量时，实测电容量为 0.293nF，即 293pF，说明该石英晶体谐振器性能正常（在 290～310pF）。一般损坏的石英晶体谐振器电容量明显会减小。

（5）将同种石英晶体谐振器用上述方法全部检测一次，小组内相互验证检测结果。

图 3-29　对一个 455kHz 石英晶体谐振器的测量情况

【实训记录】

整理实训数据，将以上检测结果填入表 3-12。

表 3-12 石英晶体谐振器的质量检测记录

序号	检测方法	检测现象	检测结果	序号	检测方法	检测现象	检测结果
1				6			
2				7			
3				8			
4				9			
5				10			

【知识延伸】

对石英晶体谐振器的质量检测的其他方法

（1）在路电压测量法：测试输出引脚电压，可以选择万用表的 DC10V 挡，黑表笔接电源负极，红表笔分别测石英晶体谐振器的两个引脚的电压值，一般正常情况下，大约是电源电压的 1/2。因为石英晶体谐振器输出的是正弦波（峰-峰值接近电源电压），所以在用万用表检测时，其电压值约为 $1/2V_{CC}$。最好的办法是用示波器观察石英晶体谐振器两端有无输出波形。

（2）用一个功能正常的家电遥控器，最好有指示灯，如果没有，那么可以将原来的红外发射管换成普通发光二极管作为指示灯，将遥控器内原来的石英晶体谐振器拿掉，引出两根连线，作为外接被测石英晶体谐振器的引脚，以方便连接；接好被测石英晶体谐振器后按任意键，如果遥控器有发射信号，则说明该石英晶体谐振器是好的。

（3）制作一个振荡电路，并将被测石英晶体谐振器接入该电路，看其是否起振。以下是一款简单且实用的石英晶体谐振器检验装置，该装置是由一个 2N3823 结型 N 沟道场效应晶体管（FET），两个 NPN 小功率三极管 2N3904，一个发光二极管和一些阻容元件组成的一个有效检验石英晶体谐振器质量好坏的检验器。

将 2N3823 结型 N 沟道场效应晶体管（也可以用其他型号的同类小功率场效应晶体管，如 3DJ6 等）与被测石英晶体谐振器接成一个振荡器，将两个 NPN 小功率三极管 2N3904（也可以用其他型号的 NPN 小功率三极管）接成复合检波放大器，驱动发光二极管发光，如图 3-30 所示。若被测石英晶体谐振器质量良好，则振荡器起振，振荡信号经过 0.01μF 的电容耦合到检波放大器的输入端，经过放大后驱动发光二极管发光；若被测石英晶体谐振器质量不好，则振荡器不起振，发光二极管不发光。

该装置可以检验任何频率的石英晶体谐振器，但其最佳工作状态为 3～10MHz。石英晶体谐振器检验装置 PCB 如图 3-31 所示。

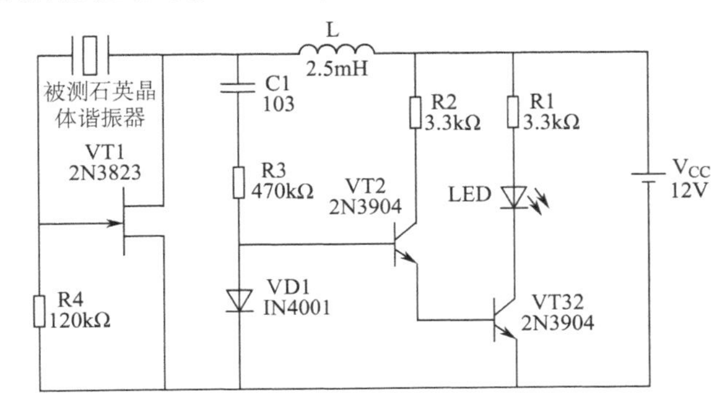

图 3-30 石英晶体谐振器检验装置

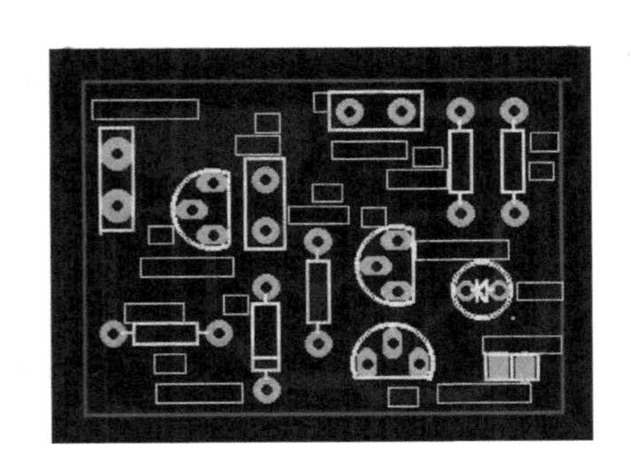

图 3-31 石英晶体谐振器检验装置 PCB

❖ 任务 2 使用指针式万用表检测压电陶瓷片的质量

压电陶瓷片是一种电子发音元件，在两片铜制圆形电极中间放入压电陶瓷介质材料，在两个电极上面接通交流音频信号时，压电陶瓷片根据信号的频率发生振动而产生相应的声音来。如果不断地对压电陶瓷片施加压力，则其会产生电压和电流。其工作原理是利用压电效应的可逆性。

压电陶瓷片适用于超声波和次声波的发射和接收，比较大面积的压电陶瓷片还可以用于检测压力和振动。压电陶瓷片由于结构简单、造价低，被广泛应用于电子电器方面，如电子玩具、发音电子表、电子仪器、电子钟表、定时器等。

【操作步骤】

（1）将量程旋钮转至 $R\times10k$ 挡，检测压电陶瓷片两个电极的电阻值，正常时应为∞。将压电陶瓷片平放在桌面上，并用铅笔轻轻敲击，指针应略微摆动。两只表笔与压电陶瓷片的接触如图 3-32 所示。

（2）将量程旋钮转至直流电压 2.5V 挡，用左手指轻轻捏住压电陶瓷片的两面，右手持两只表笔，接在压电陶瓷片两个电极上，左手先稍用力压一下，再松一下，这样在压电陶瓷片上产生两个极性相反的电压信号，使指针先朝右摆动，然后回零，最后朝左摆动一下。摆动角度为 0.1～0.15V，摆动角度越大，说明该压电陶瓷片的灵敏度越高，若指针不动，则说明该压电陶瓷片内部漏电或已经破损，如图 3-33 所示。

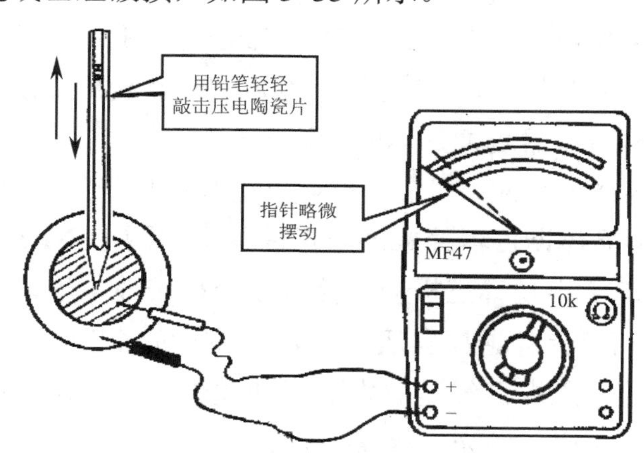

图 3-32 两只表笔与压电陶瓷片的接触

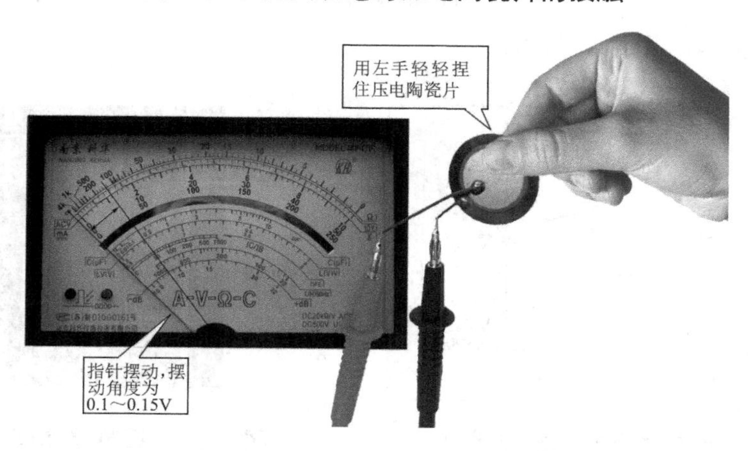

图 3-33 压电陶瓷片的检测

采用以上方法可以粗略判断压电陶瓷片的质量。切记不可以用湿手捏压电陶瓷片，注意量程旋钮不要误转到交流电压挡上，否则观察不到指针摆动情况。

【实训记录】

将以上检测结果填入表 3-13。

表 3-13　压电陶瓷片的质量检测记录

序号	检测方法	万用表挡位	检测现象	检测结果
1				
2				
3				
4				
5				

第 4 章

分立半导体器件的识别检测

4.1　晶体二极管

4.1.1　晶体二极管的分类

晶体二极管也被称为半导体二极管，简称二极管。二极管的内部由一块 P 型半导体和一块 N 型半导体经特殊工艺加工，在其接触面上形成一个 PN 结；外部有两个电极，分别被称为正极（P 型区一侧）和负极（N 型区一侧），在使用时不能将正、负极接反。二极管具有单向导电性，可用于整流、检波、稳压等电路，用来产生、控制、接收、变换、放大信号和进行能量转换等。

二极管的分类如下。

（1）二极管按材料可分为锗二极管、硅二极管、砷化镓二极管、磷化镓二极管等。

（2）二极管按制作工艺（管芯 PN 结构造面的特点）可分为平面接触二极管、点接触二极管、键型二极管、合金型二极管、扩散型二极管、平面型二极管等。

（3）二极管按用途和功能可分为整流二极管、检波二极管、稳压二极管、变容二极管、光电二极管、发光二极管、开关二极管、快速恢复二极管、阻尼二极管、续流二极管、激光二极管、双向击穿二极管、磁敏二极管、肖特基二极管、温度效应二极管、隧道二极管、双向触发二极管、体效应二极管、恒流二极管等多种。常用的二极管种类及其特点如表 4-1 所示。

表 4-1　常用的二极管种类及其特点

种类	特点
整流二极管	整流二极管是利用 PN 结的单向导电特性，把交流电变成脉动直流电。整流二极管多数采用平面接触型，用硅材料制成，并用金属封装或塑料封装。它的特点是允许通过的电流比较大，反向击穿电压比较高，但 PN 结的结电容比较大，一般应用于频率不高的电路，工作频率一般小于 3kHz，最高反向工作电压为 25～3000V
检波二极管	检波（也被称为解调）二极管是利用 PN 结的单向导电性，将高频或中频无线电信号中的低频信号或音频信号取出来，被广泛应用于家用视听设备及通信等小信号电路。检波二极管多采用锗材料点接触结构，检波效率高，频率特性好，工作频率可达 400MHz，正向压降小，PN 结的结电容小。它的外形一般采用玻璃或陶瓷封装，以保证良好的高频特性
稳压二极管	稳压二极管是反向击穿特性曲线急骤变化的二极管。稳压二极管在工作时的端电压（也被称为齐纳电压）为 3（左右）～150V，额定功率为 200mW～100W，工作在反向击穿状态，用硅材料制成
变容二极管	变容二极管通过施加反向电压，使其 PN 结的静电容量发生变化，因此被应用于自动频率控制、扫描振荡、调频和调谐等方面，作为电子式的可调电容器

续表

种类	特点
光电二极管	光电二极管也是由一个 PN 结组成的半导体器件，也具有单向导电特性。但在电路中它不是作整流元件，而是把光信号转换成电信号的光电传感器件。 光电二极管在设计和制作时尽量使面积相对较大的 PN 结，以便接收入射光。光电二极管是在反向电压作用下工作的，当没有光照时，反向电流极其微弱，被称为暗电流；当有光照时，反向电流迅速增大到几十微安，被称为光电流。光的强度越强，反向电流越大。光的变化引起光电二极管电流的变化可以把光信号转换成电信号，成为光电传感器件
发光二极管	发光二极管用磷化镓、磷砷化镓材料制成，体积小，正向驱动发光，工作电压低，工作电流小，发光均匀，使用寿命长
开关二极管	开关二极管为在电路中实现开/关而设计制造的一类二极管。它在正向偏置下导通，且导通电阻值很小，为几十到几百欧；在反向偏置下截止，且截止电阻值很大，硅开关二极管为 10MΩ 以上，锗开关二极管为几十到几百千欧。它由导通变为截止或由截止变为导通所需的时间比一般二极管短，即开/关速度快，被广泛应用于开关、限幅、钳位、检波和其他自动控制电路
阻尼二极管	阻尼二极管类似于高频、高压整流二极管，特点是具有较低的电压降和较高的工作频率，且能承受较高的反向击穿电压和较大的峰值电流。 阻尼二极管主要应用在电视机中作为阻尼、升压整流或大电流开关二极管
激光二极管	激光二极管是在发光二极管的结间安置一层具有光活性的半导体，端面经过抛光后具有部分反射功能，因此形成光谐振腔。在正向偏置的情况下，发光二极管结发射出光并与光谐振腔相互作用，从而激励从结上发射出单波长的光，被广泛应用于激光唱机及条形码阅读器
肖特基二极管	肖特基二极管是以其发明人华特·肖特基命名的，简称 SBD。SBD 不是利用 P 型半导体与 N 型半导体接触形成 PN 结原理制作的，而是利用金属与半导体接触形成的金属-半导体结原理制作的。因此，SBD 也被称为金属-半导体二极管或表面势垒二极管，是一种热载流子二极管。SBD 是低功耗、大电流、超高速的半导体器件。它的反向恢复时间极短（可以小到几纳秒），正向导通压降仅为 0.4V 左右，而整流电流可达几千毫安

（4）二极管按封装形式可分为塑料封装（塑封）二极管、玻璃封装（玻封）二极管、金属封装（金封）二极管及用于 SMT 的片状二极管、无引脚圆柱形二极管等。

（5）二极管按电流容量可分为小功率二极管（电流在 1A 以下）、中功率二极管（电流在 1～5A）和大功率二极管（电流在 5A 以上）。

（6）二极管按工作频率可分为高频二极管和低频二极管。

图 4-1 所示为常见的通孔插装及螺栓安装二极管的实物图。

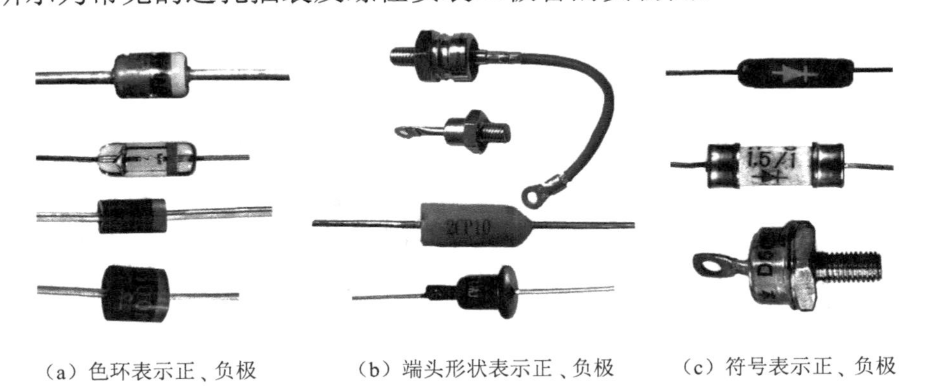

（a）色环表示正、负极　（b）端头形状表示正、负极　（c）符号表示正、负极

图 4-1　常见的通孔插装及螺栓安装二极管的实物图

4.1.2 二极管的主要参数和选用

1. 二极管的主要参数

（1）最大整流电流（I_{FM}）。

最大整流电流也被称为额定工作电流，是指二极管在长期连续工作时允许通过的最大正向电流值，该值与 PN 结面积及外部散热条件等有关。因为在电流通过二极管时会使管芯发热，温度上升，当温度超过容许限度时，管芯会因过热而损坏，所以在规定散热条件下，使用二极管时不要超过其额定工作电流值。例如，常用的 1N4001～4007 型锗二极管的额定工作电流为 1A。

（2）最高反向工作电压（U_{RM}）。

最高反向工作电压也被称为额定工作电压。当加在二极管两端的反向工作电压高到一定值时，二极管会被击穿，失去单向导电能力。为了保证使用安全，每只二极管都有额定工作电压值。例如，1N4001 二极管的额定工作电压值为 50V，1N4007 二极管的额定工作电压值为 1000V。

（3）反向饱和电流（I_R）。

反向饱和电流也被称为反向漏电流，是指二极管未进入击穿区的反向电流，其值越小，二极管的单向导电性越好。值得注意的是，反向饱和电流与温度有着密切的关系，温度升高，反向电流会急剧增大。在高温下硅二极管比锗二极管有较好的稳定性。

（4）最高工作频率（f_M）。

最高工作频率是指二极管能正常工作的最高频率。在选用二极管时，必须使其工作频率低于最高工作频率。一般小电流二极管的最高工作频率高达几百兆赫兹，大电流整流二极管仅为几千赫兹。

除了以上常规参数，交流参数还有开/关速度、存储时间、截止频率、阻抗、结电容等；极限参数有最大耗散功率、工作温度、存储条件等。

2. 二极管的选用

（1）稳压二极管的选用。稳压二极管一般用在稳压电源中作为基准电压源，或者用在过电压保护电路中作为保护二极管。选用的稳压二极管应满足应用电路中主要参数的要求。稳压二极管的稳定电压值应与应用电路的基准电压值相同，最大稳定电流应高于应用电路的最大负载电流 50%左右。

（2）检波二极管的选用。检波二极管一般可选用点接触型锗二极管，如 2AP 系列的等。在选用检波二极管时，应根据电路的具体要求选择工作频率高、反向电流小、正向电流足够大的检波二极管。

（3）开关二极管的选用。开关二极管主要应用于消费类家电及电子设备的开关电路、检波电路、高频脉冲整流电路等。用在中速开关电路和检波电路中可选用 2AK 系列的普通开关二极管；用在高速开关电路中可选用 RLS 系列、1SS 系列、1N 系列、2CK 系列的高速开关二极管。应根据应用电路的主要参数（如正向电流、额定工作电压、反向恢复时间等）选择开关二极管的具体型号。

（4）整流二极管的选用。整流二极管一般为平面型硅二极管，用在各种电源整流电路中。在选用整流二极管时，主要应考虑其额定工作电流、额定工作电压、截止频率、反向恢复时间等参数。

在普通串联稳压电源电路中使用的整流二极管对截止频率的反向恢复时间要求不高，根据电路要求选择额定工作电流和额定工作电压符合要求的整流二极管即可，如 1N 系列、2CZ 系列、RLR 系列等。

在开关稳压电源的整流电路及脉冲整流电路中使用的整流二极管应选用工作频率较高、反向恢复时间较短的整流二极管（如 RU 系列、EU 系列、V 系列、1SR 系列等），或者选择快恢复二极管。

（5）变容二极管的选用。在选用变容二极管时，应着重考虑其工作频率、额定工作电压、最大正向电流和零偏压结电容等参数是否符合应用电路要求，应选用结电容变化大、*Q* 值高、反向饱和电流小的变容二极管。

4.1.3 片式二极管

片式二极管是为适应 SMT 工艺而发展起来的一类小型封装二极管，有无引脚柱形玻封片式二极管和矩形片式塑封二极管两种形式。片式二极管按用途分，也具有表 4-1 中所列的种类。

1. 无引脚柱形玻封片式二极管

无引脚柱形玻封片式二极管是将管芯封装在细玻璃管内，两端以金属帽作为电极。常见的有稳压二极管、开关二极管和通用二极管，功耗一般为 0.5～1W。外形尺寸有 ϕ1.5mm×3.5mm 和 ϕ2.7mm×5.2mm 两种，如图 4-2（a）所示。

2. 矩形片式塑封二极管

（1）塑封二极管一般做成矩形片状，额定工作电流为 150 mA～1 A，耐压为 50～400 V，单管封装外形尺寸为 3.8mm×1.5mm×1.1mm，如图 4-2（b）所示。

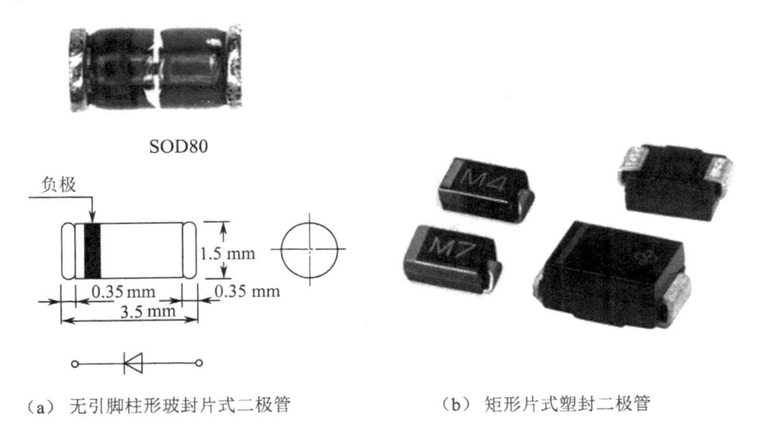

（a）无引脚柱形玻封片式二极管　　（b）矩形片式塑封二极管

图 4-2 片式二极管

（2）片式塑封复合二极管。所谓片式塑封复合二极管，是指在一个封装内，有 2 个及以上的二极管，以满足不同的电路工作要求。片式塑封复合二极管不仅可以减小元件的数量和体积，还能保证同一个封装内二极管参数的一致性。片式塑封复合二极管的组合形式有独立式、共阴极式、共阳极式、串联式等类型，如图 4-3 所示。片式塑封复合二极管的常见封装形式有 SOT-23、SC-70、SOT-89 等。

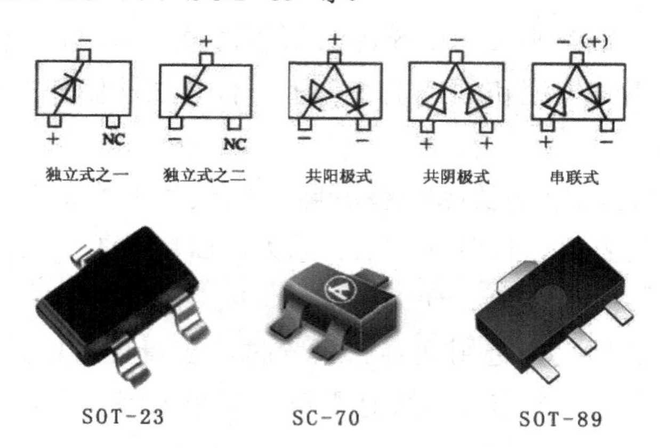

图 4-3　片式塑封复合二极管的组合形式与实物图

图 4-4　片式发光二极管

（3）片式发光二极管。图 4-4 所示为片式发光二极管。片式发光二极管（片式 LED）是一种新型表面安装式半导体发光器件，具有体积小、散射角大、发光均匀性好、可靠性高等优点，发光颜色包括白色及其他颜色，因此被广泛应用在各种电子设备上。

4.1.4　二极管组件

二极管组件由两只或两只以上的二极管组合制成，主要是为了缩小体积和便于安装。常用的二极管组件有整流桥、高压硅堆及二极管排等。

1. 整流桥

（1）结构。整流桥通常是由两只或四只硅整流二极管做桥式连接，两只的为半桥，四只的为全桥。整流桥的外部采用绝缘塑封制成，大功率整流桥在绝缘层外添加锌金属壳包封，增强其散热性能。

全桥的内部结构原理与实物图如图 4-5 所示。在全桥的四个引脚中，两个直流输出端标有＋或-，两个交流输入端标有～或 AC 的标记。其中，图 4-5（b）所示为绝缘塑封全桥，其直流输出端引脚较长，另一侧外面的引脚是直流输出端，中间两个引脚是交流输入端，便于在使用时识别。

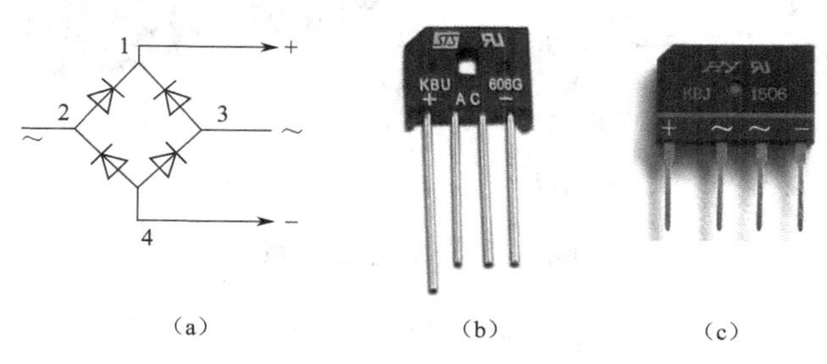

图 4-5　全桥的内部结构原理与实物图

全桥一般用在全波桥式整流电路中，具有体积小、使用方便等特点。在家电和工业电路中应用非常广泛。常见的型号有 QL52～QL61 系列、PM104M 和 BR300 系列等。

半桥是将桥式整流电路的二分之一（用两只硅整流二极管组成）封在一起，用两个半桥可以组成一个桥式整流电路，用一个半桥也可以组成带中心抽头的变压器全波整流电路。

半桥分为 4 端半桥和 3 端半桥，如图 4-6 所示。4 端半桥内部的两只二极管各自独立，如图 4-6（a）所示。3 端半桥有三种结构，如图 4-6（b）所示：第一种是将两只二极管顺向串联，在节点处引出一电极（如 2CQ1 型）；第二种是将两只二极管背靠背式负极与负极连接（被称为共阴式，如 2CQ2 型）；第三种是将两只二极管头碰头式正极与正极连接（被称为共阳式，如 2CQ3 型）。图 4-6（c）所示为一种大功率半桥的实物图。

电路符号中的数字表示引脚次序，使用时不要接错。1、3 引脚为正极或负极，2 引脚为共用极。对于四引脚的半桥，需要先按电路要求将独立的两只二极管连接起来，再接入电路使用。半桥的型号较多，主要有 1/2QL0.5A/50-1000V、1/2QL1A/50-1000V、1/2QL1.5A/50-1000V 等。

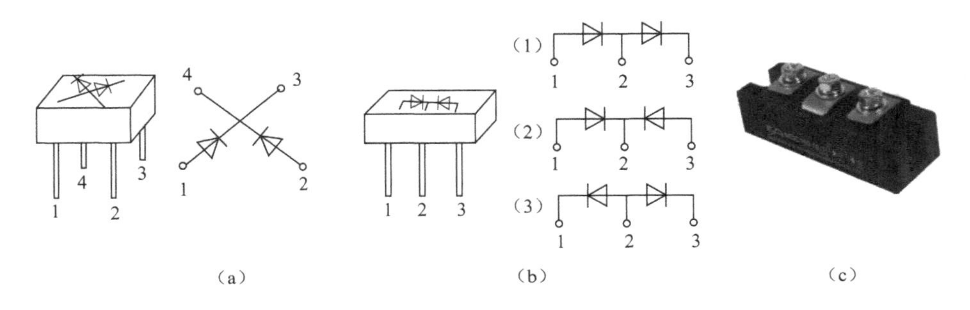

图 4-6　4 端半桥和 3 端半桥的内部结构原理与实物图

（2）命名规则。一般在整流桥命名中有 3 个数字，前一个数字代表额定工作电流（A），后两个数字代表额定工作电压（V，数字×100）。

例如，KBL410 表示额定工作电流为 4A，额定工作电压为 1000V；RS507 表示额定工作电流为 5A，额定工作电压为 700V。（1、2、3、4、5、6、7 或 005、01、02、04、06、08、10，分别表示电压挡的 50V、100V、200V、400V、600V、800V、1000V）。

常用的国产整流桥有佑风 YF 系列，进口全桥有 ST、IR 等。

选择整流桥要考虑额定工作电流和额定工作电压。全桥的额定工作电流有 0.5A、1A、1.5A、2A、2.5A、3A、5A、10A、20A、35A、50A 等多种规格，额定工作电压有 25V、50V、100V、200V、300V、400V、500V、600V、800V、1000V 等多种规格。

2. 高压硅堆

由于一个硅二极管的耐压有限，因此人们将多个硅二极管串接起来封装在一个器件中作为高压整流元件，该元件被称为高压硅堆。高压硅堆在高压电路中相当于一个单独的二极管。图 4-7 所示为不同封装的高压硅堆的实物图。

图 4-7　不同封装的高压硅堆的实物图

由于高压硅堆是以阴极射线扫描的方式呈现屏幕图像的，因此其是屏幕成像类设备（如 CRT 电视机、计算机屏幕）中必不可少的元件。很多厂家生产的高压硅堆额定工作电压有 1～1000kV，额定工作电流有 1mA～100A 不等。

高压硅堆的内部是由多只高压整流二极管（硅粒）串联组成的，在检测时可以用万用表的 R×10k 挡测量其正、反向电阻值。正常的高压硅堆的正向电阻值大于 200kΩ，反向电阻值为∞，若测得正、反向均有一定电阻值，则说明该高压硅堆已软击穿损坏。

3. 二极管排

二极管排是将两只或两只以上的二极管封装在一起组成的，内部电路有共阴（将各只二极管的负极接在一起）型、共阳（将各只二极管的正极接在一起）型、串接型和独立引脚点型等多种连接形式。

常用的 3 端二极管排（内含 2 只二极管）有 DAN209、DAN201、DAN215、DAN208、DAP208、DA203、DA210S、DA216、DA218S 等型号；5 端二极管排（内含 4 只二极管）有 DAN401、DAP401 等型号；7 端二极管排（内含 6 只二极管）有 DAN601、DAP601 等型号；9 端二极管排（内含 8 只二极管）有 DAN801、DAN803、DAP801、DAP803 等型号。图 4-8 所示为 7 端二极管排的外形与内部电路，其中图 4-8（b）是共阳型，图 4-8（c）是共阴型。

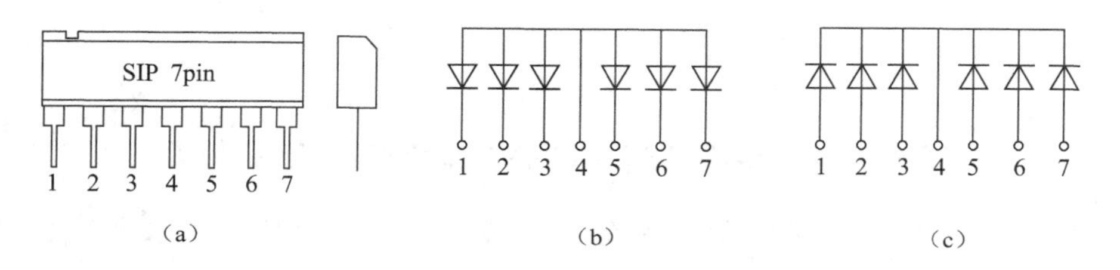

图 4-8　7 端二极管排的外形与内部电路

4.2　晶体三极管

4.2.1　晶体管的基础知识与分类

1. 晶体管的基础知识

晶体管也被称为半导体三极管，简称三极管，是一种固体半导体器件，可用于检波、整流、放大、开关、稳压、信号调制和其他信号处理方面。

晶体管是一种电流控制型器件，对微弱电信号有放大作用（对信号幅值进行放大），由晶体管组成的放大电路被广泛应用于各种电子设备。晶体管可作为无触点开关使用，且开关速度非常快，切换速度可在 100GHz 以上。晶体管有 NPN 型和 PNP 型两种，内部都有三个区域（基区、发射区、集电区），两个 PN 结（发射结、集电结），外部有三个引脚，分别为发射极（E）、基极（B）、集电极（C），如图 4-9 所示。

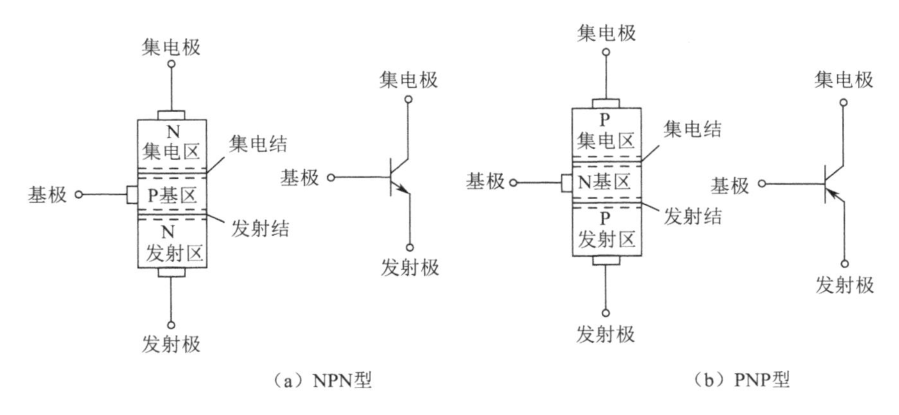

（a）NPN型　　（b）PNP型

图 4-9　晶体管的结构

晶体管的工作状态有截止、放大、饱和三种。晶体管在放大电路中工作在放大状态，当作为无触点开关使用时，工作在截止、饱和状态，截止状态相当于开关断开，饱和状态相当于开关接通。

因为晶体管有三种极性，所以也有三种使用方式，分别是发射极接地（也被称为共射放大、CE 组态）、基极接地（也被称为共基放大、CB 组态）和集电极接地（也被称为共集放大、CC 组态）。集电极接地的共集电极电路被称为射极跟随器，简称射随器，应用十分广泛。

2. 晶体管的分类

（1）晶体管按材质可分为硅管、锗管。

（2）晶体管按结构可分为 NPN 型和 PNP 型。

（3）晶体管按晶体管消耗功率可分为小功率管、中功率管和大功率管等。

（4）晶体管按功能可分为开关三极管、功率管、达林顿管、光敏管等。

（5）晶体管按工作频率可分为低频晶体管、高频晶体管。

（6）晶体管按安装方式可分为插件晶体管、贴片晶体管。

（7）晶体管按封装形式可分为金封晶体管、塑封晶体管。

图 4-10 所示为常用不同形式的晶体管实物图。

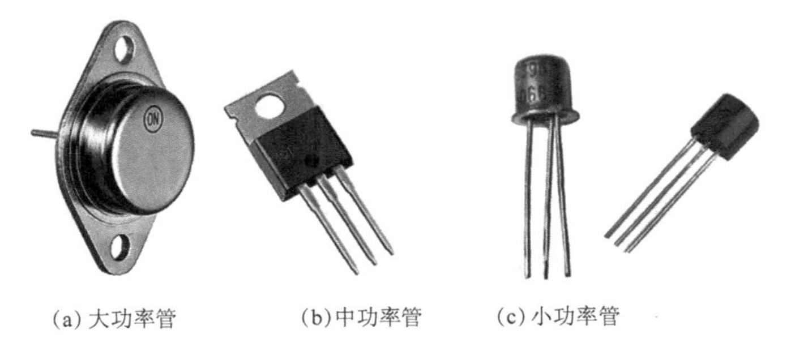

(a) 大功率管　　(b)中功率管　　(c) 小功率管

图 4-10　常用不同形式的晶体管实物图

4.2.2　片式晶体管

片式晶体管采用翼形短引脚塑封，即 SOT 封装，可分为 SOT-23 封装、SOT-89 封装、SOT-143 封装、SOT-252 封装几种尺寸结构，产品有小功率管、大功率管、场效应晶体管和高频晶体管几个系列，其中 SOT-23 封装是通用的 SMT 晶体管。SOT-23 封装片式晶体管有 3 个翼形引脚，其外形与内部结构如图 4-11 所示。

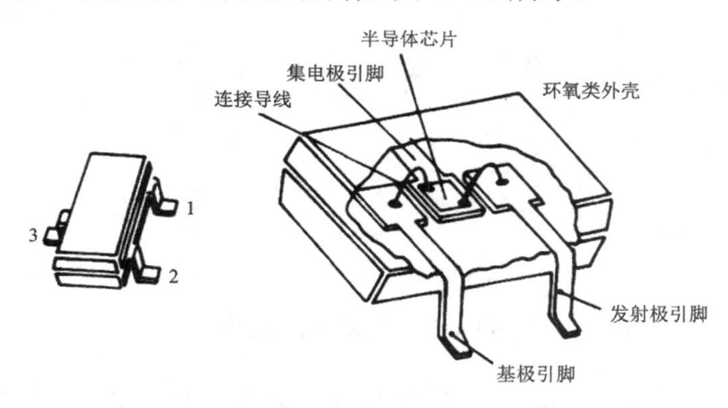

图 4-11 SOT-23 封装片式晶体管的外形与内部结构

图 4-12 所示为几种 SOT 封装片式晶体管的外形，其中图 4-12（a）是 SOT-23 封装、图 4-12（b）是 SOT-89 封装、图 4-12（c）是 SOT-143 封装、图 4-12（d）是 SOT-252 封装。

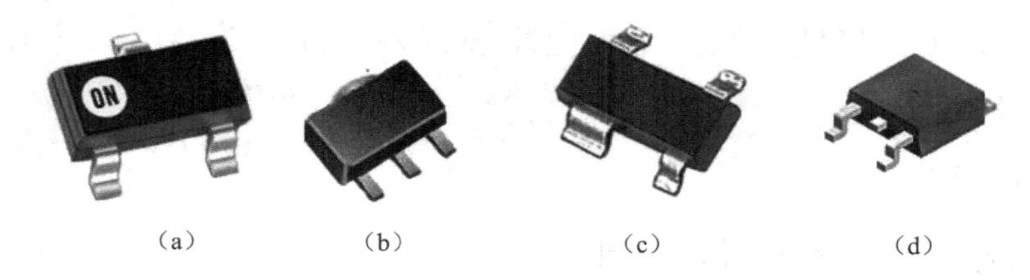

图 4-12 几种 SOT 封装片式晶体管的外形

SOT-89 封装片式晶体管适用于较高功率的场合，其发射极、基极、集电极从管子的同一侧引出，管子底面的金属散热片与集电极相连，晶体管芯片被黏在较大的铜片上，以利于散热。

SOT-143 封装片式晶体管有 4 个翼形短引脚，对称分布在长边的两侧，引脚中宽度偏大一点的是集电极。这类封装常见于双栅场效应晶体管及高频晶体管。

小功率管的额定功率为 100～300 mW，额定电流为 10～700 mA。

大功率管的额定功率为 300mW～2W，SOT-252 封装片式晶体管的功耗为 2～50W，两个连接在一起的引脚或与散热片连接的引脚是集电极。

片式分立半导体器件封装类型及产品到目前为止已有 3000 多种，各厂商生产的产品的电极引出方式略有差别，在选用时必须查阅手册资料，但产品的极性排列和引脚距离基本相同，具有互换性。

片式分立半导体器件的包装方式要便于自动化安装设备拾取，电极引脚数目较少的片式分立半导体器件一般采用盘状纸质编带包装。

4.2.3 晶体管的主要参数

1. 直流参数

晶体管的直流参数反映了晶体管在直流状态下的特性。

（1）集电极—基极反向饱和电流（I_{CBO}）。

集电极—基极反向饱和电流是指发射极开路，基极和集电极之间加上规定的反向电压 U_{CB} 时的集电极反向电流。它只与温度有关，在一定温度下是一个常数，所以被称为集电极—基极的反向饱和电流。小功率锗管的 I_{CBO} 为 1～10μA；大功率锗管的 I_{CBO} 为几毫安；硅管的 I_{CBO} 非常小，为微安级。

（2）集电极—发射极反向电流（I_{CEO}）。

集电极—发射极反向电流也被称为穿透电流，是指基极开路，集电极和发射极之间加上规定电压 U_{CE} 时的集电极电流。I_{CEO} 是 I_{CBO} 的（$1+\beta$）倍。I_{CBO} 和 I_{CEO} 受温度影响大，并且是衡量管子热稳定性的重要参数，该值越小，说明晶体管的性能越稳定。小功率锗管的 I_{CEO} 比硅管大。

（3）发射极—基极反向电流（I_{EBO}）。

发射极—基极反向电流是指在集电极开路，发射极与基极之间加上规定的反向电压时发射极的电流。它实际上是发射结的反向饱和电流。

（4）直流电流放大系数（$\overline{\beta}$ 或 h_{fe}）。

直流电流放大系数是指在采用共发射极接法，没有交流信号输入时集电极的直流电流与基极的直流电流的比值，即 $\overline{\beta}=\dfrac{I_C}{I_B}$。

2. 交流参数

（1）交流电流放大系数（β 或 h_{fe}）。

交流电流放大系数是指在采用共发射极接法时，集电极输出电流的变化量 ΔI_C 与基极输入电流的变化量 ΔI_B 的比值，即 $\beta=\dfrac{\Delta i_C}{\Delta i_B}$。其中，$\beta$ 是表征晶体管对交流信号的电流放大能力。一般晶体管的 β 值为 10～200，如果 β 值太小，则说明其电流放大作用差；如果 β 值太大，则说明其电流放大作用虽然强，但是性能往往不稳定。

（2）截止频率（f_β、f_α）。

晶体管的频率参数描述晶体管的电流放大系数对高频信号的适应能力。

在中频时，一般认为晶体管的 β 值基本上是一个常数。当频率升高时，由于存在极间电容，因此晶体管的电流放大作用将被削弱。所谓共射极截止频率（f_β）是指当 β 值下降到中频 70.7%时的频率。当 α（共基极电流放大系数）下降到中频 70.7%时的频率，就是共基极截止频率（f_α）。

根据 f_β 的定义，所谓共射极截止频率，并非说明此时晶体管已经完全失去放大作用，而是共射电流放大系数的幅频特性下降了 3dB。

（3）特征频率（f_T）。

因为在信号频率（f）上升时，晶体管的 β 值就下降，当 β 值下降到 1 时，对应的信号频率被称为共发射极特征频率，是表征晶体管高频特性的重要参数。

3. 极限参数

（1）集电极最大允许电流（I_{CM}）。

集电极最大允许电流是指当集电极电流（I_C）增加到某一数值时，引起 β 值下降到额定值的 2/3 或 1/2 时的 I_C 值。所以，当集电极电流超过集电极最大允许电流时，虽然不使管子损坏，但是 β 值显著下降，影响电流放大能力。

（2）集电极—基极击穿电压（$U_{(BR)CBO}$）。

集电极—基极击穿电压是指当发射极开路时，集电结的反向击穿电压。

（3）发射极—基极反向击穿电压（$U_{(BR)EBO}$）。

发射极—基极反向击穿电压是指当集电极开路时，发射结的反向击穿电压。

（4）集电极—发射极击穿电压（$U_{(BR)CEO}$）。

集电极—发射极击穿电压是指当基极开路时，加在集电极和发射极之间的最大允许电压。在使用时，如果 $U_{CE}>U_{(BR)CEO}$，则管子被击穿。

（5）集电极最大允许耗散功率（P_{CM}）。

集电极最大允许耗散功率是指管子因受热而引起参数的变化不超过允许值时的最大集电极耗散功率。管子实际的耗散功率等于集电极直流电压和电流的乘积，即 $P_C=U_{CE}I_C$。在使用时，应使 $P_C<P_{CM}$，增加散热片可提高 P_{CM}。

4.2.4 几种常见的三极管

1. 中小功率三极管

中小功率三极管通常是指管子集电极最大允许耗散功率小于 1W 的晶体管。中小功率晶体管种类繁多，外形各异，且体积小。特征频率大于 3MHz 的晶体管被称为高频中小功率管，小于 3MHz 的晶体管被称为低频数小功率管。高频小功率管多数用于高频放大电路、混频电路、高频振荡电路等，如收音机、收录机、电视机的高频电路。低频中小功率管多用于低频电压放大电路、低频功率放大电路，如收音机、收录机的功能电路。

2. 大功率三极管

大功率三极管是指管子集电极最大允许耗散功率大于 1W 的晶体管。其特点是体积较大，工作电流大，各电极引脚较粗且硬，集电极引脚与金属外壳或散热片相连。塑封晶体管自带的散热片就是集电极。特征频率大于 3MHz 的晶体管被称为高频大功率管，小于 3MHz 的晶体管被称为低频大功率管。高频大功率管主要用于功率驱动电路、功率放大电路、通信电路；低频大功率管广泛用于电视机、扩音机、音响设备的低频功率放大电路、稳压电源电路、开关电路等。

3. 达林顿管

达林顿管是一种复合管，其采用复合连接方式，先将两只或更多只晶体管的集电极连在一起，然后将前一只晶体管的发射极直接耦合到另一只晶体管的基极，依次级联制成，最后引出发射极、基极、集电极。

图 4-13 所示为由两只同极性晶体管构成的达林顿管的结构。设每只晶体管的电流放大系数分别为 β_1、β_2，则总放大系数为 $\beta\approx\beta_1\times\beta_2$。因此，达林顿管有很高的放大系数，$\beta$ 值可达几千，甚至几十万。

达林顿管具有增益高、输入阻抗高、热稳定性好、开关速度快、能简化设计电路等优点，主要用于大功率开关电路、功率放大电路、电动机调速电路、逆变电路，以及驱动继电器和发光二极管智能显示屏等。

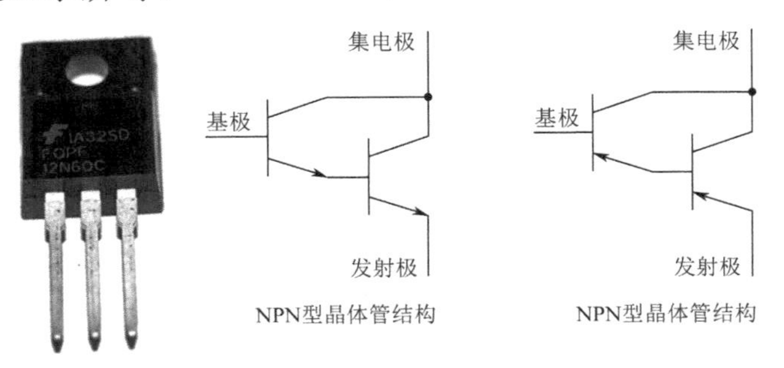

图 4-13　由两只同极性晶体管构成的达林顿管的结构

4. 光敏三极管

光敏三极管与普通晶体管结构相同，工作原理与光敏二极管相似。光敏三极管的管芯基区面积做得较大，发射区面积做得较小，照射光主要被基区吸收，产生基极电流。光敏三极管因为具有放大作用，能对经光照射后产生的电信号进行放大，所以其灵敏度更高。光敏三极管无须电参量控制，一般没有基极引脚，只有发射极和集电极两个引脚，光信号接收窗口就是基极，但也有将基极引脚引出的，用于温度补偿和附加控制等。光敏三极管的构成材料有硅（如 3DU 系列）和锗（如 3AU 系列），锗光敏三极管灵敏度比硅光敏三极管更高，但锗光敏三极管的暗电流较大。

光敏三极管是一种光电转换器件，与光敏二极管一样，管子的芯片被装在有玻璃透镜的金属或塑料管壳内，当光照射时，光线通过透镜集中照射在芯片上。

光敏三极管的基本工作原理是当光照到 PN 结上时，吸收光能并转变为电能。当光敏三极管被加上反向电压时，管子中的反向电流随着光照强度的改变而改变，光照强度越大，反向电流越大。光敏三极管大多都工作在这种状态。

光敏三极管的等效电路与电路符号如图 4-14 所示。

光敏三极管由于具有放大作用，因此应用得比光敏二极管更广泛。光敏三极管一个作用是用于测量光亮度，另一个作用是传输信号。光敏三极管经常与发光二极管配合使用，作为信号接收装置。

在使用光敏三极管时，不能从外观来区别是光敏二极管还是光敏三极管，只能从型号来判定。

图 4-15 所示为常用的光敏三极管的实物图。

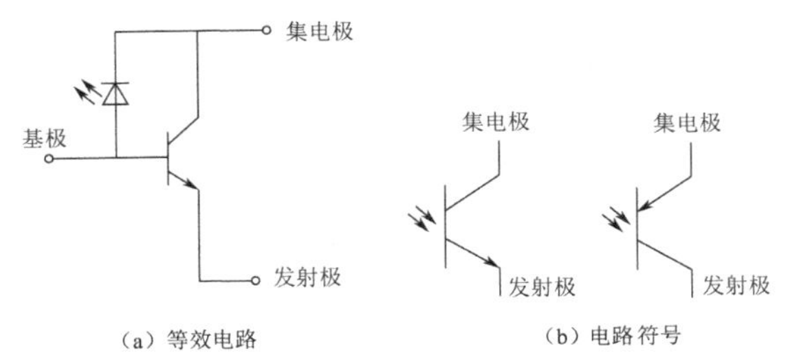

图 4-14　光敏三极管的等效电路与电路符号

图 4-15　常用的光敏三极管的实物图

【延伸阅读】

光电耦合器

把红外发光管和光敏器件（光敏二极管、光敏三极管、光敏电阻等）组合在一起，成为一种“电—光—电”的器件，即光电耦合器，简称光耦。光电耦合器实现了输入电信号与输出电信号间既通过光传输，又通过光隔离的传输过程，从而提高了电路的抗干扰能力。光电耦合器具有体积小、使用寿命长、抗干扰能力强、无触点输出等优点，近年来被广泛用于自动控制电路、计数电路、保护电路，以实现控制回路与主回路间电信号的隔离。

光电耦合器一般由三部分组成：光的发射、光的接收和信号放大。输入电信号驱动发光二极管，使其发出一定波长的光，光的强度取决于激励电流的大小，此光被光探测器接收产生光电流，经过进一步放大后输出，可以实现“电—光—电”的转换。

光电耦合器的实物图与电路符号如图 4-16 所示，其中图 4-16（b）是片式封装光电耦合器，图 4-16（c）是光电三极管型光电耦合器的电路符号（基极有引脚）。

（1）光电耦合器的使用常识。

① 光电耦合器的品种和类型繁多，按输出形式分有光敏三极管型光电耦合器、光敏二极管型光电耦合器、光控晶闸管型光电耦合器、光控集成电路型光电耦合器等。

在实际应用时，应根据不同的电路选择不同类型的光电耦合器。例如，输入端有两个“背对背”发光二极管的光电耦合器，适合应用于有交流输入的场合；采用达林顿管输出端结构的光电耦合器，适合应用于输出较大电流的场合；输出端由光触发双向晶闸管 TRIAC 组成的光电耦合器，适合用于驱动交流负载。

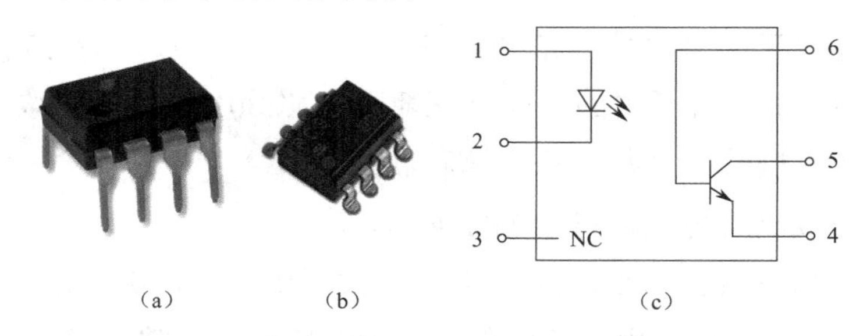

图 4-16　光电耦合器的实物图与电路符号

② 光电耦合器的封装形式与内部结构、电路功能并无必然联系。外形相同的光电耦合器，功能可能完全不同；功能相同的电路可以用不同的封装形式。所以，在选用或代换光电耦合器时，只能以其型号为依据。

③ 光电耦合器有非线性（数字型）光电耦合器和线性（模拟型）光电耦合器两种。非线性光电耦合器的电流传输特性曲线是非线性的，这类光电耦合器适用于开关信号的传输，不适用于模拟量的传输。线性光电耦合器的电流传输特性曲线接近直线，小信号传输时性能较好，能以线性特性进行隔离控制。因此，在维修家电产品的开关电源时，如果发现光电耦合器损坏，则用线性光电耦合器代换。

④ 光电耦合器建立“隔离”作用需要满足一定的外部条件：首先，在光电耦合器的输

入端和输出端必须分别采用独立的电源，若两端共用一个电源，则其隔离作用将失去意义；其次，当用光电耦合器隔离输入、输出通道时，必须对所有的信号进行隔离，使得被隔离的两边没有任何电气上的联系，否则隔离没有意义。

⑤ 光电耦合器的输入端引脚设计都是封装在某一边上的，而输出端引脚都是封装在相对的另外一边上的。这种结构可以保证前后极间的可靠绝缘，并有利于增加隔离电压的最大可能值，方便电路的安装。光电耦合器的输入端发光源多为红外发光二极管，反向击穿电压一般都很低，有的仅 3V。在使用时，必须注意输入端不能接反。为了防止红外发光二极管因反压过高而被击穿，可以在其输入端反向并联一个保护二极管。

⑥ 通常单通道光敏三极管型光电耦合器多被密封在一个有 6 个引脚的封装内，光敏三极管的基极被引到封装的外面以备使用。在使用时，基极是开路不用的。若将基极引脚与发射极引脚短接，则可以将光敏三极管转换为光敏二极管，在这种情况下，虽然使光电耦合器的电流传输比下降，但能够使响应时间加快。

⑦ 常见的光电耦合器是把发光器件和光敏器件对置封装在一起的，成为内光路光电耦合器，可以完成电信号的耦合和传递。除此以外，有一类专门用于测量物体的有无、个数和移动距离的光传感器（也被称为光电开关或光电断续检测器）。光电耦合器的实物图与原理如图 4-17 所示。由于这类光传感器也具有光耦合特点，并且其光路在器件外面，因此被统称为外光路光电耦合器。外光路光电耦合器的缺点是容易受到外界光线的干扰，尤其是在较强的光线下使用时，可能丧失检测功能。

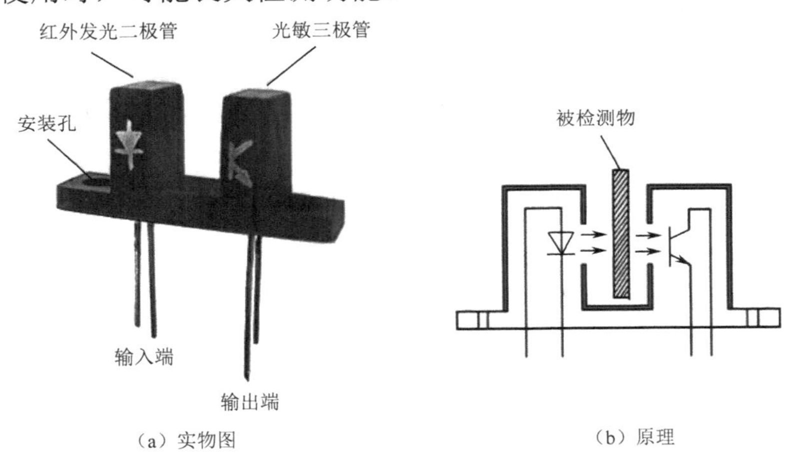

图 4-17　光电耦合器的实物图与原理

（2）光敏三极管型光电耦合器的检测。

光敏三极管型光电耦合器可以用指针式万用表进行简单检测，如图 4-18 所示。当黑表笔接触①端、红表笔接触②端时电阻值为 5～6kΩ，调换表笔后，电阻值大于 10MΩ；当黑表笔接触⑤端、红表笔接触④端时，电阻值应为 100kΩ 以上，调换表笔后，电阻值为∞。在保持黑表笔接触⑤端，红表笔接触④端的情况下，将另一个指针式万用表的黑表笔接触①端，红表笔接触②端，或者按如图 4-18（b）所示在光电耦合器输入端通过一个限流电阻器接入 1.5V 正向电压，若⑤、④端电极间电阻值明显减小（几十欧），则表明该光敏三极管型光电耦合器正常。

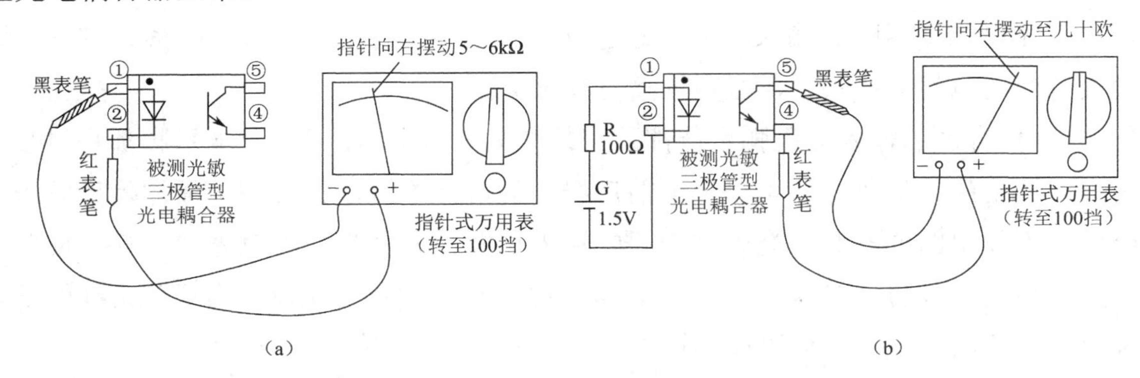

图 4-18　光敏三极管型光电耦合器的检测方法

4.2.5　三极管的选用

1. 一般三极管的选用

三极管的类型众多，仅普通三极管就有几千种类型，再加上光敏三极管、复合管、开关三极管、磁敏三极管等特殊用途的三极管，选用的范围很广。在选用各种类型的三极管时，应根据具体电路要求，选用不同类型的三极管，选好各项主要技术参数、外形尺寸和封装形式等。

（1）根据具体电路要求，选用不同类型的三极管。

家电和其他电子设备的种类很多，而每种设备又有不同的电路，如彩色电视机的高放和变频电路要求噪声低，应选用噪声系数小的高频晶体管；中放电路除了要求噪声低，还要求具有良好的自动音频控制功能，应选用二者兼顾的高频晶体管；音响设备和晶体管收音机的高频电路应选用高频晶体管；低频功率放大电路可选用低频大功率管或低频小功率管；驱动电路、开关稳压电路可选用功率复合管；彩色电视机的开关电源电路可选用大功率开关三极管；数字电路、驱动电路可选用小功率开关三极管；在家电、通信设备的光控电路中，可选用光敏三极管；等等。

（2）根据晶体管的主要参数进行选用。

在选好晶体管种类、型号的基础上，看一下晶体管的各项参数是否符合电路要求。选用的晶体管的参数应尽量满足下述条件。

① 特征频率要高，一般高频三极管可以满足此参数要求。一般要求特征频率是电路的工作频率的 3 倍及以上。

② 电流放大系数一般为 40～80。电流放大系数过高容易引起自激。

③ 集电极结电容要小，以提高频率高端的灵敏度。

④ 高频噪声系数应尽可能小，以使整机电路灵敏度相对提高。

⑤ 集电极反向电流要小，一般应小于 10μA。

⑥ 选用开关三极管要求有较快的开关速度和较好的开关特性，特征频率要高，反向电流要小，发射极和集电极的饱和压降要低等。

⑦ 在选用光敏三极管时，除了选择最高工作电压、集电极最大电流、最大允许耗散功率等参数，还要注意暗电流和光电流、光谱响应范围等特殊参数。

（3）选用合适的外形尺寸和封装形式。

三极管的外形尺寸和封装形式有多种，主要有金封型、塑封型、陶瓷封装型，一般大功率塑封管都有散热片；从外形上看，有方形的、圆形的、芝麻形的、微型的和片状晶体管等。在选用时，要根据整机的尺寸和价格比，合理地选用晶体管的尺寸和封装形式。

（4）硅管与锗管的具体选用方法。

在家电和其他电子设备中，常用的普通晶体管多数是硅小功率管和锗小功率管。硅管和锗管在电气性能上有差异，不同之处有以下几种。

① 硅管比锗管的反向截止电流小。

② 硅管比锗管的耐反向击穿电压高。

③ 硅管比锗管的饱和压降高。

④ 硅管比锗管导通电压高。硅管的正向导通电压为 0.6～0.8V；锗管的正向导通电压为 0.2～0.3V。

2. 特殊三极管的选用

特殊三极管有光敏三极管、磁敏三极管、雪崩三极管、达林顿管等。下面介绍光敏三极管的选择与使用。

光敏三极管有一般的光敏三极管和复合型光敏三极管。在选用也要注意选择光敏三极管的管型、参数、特殊性。

（1）如果要求灵敏度高，则选用一般光敏三极管或复合型光敏三极管；如果探测的光信号比较弱，则选用暗电流小的光敏三极管；如果电子设备的体积允许，则选用光信号接收窗口面积大一些的光敏三极管。

（2）如果选用的光敏三极管用来测弱光信号，除选用暗电流参数小的光敏三极管之外，最好选用有基极引脚的光敏三极管。

（3）选用的光敏三极管的光谱响应范围必须与入射光的光谱特性匹配。

（4）在使用光敏三极管时，环境温度不要太高，否则影响其工作稳定性；当环境温度变化比较大时，应适当加温度补偿；管子各电极要留有一定长度，同时保持光信号接收窗口的光面清洁。

（5）在使用时，通过光敏三极管的电压、电流及耗散功率都不能超过其允许额定值，否则容易将其损坏或缩短使用寿命。

4.3　分立半导体器件的命名方法

1. 我国分立半导体器件的命名方法

我国分立半导体器件的命名方法如表 4-2 所示。

表 4-2　我国分立半导体器件的命名方法

第一部分		第二部分		第三部分		第四部分	第五部分
用数字表示器件的电极数目		用字母表示器件的材料和极性		用字母表示器件的类型		用数字表示器件的序号	用字母表示器件的规格号
符号	意义	符号	意义	符号	意义		
		A	N 型，锗材料	P	小信号管		
		B	P 型，锗材料	H	混频管		
2	二极管	C	N 型，硅材料	V	检波管		
		D	P 型，硅材料	W	电压调整管和电压基准管		
		E	化合物或合金材料	C	变容管		
				Z	整流管		
				L	整流堆		
				S	隧道管		
				K	开关管		
				N	噪声管		
				F	限幅管		
		A	PNP 型，锗材料	X	低频小功率晶体管		
		B	NPN 型，锗材料		（f_a＜3MHz，P_C＜1W）		
3	三极管	C	PNP 型，硅材料	G	高频小功率晶体管		
		D	NPN 型，硅材料		（f_a≥3MHz，P_C＜1W）		
		E	化合物或合金材料	D	低频大功率晶体管		
					（f_a＜3MHz，P_C≥1W）		
				A	高频大功率晶体管		
					（f_a≥3MHz，P_C≥1W）		
				T	闸流管		
				Y	体效应管		
				B	雪崩管		
				J	阶跃恢复管		

我国分立半导体器件的命名方法示例如下。

（1）PNP 型锗材料低频大功率三极管。

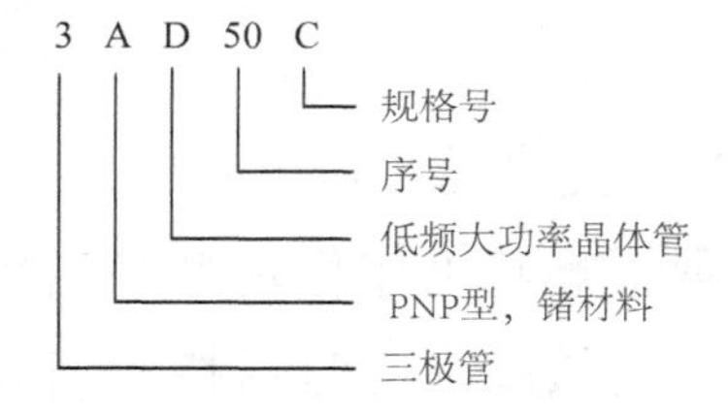

（2）NPN 型硅材料高频小功率三极管。

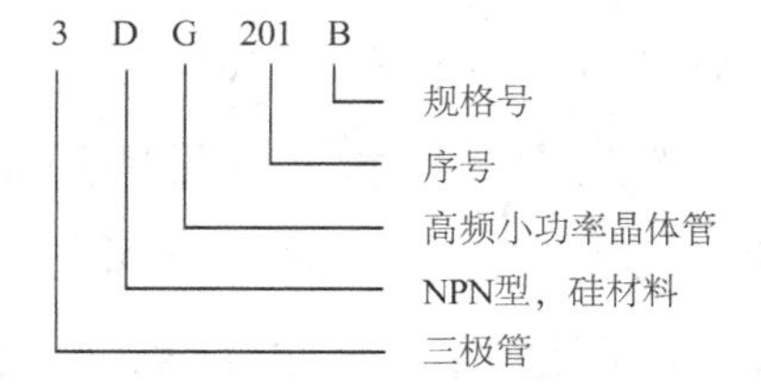

（3）N 型硅材料电压调整二极管。

（4）单结晶体三极管。

2. 国际电子联合会分立半导体器件的命名方法

国际电子联合会分立半导体器件的命名方法如表 4-3 所示。

表 4-3 国际电子联合会分立半导体器件命名方法

第一部分		第二部分				第三部分		第四部分	
用字母表示使用的材料		用字母表示器件的类型和主要特性				用数字或字母加数字表示登记顺序号		用字母表示对同一型号器件的分挡标志	
符号	意义	符号	意义	符号	意义	符号	意义	符号	意义
A	锗材料	A	检波、开关和混频二极管	M	封闭磁路中的霍尔元件	三位数字	通用半导体器件的登记顺序号		
		B	变容二极管	P	光敏元件				
B	硅材料	C	低频小功率晶体管	Q	发光器件		（同一类型器件使用同一登记顺序号）	A B C D E …	同一型号器件按某一参数进行分挡的标志
		D	低频大功率晶体管	R	小功率晶闸管				
C	砷化镓	E	隧道二极管	S	小功率开关管				
		F	高频小功率晶体管	T	大功率晶闸管	一个字母加两位数字	专用半导体器件的登记顺序号（同一类型器件使用同一登记顺序号）		
D	锑化铟	G	复合器件及其他器件	U	大功率开关管				
		H	磁敏二极管	X	倍增二极管				
R	复合材料	K	开放磁路中的霍尔元件	Y	整流二极管				
		L	高频大功率晶体管	Z	稳压二极管，即齐纳二极管				

AF239 型示例如下。

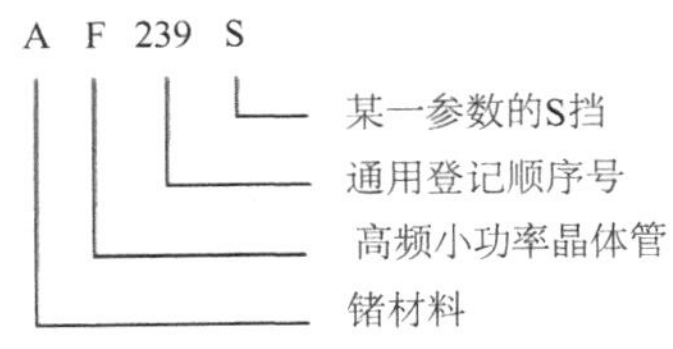

国际电子联合会晶体管型号命名方法的特点如下。

① 国际电子联合会晶体管型号命名方法被欧洲许多国家采用，因此凡型号以两个字母开头，并且第一个字母是 A、B、C、D 或 R 的晶体管，大都是欧洲制造的产品，或者是按欧洲某一厂家专利生产的产品。

② 第一部分用字母表示使用的材料（A 表示锗材料，B 表示硅材料），但不表示极性（NPN 型或 PNP 型）。

③ 第二部分用字母表示器件的类型和主要特性。例如，C 表示低频小功率晶体管；D 表示低频大功率晶体管；F 表示高频小功率晶体管；L 表示高频大功率晶体管；等等。若记住了这些字母的意义，不查手册就可以判断出晶体管的类型，如 BL49 型，一见便知是硅材料高频大功率专用晶体管。

④ 第三部分用数字或字母加数字表示登记顺序号。三位数字表示通用品；一个字母加两位数字表示专用品，登记顺序号相邻的两个型号的特性可能相差很大。例如，AC184 为 PNP 型，而 AC185 为 NPN 型。

⑤ 第四部分用字母表示同一型号的产品，针对某一参数（如 h_{fe}）进行分档。

⑥ 型号中的符号均不反映器件的极性（指 NPN 型或 PNP 型），极性的确定需要查阅

手册或测量。

3. 美国分立半导体器件的命名方法

美国晶体管或其他分立半导体器件的命名方法较混乱。这里介绍的是美国晶体管标准型号命名方法，即美国电子工业协会（EIA）规定的分立半导体器件的命名方法，见表 4-4。

表 4-4 美国电子工业协会规定的分立半导体器件的命名方法

第一部分		第二部分		第三部分		第四部分		第五部分	
用符号表示器件的用途类型		用数字表示 PN 结的数目		已在美国电子工业协会注册登记		在美国电子工业协会登记的顺序号		用字母表示器件的分挡	
符号	意义	符号	意义	符号	意义	符号	意义	符号	意义
JAN 或 J	军用品	1	二极管	N	该器件已在美国电子工业协会注册登记	多位数字	该器件在美国电子工业协会登记的顺序号	A B C D …	同一型号的不同分挡
		2	三极管						
无	非军用品	3	三个 PN 结器件						
		n	n 个 PN 结器件						

美国电子工业协会规定的分立半导体器件的命名方法如下。

（1）JAN2N2904。　　（2）1N4001。

美国晶体管型号命名方法的特点如下。

① 型号内容很不完备。对于器件的材料、极性、主要特性和类型，在型号中不能反映出来。例如，2N 开头的既可能是一般三极管，也可能是场效应晶体管。

② 组成型号的第一部分是前缀，第五部分是后缀，中间的三部分为型号的基本部分。

③ 除了前缀，凡型号以 1N、2N、3N……开头的晶体管分立半导体器件，大都是美国制造的产品，或者是按美国专利在其他国家制造的产品。

④ 第四部分数字只表示在美国电子工业协会登记的顺序号，而不含其他意义。因此，登记的顺序号相邻的两器件可能特性相差很大。例如，2N3464 为硅材料 NPN 型高频大功率管，而 2N3465 为 N 沟道场效应晶体管。

⑤ 不同厂家生产的性能基本一致的器件，都使用同一登记号。同一型号中某些参数的差异常用后缀字母表示。因此，型号相同的器件可以通用。

⑥ 登记的顺序号数大的通常是近期产品。

4. 日本分立半导体器件的命名方法

日本分立半导体器件或其他国家按日本专利生产的分立半导体器件，都是按日本工业标准（JIS）规定的命名方法（JIS-C-702）命名的。

日本分立半导体器件的命名方法由第五至第七部分组成，通常只用到前五部分。日本分立半导体器件的命名方法前五部分符号及意义如表 4-5 所示；第六部分和第七部分的符号及意义通常是各公司自行规定的。第六部分的符号表示特殊的用途及特性，示例如下。

N——松下公司用来表示该器件符合日本广播协会（NHK）有关标准的登记产品。

K——日立公司用来表示专为通信用的塑料外壳的可靠性高的器件。

G——东芝公司用来表示专为通信用的设备制造的器件。

S——三洋公司用来表示专为通信设备制造的器件。

第七部分的符号常用作器件某个参数的分挡标志。例如，三菱公司常用 R、G、Y 等字母，日立公司常用 A、B、C、D 等字母作为直流电流放大系数的分挡标志。

表 4-5　日本分立半导体器件的命名方法前五部分符号及意义

第一部分		第二部分		第三部分		第四部分		第五部分	
用数字表示器件的类型和有效电极数		S 表示在日本电子工业协会注册的器件		用字母表示器件的极性和类型		用数字表示在日本电子工业协会登记的顺序号		用字母表示对原来型号器件的改进产品	
符号	意义	符号	意义	符号	意义	符号	意义	符号	意义
0	光电（光敏）二极管、三极管及其组合管	S	表示在日本电子工业协会注册登记的分立半导体器件	A	PNP 型高频管	四位以上的数字	从 11 开始，表示在日本电子工业协会注册登记的顺序号，不同公司性能相同的器件可以使用同一顺序号，其数字越大越是近期产品	A B C D E F …	用字母表示对原来型号器件的改进产品
				B	PNP 型低频管				
				C	NPN 型高频管				
				D	NPN 型低频管				
1	二极管			F	P 控制极晶闸管				
2	三极管、具有两个及以上 PN 结的其他晶体管			G	N 控制极晶闸管				
				H	N 基极单结晶体管				
				J	P 沟道场效应晶体管				
				K	N 沟道场效应晶体管				
3 …	具有四个有效电极或具有三个 PN 结的晶体管			M	双向晶闸管				
n-1	具有 n 个有效电极或具有 n-1 个 PN 结的晶体管								

日本分立半导体器件的命名方法示例如下。

（1）2SC502A（日本收音机中常用的中频放大管）。

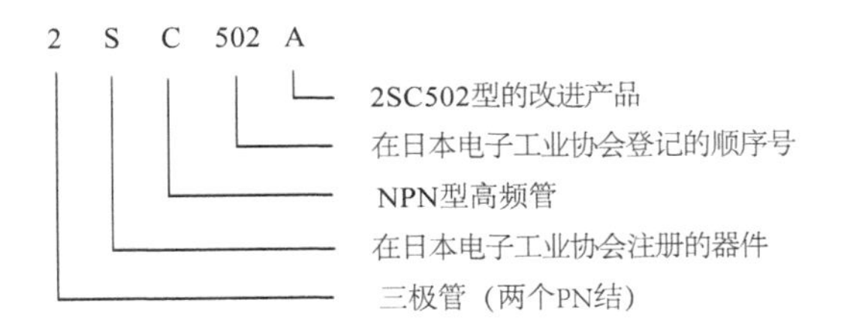

（2）2SA495（日本夏普公司 GF-9494 收录机中用的小功率管）。

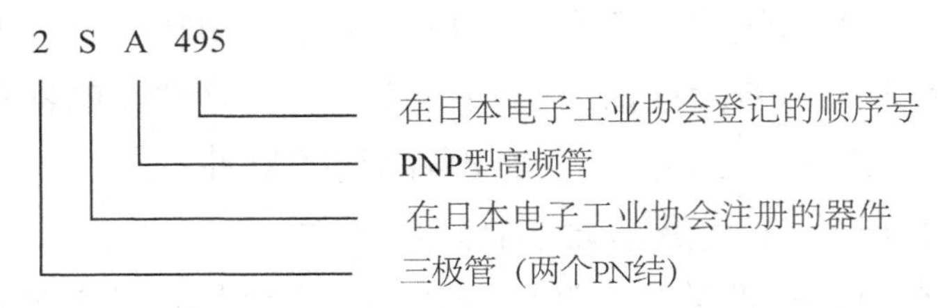

日本分立半导体器件命名方法有如下特点。

①第一部分用数字表示器件的类型和有效电极数目。例如，1 表示二极管；2 表示三极管。屏蔽用的接地电极不是有效电极。

② 第二部分用字母 S 表示在日本电子工业协会注册的器件。

③ 第三部分用字母表示器件的极性和类型。例如，A 表示 PNP 型高频管；B 表示 PNP 型低频管；C 表示 NPN 型高频管；D 表示 NPN 型低频管；J 表示 P 沟道场效应晶体管；K 表示 N 沟道场效应晶体管。

④ 第四部分只表示在日本电子工业协会登记的顺序号，并不反映器件的性能，顺序号相邻的两个器件的某一性能可能相差很远。例如，2SC2680 型的最大额定耗散功率为 200mW，而 2SC2681 型的最大额定耗散功率为 100W。登记的顺序号能反映产品时间的先后，登记的顺序号数字越大，越是近期产品。

⑤ 第六部分和第七部分的符号和意义各公司不完全相同。

⑥ 日本有些分立半导体器件的外壳上标注的型号，常采用简化标注的方法，即把 2S 省略。例如，2SD764 简化为 D764，2SC502A 简化为 C502A。

目前普遍使用的 901X 系列，如 9011、9013、9014 等，完整型号是 2SC901X。

⑦ 在低频管（2SB 型和 2SD 型）中，也有工作频率很高的管子。例如，2SD355 的特征频率为 100MHz，所以其也可作为高频管使用。

⑧ 日本通常把 P_{CM}≥1W 的管子称为大功率管。

4.4 晶闸管整流元件与场效应晶体管

4.4.1 晶闸管

1. 晶闸管的基础知识

晶闸管旧称可控硅，是晶闸管整流元件的简称。自 20 世纪 50 年代问世以来，晶闸管已经发展成了一个大的家族，其主要成员有单向晶闸管、双向晶闸管、光控晶闸管等。其中，单向晶闸管，也就是常说的普通晶闸管，是由四层半导体材料组成的，有三个 PN 结，对外有三个电极：第一层 P 型半导体引出的电极被称为阳极（A），第三层 P 型半导体引出的电极被称为控制极（也被称为门极，G），第四层 N 型半导体引出的电极被称为阴极（K）。单向晶闸管的外形、电路符号、内部结构如图 4-19 所示。从图 4-19（b）可以看到，单向晶闸管与二极管一样，是一种单方向导电的器件，关键是多了一个控制极，这就使其具有与二极管完全不同的工作特性。

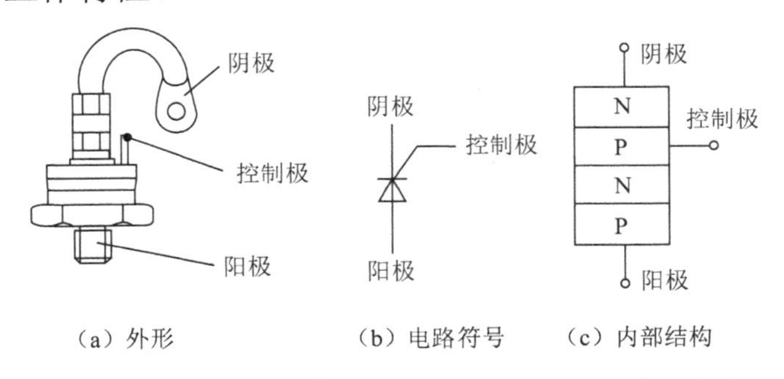

图 4-19　单向晶闸管的外形、电路符号、内部结构

晶闸管具有很多优异的特点，如以小功率控制大功率，功率放大系数高达几十万倍；反应速度极快，在微秒内开通/关断；无触点运行，无火花、无噪声；效率高，成本低等。

晶闸管被广泛应用于各种电子设备和电子产品，可用作可控整流、逆变、变频、调压、无触点开关等。在家电中的调光灯、调速风扇、空调、电视机、电冰箱、洗衣机、照相机、组合音响、声光电路、定时控制器、玩具装置、无线电遥控、摄像机和工业控制等都大量使用了晶闸管器件。常用的晶闸管器件如图 4-20 所示。

图 4-20　常用的晶闸管器件

晶闸管的工作状态有导通和关断两种。在晶闸管的阳极和阴极、门极和阴极两端加正向电压时，晶闸管导通。晶闸管在导通的情况下，阳极和阴极之间只要有一定的正向电压，无论门极电压如何改变，其都保持导通状态，即晶闸管导通后门极失去作用，因此门极所加的触发电压一般为脉冲电压。晶闸管从关断变为导通的过程被称为触发导通。晶闸管在导通的情况下，当主回路电压（或电流）减小到接近于零时，其关断。

2. 晶闸管的分类

晶闸管有多种分类方法，具体如下。

（1）晶闸管按关断/导通及控制方式可分为单向晶闸管、双向晶闸管、光控晶闸管、逆导晶闸管、可关断晶闸管（GTO）、BTG 晶闸管、温控晶闸管等。

（2）晶闸管按电流容量可分为大功率晶闸管、中功率晶闸管和小功率晶闸管。大功率晶闸管多采用金封，中、小功率晶闸管多采用塑封或陶瓷封装。

（3）晶闸管按引脚和极性可分为二极晶闸管、三极晶闸管和四极晶闸管。

（4）晶闸管按封装形式可分为金封晶闸管、塑封晶闸管和陶瓷封装晶闸管。其中，金封晶闸管分为螺栓形、平板形、圆壳形等多种；塑封晶闸管分为带散热片型和不带散热片型两种。

（5）晶闸管按关断速度可分为普通晶闸管和高频（快速）晶闸管。

3. 晶闸管的型号命名方法

国产晶闸管的型号命名主要由四部分组成：第一部分用字母 K 表示主称为晶闸管；第二部分用字母表示晶闸管的类别；第三部分用数字表示晶闸管的额定通态电流值；第四部分用数字表示重复峰值电压级数。晶闸管的型号命名方法及各部分的意义如表 4-6 所示。

表 4-6　晶闸管的型号命名方法及各部分的意义

第一部分		第二部分		第三部分		第四部分	
主称		类别		额定通态电流值		重复峰值电压级数	
字母	意义	字母	意义	数字	意义	数字	意义
K	晶闸管	P	普通反向阻断型	1	1A	1	100V
				5	5A	2	200V
				10	10A	3	300V
				20	20A	4	400V
		K	快速反向阻断型	30	30A	5	500V
				50	50A	6	600V
				100	100A	7	700V
				200	200A	8	800V
		S	双向型	300	300A	9	900V
				400	400A	10	1000V
				500	500A	12	1200V
						14	1400V

例如，KS5-4 表示 5A、400V 双向晶闸管。

4. 晶闸管的主要参数

（1）正向峰值电压（断态重复峰值电压，U_{DRM}）是指当门极开路而器件的结温为额定值时，允许重复加在器件上的正向峰值电压。此参数取正向转折电压的 80%，即 $U_{DRM}=0.8U_{DSM}$。普通晶闸管的 U_{DRM} 的规格从 100～3000V 分多挡，其中 100～1000V 每 100V 为一挡；1000～3000V 每 200V 为一挡。若加在管子上的电压大于 U_{DRM}，则管子可能会因失控而自行导通。

（2）反向重复峰值电压（U_{RRM}）是指当门极开路而结温为额定值时，允许重复加在器件上的反向峰值电压。此参数通常取反向击穿电压的 80%，即 $U_{RRM}=0.8U_{RSM}$。一般 U_{RRM} 与 U_{DRM} 相等。若加在管子上的反向电压大于 U_{RRM}，则管子可能会因被击穿而损坏。

通常把 U_{DRM} 和 U_{RRM} 中较小的那个数值标注为晶闸管的额定电压。在选用晶闸管时，其额定电压应是正常工作峰值电压的 2～3 倍，以保证电路的工作安全。

（3）通态平均电压（U_{TM}）是指在规定的工作温度条件下，使晶闸管导通的正弦波在半个周期内 U_{AK} 的平均值，一般为 0.4～1.2V。

（4）通态峰值电压（U_{TM}）是指晶闸管通过某一规定倍数的额定通态平均电流时的瞬态峰值电压。通常取晶闸管的 U_{DRM} 和 U_{RRM} 中较小的标值作为其额定电压。在选用晶闸管时，其额定电压应留一定的余量，一般取在正常工作时其所承受峰值电压的 2～3 倍。

（5）额定通态平均电流（I_T）是指晶闸管在环境温度为40℃和规定的冷却状态下，稳定结温在不超过额定结温时所允许通过的最大工频正弦半波电流的平均值。在使用时，应按实际电流与通态平均电流有效值相等的原则使用晶闸管，并留一定的余量，一般取1.5～2倍。

（6）维持电流（I_H）是指能使晶闸管维持导通状态时所需的最小电流，一般为几十到几百毫安。I_H与结温有关，结温越高，I_H越小，晶闸管越难关断。I_T越大，I_H越大。

（7）擎住电流（I_L）是指晶闸管刚从断态转入通态并移除触发信号后，能维持导通所需的最小电流。对同一晶闸管来说，通常I_L是I_H的2～4倍。

（8）浪涌电流（I_{TSM}）是指由电路异常情况引起的并使结温超过额定结温的不重复性最大正向过载电流。

（9）控制极触发电流（I_{GT}）是指在规定的环境温度下，维持晶闸管从阻断状态转为完全导通状态时所需的最小直流电流。I_{GT}一般为几到几百毫安，I_T越大，I_{GT}越大。

（10）控制极触发电压（U_{GT}）是指产生门极触发电流所需的最小门极电压，U_{GT}一般为1～5V。

晶闸管的参数有很多，在选择时，主要选择I_T和U_{RRM}这两个参数。

4.4.2　场效应晶体管

1. 场效应晶体管的基础知识

场效应晶体管（Field Effect Transistor，FET）简称场效应管。由于它仅靠半导体中的多数载流子导电，因此也被称为单极型晶体管。它利用控制输入回路的电场效应控制输出回路电流，属于电压控制型半导体器件，并以此命名。场效应晶体管具有输入阻抗高（10^7～$10^{12}\Omega$）、噪声小、功耗低、动态范围大、易于集成、没有二次击穿现象、安全工作区域宽等优点。

场效应晶体管能在很小电流和很低电压的条件下工作，而且其制造工艺可以很方便地把很多场效应晶体管集成在一块硅片上，因此场效应晶体管在大规模集成电路中得到了广泛的应用。

2. 场效应晶体管的分类

场效应晶体管可分为结型场效应晶体管（JFET）和绝缘栅场效应晶体管（MOSFET）两大类。

场效应晶体管按沟道材料可分为结型场效应晶体管和绝缘栅型场效应晶体管，各自又分为N沟道场效应晶体管和P沟道场效应晶体管两种。

场效应晶体管按导电方式分为耗尽型场效应晶体管与增强型场效应晶体管。结型场效应晶体管均为耗尽型，绝缘栅型场效应晶体管既有耗尽型的，也有增强型的。

场效应晶体管可分为结场效应晶体管和绝缘栅场效应晶体管。绝缘栅场效应晶体管又分为N沟道耗尽型和增强型，P沟道耗尽型和增强型四大类。

场效应晶体管也有三个电极，分别是源极（S）、漏极（D）、栅极（G）。场效应晶体管的源极、栅极、漏极分别对应晶体管的发射极（N沟道场效应晶体管对应NPN型晶体管，P沟道场效应晶体管对应PNP型晶体管）、基极、集电极，且作用相似。场效应晶体管可以被看作普通晶体管。

场效应晶体管的电路符号与实物图如图 4-21 所示。

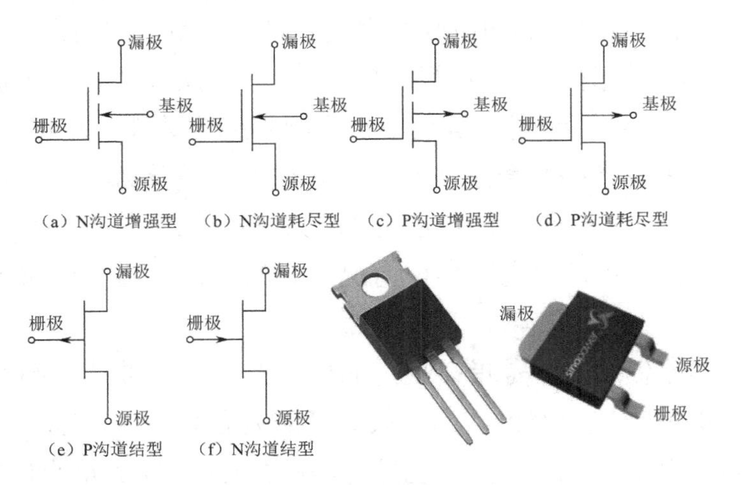

图 4-21　场效应晶体管的电路符号与实物图

3. 场效应晶体管的应用

（1）场效应晶体管可应用于信号放大，广泛应用于电压和功率放大电路。由于场效应晶体管放大器的输入阻抗很高，因此耦合电容可容量较小，不必使用电解电容器。

（2）场效应晶体管有很高的输入阻抗非常适合作阻抗变换，常用于多级放大器的输入级做阻抗变换。

（3）场效应晶体管可用作可变电阻器。

（4）场效应晶体管可方便地用作恒流源。

（5）场效应晶体管也可与双极性晶体管一样，用作电子开关。

4. 场效应晶体管与双极性晶体管的比较

（1）场效应晶体管是电压控制器件，栅极基本不取电流，而晶体管是电流控制器件，基极必须取一定的电流。因此，在信号源额定电流极小的情况下，应选用场效应晶体管。

（2）场效应晶体管是多数载流子导电，而晶体管的两种载流子均参与导电。由于少数载流子的浓度对温度、辐射等外界条件很敏感，因此对于环境变化较大的场合，采用场效应晶体管比较合适。

（3）场效应晶体管除了与晶体管一样可作为放大器件及可控开关，还可作为压控可变线性电阻使用。

（4）场效应晶体管的源极和漏极在结构上是对称的，可以互换使用，耗尽型绝缘栅场效应晶体管的栅-源电压可正可负。因此，使用场效应晶体管比晶体管灵活。

（5）晶体管导通电阻大，场效应晶体管导通电阻小，只有几百兆欧，使用场效应晶体管作电子开关的效率比晶体管高。

（6）场效应晶体管的噪声系数很小，在低噪声放大电路的输入级及要求信噪比较高的电路中应选用场效应晶体管。

（7）场效应晶体管是电压控制电流器件，由于 U_{GS} 控制 I_D，放大系数（G_m）一般较小，因此场效应晶体管的放大能力较差。

5. 场效应晶体管的型号命名方法

场效应晶体管有两种命名方法，具体描述如下。

第一种命名方法与双极性晶体管相同：第三位字母表示类型，J 表示结型场效应晶体管，O 表示绝缘栅场效应晶体管；第二位字母表示材料，D 表示 P 型硅 N 沟道，C 表示 N 型硅 P 沟道。例如，3DJ6D 是结型 P 型硅 N 沟道场效应晶体管，3DO6C 是绝缘栅型 P 型硅 N 沟道场效应晶体管。

第二种命名方法是 CS××#，CS 表示场效应晶体管，××以数字表示型号的序号，#用字母表示同一型号中的不同规格。例如，CS14A、CS45G 等。

6. 场效应晶体管使用的注意事项

（1）为了安全使用场效应晶体管，在线路的设计中不能超过其耗散功率、最大漏-源电压、最大栅-源电压和最大电流等参数的极限值。

（2）在使用各类型场效应晶体管时，都要严格按要求的偏置接入电路中，遵守场效应晶体管偏置的极性。例如，结型场效应晶体管的栅极、源极、漏极之间是 PN 结，N 沟道场效应晶体管的栅极不能加正偏压；P 沟道场效应晶体管的栅极不能加负偏压等。

（3）绝缘栅场效应晶体管由于输入阻抗极高，因此在运输、储存中必须将其引脚短路，并用金属屏蔽包装，以防止外来感应电势将栅极击穿。尤其要注意，不能将绝缘栅场效应晶体管放在塑料盒子内，保存时最好放在金属盒内，同时注意防潮。

（4）为了防止场效应晶体管栅极被感应电势击穿，要求一切测试仪器、工作台、电烙铁、线路本身都必须良好的接地；在焊接引脚时，先焊源极；在连入电路之前，管子的全部引脚保持互相短接状态，焊接完后才能把短接材料去掉；在从元器件架上取下管子时，应以适当的方式确保人体接地，如采用接地环等；如果能采用先进的气热型电烙铁，则焊接场效应晶体管既方便又能确保安全；在未关断电源时，绝对不可以把管子插入电路或从电路中拔出。在使用场效应晶体管时必须注意以上安全措施。

（5）在安装场效应晶体管时，注意安装位置要尽量避免靠近发热元件；为了防止管件振动，有必要将管壳体紧固起来。

（6）在焊接时，电烙铁外壳必须装上外接地线，以防止因电烙铁带电而损坏管子。对于少量焊接，可以先将电烙铁烧热，然后拔下插头或切断电源最后焊接。特别是在焊接绝缘栅场效应晶体管时，要按源极-漏极-栅极的先后顺序焊接，并且要断电焊接。

（7）在要求输入阻抗较高的场合使用时，必须采取防潮措施，以免由于温度影响使场效应晶体管的输入电阻降低。如果用 4 个引脚的场效应晶体管，则其衬底引脚应接地。陶瓷封装场效应晶体管具有光敏特性，应注意避光。

4.5 二极管的识别检测实训

1. 实训目的

熟练掌握目测识别二极管的类型的方法。熟悉二极管的功能特点，建立二极管的检测思路及检测流程，重点掌握二极管的检测特点与检测技巧，能够对不同类型的二极管进行检测，并判断其正、负极及好坏。

2. 实训器材

（1）指针式万用表（一人一块）。

（2）数字万用表（一人一块）。

（3）各种不同类型、封装的二极管若干。

3. 实训内容与步骤

❖ 任务 1 普通二极管的识别与检测

【操作步骤】

（1）直接识别。根据二极管的外观及标注，目测判断其类型（普通二极管、整流二极管、稳压二极管等）、封装形式及正、负极。二极管的极性一般都通过一定的方式标注在管壳上（见图 4-1），根据标注可以判断其正、负极，如图 4-22 所示。

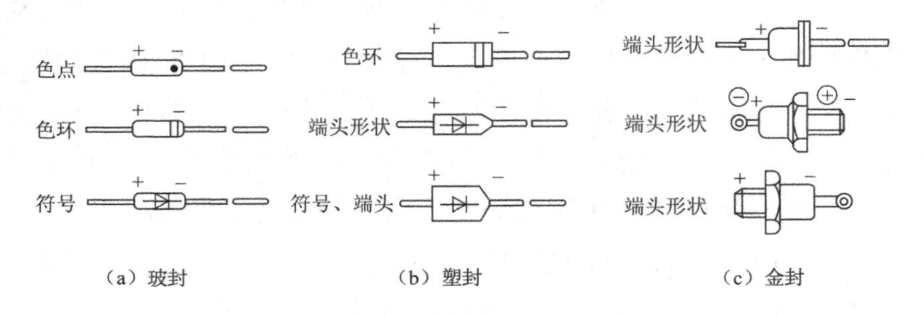

图 4-22 二极管的正、负极识别

（2）用指针式万用表判别二极管的极性。将表量程旋钮转至 $R\times100$ 挡或 $R\times1\text{k}$ 挡，两只表笔分别接触二极管的两个电极，测量出一个结果后，交换两只表笔，再测量出一个结果，如图 4-23 所示。在两次测量的结果中，其中一次测得的电阻值较小（为正向电阻值），如图 4-23（a）所示；另一次测得的电阻值较大（为反向电阻值），如图 4-23（b）所示。在电阻值较小的一次测量中，黑表笔接触的电极是正极，红表笔接触的电极是负极。

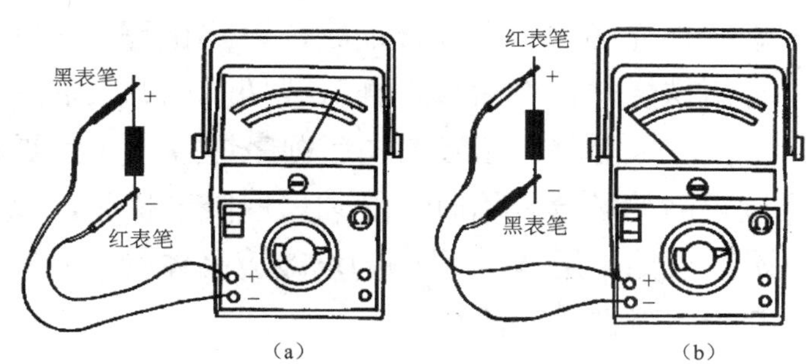

图 4-23 用指针式万用表判别二极管的极性

（3）用指针式万用表检测二极管的单向导电性及好坏。通常，锗二极管的正向电阻值为 1kΩ 左右，反向电阻值为 300kΩ 左右。硅二极管的正向电阻值为 5kΩ 左右，反向电阻值为∞。正向电阻值越小越好，反向电阻值越大越好。正、反向电阻值相差越悬殊，说明二极管的单向导电性越好。

若测得二极管的正、反向电阻值均接近 0 或较小，则说明该二极管内部已被击穿短路或漏电损坏。若测得二极管的正、反向电阻值均为∞，则说明该二极管已开路损坏。

以上测试，可以同时根据正、反向电阻值的区别，判断被测二极管是锗二极管还是硅二极管。

（4）用数字万用表检测二极管的正、负极。一般数字万用表多数设有专门测量二极管的挡位，可以进行正向压降测量和管子好坏的判断，具体方法如图 4-24 所示。首先，将转换开关转至测量二极管挡（标有二极管电路符号），把红表笔插入 VΩmA 插孔，黑表笔插入 COM 插孔；然后，用红表笔（极性为正，即＋）接触待测二极管的正极，黑表笔接触二极管的负极，此时 LCD 显示器显示该二极管的正向压降近似值，单位是 V 或 mV（根据数字万用表型号不同而不同），锗二极管的导通压降为 0.1～0.3V，典型值为 0.3V；硅二极管的导通压降为 0.5～0.8V，典型值为 0.7V。交换两只表笔后测量（或表笔不变，将二极管对调），LCD 显示器显示 1，说明该二极管是好的，如果两次测量 LCD 显示器都显示 1，则说明该二极管内部已经开路。

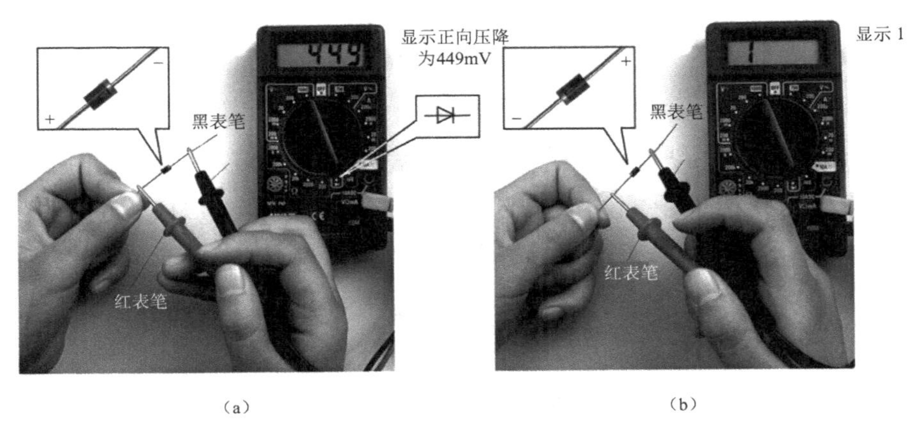

图 4-24　用数字万用表检测二极管的正、负极

（5）片式二极管的检测。在工程技术中，片式二极管与普通二极管的内部结构基本相同，均由一个 PN 结组成，因此片式二极管的检测与普通二极管的检测方法基本相同。对片式二极管的检测通常采用万用表的 $R×100Ω$ 挡或 $R×1kΩ$ 挡进行测量。由于片式二极管体积很小，因此最好使用精密型多用测试表笔，如图 4-25 所示。由于精密型多用测试表可以单手操作，因此使用这种表笔检测片式电阻器、片式电感器及片式二极管等片式元器件操作非常方便。

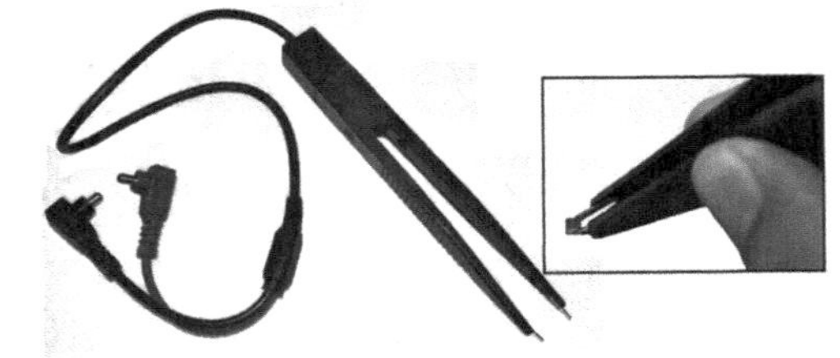

图 4-25　精密型多用测试表笔

【注意】

在用数字万用表测量二极管时，测的是其正向电压值，而指针式万用表测的是其正、反向电阻值，要特别注意这个区别。

在用数字万用表 Ω 挡测量二极管时，两只表笔之间的电压非常小，大概只有零点几伏，根本不足以使其导通。因此，用数字万用表 Ω 挡测二极管的正、反向电阻值是没有意义的。

【实训记录】

将以上识别与检测结果填入表 4-7。

表 4-7　普通二极管的识别与检测实训记录

序号	二极管的类别	二极管的型号	二极管的正向电阻值	二极管的反向电阻值	锗二极管/硅二极管	根据实测值判断二极管的性能是否良好
1						
2						
3						
4						
5						
6						
7						
8						
万用表型号及挡位						

【知识延伸】

二极管反向击穿电压的检测

（1）二极管反向击穿电压（耐压值）可以用晶体管直流参数测试表测量。其测量方法是先将测试表的“NPN/PNP”选择键设置为 NPN 状态，再将被测二极管的正极插入“C”插孔，负极插入“E”插孔并按下相应的“V_{BR}”键，即可显示出二极管的反向击穿电压值。图 4-26 所示为 JL294-3 型晶体管直流参数测试表的实物图。

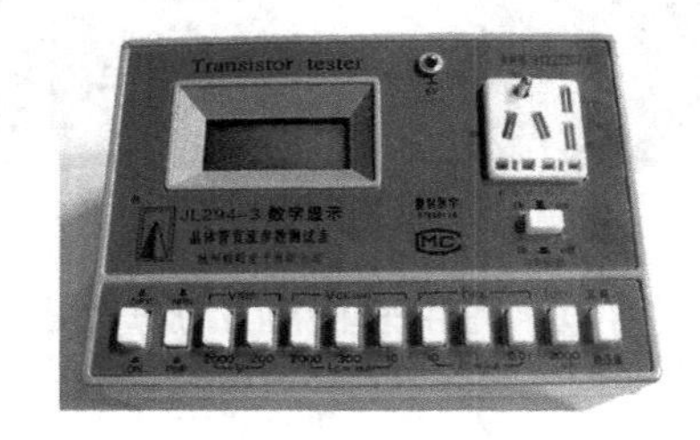

图 4-26　JL294-3 型晶体管直流参数测试表的实物图

（2）用绝缘电阻表（兆欧表）和万用表测量二极管的反向击穿电压。将被测二极管的负极与兆欧表的正极相接，正极与兆欧表的负极相连，同时用万用表（置于合适的直流电压挡）检测二极管两端的电压。摇动兆欧表手柄（应由慢逐渐加快），待二极管两端电压稳定时，此电压值就是二极管的反向击穿电压值。图 4-27 所示为兆欧表的实物图和测试原理图。

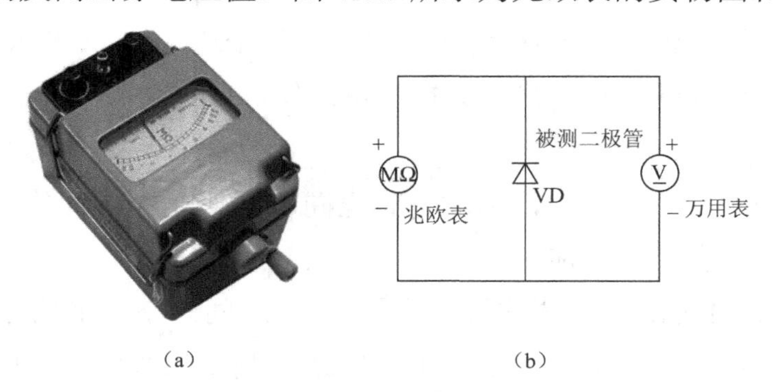

图 4-27　兆欧表的实物图和测试原理图

❖ 任务 2 发光二极管与光敏二极管的识别与检测

（1）单色发光二极管的检测。

① 目测引脚极性，判断红外发光二极管的正、负极。红外发光二极管有两个引脚，通常长引脚为正极，短引脚为负极。因为红外发光二极管呈透明状，所以管壳内的电极清晰可见，内部电极较宽、较大的一个为负极，较窄、较小的一个为正极，如图 4-28 所示。

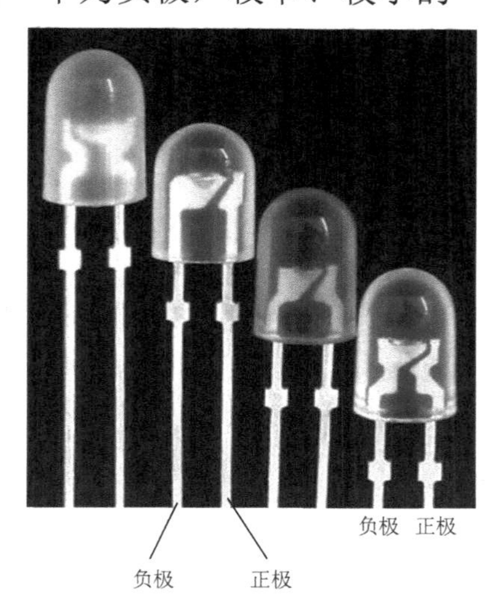

图 4-28 目测红外发光二极管的引脚极性

② 用指针式万用表检测引脚极性。将量程旋钮转至 R×10k 挡，先将两只表笔与发光二极管的两个引脚接触，观察指针是否摆动或发光二极管是否发光；再交换两只表笔，仍观察指针是否摆动或发光二极管是否发光，如果发光二极管在某次的测量中发光，或两次测得的电阻值一次大一次小，则说明该发光二极管性能良好。

在红外发光二极管发光或电阻值较小的情况下，黑表笔接触的引脚为正极，红表笔接触的引脚为负极。

指针式万用表在 R×10k 挡存在故障或 9V 叠层电池没电的情况下，可以采用如下方法进行测量：在指针式万用表外部附接 1 节 1.5V（或两节）干电池，将量程旋钮转至 R×10 挡或 R×100 挡。这种接法相当于给指针式万用表串接了 1.5V 电压，使检测电压增加到了 3V（发光二极管的开启电压为 2V）。在检测时，用两只表笔轮换接触发光二极管的两个引脚。若发光二极管性能良好，则必定有一次能正常发光，此时黑表笔接触的引脚为正极，红表笔接触的引脚为负极。需要注意的是，在串接时，黑表笔接触电池组负极，将电池组正极的引脚作为黑表笔，如图 4-29 所示（串接 2 节电池的情况）。

（2）红外发光二极管的检测。

将指针式万用表量程旋钮转至 R×10k 挡，测量红外发光二极管的正、反向电阻值，通常正向电阻值应在 30kΩ 左右，反向电阻值应在 500kΩ 以上，这样的红外发光二极管才可以正常使用。红外发光二极管的反向电阻值越大越好。若测得的反向电阻值小于 500kΩ，则说明该红外发光二极管已漏电，不能使用；若测得的正、反向电阻值均为 0 或∞，则说明该红外发光二极管已被击穿或开路损坏。

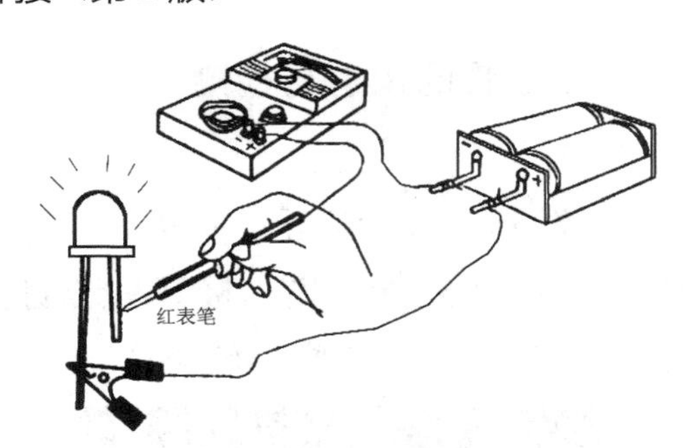

图 4-29 指针式万用表附接电池检测红外发光二极管的极性

（3）红外光敏二极管（红外接收二极管）的检测。

① 识别引脚极性。首先目测识别（从外观上识别）。常见的红外光敏二极管外观颜色呈黑色，在识别引脚时，长引脚为正极，短引脚为负极。另外，在塑封红外光敏二极管的管体与引脚相接处有一个小切面，通常有此切面一端的引脚为负极，另一端为正极。

其次用指针式万用表检测。将量程旋钮转至 R×1k 挡，用识别普通二极管正、负极的方法进行检测，即交换两只表笔两次测量红外光敏二极管两个引脚间的电阻值。在正常时，测得的电阻值应为一大一小。以电阻值较小的一次为准，黑表笔接触的引脚为正极，红表笔接触的引脚为负极。

② 检测性能好坏。用指针式万用表 Ω 挡测量红外光敏二极管正、反向电阻值，根据正、反向电阻值的大小，即可初步判定红外光敏二极管的好坏。

红外光敏二极管的正向电阻值是不随光照强度变化而变化的，但反向电阻值随光照强度的增加而减小，利用这一特性可以检测红外光敏二极管的性能好坏。

先将量程旋钮转至 R×1k 挡，红外光敏二极管的光信号接收窗口对准光源，测量其正、反向电阻值；然后遮住光信号接收窗口，再次测量其正、反向电阻值。在有光照和无光照时两次测量正向电阻值应不变，反向电阻值在有光照时应变小，在无光照时应变大。在检测时，符合以上情况说明该红外光敏二极管的性能良好，电阻值变化越大，说明该红外光敏二极管的灵敏度越高。

在实训时，也可按以下方法操作：在测量红外光敏二极管反向电阻值的同时，用电视机遥控器对着被测红外光敏二极管的光信号接收窗口，如图 4-30 所示。在按动遥控器上的按键时，正常的红外光敏二极管反向电阻值会由 500kΩ 以上减小到 50～100kΩ，电阻值下降越多，说明该红外光敏二极管的灵敏度越高。

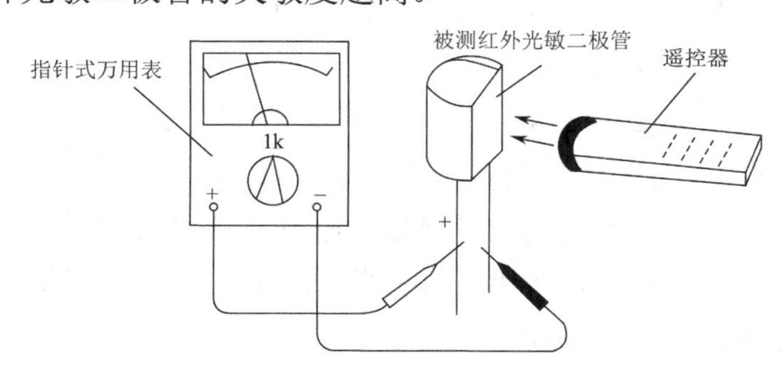

图 4-30 红外光敏二极管性能好坏的检测

【实训记录】

将以上检测结果填入表 4-8。

表 4-8 单色发光二极管、红外发光二极管和红外光敏二极管的检测记录

<table>
<tr><th colspan="3">二极管类型</th><th>指针式万用表挡位</th><th>正向电阻值</th><th>反向电阻值</th><th>性能好坏</th></tr>
<tr><td colspan="2" rowspan="4">单色发光二极管</td><td>1</td><td></td><td></td><td></td><td></td></tr>
<tr><td>2</td><td></td><td></td><td></td><td></td></tr>
<tr><td>3</td><td></td><td></td><td></td><td></td></tr>
<tr><td>4</td><td></td><td></td><td></td><td></td></tr>
<tr><td colspan="2" rowspan="4">红外发光二极管</td><td>1</td><td></td><td></td><td></td><td></td></tr>
<tr><td>2</td><td></td><td></td><td></td><td></td></tr>
<tr><td>3</td><td></td><td></td><td></td><td></td></tr>
<tr><td>4</td><td></td><td></td><td></td><td></td></tr>
<tr><td rowspan="4">红外光敏二极管</td><td rowspan="2">1</td><td>在有光照时</td><td rowspan="2"></td><td></td><td></td><td rowspan="2"></td></tr>
<tr><td>在无光照时</td><td></td><td></td></tr>
<tr><td rowspan="2">2</td><td>在有光照时</td><td rowspan="2"></td><td></td><td></td><td rowspan="2"></td></tr>
<tr><td>在无光照时</td><td></td><td></td></tr>
</table>

❖ 任务 3 稳压二极管稳压值的测量

方法 1：先将一块指针式万用表量程旋钮转至 R×10k 挡，黑、红表笔分别接触稳压管的负极和正极，模拟稳压二极管的实际工作状态（反向击穿）；然后取一块数字万用表，将转换开关转至直流电压 20V 挡或 50V 挡（根据稳压值选择量程），红、黑表笔分别搭接到指针式万用表的黑、红表笔上，这时测出的电压值基本就是该稳压二极管的稳压值，如图 4-31 所示。

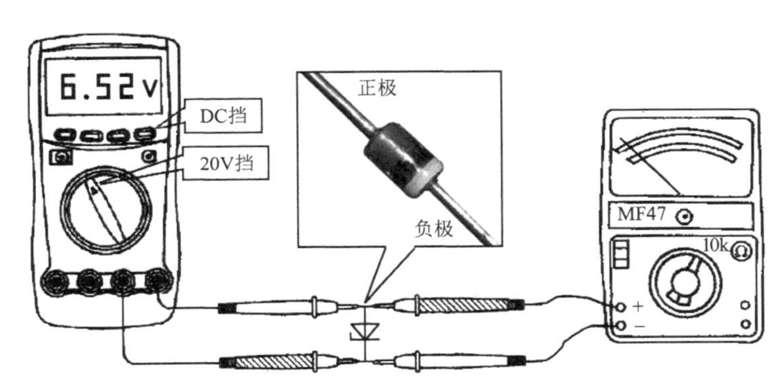

图 4-31 双表法测稳压值

由于指针式万用表对稳压二极管施加的偏置电流相对于正常使用时的偏置电流稍小些，因此测得的稳压值会稍偏大一点，但基本相近。此方法只可以估测稳压值小于指针式万用表高压电池电压（一般为 15V 或 9V）的稳压二极管。

方法 2：用 0～30V 连续可调直流电源，按图 4-32 连接被测稳压二极管，因为稳压二极管工作在反向击穿状态，所以将电源正极串接 1 只 1.5kΩ 限流电阻器后与被测稳压二极管的负极相接，电源负极与被测稳压二极管的正极相接。慢慢地将电源的电压由 0 往大调，同时用数字万用表测量稳压二极管两端的电压值，随着电源输出电压的增大，稳压二极管两端的电压会随着增大，当所测电压稳定在某个值时，此值就是稳压二极管的稳压值。对

于 13V 以下的稳压二极管，可以将电源的输出电压调至 15V，若稳压二极管的稳压值高于 15V，则应将电源输出电压调至 20V 以上。

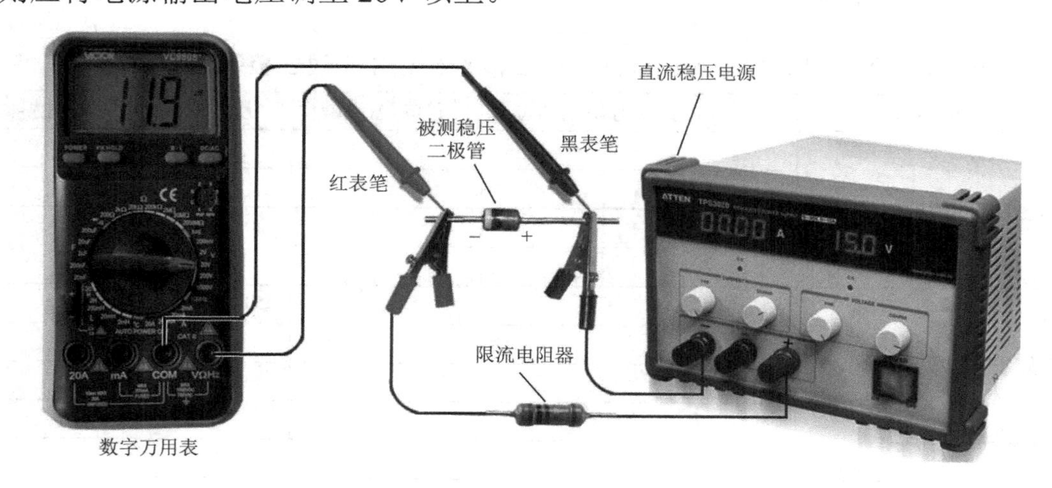

图 4-32　稳压二极管稳压值的测量

【操作步骤】

每人分配若干只不同稳压值的稳压二极管，用万用表检测其正、反向电阻值（方法参考普通二极管的检测），并用以上方法测量稳压值。

【实训记录】

将以上检测结果填入表 4-9。

表 4-9　稳压二极管的检测记录

序号	万用表挡位	正向电阻值	反向电阻值	标称稳压值	实测稳压值
1					
2					
3					
4					
5					

【要点提示】

稳压二极管与普通整流二极管的区分

首先，使用指针式万用表 $R\times1k$ 挡，判断出被管的正、负极。其次，将量程旋钮转至 $R\times10k$ 挡，黑表笔接触被测管的负极，红表笔接触其正极，若测得的反向电阻值比用 $R\times1k$ 挡测量的反向电阻值小很多，则说明被测管为稳压二极管；若测得的反向电阻值仍很大，则说明被测管为普通整流二极管或检波二极管。这种识别方法的道理是万用表 $R\times1k$ 挡内部使用的电池电压为 1.5V，一般不会将被测管反向击穿，测得的反向电阻值比较大。在用 $R\times10k$ 挡测量时，万用表内部电池的电压一般都在 9V 以上，当被测管为稳压二极管，且稳压值低于电池电压值时，即被反向击穿，使测得的电阻值减小；当被测管是普通整流二极管或检波二极管时，无论是用 $R\times1k$ 挡测量还是用 $R\times10k$ 挡测量，测得的反向电阻值不会相差很悬殊。需要注意的是，当被测管的稳压值高于万用表 $R\times10k$ 挡的电压值（大都为 9V）时，用这种方法是无法进行区分鉴别的。

❖ 任务4　全桥的引脚性质判别与性能检测

【操作步骤】

（1）用指针式万用表判别全桥的引脚性质。判别全桥的引脚性质是根据全桥组件的内部结构，利用二极管的单向导电性进行检测的。图4-33所示为两只大功率全桥的实物图与全桥的内部结构原理图。

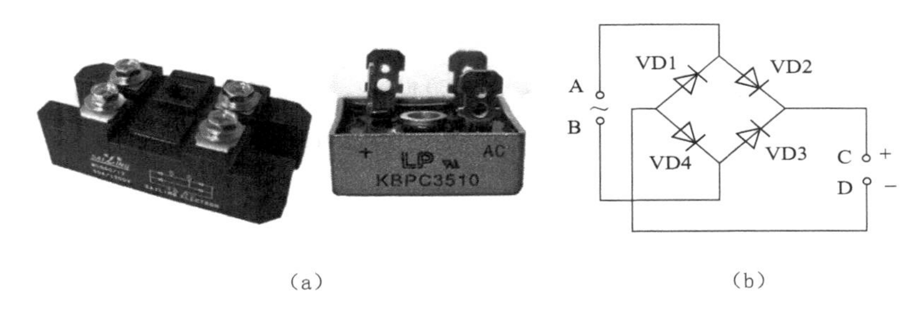

图4-33　两只大功率全桥的实物图与全桥的内部结构原理图

检测方法如下：将量程旋钮转至 R×1k 挡，用黑表笔接触全桥组件的某个引脚，红表笔分别接触其余三个引脚，如果测得的电阻值都为∞，则黑表笔接触的引脚为全桥组件的直流输出正极；如果测得的电阻值有两次几乎相等，在几千欧范围内，一次在十几千欧范围内，则黑表笔接触引脚为直流输出负极。如果第一次测量结果与上述不符，则将黑表笔改换另一个引脚再试，直到得到正确结果，如图4-34所示。

剩下的两个引脚是全桥组件的交流输入引脚，并且无极性。

（2）用数字万用表判别全桥的引脚极性。将转换开关转至二极管挡，用黑表笔固定接触全桥组件的某个引脚，红表笔分别接触其余三个引脚，如果LCD显示器有两次显示0.5～0.7V，一次显示1.0～1.3V，则黑表笔接触的引脚为直流输出端正极，即图4-33（b）中的C端；如果LCD显示器有两次显示0.5～0.7V，则黑表笔接触的引脚为交流输入端，即图4-33（b）中的A、B端，另一端必定为直流输出端负极，即图4-33（b）中的D端。如果测得的不是上述结果，则可以将黑表笔改换另一个引脚重复以上测试步骤，直到得到正确结果。

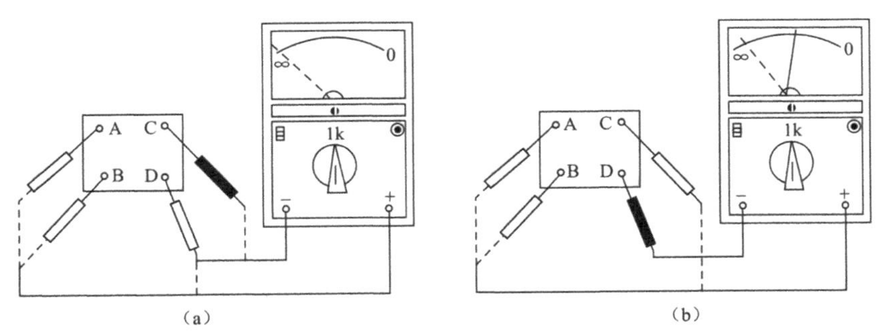

图4-34　用指针式万用表判别全桥的引脚极性

（3）判别性能。在用指针式万用表检测时，可以通过分别测量直流输出（＋）端与两个交流输入（～）端、直流输出（-）端与两个交流输入（～）端之间各整流二极管的正、反向电阻值是否正常，判断全桥是否良好。若测得全桥内某个整流二极管的正、反向电阻值均为0或∞，则可以判断该整流二极管已被击穿或开路损坏。

在用数字万用表检测时，仍将转换开关转至二极管挡，检测直流输出（-）端与两个交流输入端之间、两个交流输入端与直流输出（+）端之间（任何一只整流二极管）的导通电压，正常时应在 0.5～0.7V 内，四只整流二极管的导通电压越接近越好。在反偏测量时，LCD 显示器必须显示溢出符号 1。

对于全桥内部某只整流二极管存在短路故障，可以采用如下方法进行判别：将红表笔接触 D 端，黑表笔接触 C 端，LCD 显示器应显示 1.0～1.3V；将红表笔接触 A 端、黑表笔接触 B 端，LCD 显示器应显示溢出符号 1；交换两只表笔测量，LCD 显示器仍显示溢出符号 1。若测得的结果与上述范围不符，则说明被测全桥内部必定有短路故障。

上述过程共需要交换两只表笔进行 8 次测量，操作起来较为烦琐。分析图 4-33（b）可以发现，无论将表笔按照哪种接法测量，A、B 端之间总会有一只整流二极管处于截止状态，使 A、B 端之间的总电阻值趋于∞，LCD 显示器显示溢出符号 1。D、C 端之间的正向电压应等于两只硅二极管压降之和。因此，只要在测量 A、B 端之间电压时 LCD 显示器显示溢出符号 1，在测量 D、C 端之间电压时，LCD 显示器显示约为 1V 左右，即可证明全桥内部的整流二极管无短路现象。理由是如果全桥内部有一只整流二极管已发生短路故障，那么在测量 A、B 端的正、反向电压值时，必定有一次 LCD 显示器显示 0.5V 左右。

【实训记录】

将以上检测过程与结果分别填入表 4-10 到表 4-12（在表 4-12 中，电压 1、电压 2 是指交换两只表笔前后两次测量的结果）。

表 4-10　用指针式万用表检测全桥的引脚性质检测记录

根据所给实物图，画出全桥外形简图，并标出引脚序号	例：			
假设 1 引脚为正极	黑表笔应接（　　　）引脚			检测结果
	1、2 引脚间电阻值	1、3 引脚间电阻值	1、4 引脚间电阻值	假设是否正确
假设 2 引脚为正极	黑表笔应接（　　　）引脚			检测结果
	2、1 引脚间电阻值	2、3 引脚间电阻值	2、4 引脚间电阻值	假设是否正确
假设 3 引脚为正极	黑表笔应接（　　　）引脚			检测结果
	3、1 引脚间电阻值	3、2 引脚间电阻值	3、4 引脚间电阻值	假设是否正确
假设 4 引脚为正极	黑表笔应接（　　　）引脚			检测结果
	4、1 引脚间电阻值	4、2 引脚间电阻值	4、3 引脚间电阻值	假设是否正确
假设 1 引脚为负极	黑表笔应接（　　　）引脚			检测结果
	1、2 引脚间电阻值	1、3 引脚间电阻值	1、4 引脚间电阻值	假设是否正确

续表

假设 2 引脚为负极	黑表笔应接（ ）引脚			检测结果
	2、1 引脚间电阻值	2、3 引脚间电阻值	2、4 引脚间电阻值	假设是否正确
假设 3 引脚为负极	黑表笔应接（ ）引脚			检测结果
	3、1 引脚间电阻值	3、2 引脚间电阻值	3、4 引脚间电阻值	假设是否正确
假设 4 引脚为负极	黑表笔应接（ ）引脚			检测结果
	4、1 引脚间电阻值	4、2 引脚间电阻值	4、3 引脚间电阻值	假设是否正确
1 引脚为全桥的（ ）极		2 引脚为全桥的（ ）极		
3 引脚为全桥的（ ）极		4 引脚为全桥的（ ）极		

表 4-11 用数字万用表检测全桥的引脚性质检测记录

全桥实物图	假设 1 引脚为正极	黑表笔应接（ ）引脚			检测结果
		1、2 引脚间电压值	1、3 引脚间电压值	1、4 引脚间电压值	假设是否正确
	假设 2 引脚为正极	黑表笔应接（ ）引脚			检测结果
		2、1 引脚间电压值	2、3 引脚间电压值	2、4 引脚间电压值	假设是否正确
	假设 3 引脚为正极	黑表笔应接（ ）引脚			检测结果
		3、1 引脚间电压值	3、2 引脚间电压值	3、4 引脚间电压值	假设是否正确
	假设 4 引脚为正极	黑表笔应接（ ）引脚			检测结果
		4、1 引脚间电压值	4、2 引脚间电压值	4、3 引脚间电压值	假设是否正确
	假设 1 引脚为负极	黑表笔应接（ ）引脚			检测结果
		1、2 引脚间电压值	1、3 引脚间电压值	1、4 引脚间电压值	假设是否正确
	假设 2 引脚为负极	黑表笔应接（ ）引脚			检测结果
		2、1 引脚间电压值	2、3 引脚间电压值	2、4 引脚间电压值	假设是否正确
	假设 3 引脚为负极	黑表笔应接（ ）引脚			检测结果
		3、1 引脚间电压值	3、2 引脚间电压值	3、4 引脚间电压值	假设是否正确
	假设 4 引脚为负极	黑表笔应接（ ）引脚			检测结果
		4、1 引脚间电压值	4、2 引脚间电压值	4、3 引脚间电压值	假设是否正确
全桥检测结果	1 引脚为全桥的（ ）极		2 引脚为全桥的（ ）极		
	3 引脚为全桥的（ ）极		4 引脚为全桥的（ ）极		

表 4-12 用数字万用表检测全桥的性能检测记录

序号	交流输入端之间电压 1	交流输入端之间电压 2	直流输出端之间电压 1	直流输出端之间电压 2	性能好坏
1					
2					

续表

序号	交流输入端之间电压 1	交流输入端之间电压 2	直流输出端之间电压 1	直流输出端之间电压 2	性能好坏
3					
4					

4.6 三极管的识别检测实训

1. 实训目的

熟练掌握目测识别三极管类型的方法，熟悉三极管的功能特点，建立三极管的检测思路及检测流程，重点掌握三极管的检测特点与检测技巧，能够对不同种类的三极管进行检测，测量直流放大系数并判断引脚极性及好坏。

2. 实训器材

（1）指针式万用表（一人一块）。

（2）数字万用表（一人一块）。

（3）各种不同型号、类型、封装的三极管若干。

3. 实训内容与步骤

❖ 任务 1 晶体管引脚识别及性能好坏的检测

【操作步骤】

（1）晶体管引脚性质的直观识别。

① 晶体管电极引脚的排列方式具有一定的规律。对于国产小功率金封晶体管，引脚排列顺序一般是将引脚所在圆截面正对眼睛，由三个引脚构成的等腰三角形顶点向下，从左向右依次为 c、b、e；有定位销的晶体管，从定位销处开始，按顺时针方向依次为 e、b、c；塑封小功率晶体管引脚排列顺序是引脚向下，面对平面（另一面是弧形），从左向右依次为 e、b、c，如图 4-35 所示。

② 塑封中功率 TO-220 晶体管引脚排列顺序一般是引脚向下，有字的一侧正对眼睛，从左至右的顺序为 b、c、e，如图 4-36 所示。

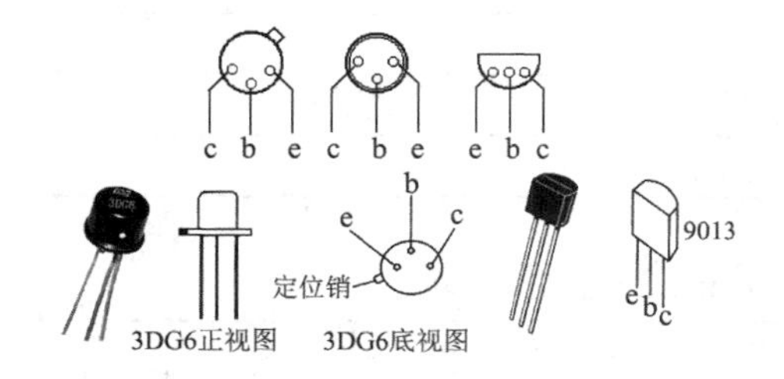

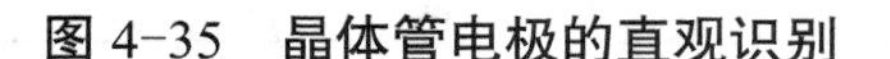
图 4-35 晶体管电极的直观识别

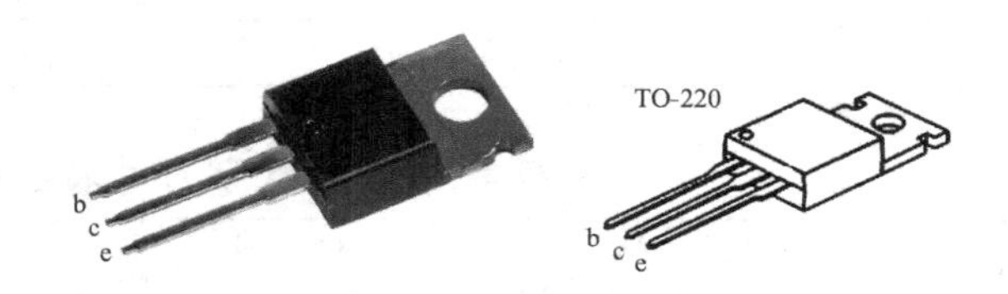

图 4-36 塑封中功率 TO-220 晶体管引脚排列

① 金封大功率晶体管引脚的目测判别，可以参考图 4-37。

（a）F型大功率三极管　（b）G型大功率三极管

图 4-37 金封大功率晶体管引脚的目测判别

（2）用万用表检测判别晶体管引脚电极。用万用表检测晶体管电极的步骤是依据 PN 结的单向导电性先检测出基极，然后检测出其类型，最后根据晶体管放大原理检测出集电极和发射极。

① 检测基极。假设三个引脚中的某个引脚为基极，将量程旋钮（转换开关）转至 $R\times1k$ 或 $R\times100$ 挡，把一只表笔与假设的基极相接，另一只表笔与另外两个电极相接，测量两种情况下的电阻值；再交换两只表笔，重复上述测量，共测量四次。如果前两次测得的电阻值都很大（或很小），后两次测得的电阻值都很小（或很大），则假设的基极就是晶体管的基极；否则，再假设其他引脚为基极，重新测量，直到正确。

② 检测晶体管类型。量程旋钮仍转至 $R\times1k$ 或 $R\times100$ 挡，检测出晶体管基极后，将一只表笔与基极相接，另一表笔与剩下的两个引脚中的其中一个相接，测量电阻值；再交换两只表笔重新测量，共测量两次，以测得的电阻值小的一次为准。对于指针式万用表，如果黑表笔接触的引脚为基极，则为 NPN 型晶体管；如果红表笔接触引脚为基极，则为 PNP 型晶体管。对于数字万用表则相反。

③ 检测集电极和发射极。NPN 型晶体管集电极和发射极的检测：检测出基极后，在剩下的两个引脚中假设其中一个为集电极，另一个为发射极。用万用表的 $R\times1k$ 或 $R\times100$ 挡进行测量，对于指针式万用表先将黑表笔接触假设的集电极，红表笔接触假设的发射极，用不拿表笔的手同时捏住晶体管的基极和假设的集电极（注意：集电极与发射极不能直接接触），观察指针摆动情况，如图 4-38 所示。再将原假设为集电极的引脚重新假设为发射极，原假设为发射极的引脚重新假设为集电极，其他不变，重复上述检测过程。比较两次测量指针摆动情况，指针摆动大（电阻值小）的一次假设正确，而且此时指针的摆动情况也反映了该晶体管的电流放大能力，即指针摆动角度越大，晶体管放大能力越强。

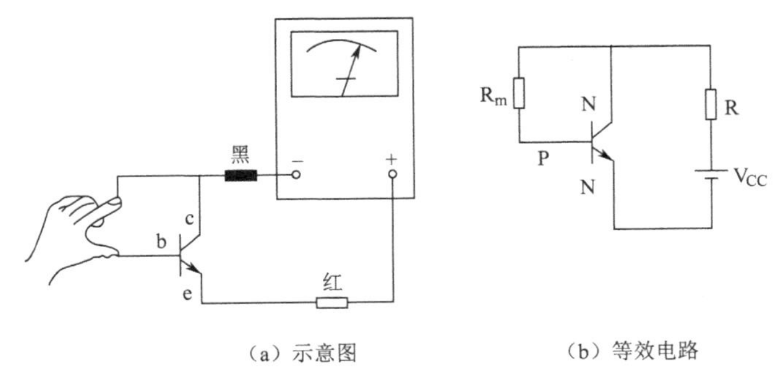

（a）示意图　（b）等效电路

图 4-38 晶体管集电极和发射极的检测方法

对于 PNP 型的晶体管，只要将红表笔接触假设的集电极，黑表笔接触假设的发射极，按照上述方法进行检测，就可以检测出集电极和发射极。

【知识链接】

晶体管检测方法原理

用万用表接触集电极和发射极，相当于给晶体管提供一个电源，对于 NPN 型晶体管，集电极需要加正电源，所以黑表笔应接触集电极，红表笔接触发射极。用手捏晶体管的基极和集电极是利用人体给基极提供一个偏置电阻，使晶体管工作在放大状态，集电极、发射极之间导通，测得的电阻值小，指针摆动大；如果将集电极和发射极接反，则晶体管工作在截止状态，测得的电阻值大，指针摆动小。

如果在检测过程中，指针摆动角度不明显，则可以将捏基极和假设的集电极的手浸湿一些，或者用两只手分别捏住两只表笔与引脚的接合部，并用嘴巴含住（或用舌头抵住）基极，效果会很明显。

有人对晶体管的检测总结出了“三颠倒，找基极；PN 结，定管型；顺箭头，摆动大；测不准，动嘴巴”的四句口诀，读者可自行分析理解，作为记忆检测方法的参考。

（3）晶体管性能检测。将量程旋钮转至 R×1k 或 R×100 挡，对于 NPN 型的晶体管，先将黑表笔接触基极，红表笔分别接触集电极和发射极，两次测得的正向电阻值均较小（几十千欧）。再将红表笔接触基极，黑表笔分别接触集电极和发射极，如果两次测得的反向电阻值均很大（接近∞），则说明该晶体管性能良好；如果四次测量结果和上述不符，则说明该晶体管已损坏不能使用。对于 PNP 型晶体管，交换红、黑表笔即可检测其性能。

【要点提示】

用万用表检测中、小功率晶体管的极性、管型及性能的各种方法，对检测大功率晶体管来说基本上也适用。如果大功率晶体管的工作电流增大，则其 PN 结的面积增大，使反向饱和电流也增大。若像测量中、小功率晶体管极间电阻值那样，用万用表的 R×1k 挡进行测量，则测得的电阻值必然很小，像极间短路一样，所以通常使用 R×10 或 R×1 挡检测大功率晶体管。

【实训记录】

① 根据表 4-13 中所列晶体管型号写出其类型、材料、功率、工作频率。

表 4-13　晶体管的识别检测记录

序号	晶体管型号	类型（NPN 型或 PNP 型）	材料（硅或锗）	功率（大、中、小）	工作频率（高频、低频）
1	3AX31B				
2	3DG6C				
3	3CG1120				
4	3DK2B				
5	3DD15D				
6	3DA87A				
	（其他）				

② 将用万用表判别出的晶体管的类型、引脚极性结果填入表 4-14。

表 4-14 晶体管的类型、引脚极性检测记录

序 号	晶体管型号	万用表挡位	类型（NPN 型或 PNP 型）	画出外形图，并标出引脚极性
1	9012			
2	9013			
3	3AX31B			
4	3DG6C			
5	3CG1120			

❖ 任务 2 晶体管直流电流放大系数 $\overline{\beta}$ 值的检测

【操作步骤】

（1）直接识读。有的晶体管用标注在管壳上的色点来表示 $\overline{\beta}$ 值的大小，其色点的颜色与 $\overline{\beta}$ 值的关系如表 4-15 所示。注意色点颜色表示的是 $\overline{\beta}$ 值的范围值，但对于某个具体的晶体管，在同一检测条件下，其 $\overline{\beta}$ 值是一个确定的值。

表 4-15 晶体管色点颜色与 $\overline{\beta}$ 值的关系

颜色	棕	红	橙	黄	绿	蓝	紫	灰	白	黑
$\overline{\beta}$ 值	5～15	15～25	25～40	40～55	55～80	80～120	120～180	180～270	270～400	400 以上

（2）用万用表检测 $\overline{\beta}$ 值。

① 用指针式万用表检测 $\overline{\beta}$ 值。大部分指针式万用表都具有测量晶体管 h_{FE} 刻度线及测试插座，可以很方便地检测晶体管的放大系数。将量程旋钮转至 h_{FE} 挡，或 Ω 挡 R×10 挡（某些型号的指针式万用表，与 h_{FE} 共用），将被测晶体管插入测试插孔（注意 NPN 型和 PNP 型的晶体管插孔位置不同，晶体管的 e、b、c 引脚要与插孔上的 E、B、C 插孔对应），从 h_{FE} 刻度线上直接读出晶体管的 $\overline{\beta}$ 值。指针式万用表面板上的晶体管测试插孔和测试挡位如图 4-39 所示。

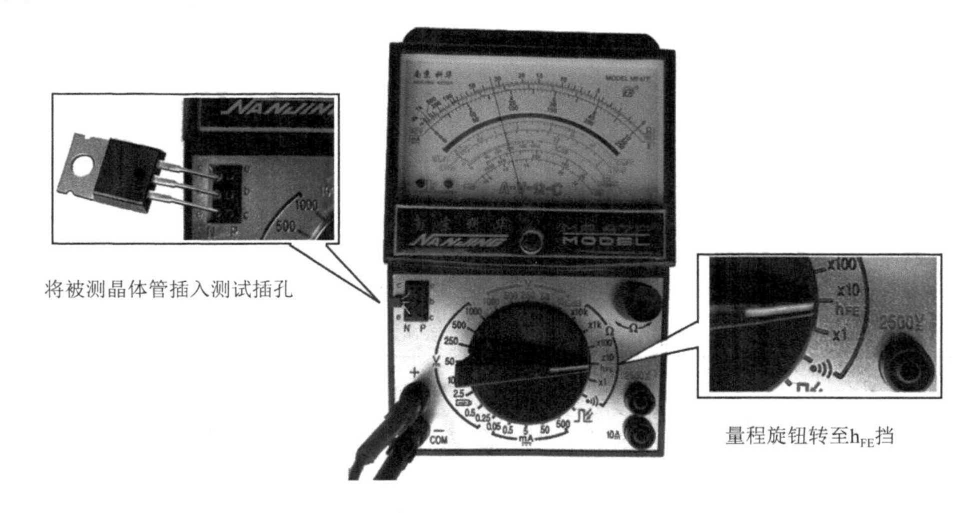

图 4-39 指针式万用表面板上的晶体管测试插孔和测试挡位

② 用数字万用表检测 $\overline{\beta}$ 值。数字万用表同样可以测量晶体管的 $\overline{\beta}$ 值，测量结果以数字形式在 LCD 显示器上显示，如图 4-40 所示。数字万用表检测 $\overline{\beta}$ 值的方法及注意事项与指针式万用表相同，只是显示方式不同。

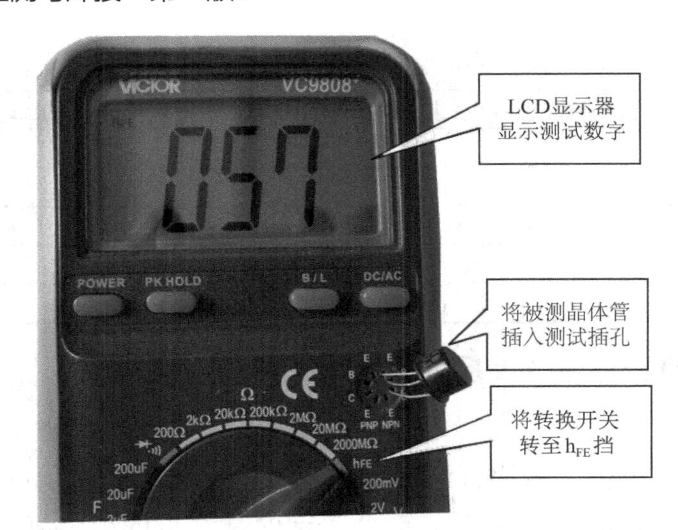

图 4-40 数字万用表面板上的晶体管测试插孔和测试挡位

【注意】

① NPN 型和 PNP 型的晶体管的测试插孔不同，注意不要插错位置。

② 由于检测结果与检测条件有关，因此实测 $\overline{\beta}$ 值与标称 $\overline{\beta}$ 值可能有差距，且不同的万用表检测结果也有差别。

【实训记录】

（1）根据管壳上的色点判断晶体管的 $\overline{\beta}$ 值范围，并与实测 $\overline{\beta}$ 值进行对比，将检测结果填入表 4-16。

表 4-16 晶体管 $\overline{\beta}$ 值检测

序号	晶体管型号	色标颜色	标称 $\overline{\beta}$ 值	实测 $\overline{\beta}$ 值	发射结正向电阻值	性能好坏
1						
2						
3						
4						
5						

（2）将若干只已损坏和正常的晶体管混装，用万用表检测其性能好坏，并进行分拣。将检测结果填入表 4-17。

表 4-17 晶体管性能好坏检测

序号	发射结正向电阻值	集电结正向电阻值	发射结反向电阻值	集电结反向电阻值	性能好坏
1					
2					
3					
4					
5					

4.7 场效应晶体管与晶闸管的识别检测实训

4.7.1 场效应晶体管的识别检测实训

1. 实训目的

熟悉场效应晶体管的功能特点，掌握场效应晶体管的检测方法与检测技巧，能够对不同种类的场效应晶体管进行检测，并判断其引脚性质及性能好坏。

2. 实训器材

（1）指针式万用表（一人一块）。

（2）数字万用表（一人一块）。

（3）各种不同类型、封装的场效应晶体管若干。

3. 实训内容与步骤

❖ 任务 1 场效应晶体管的引脚识别及结型场效应晶体管性能好坏的检测

【操作步骤】

（1）场效应晶体管的引脚性质的直观识别。

场效应晶体管根据品种、型号及功能等不同，引脚排列也不同。要正确使用场效应晶体管，必须识别出其各个电极。对大功率场效应晶体管来说，从左至右，引脚排列基本为栅极、漏极（散热片接漏极）、源极；采用绝缘底板模块封装的特种场效应晶体管通常有四个引脚，上面的两个引脚通常为两个源极（相连），下面的两个引脚分别为栅极、漏极；采用贴片封装的场效应晶体管，散热片为漏极，下面的三个引脚（无论中间引脚是否被剪短）分别为栅极、漏极、源极，如图 4-41 所示。

图 4-41 场效应晶体管的引脚排列

（2）用指针式万用表检测结型场效应晶体管的引脚性质。

根据 PN 结的正、反向电阻值不同可以很方便地识别结型场效应晶体管的栅极、漏极、源极。将量程旋钮转至 $R\times1k$ 挡，任选两个电极，分别测出其正、反向电阻值，若测得的电阻值相等（约几千欧），则这两个电极为漏极和源极（由于结型场效应晶体管的漏极和源极可以互换，因此只需识别出栅极），其余的为栅极，如图 4-42 所示。

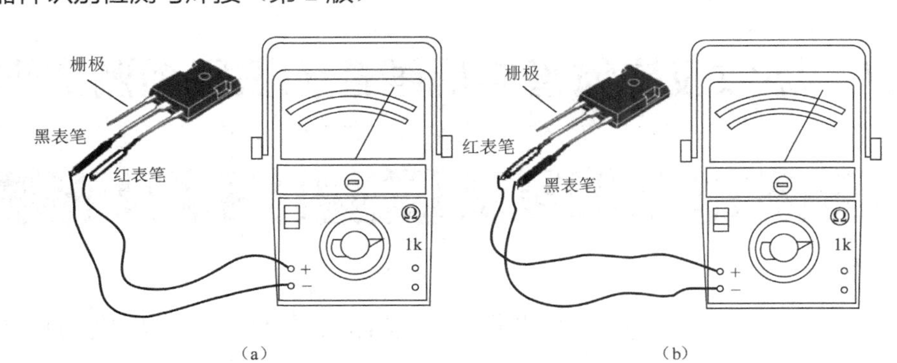

图 4-42 用指针式万用表检测结型场效应晶体管的引脚性质

在检测时，若测得栅极分别与漏极、源极之间均有一个固定电阻值，则说明该场效应晶体管良好；若此电阻值趋于 0 或∞，则说明该场效应晶体管已损坏。

可以用黑表笔（或红表笔）接触任意一个电极，另一支表笔依次接触其余的两个电极，测其电阻值。若两次测得的电阻值近似相等，则黑表笔接触的电极为栅极，其余两个电极分别为漏极和源极；若两次测得的电阻值均很大，则说明 PN 结为反向，即都是反向电阻值，该场效应晶体管是 N 沟道场效应晶体管，黑表笔接触的是栅极；若两次测得的电阻值均很小，则说明 PN 结为正向，即都是正向电阻值，该场效应晶体管是 P 沟道场效应晶体管，黑表笔接触的是栅极；若不出现上述情况，则可以交换两只表笔按上述方法进行测试，直到识别出栅极。

❖ 任务 2 检测结型场效应晶体管的放大能力

【操作步骤】

（1）用数字万用表检测场效应晶体管的放大能力。用数字万用表不仅能检测场效应晶体管的电极，还可以检测场效应晶体管的放大系数（跨导）。由于数字万用表 Ω 挡的测试电流很小，因此不适用于检测场效应晶体管，应使用 h_{FE} 挡进行检测。将场效应晶体管的栅极、漏极、源极分别插入 h_{FE} 测试插孔的 B、C、E 插孔（N 沟道场效应晶体管插入 NPN 插孔，P 沟道场效应晶体管插入 PNP 插孔），此时 LCD 显示器上显示一个数值，这个数值就是场效应晶体管的放大系数，如图 4-43 所示。若电极插错或极性插错，则 LCD 显示器不显示数值，显示 000 或 1。

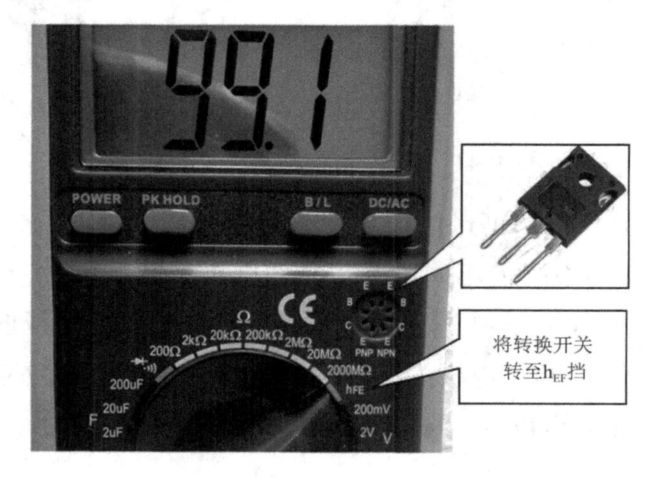

图 4-43 用数字万用表检测场效应晶体管的放大系数

（2）用感应信号输入法估测场效应晶体管的放大能力。具体方法：先将指针式万用表量程旋钮转至 $R\times100$ 挡，红表笔接触源极，黑表笔接触漏极，场效应晶体管加上 1.5 V 的电源电压，此时指针指示的是漏极–源极之间的电阻值；然后用手捏住结型场效应晶体管的栅极，将人体的感应电压加到栅极上。这样，场效应晶体管的放大作用，使漏–源电压（V_{DS}）和漏极电流（I_D）都发生变化，也就是漏极–源极间电阻值发生了变化，由此可以观察到指针有较大幅度的摆动。如果用手捏住栅极，指针摆动较小，则说明该场效应晶体管的放大能力较差；如果指针摆动较大，则说明该场效应晶体管的放大能力较强；如果指针不动，则说明该场效应晶体管是坏的。

例如，用指针式万用表的 $R\times100$ 挡，检测结型场效应晶体管 3DJ2F。先将结型场效应晶体管 3DJ2F 的栅极开路，测得漏–源电阻（R_{DS}）为 600Ω，再用手捏住栅极，指针向左摆动，指示 R_{DS} 为 12kΩ，指针摆动的幅度较大，说明该管是好的，并且有较大的放大能力，如图 4-44 所示。

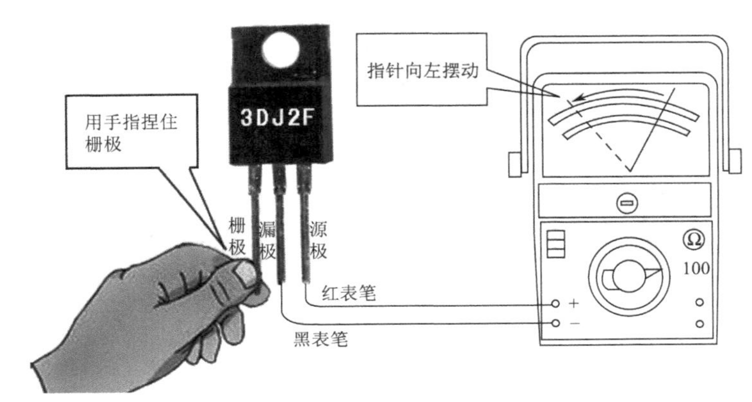

图 4-44　结型场效应晶体管的放大能力检测

【要点提示】

在检测场效应晶体管的放大能力的操作中，当用手捏住栅极时，指针可能向右摆动（电阻值减小），也可能向左摆动（电阻值增大），这是由于人体感应交流电压较高，不同的场效应晶体管用 Ω 挡测量时的工作区可能不同（工作在饱和区，或者工作在不饱和区）所致。试验表明，多数场效应晶体管的 R_{DS} 增大，表针向左摆动，少数场效应晶体管的 R_{DS} 减小，表针向右摆动，但无论表针摆动方向如何，只要表针摆动幅度较大，就说明该场效应晶体管放大能力较强。

此方法对绝缘栅场效应晶体管也适用。但要注意，因为绝缘栅场效应晶体管的输入电阻高，栅极允许的感应电压不应过高，所以不要用手直接捏栅极，必须用手握螺丝刀的绝缘柄，用金属杆碰触栅极，以防止人体感应电荷直接加到栅极上，将栅极击穿。每次测量完毕，应将栅极–源极间短路一下。这是因为栅极–源极结电容上会充有少量电荷，建立 V_{GS} 电压，使再次测量时指针可能不摆动，只有将栅极–源极间电荷短路放掉才行。

❖ 任务 3　一般绝缘栅场效应晶体管的检测

【注意】

绝缘栅场效应晶体管由于输入电阻很高，而栅极–源极间电容又非常小，极易受外界电磁场或静电的感应而带电，而少量电荷就可以在极间电容上形成相当高的电压，将管子损坏。在实训中这种情况时常发生，必须引起注意。

绝缘栅场效应晶体管在出厂时各引脚都绞合在一起，或者装在金属箔内，使栅极、源极短接，防止积累静电。在测量时应格外小心，并采取相应的防静电措施。测量前，只有先将人体接地短路（如摸一下自来水管或其他与大地相通的金属物体），才能触摸绝缘栅场效应晶体管的引脚；（实训时最好戴上防静电腕带，接一条导线与地连通，使人体与地保持等电位，如图 4-45 所示。）然后把绝缘栅场效应晶体管引脚分开，否则最好不要用手接触引脚，在取管子时只拿管子外壳。

绝缘栅场效应晶体管不用时，全部引脚应短接（目前有的绝缘栅场效应晶体管在栅极-源极间增加了保护二极管，平时就不需要把各引脚短接了）。

在测试结束后，应将引脚再绞合在一起或放在金属箔中，及时放掉栅极上的电荷。

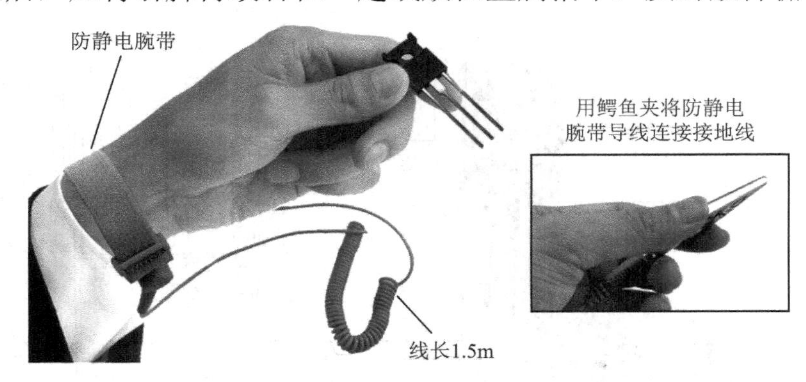

图 4-45　实训时戴上防静电腕带

【操作步骤】

（1）栅极的判定。

由于绝缘栅场效应晶体管的栅极与漏极、源极间是绝缘的，根据这一特点可找出栅极。将量程旋钮转至 R×100 挡，假设某个引脚为栅极，先用黑表笔与其相连，再用红表笔分别接触另外两个引脚，若两次测得的电阻值均为∞，且交换两只表笔后测得的结果也一样，则说明假设的栅极为真正的栅极，如图 4-46 所示。

（2）漏极、源极的判定。

对于耗尽型绝缘栅场效应晶体管，找到栅极后，用红、黑表笔测量漏极和源极间的电阻值，若电阻值在几百欧到几千欧范围内，且正、反向电阻值略有差别，则以电阻值略小的那次为准，黑表笔接触的为漏极，红表笔接触的为源极。另外，有些功率场效应晶体管的漏极或源极与外壳、散热片相连，如日本生产的 3SK 系列产品，源极与管壳相连，据此很容易判定源极。

对于增强型绝缘栅场效应晶体管，应给栅极加上合适的感应信号，才能判定漏极、源极间的电阻值。具体做法是将量程旋钮转至 R×10 挡，将红、黑表笔接触要判定的漏极、源极，分别测量两极间的正、反向电阻值，在测得电阻值为较大值时，用黑表笔先与栅极接触一下，再恢复原状。在此过程中红、黑表笔应始终与原引脚相接触，这时指针式万用表的读数会出现两种情况：一种是读数由大变小，黑表笔接触的引脚为漏极，红表笔接触的引脚为源极；另一种是读数没有明显变化，仍为较大值，应将黑表笔与引脚保持接触后，移动红表笔与栅极接触一下。此时若电阻值由大变小，则黑表笔接触的引脚为源极，红表笔接触的引脚为漏极。

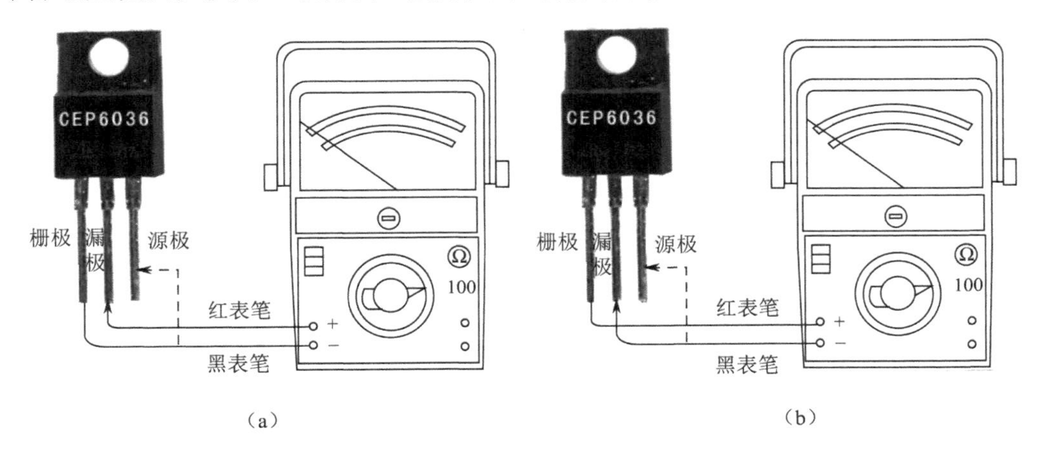

图 4-46　绝缘栅场效应晶体管栅极的判定

（3）类型的判定。确定漏极和源极后，如果黑表笔接触的为漏极，红表笔接触的为源极，且用黑表笔触发栅极有效（指针式万用表的读数由大变小），则说明该场效应晶体管为 N 沟道场效应晶体管；如果黑表笔接触的为源极，红表笔接触的为漏极，且需要用红表笔才能触发栅极，则说明该场效应晶体管为 P 沟道场效应晶体管。

（4）绝缘栅场效应晶体管好坏的判断。

将量程旋钮转至 $R\times100$ 挡，测试各电极之间的电阻值。对于耗尽型绝缘栅场效应晶体管，若测得栅极-漏极、栅极-源极间正、反向电阻值为∞，则说明绝缘良好，管子正常；若电阻值较小，则说明氧化膜已被击穿损坏，管子不能使用。测得漏极-源极间的电阻值在几百欧到几千欧为正常，若电阻值很大或很小，则说明漏极、源极间开路或被击穿短路，管子已损坏。对于增强型绝缘栅场效应晶体管，在确定栅极无感应电压的情况下，若测得栅极-漏极、栅极-源极、漏极-源极间的正、反向电阻值均为∞，说明管子正常。若电阻值较小，则管子已损坏。让栅极悬空，表笔接触漏、源极，若指针摆动，则管子正常。

（5）绝缘栅场效应晶体管放大系数的估测。

绝缘栅场效应晶体管放大系数的估测是一种较为安全慎重的方法，如图 4-47 所示。首先，将红表笔接触绝缘栅场效应晶体管的源极，黑表笔接触漏极；其次，用塑料棒或钢笔套的塑料部分在化纤（或丝绸、棉布）衣服或头皮上摩擦后，由远到近地向栅极移动，若管子正常，则指针摆动，且距离越近指针摆动幅度越大，说明管子的放大能力较强。但千万不能让塑料棒与栅极直接接触，且塑料棒必须由远到近地逐渐接近，注意观察指针摆动情况，否则容易烧坏管子或使指针打弯。

根据距离变化和指示电阻值的大小，可以大概判断该绝缘栅场效应晶体管放大系数的大小，也可以作为配对挑选管子的参考。当塑料棒距离栅极很近甚至已经接触上时，指针仍无反应，说明管子已损坏。

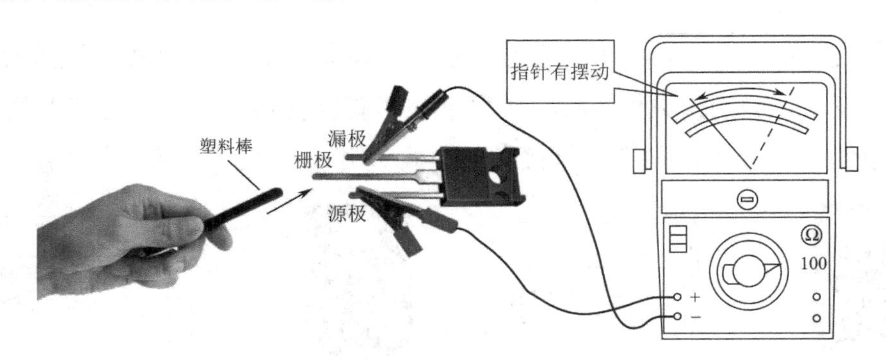

图 4-47　绝缘栅场效应晶体管放大系数的估测

【特别提示】

上述测量方法和结果对耗尽型绝缘栅场效应晶体管肯定是准确的，但若测量增强型绝缘栅场效应晶体管就不一定准确了。增强型绝缘栅场效应晶体管在静态时，不仅栅极与漏极、源极间是绝缘的，而且因无导电沟道（耗尽型绝缘栅场效应晶体管本身有），漏极、源极间的电阻值也是相当大的，按上述方法测量会误把漏极或源极判定为栅极。因此，无论测量耗尽型绝缘栅场效应晶体管还是增强型绝缘栅场效应晶体管，均应做进一步的检验。检验方法是找到栅极后，将两只表笔分别接触漏极、源极，让栅极悬空，如果指针有轻微摆动，则证明测试结果是正确的；如果没有摆动，则必须重新假设栅极并进行测量。

❖ 任务 4　实训总结

（1）根据以上方法，对不同型号的场效应晶体管进行检测，并将检测结果填入表 4-18。

表 4-18　场效应晶体管的检测记录

序号	场效应晶体管型号	所属类型	引脚检测（画出外形图，并标出引脚名称）	放大能力	性能好坏
1					
2					
3					
4					
5					
思考题答案					

（2）思考回答以下问题，并填入表 4-18 思考题答案行。

① 在绝缘栅型场效应晶体管的测试及使用过程中，需要特别注意的问题是什么？为什么？

② 为保证绝缘栅型场效应晶体管在运输、保管、使用、检测过程中的安全，一般都采取什么防护措施？

4.7.2　晶闸管的识别检测实训

1. 实训目的

熟悉晶闸管的功能特点，掌握单向、双向晶闸管的检测方法与检测技巧，能够对不同种类的晶闸管进行检测，并判断其引脚性质及性能好坏。

2. 实训器材

（1）指针式万用表（一人一块）。

（2）数字万用表（一人一块）。

（3）各种不同类型、封装的晶闸管若干。

3. 实训内容与步骤

❖ 任务 1　单向晶闸管的检测

【操作步骤】

（1）电极引脚性质检测。小功率晶闸管的电极可以从外形上识别，一般阳极为外壳，阴极引脚比栅极引脚长。如果从外形上不能识别出电极，可以用 Ω 挡进行测量。晶闸管内部的控制极、阴极之间实际上是一个 PN 结，利用这一点能快速、准确地识别出各电极。具体方法是将量程旋钮转至 R×1 挡或 R×10 挡，红、黑两表笔分别测量任意两个引脚之间的正、反向电阻值，直至找出读数为几十欧的一对引脚，此时黑表笔接触的引脚为控制极，红表笔接触的引脚为阴极，另一个引脚为阳极。图 4-48 所示为单向晶闸管的电极引脚性质检测。

如果用数字万用表检测，则红表笔接触的引脚为控制极，黑表笔接触的引脚为阴极，另一个引脚为阳极。

（2）性能好坏检测。单向晶闸管的阳极与阴极之间及阳极与栅极之间的阻抗均在几百千欧以上，将量程旋钮转至 R×1 挡或 R×10 挡，黑表笔接触阳极，红表笔接触阴极，并在阳极与栅极之间接一个几百欧的电阻器。这时，阳极与阴极之间的电阻值应很小，说明该单向晶闸管正常，若电阻值大于几百欧，则说明该单向晶闸管已损坏。图 4-49 所示为单向晶闸管的性能好坏检测。

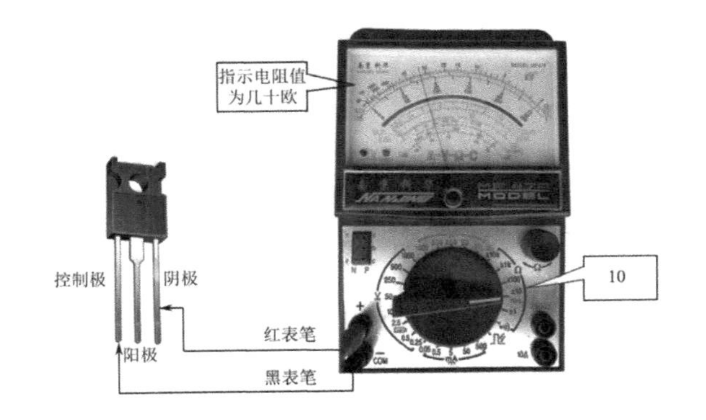

图 4-48　单向晶闸管的电极引脚性质检测

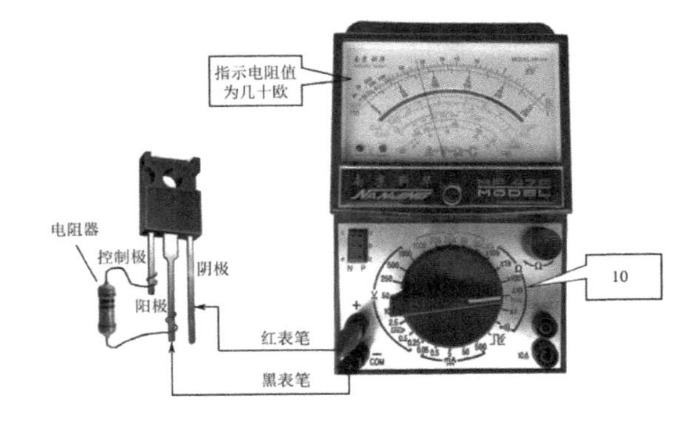

图 4-49　单向晶闸管的性能好坏检测

在单向晶闸管的测量过程中，如果阳极与阴极之间导通，则可以断开阳极与栅极之间的电阻器；如果断开阳极与阴极仍然导通，则说明该单向晶闸管正常，反之说明该单向晶闸管已损坏。

可以做如下简单测试：先将量程旋钮转至 R×1 挡，黑表笔接触阳极，红表笔接触阴极，此时电阻值应为∞（指针不动）；再将接触阳极的黑表笔同时接触控制极，电阻值应变小（指针摆动），慢慢地断开黑表笔与控制极的接触（仍接触阳极），指针仍指示小电阻值不动，说明该单向晶闸管性能良好。

【实训记录】

根据以上检测方法，对不同型号的单向晶闸管进行检测，并将检测结果填入表 4-19。

表 4-19　单向晶闸管的检测记录

序号	单向晶闸管型号	所属类型	引脚检测（画出外形图，并标出引脚名称）	性能好坏
1				
2				
3				
4				
5				

❖ 任务 2　双向晶闸管的检测

双向晶闸管是由 NPNPN 五层半导体材料构成的，相当于两只普通晶闸管反相并联。它也有三个电极，分别是主电极 T1、主电极 T2 和控制极。图 4-50 所示为双向晶闸管的内部结构、等效电路、电路图形符号。

由双向晶闸管的内部结构可知，控制极与主电极 T1 之间是由一块 P 型半导体连接的，两个电极之间的电阻值（体电阻）为几十欧姆，根据这个特点可以方便地判断出各电极。

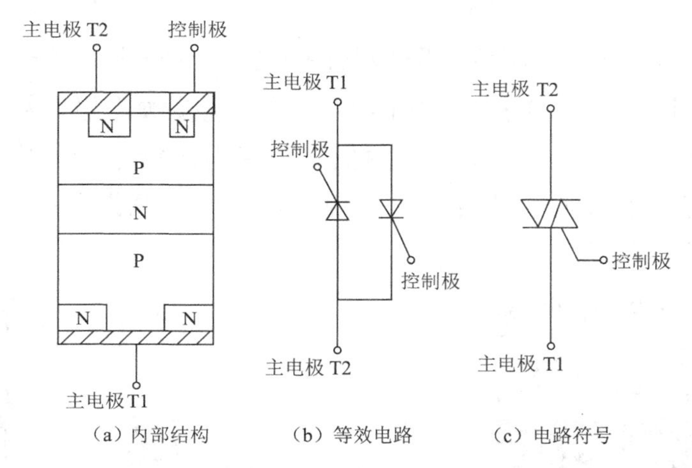

图 4-50　双向晶闸管的内部结构、等效电路、电路符号

【操作步骤】

（1）引脚性质检测。将量程旋钮转至 R×1 挡，红、黑两表笔分别测量任意两个引脚之间的正、反向电阻值，当读数为几十欧时，红、黑表笔接触的一对引脚为主电极 T1 和控制极，另一个引脚就是主电极 T2。如果双向晶闸管是正常的，则主电极 T2 引脚与其他两个引脚都不通，如图 4-51（a）所示。

对于塑封的双向晶闸管，一般中间的引脚为主电极 T2，并多与散热片相通，用 Ω 挡一测即可确定。

在确定主电极 T1、控制极后，区分控制极和主电极 T1：假定两个电极中任意一个为主电极 T1，则另一个为控制极，将量程旋钮转至 $R×10$ 挡，用黑表笔接触主电极 T2（已确定），红表笔接触假定的主电极 T1，并用红表笔笔尖碰一下控制极后离开，如果指针摆动，指示几欧或几十欧，则说明假定的主电极 T1 为真正的主电极 T1，另一个电极为真正的控制极；如果指针不摆动，则说明假定的电极是错误的，应重新假定主电极 T1 和控制极，也就是用黑表笔仍接触主电极 T2，红表笔接触重新假定的主电极 T1，如果检测结果同上，即可区分出控制极和主电极 T1，如图 4-51（b）所示。

（2）性能好坏检测。第一，将黑表笔接触已确定的主电极 T1，红表笔接触主电极 T2，此时指针应不动，电阻值为∞；第二，将红表笔与主电极 T2、控制极短接，给控制极加上正向触发电压，此时指针应指示几十欧左右；第三，将红表笔慢慢地与控制极断开，指针应保持指示在几十欧左右；第四，将红表笔接触已确定的主电极 T1，黑表笔接触主电极 T2，此时指针应不动，电阻值为∞；第五，将黑表笔与主电极 T2、控制极短接，指针应摆动，电阻值为几十欧；第六，将黑表笔慢慢地与控制极断开，指针应保持指示在几十欧左右，说明被测双向晶闸管性能良好。

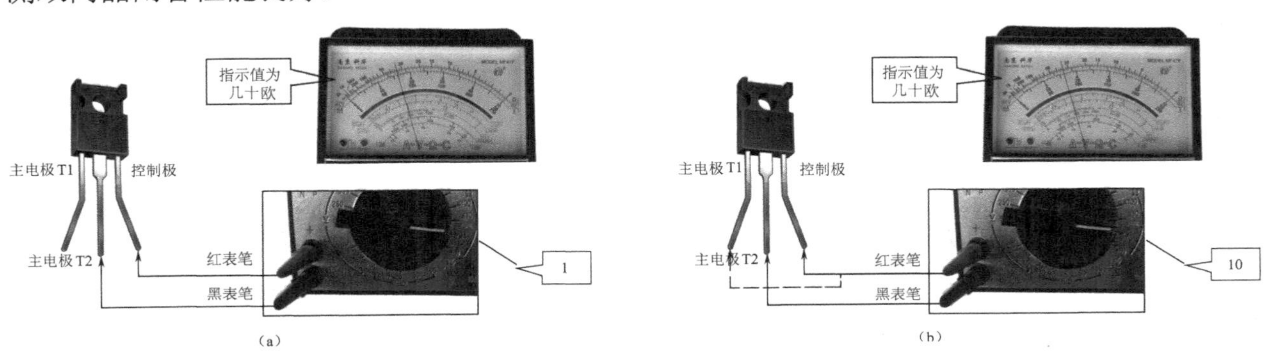

图 4-51　双向晶闸管引脚极性的判定

【实训记录】

根据以上方法，对不同型号的双向晶闸管进行检测，并将检测结果填入表 4-20。

表 4-20　双向晶闸管检测训练记录

序号	双向晶闸管型号	所属类型	引脚检测（画出外形图，并标出引脚名称）	性能好坏
1				
2				
3				
4				
5				

第 5 章

集成电路的识别检测

集成电路（Integrated Circuit）是一种微型电子器件或部件。采用氧化、光刻、扩散、外延、蒸铝等半导体制造工艺，把一个电路中所需的三极管、二极管、电阻器、电容器和电感器等元件及布线互连，制作在一小块或几小块半导体晶片或介质基片上，并封装在一个管壳内，组成具有所需电路功能的微型结构。其中，所有元件在结构上已组成一个整体，使电子元器件向着微小型化、低功耗和高可靠性方面迈进了一大步。集成电路在电路中用字母 IC 表示，也被称为芯片。

IC 技术包括 IC 制造技术与设计技术，主要体现在加工设备、加工工艺、封装测试、批量生产及设计创新的能力上。

5.1　IC 的分类、命名方法及封装形式

5.1.1　IC 的分类、命名方法

1. IC 的分类

（1）IC 按制造工艺可分为半导体 IC、薄膜 IC 和由二者组合制成的混合 IC。

（2）IC 按功能可分为模拟 IC 和数字 IC。

（3）IC 按集成度可分为小规模 IC（SSI，集成度小于 10 个门电路）、中规模 IC（MSI，集成度为 10～100 个门电路）、大规模 IC（LSI，集成度为 100～1000 个门电路）及超大规模 IC（VLSI，集成度大于 1000 个门电路）。

（4）IC 按外形可分为圆型 IC（金封型 IC，适用于大功率器件）、扁平型 IC（稳定性好、体积小）和双列直插式 IC（有利于采用大规模生产技术进行焊接），以及适应 SMT 工艺的各种贴片式封装 IC。图 5-1 所示为通孔插装 IC 的外形。

（a）圆型 IC

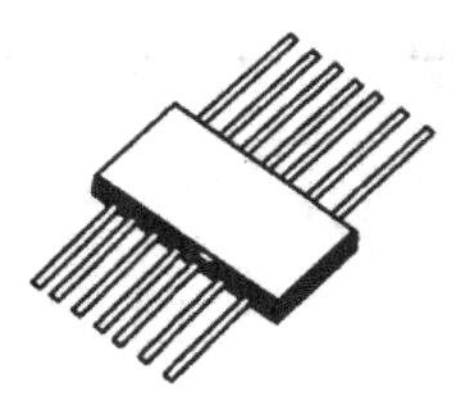

（b）扁平型 IC

（c）单列直插式 IC

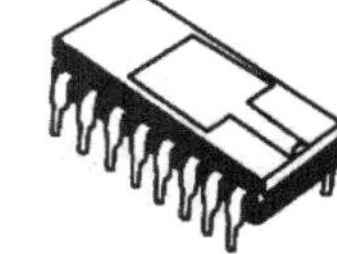

（d）双列直插式 IC

图 5-1　通孔插装 IC 的外形

2. IC 的命名方法

现行国际标准规定 IC 的命名由五部分组成，各部分的意义如表 5-1 所示。

表 5-1 IC 的命名方法及各部分的意义

第零部分		第一部分		第二部分	第三部分		第四部分	
用字母表示 IC 符合国家标准		用字母表示 IC 的类型		用阿拉伯数字和字母表示 IC 系列品种	用字母表示 IC 的工作温度		用字母表示 IC 的封装	
符号	意义	符号	意义		符号	意义	符号	意义
C	符合国家标准	T	TTL 集成电路	TTL 分为	C	0～70℃⑤	F	多层陶瓷扁平
		H	HTL 集成电路	54/74 x x x ①	G	−25～70℃	B	塑料扁平
		E	ECL 集成电路	54/74 H x x x ②	L	−25～85℃	H	黑瓷扁平
		C	CMOS 集成电路	54/74 L x x x ③	E	−40～85℃	D	多层陶瓷双列直插
		M	存储器	54/74 S x x x	R	−55～85℃	J	黑瓷双列直插
		u	微型机电路	54/74 L S x x x ④	M	−55～125℃⑥	P	塑料双列直插
		F	线性放大器	54/74 A S x x x			S	塑料单列直插
		W	稳压器	54/74 A L S x x x			T	金属圆壳
		D	音响电视电路	54/74 F x x x			K	金属菱形
		B	非线性电路	CMOS 分为			C	陶瓷 IC 载体
		J	接口电路	4000 系列			E	塑料 IC 载体
		AD	A/D 转换器	54/74HC x x x 54/74 HCT x x x			G	网格针栅阵列
		DA	D/A 转换器				SOIC	小引脚
		SC	通信专用电路				PCC	塑料 IC 载体
		SS	敏感电路				LCC	陶瓷 IC 载体
		SW	钟表电路					
		SJ	机电仪电路					
		SF	复印机电路					

注：① 74 表示国际通用 74 系列（民用），54 表示国际通用 54 系列（军用）。

② H 表示高速。

③ L 表示低速。

④ LS 表示低功耗。

⑤ C 表示只出现在 74 系列中。

⑥ M 表示只出现在 54 系列中。

示例如下。

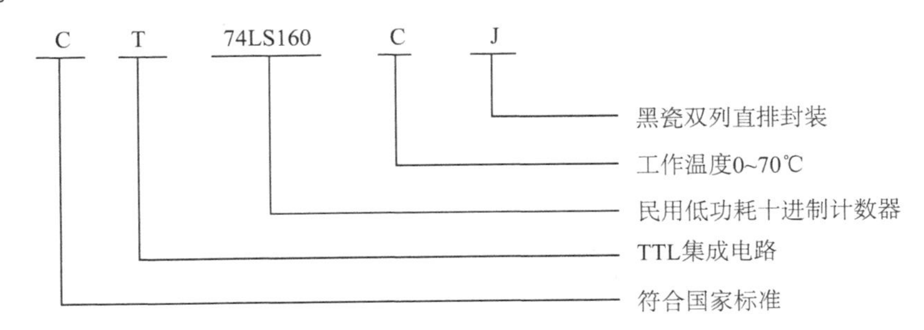

5.1.2 IC 的封装形式

封装是指把硅片上的电路引脚用导线连接到封装外壳的引脚上，这些引脚又通过 PCB 的导线与其他器件连接，从而实现内部 IC 与外部电路的连接。封装形式是指安装半导体 IC 用的外壳形式。封装不仅起着安装、固定、密封、保护 IC 及增强电热性能等方面的作用，而且封装后的 IC 也更便于安装和运输。

具体的封装形式有如下几种。

1. DIP

DIP（Dual In-line Package）表示双列直插式封装，绝大多数中小规模 IC 均采用这种封装形式，引脚数目一般不超过 100 个。DIP 的 CPU 集成电路有两排引脚，需要插在具有 DIP 结构的 IC 插座上，也可以直接插在有相同焊孔数和几何排列的 PCB 上进行焊接，如图 5-2 所示。DIP 结构形式可分为多层陶瓷 DIP、单层陶瓷 DIP、引脚框架式（含玻璃陶瓷封装式、塑料包封结构式、陶瓷低熔玻封式）DIP 等。在从 IC 插座上插拔 DIP 的 IC 时应特别小心，以免损坏其引脚。

图 5-2 DIP

2. SMT 贴片式封装

（1）SMT 集成电路的电极形式。SMT 集成电路的 I/O 电极有两种形式：无引脚形式和有引脚形式。无引脚形式有 LCCC 封装、PQFN 封装等，这类器件在贴装后，IC 底面上的电极焊端与 PCB 焊盘直接连接，可靠性较高。有引脚形式器件贴装后的可靠性与引脚的形状有关，所以引脚的形状比较重要。占主导地位的引脚形状可分为翼形（L 形）、钩形（J 形）和球形三种。翼形引脚用于 SOT 封装、SOP、QFP，钩形引脚用于 SOJ 封装、PLCC 封装，球形引脚用于 BGA 封装、CSP、Flip Chip 封装。

翼形引脚的主要特点：符合引脚薄而窄及小间距的发展趋势；焊接容易，可以采用包括热阻焊在内的各种焊接工艺进行焊接；工艺检测方便；占用面积较大，在运输和装卸过程中容易损坏引脚。

钩形引脚的主要特点：引脚呈 J 形，空间利用率比翼形引脚高，可以用除热阻焊外的大部分回流焊技术进行焊接，比翼形引脚坚固。由于钩形引脚具有一定的弹性，因此可以减小安装和焊接时产生的应力，防止焊点断裂。

（2）封装材料。按封装材料分有金封、陶瓷封装、金属-陶瓷封装、塑封。

① 金封：由于金属材料可以冲压，因此金封具有封装精度高、尺寸严格、便于大批量生产、价格低等优点。

② 陶瓷封装：陶瓷材料的电气性能优良，适用于高密度封装。

③ 金属-陶瓷封装：兼有金封和陶瓷封装的优点。

④ 塑封：塑料的可塑性强，成本便宜，工艺简单，适合大批量生产。

（3）IC 的装载方式。裸 IC 在装载时，有电极的一面可以朝上也可以朝下，因此 IC 有正装片和倒装片之分，布线面朝上为正装片，反之为倒装片。

另外，裸 IC 在装载时，其电气连接方式亦有所不同，有的采用有引脚键合方式，有的采用无引脚键合方式。

（4）IC 的基板类型。基板的作用是装载和固定裸 IC，同时兼具绝缘、导热、隔离及保护作用，是 IC 内外电路连接的桥梁。从材料上看，基板可分为有机的和无机的；从结构上看，基板可分为单层的、双层的、多层的和复合的。

图 5-3 所示为常用半导体器件的封装形式与特点。

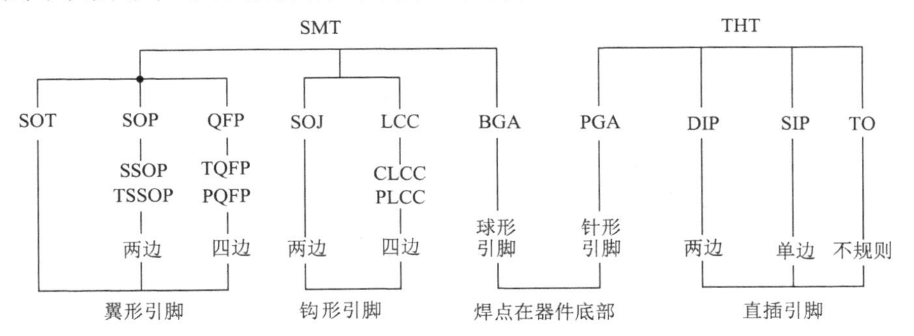

图 5-3　常用半导体器件的封装形式与特点

3. 几种常见贴片式封装的 IC

（1）SO 封装。引脚比较少的小规模 IC 大多采用 SO 封装，如图 5-4 所示。SO 封装又分为几种：IC 宽度小于 0.15in，引脚数目比较少的（一般为 8～40 个），被称为 SOP；IC 宽度在 0.25in 以上，引脚数目在 44 个以上的，被称为 SOL 封装，这种 IC 常见于随机存储器（RAM）；IC 宽度在 0.6 in 以上，引脚数目在 44 个以上的，被称为 SOW 封装，这种 IC 常见于可编程存储器（E2PROM）。有些 SOP 采用小型化或薄型化封装，分别被称为 SSOP 和 TSOP。大多数 SO 封装的引脚采用翼形引脚，也有一些存储器采用钩形引脚（被称为 SOJ），有利于在插座上扩展存储容量，图 5-4（a）和图 5-4（b）分别是具有翼形引脚和钩形引脚的 SOP 结构。SO 封装的引脚中心距有 1.27mm、1.0mm、0.8mm、0.65mm 和 0.5mm 几种。

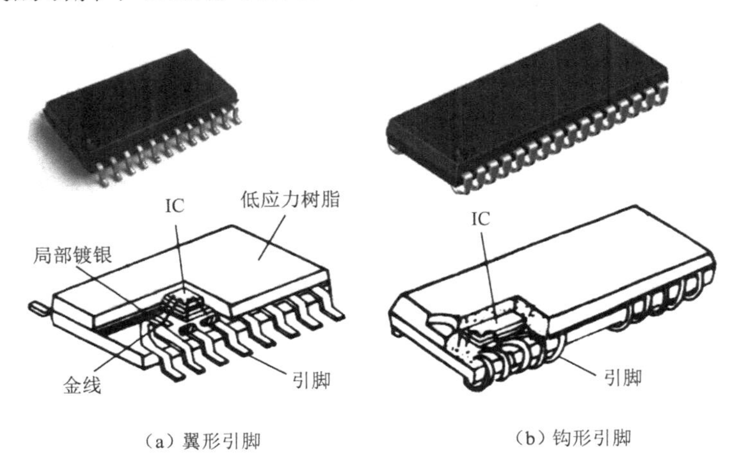

图 5-4　翼形引脚和钩形引脚

（2）QFP。QFP（Quad Flat Pockage）为四侧引脚扁平封装，是 SMT 集成电路主要封装形式之一，引脚从四个侧面引出呈翼形。基材有陶瓷、金属和塑料三种。从数量上看，塑封占绝大部分。当没有特别标示材料时，多数情况为塑料 QFP。塑料 QFP 是最普及的多引脚 LSI 封装，不仅用于微处理器、门阵列等数字逻辑 LSI 电路，而且也用于 VTR 信号处理、音响信号处理等模拟 LSI 电路。QFP 的引脚中心距有 1.0mm、0.8mm、0.65mm、0.5mm、0.4mm 和 0.3mm 几种，引脚中心距最小极限是 0.3mm，最大极限是 1.27mm。在 0.65mm 中心距规格中引脚数目最多为 304 个。

为了防止引脚变形，现已出现了几种改进的 QFP。例如，封装的四个角带有树脂缓冲垫（角耳）的 BQFP，在封装本体的四个角设置突起，以防止在运送或操作过程中引脚发生弯曲变形。图 5-5 所示为常见的 QFP 的 IC 的外形。

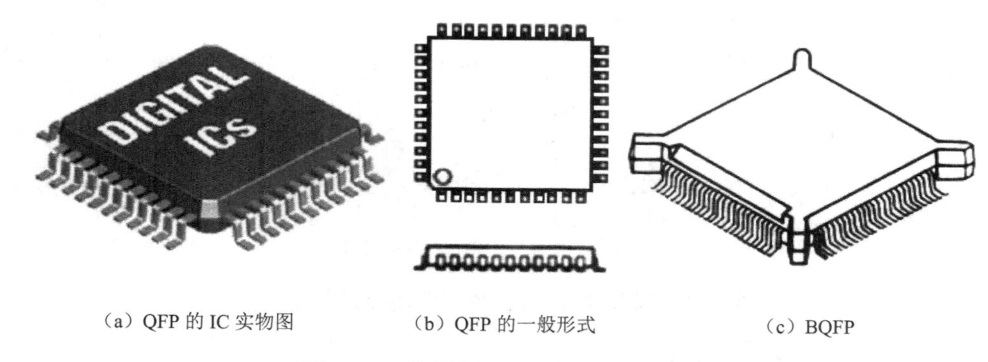

（a）QFP 的 IC 实物图　（b）QFP 的一般形式　（c）BQFP

图 5-5　常见的 QFP 的 IC 的外形

（3）PLCC 封装。PLCC 封装是有引脚塑料 IC 载体封装，引脚向内钩回，叫作钩形电极，电极引脚数目为 16～84 个，间距为 1.27 mm，其实物图与封装结构如图 5-6 所示。PLCC 封装的 IC 大多是可编程的存储器。PLCC 封装的 IC 可以安装在专用的插座上，容易取下来对其中的数据进行改写；为了减少插座的成本，PLCC 封装的 IC 也可以直接焊接在 PCB 上，但手工焊接比较困难。

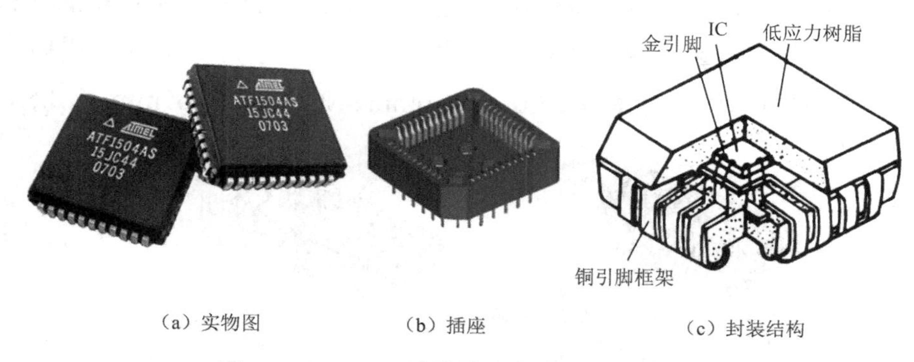

（a）实物图　（b）插座　（c）封装结构

图 5-6　PLCC 封装的实物图与封装结构

PLCC 封装的外形有方形和矩形两种。矩形引脚数目分别为 18 个、22 个、28 个、32 个；方形引脚数目分别为 16 个、20 个、24 个、28 个、44 个、52 个、68 个、84 个、100 个、124 个、156 个。PLCC 封装的特点是占用面积小，引脚强度大，不易变形、共面性好。

（4）LCCC 封装。LCCC 封装是陶瓷 IC 载体封装，是 SMD 集成电路中没有引脚的一种封装形式。LCCC 集成电路被封装在陶瓷载体上，外形有正方形和矩形两种，无引脚的电极焊端排列在封装底面的四边，正方形电极数目分别为 16 个、20 个、24 个、28 个、44 个、52 个、68 个、84 个、100 个、124 个和 156 个；矩形电极数目可分别为 18 个、22 个、28

个和 32 个，引脚中心距有 1.0mm 和 1.27mm 两种。LCCC 封装的封装结构与外形如图 5-7 所示。

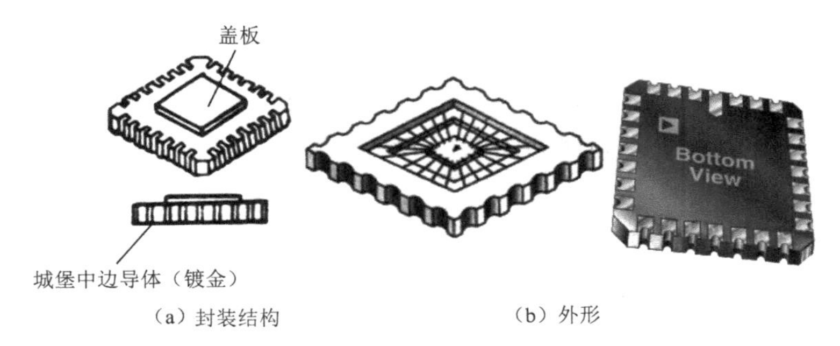

图 5-7　LCCC 封装的封装结构与外形

LCCC 封装的引出端子的特点是在陶瓷外壳侧面有类似城堡状的金属化凹槽和外壳底面镀金电极连接，提供了较短的信号通路，电感和电容损耗较低，可用于高频工作状态，如微处理器单元、门阵列和存储器。

LCCC 封装的 IC 是全密封的，可靠性高但价格高，主要用于军用产品，并且必须考虑器件与 PCB 之间的热膨胀系数（CTE）是否一致的问题。

（5）PQFN。PQFN 是无引脚封装，外形呈正方形或矩形，封装底部中央位置有一个大面积裸露的焊盘，散热性能好。焊盘的封装外围有实现电气连接的导电焊盘。由于 PQFN 不像 SOP、QFP 等一样具有翼形引脚，其内部引脚与焊盘之间的导电路径短，自感系数及封装体内的布线电阻很低，所以能提供良好的电气性能。PQFN 的 IC 的实物图如图 5-8 所示。由于 PQFN 的 IC 具有良好的电气性能和热性能，体积小、质量轻，因此已经成为许多新应用的理想选择，非常适合应用在手机、数码相机、PDA、DV、智能卡及其他便携式电子设备等高密度产品中。

（6）BGA 封装。BGA 封装，即球栅阵列封装，是将原来器件 PLCC 封装或 QFP 的钩形或翼形电极引脚变成球形引脚，把从器件本体四周“单线性”顺序引出的电极变成本体底面“全平面”式的格栅阵排列。这样，既可以增加引脚中心距，又能够增加引脚数目。球栅阵列在器件底面可以呈完全分布或部分分布，如图 5-9 所示。

图 5-8　PQFN 的 IC 的实物图

图 5-9　BGA 封装的 IC 的实物图

① BGA 封装能够显著地缩小 IC 的封装表面积：假设某个大规模 IC 有 400 个 I/O 电极引脚，同样取引脚间距为 1.27mm，则正方形 QFP 的 IC 每边有 100 个引脚，边长至少达到 127mm，IC 的表面积为 160cm^2 以上；而正方形 BGA 封装的 IC 的电极引脚按 20×20 的

行列均匀排布在 IC 下面，边长只需 25.4mm，IC 的表面积还不到 $7cm^2$。可见，相同功能的大规模 IC，BGA 封装的尺寸比 QFP 的尺寸小得多，有利于提高 PCB 的装配密度。

② 从装配焊接的角度看，BGA 集成电路的贴装公差为 0.3mm，比 QFP 集成电路的贴装精度要求 0.08mm 低得多。这使 BGA 集成电路的贴装可靠性得到了显著提高，工艺失误率得到了大幅度下降，用普通多功能贴片机和回流焊设备就能基本满足装配焊接要求。

③ 采用 BGA 封装的 IC，可以使产品的平均线路长度缩短，改善电路的频率响应和其他电气性能。

④ 在用回流焊设备进行焊接时，锡球的高度表面张力能引起 IC 的自校准效应（也被称为“自对中”效应或“自定位”效应），能提高装配焊接的质量。

正因为 BGA 封装有比较明显的优越性，所以 BGA 封装的大规模 IC 品种也在迅速多样化。现在已经出现很多种 BGA 封装形式，如陶瓷 BGA（CBGA）封装、塑料 BGA（PBGA）封装、微型 BGA（Micro-BGA、μBGA 或 CSP）封装等。前两种的主要区分在于封装的基底材料不同，如 CBGA 封装采用陶瓷，PBGA 封装采用 BT 树脂；后一种是指封装尺寸与 IC 尺寸比较接近的微型 IC 封装形式。

目前可以见到的一般 BGA 封装的 IC 焊球间距有 1.5mm、1.27mm、1.0mm 三种；μBGA 封装的 IC 的焊球间距有 0.8mm、0.65mm、0.5mm、0.4mm 和 0.3mm 几种。

5.1.3 SMT 集成电路的包装

SMT 元器件的包装有散装、盘状编带包装、管式包装和托盘包装四种类型。其中，盘状编带包装多用于电阻器、电容器、三极管、二极管等，引脚少的 SOP/QFP 的 IC 也采用这种包装方式，以下一并予以简单介绍。

1. 散装包装

无引脚且无极性的 SMC 元器件可以散装，如矩形、圆柱形的电容器和电阻器。散装的元器件成本低，但不利于自动化设备拾取和贴装。

2. 盘状编带包装

盘状编带包装适用于除大尺寸 QFP、PLCC 封装、LCCC 封装的 IC 以外的其他元器件，具体形式有纸质编带、塑料编带和粘接式编带三种。

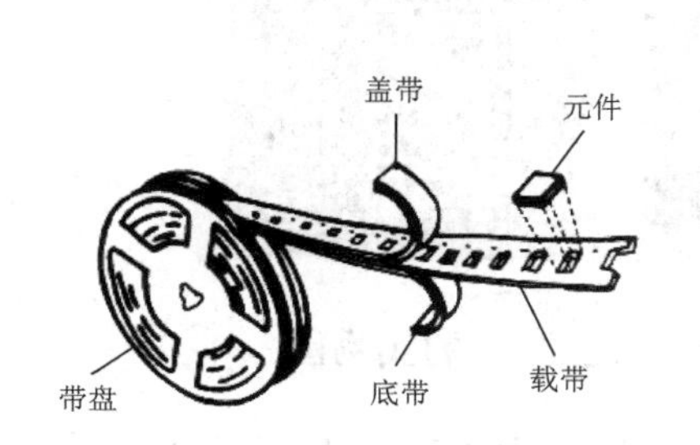

图 5-10 纸质编带

（1）纸质编带。纸质编带由底带、载带、盖带及绕纸盘（带盘）组成，如图 5-10 所示。载带上圆形小孔为定位孔，以驱动供料器的齿轮；矩形孔为承料腔，用来放置元器件。

在用纸质编带包装元器件时，要求元器件厚度与纸带厚度差不多，纸质编带不可以太厚，否则供料器无法驱动，因此纸质编带主要用于包装 0805 规格（含）以下的片状电阻器、片状电容器（有少数例外）。纸质编带一般宽 8mm，包装元器件以后盘绕在塑料带盘上。

（2）塑料编带。塑料编带与纸质编带的结构与尺寸大致相同，不同的是其成型料盒呈凸形，如图 5-11 所示。用塑料编带包装的元件种类很多，有各种无引脚元件、复合元件、异形元件、SOT 晶体管、引脚少的 SOP/QFP 的 IC 等。在安装时，供料器上的上剥膜装置除去薄膜盖带后再取料。

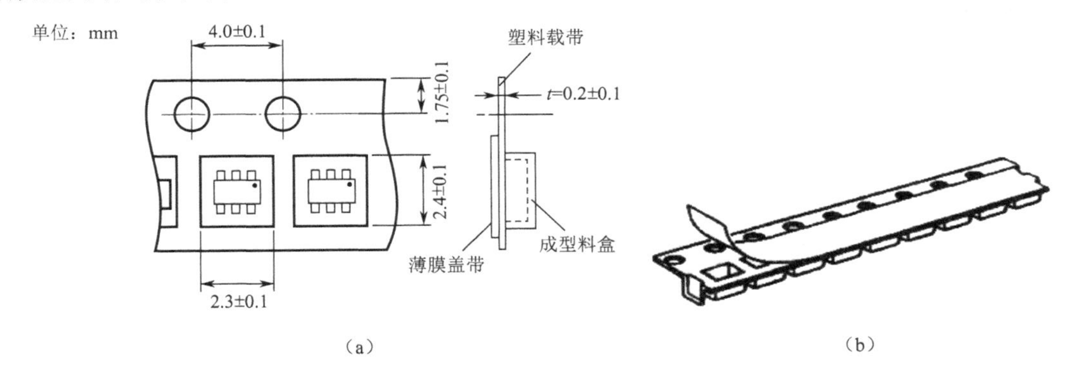

图 5-11　塑料编带的结构与尺寸

纸质编带和塑料编带的一边有一排定位孔，用于贴片机在拾取元器件时引导编带前进并定位。定位孔的孔距为 4mm（小于 0402 系列的元件的编带孔距为 2mm）。编带上的元器件间距依其长度而定，一般为 4 的倍数。编带包装的尺寸标准如表 5-2 所示。

表 5-2　编带包装的尺寸标准

编带宽度/mm	8	12	16	24	32	44	56
元器件间距/mm	2、4	4、8	4、8、12	12、16、20、24	16、20、24、28、32	24、28、32、36、40、44	40、44、48、52、56

编带包装的料盘由聚苯乙烯（Polystyrene，PS）材料制成，由一到三个部件组成，颜色为蓝色、黑色、白色或透明，通常可以回收使用。图 5-12 所示为塑料编带的实物图。

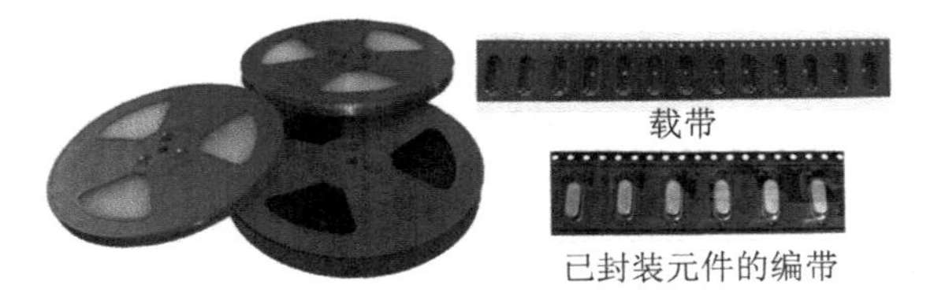

图 5-12　塑料编带的实物图

（3）粘接式编带。粘接式编带的底面为胶带，IC 贴在胶带上，且为双排驱动。在安装时，供料器上有下剥料装置。粘接式编带主要用来包装尺寸较大的片式元器件，如片式电阻排、延迟线等。

3. 管式包装

管式包装主要用于 SOP、SOJ、PLCC 封装的 IC，PLCC 封装的插座和异形元件等，从整机产品的生产类型看，管式包装适合包装品种多、批量小的产品。

包装管（也被称为料条）由透明或半透明的聚氯乙烯（PVC）材料制成，可以挤压成满足要求的标准外形，如图 5-13 所示。管式包装的每管零件数从几十件到近百件不等，管中组件方向要有一致性，不可以装反。

4. 托盘包装

托盘由碳粉或纤维材料制成，要求暴露在高温下的元件托盘通常具有 150℃或更高的耐温性。托盘铸塑成矩形标准外形，包含统一相间的凹穴矩阵，也被称为华夫盘，如图 5-14 所示。凹穴可以托住元件，并在运输和处理期间对元件进行保护，其间隔可以为在 PCB 装配过程中用于贴装的标准工业自动化设备提供准确的元件位置。元件放在托盘内，标准的方向是将第 1 引脚放在托盘斜切角落。托盘包装主要用于 QFP、窄间距 SOP、PLCC 封装、BCA 封装的 IC 等器件。

图 5-13　管式包装

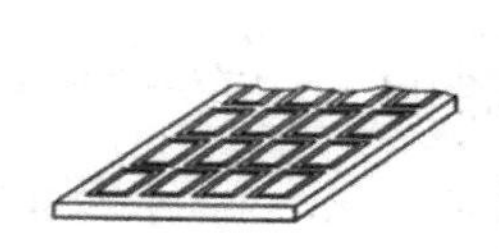

图 5-14　华夫盘

5.2　IC 的引脚识别与使用注意事项

5.2.1　IC 的引脚识别

半导体 IC 的品种、规格繁多，就引脚的排列情况而言，常见的有三种形式：第一种是圆周分布，即所有引脚分布在同一个圆周上；第二种是双列分布，即引脚分两行排列；第三种是单列分布，即引脚单行排列。

为了便于使用者识别 IC 的引脚排列顺序，各种 IC 一般都标有一定的识别标记，常见的几种标记与引脚顺序的识别方法如下。

（1）定位销标记。圆柱形金属外壳封装的 IC 一般使用定位销标记，引脚按圆周分布，外形如图 5-15 所示。引脚排列顺序为从管顶往下看，自定位销开始沿逆时针方向依次是第 1,2,3,⋯, n 引脚。

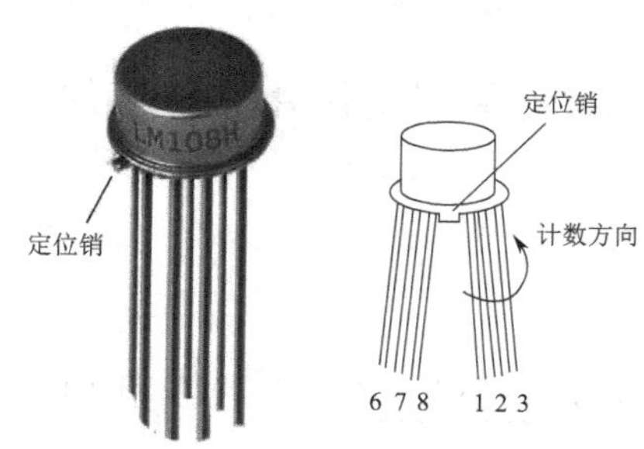

图 5-15　有定位销标记的 IC 的引脚排列的外形

（2）弧形凹口标记。DIP 的 IC 多数使用弧形凹口标记，弧形凹口位于 IC 的一端，外形如图 5-16 所示。引脚排列顺序为引脚向下，弧形凹口标记放置在左端，正视 IC 外壳上所标的型号，从弧形凹口标记下方左起为该 IC 的第 1 引脚，逆时针方向依次是第 2,3,4,⋯, n 引脚。

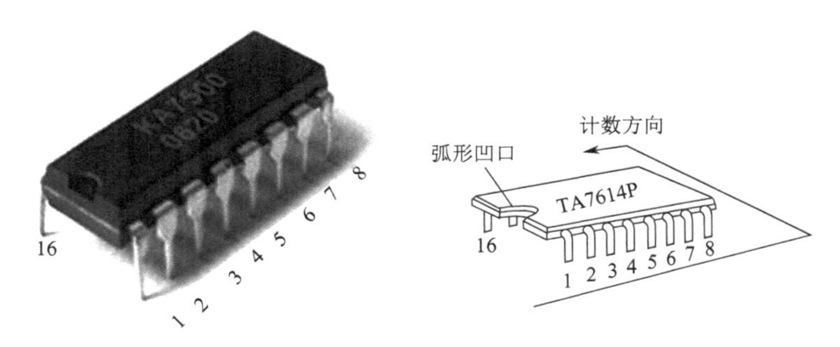

图 5-16 弧形凹口标记的 IC 的引脚排列的外形

（3）圆形凹坑、色点、色条标记。DIP 和 SIP 的 IC 也有采用圆形凹坑、色点、色条标记的，这种 IC 的引脚识别标记和型号都标在外壳的同一平面上，引脚排列顺序为正视 IC 的型号，从圆形凹坑（或色点）、色条的下方左起为 IC 的第 1 引脚。对于 DIP 的 IC，从第 1 引脚开始沿逆时针方向，依次是第 2,3,4,⋯, n 引脚；对于 SIP 的 IC，从第 1 引脚开始依次是第 2,3,4,⋯, n 引脚。

（4）斜切角标记。斜切角标记一般用在 SIP 的 IC 上，引脚的排列顺序为将斜切角标记放置于左端，斜切角下方对应的为第 1 引脚，从左至右依次是第 2,3,⋯, n 引脚。

各种标记的 IC 的引脚排列的外形如图 5-17 所示。

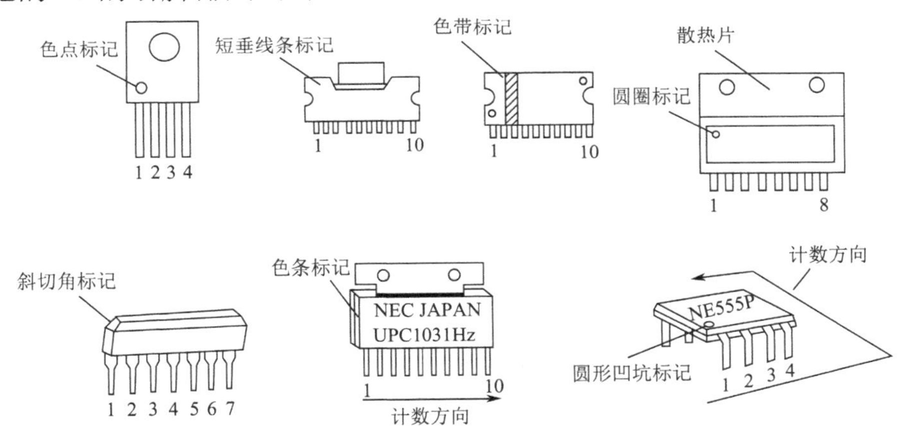

图 5-17 各种标记的 IC 的引脚排列的外形

需要注意的是，也有少数的 IC 外壳上没有以上介绍的标记，只有型号。对于这种 IC 的引脚顺序的识别，应把 IC 上印有型号的一面正对眼睛，将 IC 放正，此时左下方的引脚为第 1 引脚，从左至右沿逆时针方向依次是第 2,3, ⋯, n 引脚，如图 5-18 所示。

【特别提示】

有些进口 IC 的引脚排序是反向的，这类 IC 的型号后面带有后缀字母 R。型号后面无字母 R 的是正向型引脚，有字母 R 的是反向型引脚，如图 5-19 所示。

例如，M5115 和 M5115RP、HA1339A 和 HA1339AR、HA1366W 和 HA1366AR，前者是正向型引脚，后者是反向型引脚。

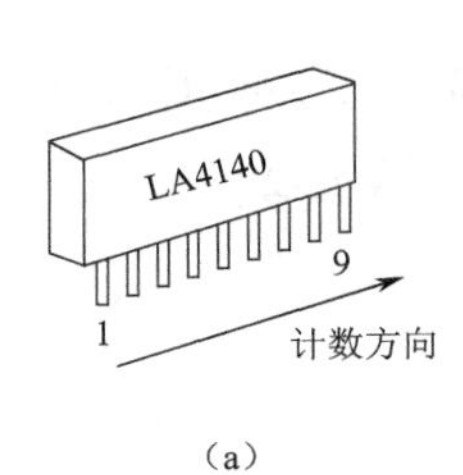

(a)

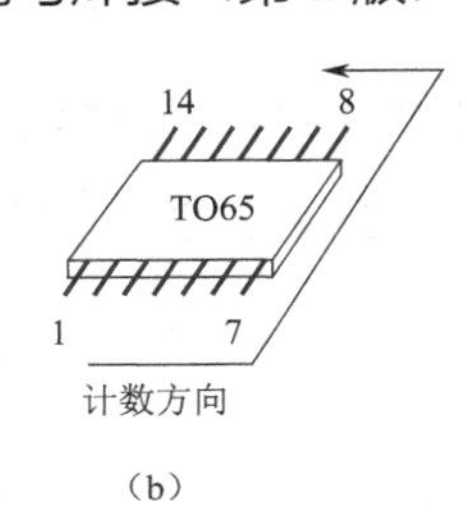

(b)

图 5-18　无识别标记的 IC 引脚排列的外形

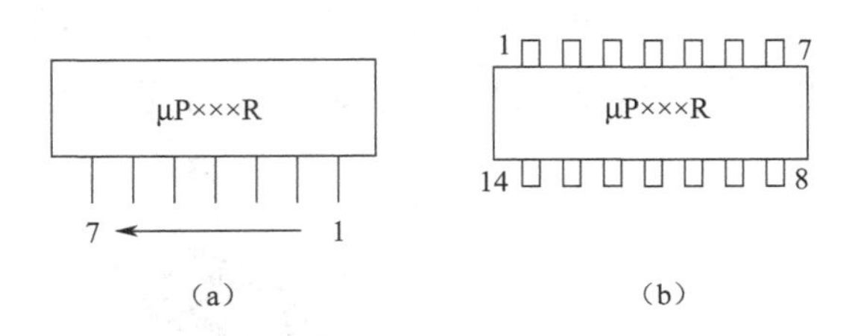

(a)　(b)

图 5-19　反向型引脚

5.2.2　常用的中小规模 IC

1. 常用的模拟 IC

模拟 IC 是用来产生、放大和处理各种模拟信号（指幅度随时间连续变化的信号）的电路，是微电子技术的核心技术之一，能对电压或电流等模拟量进行采集、放大、比较、转换和调制。

模拟 IC 按用途可分为集成运算放大器、集成振荡电路、集成稳压器、集成模拟乘法器、集成锁相环路、数模转换器、模数转换器、集成功率放大器、电压比较器、开关电容电路等。下面分别对集成运算放大器、集成稳压器、集成功率放大器进行介绍。

（1）集成运算放大器，简称集成运放，是一种高放大系数的直流放大器（或是一种高电压增益、高输入电阻和低输出电阻的多级耦合放大器）。当它工作在放大区时，输入与输出呈线性关系，因此也被称为线性 IC。

① 集成运放的组成。集成运放一般由输入级、中间级、输出级、偏置电路四部分组成。

输入级：差分放大电路，利用其对称性提高整个电路的共模抑制比。

中间级：电压放大级，提高电压增益，可以由一级或多级放大电路组成。

输出级：由互补对称电路或射极跟随器组成，可以降低输出电阻，提高带负载能力。

偏置电路：为上述各级电路提供稳定和合适的偏置电流，决定各级的静态工作点。

② 常用的集成运放。

单集成运放：μA741、NE5534、TL081、LM833 等。

双集成运放：μA747、LM358、NE5532、TL072、TL082 等。

四集成运放：LM324、TL084 等。

LM324 是一种常用的四集成运放，一般采用 14 引脚双列直插塑封（DIP-14）和适用 SMT 工艺的片式封装（SOP-14、TSSOP-14），其外形如图 5-20 所示。它的内部包含四组形式完全相同的集成运放，除电源共用外（4 引脚，11 引脚），四组集成运放相互独立。LM324 的引脚排列如图 5-21（a）所示，每组集成运放可以用如图 5-21（b）所示的电路符号表示，每组共有 5 个引脚，其中+、-为两个信号输入端，V_{CC}、V_{EE}为正、负电源端，V_o为输出端。在两个信号输入端中，V_{i-}（-）为反相输入端，表示集成运放输出端 V_o的信号与该输入端的相位相反；V_{i+}（+）为同相输入端，表示集成运放输出端 V_o的信号与该输入端的相位相同。

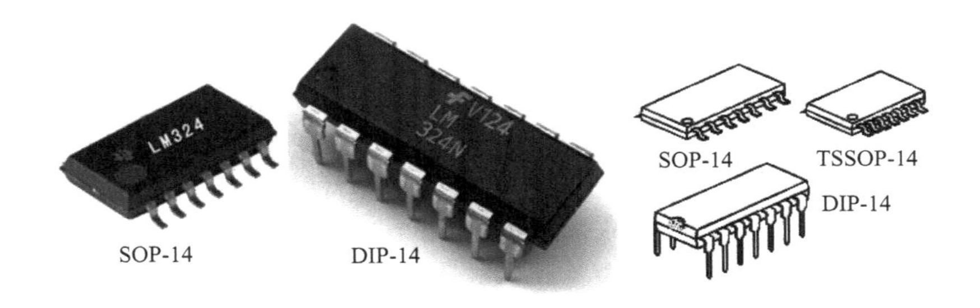

图 5-20　LM324 的外形

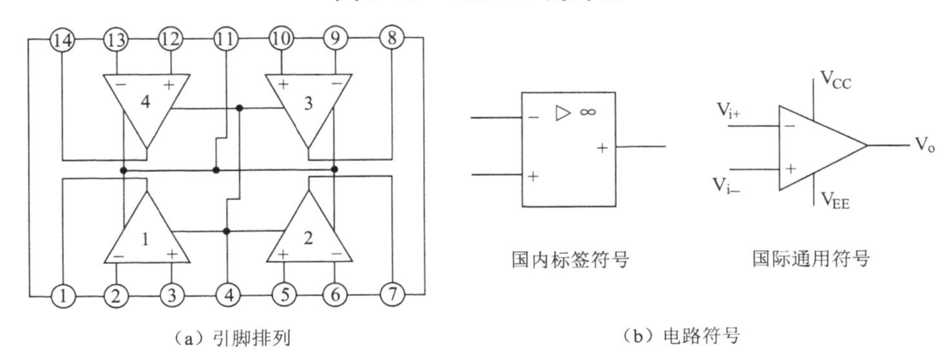

图 5-21　LM324 的引脚排列和电路符号

由于 LM324 具有电源电压范围宽、可以单电源使用（单电源 3～32V，双电源±1.5～±16V）、静态功耗小、价格便宜等优点，因此被广泛应用于各种电路。

（2）集成稳压器。集成稳压器也被称为稳压电源，有多端可调、三端固定、三端可调和单片开关的稳压器，非常常用的是三端集成稳压器。

① 三端固定稳压器。三端固定稳压器的输出电压为固定值，不能调节。常用产品有 78XX 系列和 79XX 系列。78XX 系列输出正电压，79XX 系列输出负电压，输出电压都有 5V、6V、9V、12V、15V、18V、24V 七种，输出电流有 1.5A（78XX 系列）、0.5A（78MXX 系列）、0.1A（78LXX 系列）三种。三端固定稳压器的封装外形和引脚排列如图 5-22 所示。

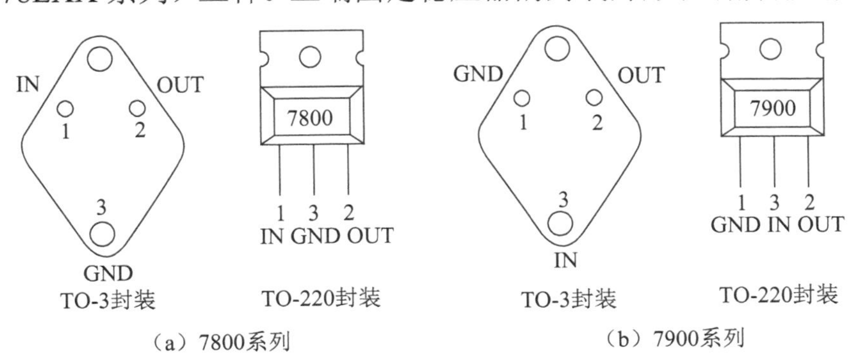

图 5-22　三端固定稳压器的封装外形和引脚排列

② 三端可调稳压器。三端可调稳压器输出连续可调的直流电压。常见产品有 XX117 系列、XX217M 系列、XX317L 系列、XX137 系列、XX237 系列、XX337 系列。XX117 系列、XX217M 系列、XX317L 系列输出连续可调的正电压，可调范围为 1.2～37V，最大输出电流分别是 1.5A、0.5A、0.1A；XX137 系列、XX237 系列、XX337 系列输出连续可调的负电压，可调范围为 1.2～37V。

LM317 系列是一款美国国家半导体公司生产的三端可调正电压稳压器，输出电压范围为 1.2～37V，负载电流最大为 1.5A；使用非常简单，仅需两个外接电阻器设置输出电压；内置过载保护、安全区保护等多种保护电路。LM317 系列的封装形式与实用电路如图 5-23 所示。

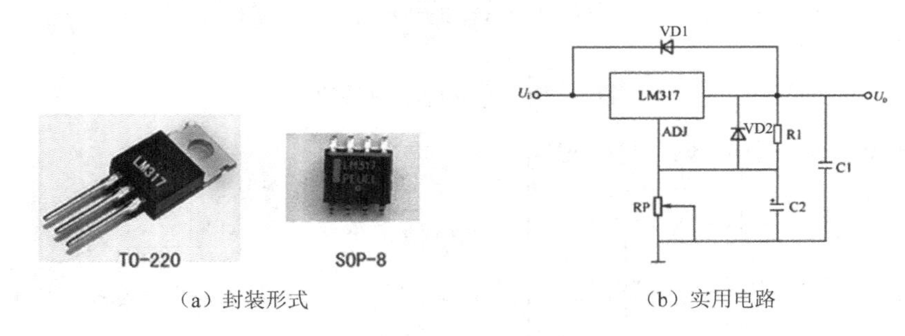

（a）封装形式　（b）实用电路

图 5-23　LM317 系列的封装形式与实用电路

在如图 5-23（b）所示的实用电路中，C1 是防自激振荡电容器；C2 是滤波电容器，可以滤除 RP 两端的纹波电压；VD1 和 VD2 是保护二极管，可以防止输入端及输出端对地短路时烧坏稳压器的内部电路；R1 为取样电阻器；RP 为可调电位器。当 RP 调到零时，U_o=1.25V，如果将 RP 滑动端下调，则随着电阻值的增大，U_o 也不断升高，但最大不超过极限值 37V。LM317 系列输出电压的表达式为

$$U_o = 1.25\left(1+\frac{\mathrm{RP}}{R1}\right)$$

（3）集成功率放大器，有小功率、中功率、大功率集成功率放大器等不同类型。

常用的型号有 TDA2030A、LM1875、TDA1521、TDA7293、7294、7295、LM386、LM3886 等，都是性能优良的集成功率放大器。

常用的 LM386 小功率通用型集成功率放大器的引脚排列与实物图如图 5-24 所示。LM386 多数采用塑料 DIP-8 和片式 SOP-8。LM386 是美国国家半导体公司生产的音频功率放大器，主要应用于低电压消费类产品。为使外围元件最少，电压增益内置为 20dB，但在第 1 引脚和第 8 引脚之间增加一只外接电阻器和电容器，即可将电压增益调为任意值，直至 200dB。输入端以地为参考，同时输出端被自动偏置到电源电压的 1/2，在 6V 电源电压下，它的静态功耗仅为 24mW，使得 LM386 特别适用于电池供电的场合。

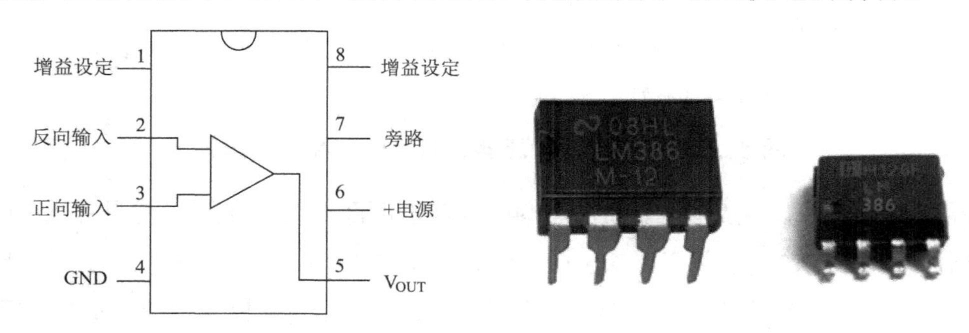

图 5-24　常用的 LM386 小功率通用型集成功率放大器的引脚排列与实物图

2. 常用的数字 IC

数字 IC 主要用来处理与存储二进制信号（数字信号），可归纳为两大类：一类为组合逻辑电路，用于处理数字信号，俗称 Logic IC；另一类为时序逻辑电路，具有时序与记忆功能，并需要时钟信号驱动，主要用于产生或存储数字信号。数字 IC 的类型繁多，但常用的标准数字 IC 主要有 TTL 型、ECL 型和 CMOS 型三大类，其中 TTL 和 CMOS 两大系列非常常用（详见表 5-3）。

表 5-3　数字 IC 的类型

系列	子系列	名称	型号前缀	功耗	工作电压/V
TTL	TTL	普通系列	74/54	10mW	4.75～5.25
	LSTTL	低功耗 TTL	74/54LS	2mW	
MOS	CMOS	互补场效应晶体管型	40/45	1.25μW	3～8
	HCMOS	高速 CMOS	74HC	2.5μW	2～6
	ACTMOS	先进的高速 CMOS 电路，“T”表示与 TTL 电平兼容	74ACT	2.5μW	4.5～5.5

（1）TTL 集成电路。

TTL 集成电路 IC 以双极型晶体管为开关元件，输入级采用多发射极晶体管形式，开关放大电路也是由晶体管构成的，所以被称为“晶体管-晶体管-逻辑”，英文缩写为 TTL。TTL 在速度和功耗方面都处于现代数字 IC 的中等水平。TTL 类型丰富、互换性强，一般均以 74（民用）或 54（军用）为型号前缀。

① 74LS 系列（LS、LSTTL 等）是现代 TTL 的主要产品子系列，也是逻辑 IC 的重要产品之一。74LS 系列的主要特点是功耗低、类型多、价格便宜。

② 74S 系列（S、STTL 等）是 TTL 的高速型，也是目前应用较多的产品之一，其特点是速度较高，但功耗比 LSTTL 大得多。

③ 74ALS 系列（ALS、ASTTL 等）是 LSTTL 的先进产品，速度比 LSTTL 提高了一倍以上，功耗降低了 50%，因为特性和 LS 近似，所以成为 LS 的更新换代产品。

④ 74AS 系列（AS、ASTTL 等）是 STTL 的先进产品，速度比 STTL 提高了一倍以上，功耗降低了 100%以上，与 ALSTTL 合起来成为 TTL 的新的主要标准产品。

⑤ 74F 系列（F、FFTL 等）是美国 FSC（仙童）公司开发的类似于 ALSAS 的高速类 TTL 的产品，性能介于 ALS 和 AS 之间，已成为 TTL 的主流产品之一。

⑥ 74HC 系列（HS 或 H-CMOS 等）先由美国 NS、MOTA 两公司生产，随后许多厂家相继成为第二产源，品种丰富，引脚与 TTL 兼容。74HC 系列的优点是功耗低、速度高。

TTL 按功能分有 400 多个类型，大致可分为以下几类：门电路，译码器，触发器，计数器，移位寄存器，单稳、双稳电路和多谐振荡器；加法器、乘法器、奇偶校验器、码制转换器、多路开关、存储器等。非常常用的是门电路，常见的有与门、非门、与非门、或门、或非门、与或非门、异或门等。例如，74LS08 是二输入端四与门，即将 4 个独立的二输入端与门封装在一起，以方便使用。图 5-25 所示为 DIP-14 塑封 74LS08 的实物图和引脚排列图。

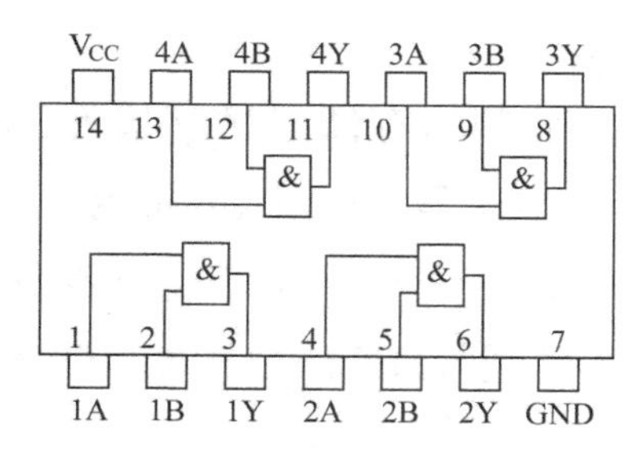

图 5-25 DIP-14 塑封 74LS08 的实物图和引脚排列图

（2）MOS 集成电路。

MOS 集成电路是以金属-氧化物-半导体（MOS）场效应晶体管为主要元件构成的 IC，简称 MOSIC 。

MOSIC 按晶体管的沟道导电类型可分为 P 沟道 MOSIC、N 沟道 MOSIC、将 P 沟道和 N 沟道 MOS 场效应晶体管结合成一个电路单元的互补 MOSIC，分别被称为 PMOS、NMOS 和 CMOSIC。随着工艺技术的发展，CMOSIC 已成为 IC 的主流，工艺也日趋完善和复杂。近年来发展出了以蓝宝石为绝缘衬底的 CMOS 结构，该结构具有抗辐照、功耗低和速度快等优点。MOSIC 广泛用于计算机、通信、机电仪器、家电自动化、航空航天等领域，具有整机体积小、工作速度快、功能复杂、可靠性高、功耗低和成本便宜等特点。

CMOSIC 主要有 4000 系列、54/74HCXXX 系列、54/74HCTXXX 系列、54/74HCUXX 系列四大类。

4000 系列的 CD4001 四二输入端或非门、CD4002 双四输入端或非门、CD4011 四二输入端与非门、CD4017 十进制计数/分配器、CD4055 BCD-7 段译码/液晶驱动器和 CD4056 液晶显示驱动器，都是常用的型号。

5.2.3 IC 的使用注意事项

1. TTL 的使用注意事项

（1）TTL 的电源电压规定值为 5V，使用时应满足电源电压在规定中心值 5×（1±10%）V 内变化，最大不能超过 5.5V。为避免电源通/断的瞬间产生的冲击电压对电路造成损坏，应接入大电容量的电容器或保护电路。

（2）在电源接通时，不要插拔 TTL，因为电流的冲击可能会造成其永久性损坏。

（3）输出端不允许直接接电源或地，这样连接相当于负载短路，可能会损坏器件。除三态和集电极开路的电路以外，输出端不允许并联使用。输出端在接入大于 100pF 的容性负载时，要串入 100～200Ω 的限流电阻器，以防止充放电电流过大损坏电路。

（4）由于 TTL 的功耗较大，因此在高密度安装时，要注意散热问题，以防止温度过高影响工作性能。

（5）电路中多余、不用的输入端不能悬空，应按不同电路要求接地，或者通过电阻器接地，或者接电源。虽然输入端悬空相当于高电平，并不影响与非门的逻辑功能，但容易被干扰，有时会造成电路的误动作，在时序电路中表现更为明显。因此，多余、不用的输入端一般不采用悬空的办法，而要根据需要处理。例如，与门、与非门的多余、不用的输入端可以直接接到 V_{CC} 上，也可以将不同的输入端通过一个公用电阻器（几千欧）接到 V_{CC} 上，或者将多余、不用的输入端和使用端并联。不用的或门和或非门等器件的输入端应接地，如果在一个 IC 中有一个或多个或门（或非门）没有使用，则应先将这些门的所有输入端接地，再将其输出端接到不用的与门输入端上。TTL 多余、不用的输入端的处理如图 5-26 所示。

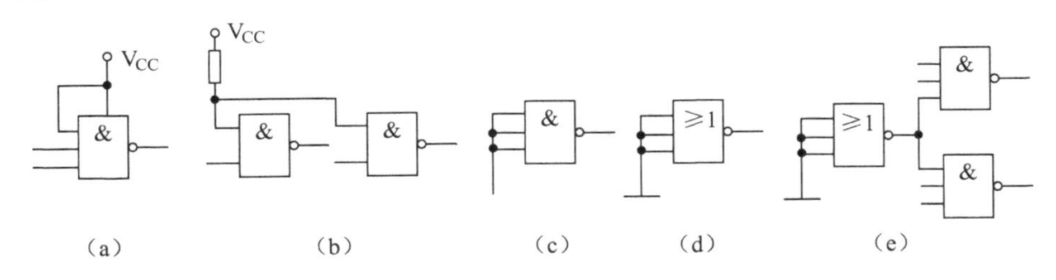

图 5-26　TTL 多余、不用的输入端的处理

对触发器来说，不用的输入端不能悬空，应根据逻辑功能接入电平。输入端连线应尽量短，这样可以缩短时钟信号在时序电路中沿传输线的延迟时间。一般不允许将触发器的输出端直接驱动指示灯、电感负载、长线传输，有需要时必须加缓冲门。

2. CMOSIC 的使用注意事项

（1）CMOSIC 的电源电压为 3～18V，输入电压不允许超出电源电压范围 0.3V，或者输入端电流不得超过±10mA。在不能保证这点时，必须在输入端上串联适当电阻器进行限流保护。

（2）由于 CMOSIC 的输入阻抗很高，因此 CMOSIC 消耗的驱动功率几乎可以不计。同时 CMOSIC 的耗电低，用 CMOSIC 制作的电子产品，通常都可以用干电池供电。

（3）在焊接时，一般用 20W 内热式且接地良好的电烙铁进行焊接，或者拔掉插头，利用余热进行快速焊接，禁止在电路通电的情况下进行焊接。由于现在的 CMOSIC 改进了内部结构，增加了保护环节，因此其防静电能力得到了很大提升。

（4）在存放 CMOSIC 时要注意静电屏蔽，一般放在金属容器中，也可以用金属箔或导线将引脚短路。

（5）不要在带电的情况下插拔或焊接电路。在使用示波器测量时，需要用 10MΩ 探头和尖而硬的探针，以防分流或引脚短路。所用的测试仪表等都要良好的接地。

（6）工作台不要铺塑料板、橡皮垫等带静电的物体。为了避免人体和衣服上的静电产生不利影响，可以将人体通过 1000Ω 左右的电阻器接地，或者采用接地的导体板工作台。

（7）在调试 CMOSIC 时，如果信号电源和 PCB 电源用两组电源，则刚开机时应先接通 PCB 电源，再接通信号源电源；关机时应先断开信号电源，再断开 PCB 电源。也就是在 CMOSIC 本身还没有接通电源的情况下，不允许有输入信号输入。

（8）电路中多余、不用的输入端绝对不允许悬空，应按不同电路要求采用不同的措施：接地，或者通过电阻器接地，或者接电源。

根据不影响使用端逻辑功能的原则，多余、不用的输入端有不同的处理方法：或门和或非门的多余的输入端应接地；与门和与非门接正电源端；电路中有时悬空有时与元器件接通的输入端（如与按钮开关或干簧管等连接的输入端），需要悬空端与电源或接地串联一个 100kΩ～1MΩ 的电阻器，以免该输入端失去功能。

也可以采用输入端并联的方法处理 CMOSIC 的多余的输入端，但要注意 CMOS 集成门电路的阈值电平随输入端并联数的改变而改变。一般讲与门和与非门的并联端数愈多，阈值电平愈高；或门和或非门的并联端数愈多，阈值电平愈低。此外，并联输入端使输入电容增大，对电路的速度、功耗及前级电路的负载能力等都有些不利影响，但在低速电路中一般不必考虑。

以上介绍的多余的输入端，包括没有被使用但已接通电源的 CMOSIC 的所有输入端，如一个 IC 上有 4 个与门，电路中只用其中 1 个，其他的输入端都必须按多余的输入端处理。CMOSIC 的多余的输入端的处理如图 5-27 所示。

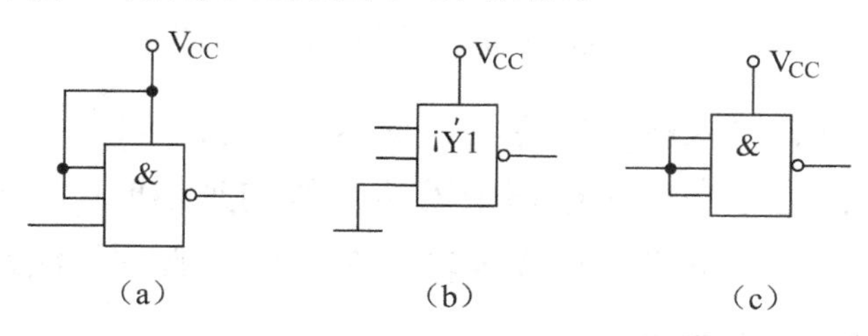

图 5-27　CMOSIC 的多余的输入端的处理

在使用 IC 时，要考虑系统的工作速度，当工作速度较高时，宜用 TTL（工作频率大于 1MHz）；当工作速度较低时，宜用 CMOSIC。

5.3　IC 的识别检测技能实训

1. 实训目的

学会识别 IC 的类型，熟悉各种 IC 的名称，了解不同类型 IC 的作用，掌握 IC 的检测方法。

（1）能用目视法判断、识别常见的 IC 的类型，能说出各种 IC 的名称。

（2）会使用万用表对 IC 进行正确测量，并对其质量进行判断。

2. 实训器材

（1）具有±15V 输出电压的直流稳压电源，每组配备 1 台机器。

（2）不同类型、规格的新 IC 若干。

（3）指针式万用表每人配备 1 块。

3. 实训步骤

❖ 任务 1　模拟 IC 的类型及其应用查阅

要求：识别常用的集成功率放大器、集成运放、三端集成稳压器的文字标注，查阅 IC 手册并按照表 5-4 中的要求填写结果。

表 5-4 模拟 IC 的类型和应用场合记录表

序号	模拟 IC 的型号	模拟 IC 的封装形式	模拟 IC 的类型	模拟 IC 的应用场合	模拟 IC 的主要参数
1					
2					
3					
4					
5					

❖ 任务 2 数字 IC 的类型及其应用查阅

要求：识别常用的 74 系列 IC、40 系列 IC 的文字标注，查阅 IC 手册并按照表 5-5 中的要求填写结果。

表 5-5 数字 IC 的类型和应用场合记录表

序号	数字 IC 的型号	数字 IC 的封装形式	数字 IC 的类型	数字 IC 的应用场合	数字 IC 的主要参数
1					
2					
3					
4					
5					

❖ 任务 3 LM324 的检测

【操作步骤】

（1）使用指针式万用表 Ω 挡分别测出 LM324 的 A1～A4 引脚的电阻值，不仅可以判断该集成运放的好坏，还可以检查内部各集成运放参数的一致性。在测量时，使用 $R\times1\text{k}$ 挡，从 A1 开始，依次测量出各引脚的电阻值，只要各对应引脚之间的电阻值基本相同，就说明该集成运放的参数一致性较好。将实测电阻值与表 5-6 中正常电阻值进行比较，在此基础上判断 LM324 的好坏。LM324 的 A1～A4 引脚的电阻值测量方法如图 5-28 所示。

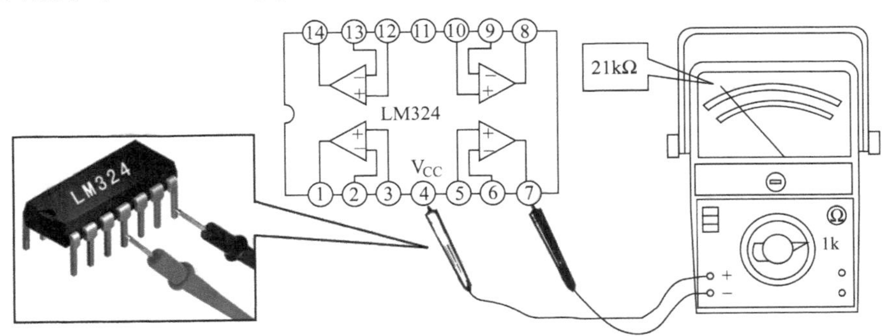

图 5-28 LM324 的 A1～A4 引脚的电阻值测量方法

（2）检测放大能力。将 LM324（4 引脚、11 引脚）接±15V 电压，指针式万用表的量程置于直流 50V 电压挡，输入端开路，测量 A1 输出端 1 引脚和 11 引脚的电压应为 20～25V。用螺丝刀触碰同相输入端和反相输入端（2 引脚和 3 引脚），若指针有较大摆动，则说明该

LM324的增益很高、放大能力很强；若指针摆动较小，则说明该LM324的放大能力较差。LM324的放大能力检测方法如图5-29所示。

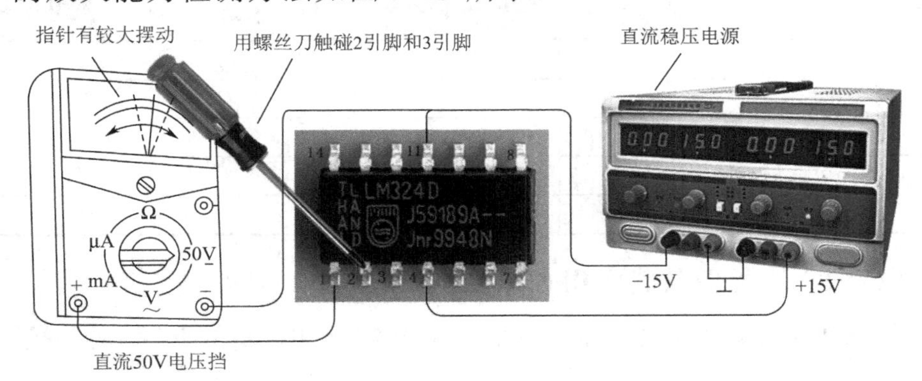

图5-29 LM324的放大能力检测方法

用同样方法检测A2～A4。

（3）把LM324接成一个放大系数为1的放大环节，反向输入端接1V阶跃信号，并检测LM324输出端的电压值，若电压值为1V，则说明该LM324是好的。

【实训记录】

将步骤（1）的检测结果填入表5-6，将步骤（2）的检测结果填入表5-7。

表5-6 LM324的A1～A4引脚的电阻值测量

红表笔	黑表笔	正常电阻值/kΩ	实测电阻值/kΩ	检测结果
V_{CC}	GND	4.5～6.5		
GND	V_{CC}	16～17.5		
V_{CC}	OUT	21		
GND	OUT	59～65		
1IN+	V_{CC}	51		
1IN−	V_{CC}	56		
2IN+	V_{CC}	51		
2IN−	V_{CC}	56		
3IN+	V_{CC}	51		
3IN−	V_{CC}	56		
4IN+	V_{CC}	51		
4IN−	V_{CC}	56		

表5-7 LM324放大能力的检测

放大器	红表笔接触的引脚	黑表笔接触的引脚	用螺丝刀触碰的引脚	检测结果
A1	1	11	2、3	
A2				
A3				
A4				

❖ 任务4 TTL集成门电路74LS20的逻辑功能测试

本任务采用四输入端二与非门74LS20，即在一个IC内含2个互相独立的与非门，每个与非门有 4 个输入端。与非门的逻辑符号与引脚排列如图 5-30 所示。若 IC 引脚上的功能标号为 NC，则表示该引脚为空引脚，与内部电路不连接。

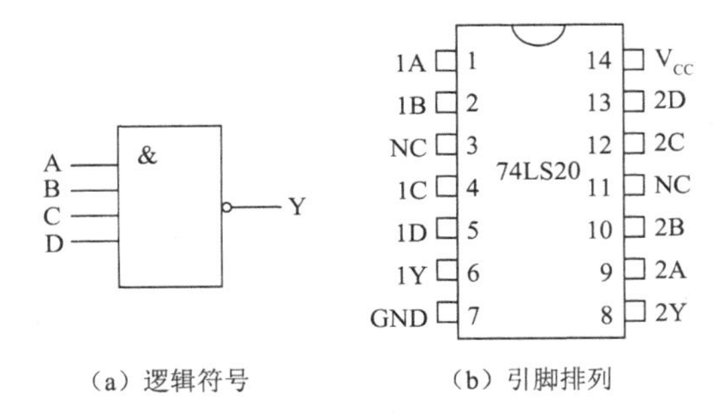

图 5-30　与非门的逻辑符号与引脚排列

与非门的逻辑功能：当输入端中有一个或一个以上是低电平时，输出端是高电平；只有当输入端全部是高电平时，输出端才是低电平（也就是有“0”得“1”，全“1”得“0”。）

【操作步骤】

（1）实训前准备以下备品与器材。

① 直流稳压电源一台。

② 实验面包板（Bread Board）一块，杜邦线若干（用于线路连接）。

③ 74LS20 一个、4.7kΩ 电阻器一只、1kΩ 电阻器一只、单刀双掷开关 4 个（用于切换高、低电平）、发光二极管一只（用于逻辑电平显示）。

（2）按如图 5-31 所示的与非门的逻辑功能测试原理图，在面包板上搭接电路。

① 在面包板上合适的位置插入一个 14P 插座，按 IC 上的定位标记插好 74LS20，如图 5-32 所示。

② 按图 5-31 接线，74LS20 的 4 个输入端（1 引脚、2 引脚、4 引脚、5 引脚）接单刀双掷开关的中间端子，其他两个接线端子中上面的一个通过限流电阻器（4.7kΩ）接电源正端，作为高电平信号，下面的一个接电源负端，作为低电平信号。以提供 0 与 1 逻辑电平为例，开关向上（或向左），为逻辑 1；开关向下（或向右）为逻辑 0。74LS20 的输出端（6 引脚）接由发光二极管组成的逻辑电平显示器（与 1kΩ 限流电阻器串联），发光二极管亮为逻辑 1，不亮为逻辑 0。

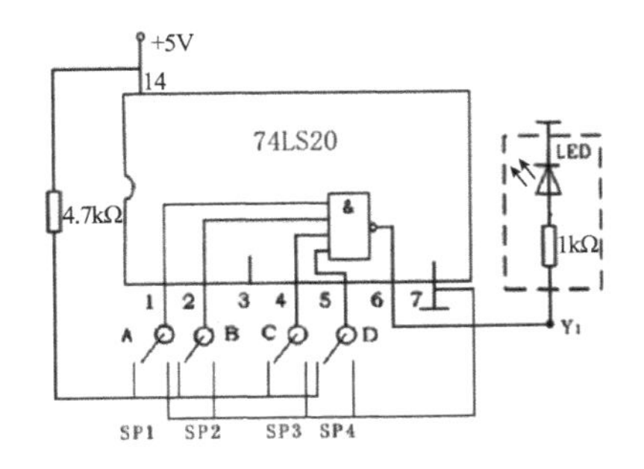

图 5-31　与非门的逻辑功能测试原理图

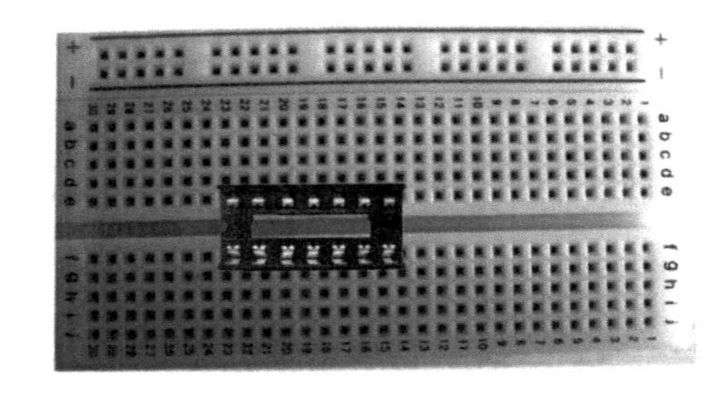

图 5-32　在面包板上合适的位置插入一个 14P 插座

③ 打开直流稳压电源的开关，将电压输出调至 5V。本实训中用到的 IC 都是双列直插式的，在标准型 TTL 集成门电路中，电源端 Vcc 一般排在左上端，地端（GND）一般排在

右下端，如 74LS20 是有 14 个引脚的 IC，14 引脚为 Vcc，7 引脚为 GND。将 14 引脚和 7 引脚分别连接到直流稳压电源的+、-接线端。图 5-33 所示为实物连接图（此图仅供参考）。

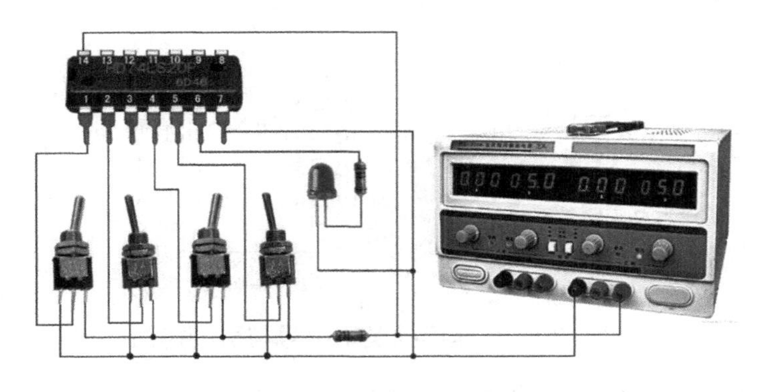

图 5-33　实物连接图

（3）按如表 5-8 所示的与非门真值表，逐个测试 IC 中两个与非门的逻辑功能。74LS20 有 4 个输入端、16 个最小项，在实际测试时，只要对输入的 1111、0111、1011、1101、1110 五项进行检测，就可判断其逻辑功能是否正常。

表 5-8　与非门真值表

输入				输出	
A	B	C	D	Y1	Y2
1	1	1	1		
0	1	1	1		
1	0	1	1		
1	1	0	1		
1	1	1	0		

【注意】

① TTL 集成门电路对电源电压要求较严，Vcc 只允许在 5×（1±10%）V 的范围内工作，当超过 5.5V 时将损坏器件；当低于 4.5V 时器件的逻辑功能可能不正常。在本实训中，要求 Vcc 端电压值为 5V，电源极性绝对不允许接错。

② 输入端悬空，相当于逻辑 1。对于一般小规模 IC 的输入端，在实验时允许悬空处理，但易被外界干扰，导致电路的逻辑功能不正常。因此，在本实训中所有输入端必须按逻辑要求接入电路，不允许以悬空代替高电平。

【知识链接】

面包板及其使用

面包板也被称为万用 PCB 或 IC 实验板，由于板子上有很多小插孔，很像面包中的小孔，因此得名。

面包板的构造：整板使用热固性酚醛树脂制造，板底有金属条，在板上对应位置打孔使元件在插入插孔时能够与金属条接触，达到导电的目的；面包板上插孔中心距与 IC 引脚的间距相等（2.54mm）。一般将每 5 个插孔用一个金属条连接，金属条之间是相通的。板子中央一般有一条凹槽，这是针对有需要的 IC 实验而设计的，DIP 的 IC 的引脚可分别插在两边，每个引脚相当于接出 4 个插孔，如图 5-34 所示。面包板两侧有两排插孔，也是 5 个插孔一组，一般可用作公共信号线、接地线和电源线。

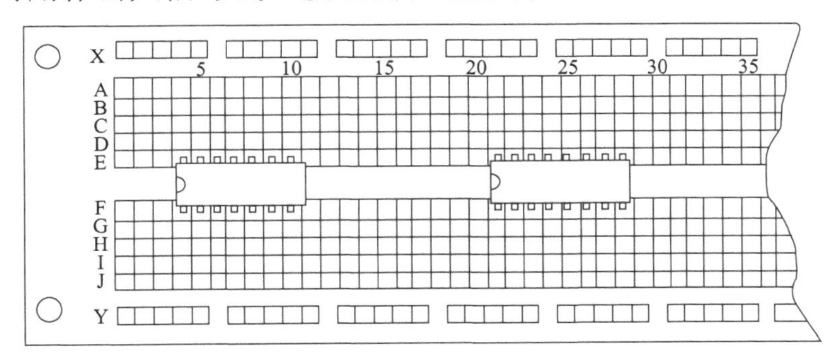

图 5-34　面包板的构造

由于各个厂家生产的产品并无统一标准，各组之间不一定完全相同，要用万用表测量后方可使用。

面包板的用途：在对 IC 进行实验时不用焊接和减少手动接线，只要将元件插入插孔就可以实现电路及元件的连接，使用方便。使用前应确定哪些元件的引脚应连在一起，并将要连接在一起的引脚插入同一组的 5 个插孔。

【技能延伸】

（1）本实训中的单刀双掷开关可以改用拨码开关，同样可以起到切换输入高、低电平的作用。拨码开关实际上是一个多刀开关，大部分拨码开关采用直插式，在两态之间变换，并根据不同的位组成 2^n 种不同状态，实现不同的功能。拨码开关在许多控制设备中常用于设定一些具体的数值（如温度、绕圈的圈数、速度等），使用时操作者可以根据需要改变设定。图 5-35 所示为拨码开关，它有 5 个引脚，分别为 BCD 码的 A、8、4、2、1。其中，A 为公共线；8、4、2、1 分别为四个开关的引脚，按 8421 码的规律与 A 线接通。另有一类拨码开关没有公共线，内部的各个开关各有两个引脚，且引脚之间是相互独立的。

实训中若用拨码开关代替单刀双掷开关，则可按图 5-36 接线，其中 R1～R4 可使用电阻排，以减少元件数量。根据图 5-36 的连线可知，当某个开关向上拨动到“ON”的位置时，对应的引脚与公共线接通，该引脚连接的 74LS20 输入端被拉为低电平，即输入为 0，反之为 1；如果所有的开关均向下，则可判断此时与非门的输入为 1111。

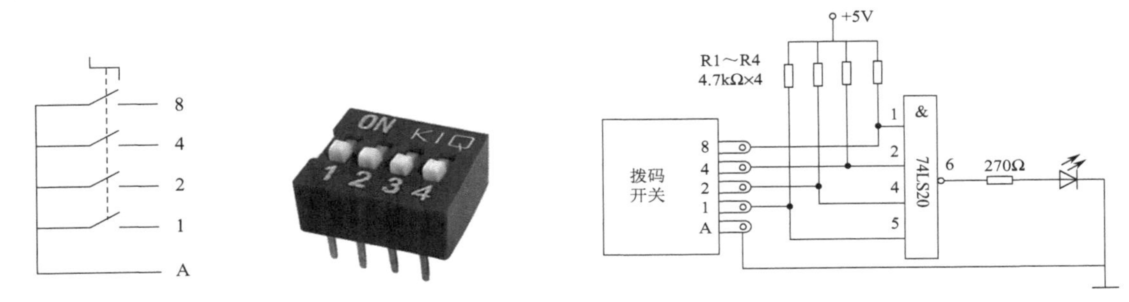

图 5-35　拨码开关　　**图 5-36　用拨码开关代替单刀双掷开关的测试电路图**

（2）将如图 5-31 或图 5-36 所示的电路图稍做改动，只需改变输入引脚的位置，就可以对其他型号与非门的逻辑功能进行检测，也可以对与门、非门、或非门、异或门等逻辑门电路进行检测。

第 6 章

电子产品装配焊接工艺

6.1 焊接原理与特点

6.1.1 电子产品焊接工艺

任何复杂的电子产品都是由最基本的元器件组成的，通过导线将元器件连接起来，就能完成一定的电气连接，实现特定的电路功能。导线与元器件连接的最主要方法是焊接。焊接质量是否好，对整机的性能指标影响很大。一些精密复杂的仪器常因一个焊点的虚焊而造成整机报废甚至发生事故。对一个电子产品来说，通常只要打开机箱，看一看装配结构和电路焊接质量，就能判断出其性能优劣及生产企业的技术能力和工艺水平。

1. 焊接技术的分类

现代焊接技术的分类主要有以下几种。

（1）加压焊。加压焊又分为不加热与加热两种方式。冷压焊、超声波焊等，属于不加热方式。加热方式又分为两种：一种是加热到塑性；另一种是加热到局部熔化。

（2）熔焊。在焊接过程中母材和焊料都熔化的焊接方式被称为熔焊，如等离子焊、电子束焊、气焊等。

（3）钎焊。所谓钎焊，是指在焊接过程中母材不熔化而焊料熔化的焊接方式。钎焊又分为软钎焊和硬钎焊。软钎焊的焊料熔点小于 450℃；硬钎焊焊料熔点大于 450℃。

软钎焊中最重要的一种焊接方式是锡焊，常用的锡焊有手工电烙铁焊、手工热风焊、浸焊、波峰焊（Wave Soldering）、回流焊。

2. 锡焊原理

在电子产品制造过程中，应用非常普遍、有代表性的焊接方式是锡焊。锡焊能够实现机械的连接，对两个金属部件起到结合、固定的作用；锡焊也能够实现电气连接，让两个金属部件实现电气导通，这种电气连接是电子产品焊接作业的特征，是黏合剂所不能替代的。

锡焊方法简便，使用简单的工具（如电烙铁）即可完成焊接、焊点整修和元器件拆换等工艺过程。此外，锡焊还具有成本低、容易实现自动化等优点。在电子工程技术中，锡焊是使用最早、最广且占比最大的焊接方法之一。

锡焊是将焊件和焊料共同加热到锡焊温度，在焊件不熔化的情况下，使焊料熔化并润湿焊接面，形成焊件的连接。锡焊的主要特征：焊料熔点低于焊件；在焊接过程中，将焊料与焊件共同加热到锡焊温度，使焊料熔化而焊件不熔化；焊接的形成依靠熔化状态的焊料润湿焊接面，由毛细作用使焊料进入焊件的间隙，依靠两者原子的扩散，形成一个合金层，从而实现焊件的结合。

（1）润湿。焊接的物理基础是润湿，润湿也被称为浸润，是指液体在与固体的接触面上摊开，充分铺展接触的一种现象。锡焊的过程就是通过加热，让焊料在焊接面上熔化、流动、润湿，使渗透到铜母材（导线、焊盘）的表面，并在两者的接触面上形成的脆性合金层。

在焊接过程中，焊料和母材接触形成的夹角被称为润湿角，也被称为接触角，如图 6-1 中的 θ。在图 6-1（a）中，当 $\theta>90°$ 时，焊料与母材没有被润湿，不能形成良好的焊点；在图 6-1（b）中，当 $\theta<90°$ 时，焊料与母材被润湿，能够形成良好的焊点。仔细观察焊点的润湿角，就能判断焊点的质量。

显然，如果焊接面上有阻隔润湿的污垢或氧化层，则不能生成两种金属材料的合金层；如果温度不够高使焊料没有充分熔化，则也不能使焊料润湿。

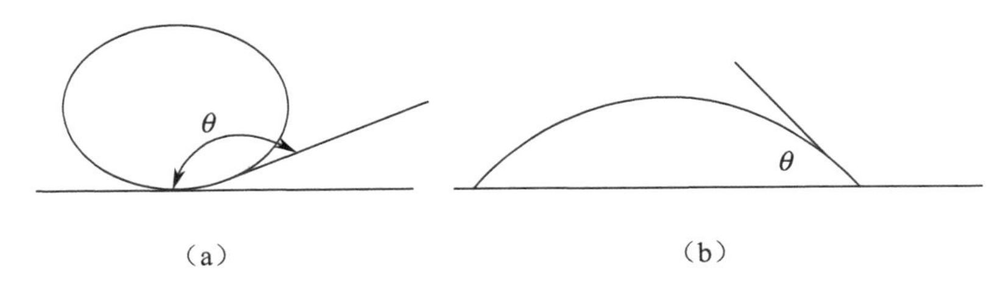

图 6-1　润湿与润湿角

（2）锡焊的条件。在锡焊时，必须具备以下条件。

① 焊件必须具有良好的可焊性。所谓可焊性，是指在适当温度下，被焊金属与焊锡能形成良好结合的合金的性能。不是所有的金属都具有好的可焊性，有些金属的可焊性非常差，如铬、钼、钨、铝等；有些金属的可焊性比较好，如紫铜、黄铜等。在焊接时，由于高温能使金属表面产生氧化膜，影响其可焊性，因此为了提高金属的可焊性，可以采用表面镀锡、镀银等措施以防止其表面氧化。

② 焊件表面必须保持清洁与干燥。为了使焊锡和焊件达到良好结合，焊接表面一定要保持清洁与干燥。即使是可焊性良好的焊件，由于长期储存或被污染，也可能在焊件表面产生对润湿有害的氧化膜和污垢，焊接前务必把氧化膜和污垢清除干净，否则无法保证焊接质量。金属表面有轻微的氧化，可以通过助焊剂清除；金属表面有严重的氧化，必须采用机械或化学方法清除，如刮除或酸洗等；当储存和加工环境的湿度较大，或焊件表面有水渍时，要对焊件进行烘干处理，否则会造成焊点润湿不良。

③ 要使用合适的助焊剂。助焊剂也被称为焊剂，作用是清除焊件表面的氧化膜。不同的焊接工艺，应该选择不同的助焊剂，如镍铬合金、不锈钢、铝等材料，没有专用的特殊助焊剂是很难实施锡焊的。在焊接 PCB 等精密电子产品时，为使焊接可靠稳定，通常采用以松香为主的助焊剂。

④ 焊件要加热到适当的温度。在焊接时，热能的作用是熔化焊锡和加热焊接对象，使 Sn-Pb 原子获得足够的能量渗透到被焊金属表面的晶格中并形成合金层。焊接温度过低，对

焊料原子渗透不利，无法形成合金层，极易形成虚焊；焊接温度过高，会使焊料处于非共晶状态，加速助焊剂的分解和挥发，焊料品质下降，严重时还会导致 PCB 的焊盘脱落或被焊接的元器件损坏。

需要强调的是，不但应将焊锡加热到熔化，还应将焊件加热到能够熔化焊锡的温度。

⑤ 合适的焊接时间。焊接时间是指焊接过程中进行物理和化学变化所需的时间，包括被焊金属达到焊接温度的时间、焊锡的熔化时间、助焊剂发挥作用及生成合金层的时间。当焊接温度确定后，应根据被焊件的形状、性质、特点等确定合适的焊接时间。焊接时间过长，容易损坏元器件或焊接部位；焊接时间过短，达不到焊接要求。对于电子元器件的焊接，除特殊焊点以外，一般每个焊点加热焊接一次的时间不超过 2s。

6.1.2 电子产品焊接技术特点

焊接是电子组装技术中的主要工艺技术之一。在一块 PCB 上少则有几十个，多则有成千上万个焊点，一个焊点焊接不良就会导致整个电子产品失效。焊接质量取决于所用的焊接方法、焊接材料、焊接工艺技术和焊接设备。

根据熔融焊料的供给方式，在电子产品生产中采用的软钎焊技术主要为波峰焊和回流焊。一般情况下，波峰焊用于通孔插装的工艺方式、混合组装（既有通孔插装元器件，也有 SMC/SMD）方式，回流焊用于全表面安装方式。波峰焊是通孔插装技术中使用的传统焊接工艺技术，根据波峰的形状不同有单波峰焊、双波峰焊等方式。根据提供热源的方式不同，回流焊有传导、对流、红外、激光、气相等方式。

波峰焊与回流焊之间的基本区别在于热源与钎料的供给方式不同。在波峰焊中，钎料波峰有两个作用：一是供热，二是提供钎料。在回流焊中，热量是由回流焊炉自身的加热机理决定的，焊锡膏由专用的设备以确定的量先行涂敷。波峰焊技术与回流焊技术是在 PCB 上大批量焊接元器件的主要方式。就目前而言，回流焊是 SMT 组装厂商组装 SMD/SMC 的主选技术与设备，但波峰焊仍不失为一种高效自动化、高产量、可以在生产线上串联的焊接技术。因此，在相当长的一段时间内，波峰焊与回流焊仍然是电子装联的首选焊接技术。

1. 浸焊的特点

浸焊是指让插好元器件的 PCB 水平接触浸焊设备中熔融的 Sn-Pb 焊料，使 PCB 上的全部元器件同时完成焊接。它是最早应用在电子产品批量生产中的焊接方法之一，消除了手工焊接的漏焊现象，提高了焊接效率。浸焊一般有手工浸焊和机器自动浸焊两种。浸焊机如图 6-2 所示。

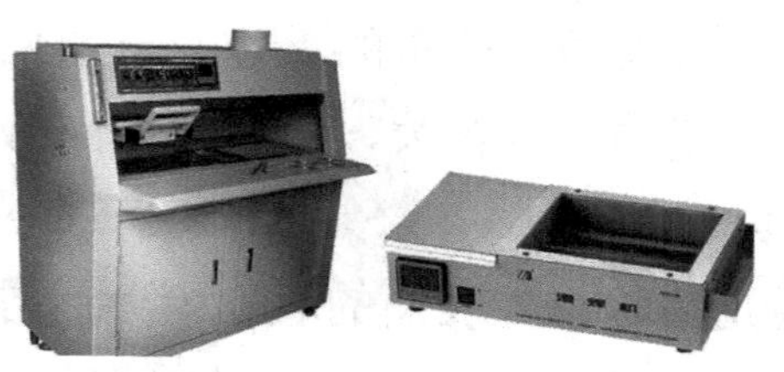

图 6-2 浸焊机

焊锡槽内的焊锡表面是静止的，表面上的氧化物极易黏附在被焊件的焊接处，容易造成虚焊，且由于浸焊温度高、容易烫坏元器件导致 PCB 变形，因此在自动化大生产中，一般不采用浸焊工艺。

2. 波峰焊的特点

波峰焊是指利用焊锡槽内的机械式或电磁式离心泵，将熔融焊料压向喷嘴，形成一股向上平稳喷涌的焊料波峰，并源源不断地从喷嘴中涌出。装有元器件的 PCB 以平面直线匀速运动的方式通过焊料波峰，在焊接面上形成润湿焊点完成焊接。

与浸焊机相比，波峰焊机具有如下优点。

（1）熔融焊料的表面漂浮着一层抗氧化剂能隔离空气，只有焊料波峰暴露在空气中，可以减少氧化的机会，并减少氧化渣带来的焊料浪费。

（2）PCB 接触高温焊料的时间短，可以减轻 PCB 的翘曲变形。

（3）浸焊机内的焊料相对静止，焊料中不同密度的金属会产生分层现象（下层富 Pb，上层富 Sn）。波峰焊机在焊料泵的作用下，整槽熔融焊料循环流动，使焊料成分均匀一致。

（4）波峰焊机的焊料充分流动，有利于提高焊点质量。

3. 回流焊的特点

与波峰焊工艺相比，回流焊工艺具有以下技术特点。

（1）元器件不直接浸渍在熔融的焊料中，受到的热冲击小（由于加热方式不同，因此有些情况下施加给元器件的热应力也会不同）。

（2）回流焊工艺能在前导工序中控制焊料的施放量，减少虚焊、桥接等焊接缺陷，所以其焊接质量好，可靠性高。

（3）假如前导工序在 PCB 上施放焊料的位置正确而贴放元器件的位置有一定偏离，在回流焊过程中，当元器件的全部焊端、引脚及相应的焊盘同时润湿时，熔融焊料表面张力作用会产生自定位（Self-Alignment）效应，能够自动校正误差，把元器件拉回到近似准确的位置。

（4）回流焊的焊料是能够保证正确组分的焊锡膏，一般不会混入杂质。

（5）可以采用局部加热的方式，能在同一块基板上采用不同的焊接方法进行焊接。

（6）工艺简单，返修的工作量很小。

除波峰焊和回流焊技术之外，为了确保产品质量，可以对于一些热敏感性强的元器件采用局部加热的方式进行焊接。

6.2　波峰焊技术

在工业化生产过程中，THT 工艺常用的自动焊接设备是浸焊机和波峰焊机，从焊接技术上说，这类焊接属于流动焊接，是熔融流动的液态焊料和焊件对象做相对运动，实现润湿而完成焊接的。

回流焊是 SMT 工艺的焊接方法。它使用膏状焊料，通过模板漏印或点滴的方法涂敷在 PCB 的焊盘上，贴上元器件后经过加热，焊料熔化再次流动，润湿焊接对象，冷却后形成焊点。回流焊工艺的典型设备是回流焊炉、焊锡膏印刷机、贴片机等组成的焊接流水线。

对于焊接贴片元件，可以使用波峰焊；对于焊接通孔插装元器件，目前也开始使用回流焊，且回流焊技术已逐渐趋于成熟。

6.2.1 波峰焊机结构及其工作原理

波峰焊机是在浸焊机的基础上发展起来的自动焊接设备，两者最主要的区别在于设备的焊锡槽不同。波峰焊是利用焊锡槽内的机械式或电磁式离心泵，将熔融焊料压向喷嘴，形成一股向上平稳喷涌的焊料波峰，并源源不断地从喷嘴中涌出。装有元器件的PCB以平面直线匀速运动的方式通过焊料波峰，在焊接面上形成润湿焊点完成焊接。图6-3所示为波峰焊机的焊锡槽示意图。

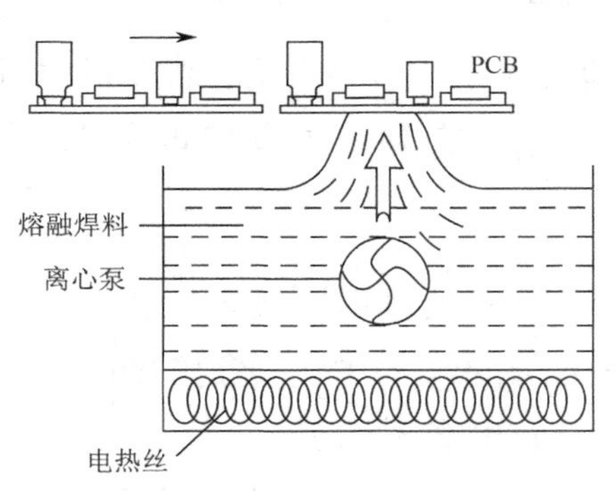

图6-3 波峰焊机的焊锡槽示意图

现在，波峰焊已经成为应用非常普遍的一种焊接PCB的工艺方法。波峰焊适于成批、大量地焊接一面装有分立元件和IC的PCB。凡与焊接质量有关的重要因素，如焊料与助焊剂中的化学成分、焊接温度、焊接速度和焊接时间等，在波峰焊机上都能得到比较完善的控制。图6-4所示为一般波峰焊机的内部结构示意图。

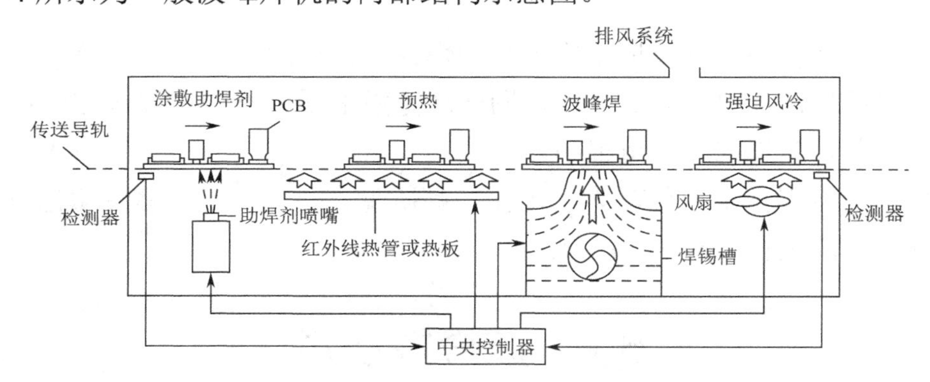

图6-4 一般波峰焊机的内部结构示意图

在波峰焊机内部，焊锡槽被加热使焊锡熔融，机械泵根据焊接要求工作，使液态焊锡从喷嘴中涌出，形成特定形态的、连续的锡波；已经完成插件工序的PCB被放在传送导轨上，以平面直线匀速运动的方式向前移动，按顺序经过涂敷助焊剂和预热工序，进入焊锡槽上部，PCB的焊接面在通过焊料波峰时进行焊接；焊接面经冷却后完成焊接，PCB被送出焊接区。冷却方式大都为强迫风冷，正确的冷却温度与时间有利于改善焊点的外观与可靠性。

助焊剂喷嘴既可以实现连续喷涂，也可以设置成当检测到有PCB通过时才进行喷涂的经济模式；预热装置由热管组成，PCB在焊接前被预热，可以减小温差、避免热冲击。预热温度为90～120℃，预热时间必须控制得当，使助焊剂干燥（蒸发掉其中的水分）并处于活化状态。焊料熔液在焊锡槽内始终处于流动状态，使喷涌的焊料波峰表面无氧化层，由于 PCB 和焊料波峰之间处于相对运动状态，因此助焊剂容易挥发，焊点内不会出现气泡。

为了获得良好的焊接质量，焊接前应做好充分的准备工作，如保证产品的可焊性处理（预镀锡）等；焊接后的清洗、检验、返修等步骤也应按规定进行操作。图 6-5 所示为自动波峰焊机的外观图。

图 6-5　自动波峰焊机的外观图

6.2.2　波峰焊工艺因素调整

在波峰焊机的工作过程中，焊料和助焊剂不断地被消耗，需要经常对这些焊接材料进行监测，并根据监测结果进行调整。

1. 焊料

波峰焊一般采用 Sn63-Pb37 的共晶焊料，熔点为 183℃。其中，Sn 的含量应该保持在 61.5%以上，并且 Sn、Pb 两者的含量比例误差不得超过±1%。在波峰焊的焊料中，主要金属杂质的最大含量范围如表 6-1 所示。

表 6-1　主要金属杂质的最大含量范围

金属杂质	铜（Cu）	铝（A1）	铁（Fe）	铋（Bi）	锌（Zn）	锑（Sb）	砷（As）
最大含量范围/‰	0.8	0.05	0.2	1	0.02	0.2	0.5

应该根据焊接设备的使用频率，一周到一个月定期检测焊料 Sn、Pb 的含量比例和主要金属杂质含量，如果不符合要求，则更换焊料或采取其他措施。例如，当 Sn 的含量低于标准时，可以添加纯 Sn 以保证含量比例。

焊料的温度与焊接时间、波峰的形状与强度决定焊接的质量。在焊接时，Sn-Pb 焊料的温度一般设定为 245℃左右，焊接时间为 3s 左右。

随着无铅焊料的应用及高密度、高精度组装的要求，新型波峰焊设备需要在更高的温度下进行焊接，焊料槽部位也将实行氮气保护。

2. 助焊剂

波峰焊中使用的助焊剂，要求表面张力小，扩展率大于 85%，黏度小于熔融焊料，容易被置换且焊接后容易清洗。一般助焊剂的密度为 0.82～0.84g/cm^3，可以用相应的溶剂来稀释调整。

假如采用免清洗助焊剂，要求密度小于 0.8g/cm^3，固体含量小于 2.0%，不含卤化物，焊接后残留物少，不产生腐蚀作用，绝缘性好，绝缘电阻值大于 $1\times10^{11}\Omega$。

助焊剂的类型应该根据电子产品对清洁度和电性能的要求选择：卫星、飞机仪表、潜艇通信、微弱信号测量仪器等军用产品、航空航天产品、生命保障类医疗装置，必须采用免清洗助焊剂；通信设施、工业装置、办公设备、计算机等，可以采用免清洗助焊剂，或者采用清洗型助焊剂，完成焊接后进行清洗；消费类电子产品，可以采用中等活性的松香，完成焊接后不必进行清洗，也可以采用免清洗助焊剂。

应该根据焊接设备的使用频率，一天或一周定期检测助焊剂的密度，如果不符合要求，则更换助焊剂或添加新的助焊剂以保证密度符合要求。

3. 焊料添加剂

在波峰焊的焊料中，应根据需要添加或补充一些辅料，如防氧化剂、锡渣减除剂。防氧化剂可以减少进行高温焊接时焊料的氧化，不仅可以节约焊料，还能提高焊接质量。防氧化剂由油类与还原剂组成，要求还原能力强，在焊接温度下不会碳化。锡渣减除剂能让熔融的 Sn-Pb 焊料与锡渣分离，起到防止锡渣混入焊点、节省焊料的作用。

另外，波峰焊设备的传送系统，即传送链、传送带的速度也要根据助焊剂、焊料等因素与生产规模进行综合选定与调整。传送链、传送带的倾斜角度在制造设备时是根据焊料波形设计的，但有时也要随产品的改变而进行微量调整。

6.2.3 几种典型波峰焊机

以前，旧式的单波峰焊机在焊接过程中容易造成焊料堆积、焊点短路等现象，用人工修补焊点的工作量较大。并且，在采用一般的波峰焊机焊接表面安装 PCB 时，有以下两个技术难点。

气泡遮蔽效应：在焊接过程中，助焊剂或片式元器件的黏合剂受热分解所产生的气泡不易被排出，遮蔽在焊点上，可能造成焊料无法接触焊接面形成漏焊。

阴影效应：PCB 在焊料熔液的波峰上通过时，较高的片式元器件对后面或相邻的较矮的片式元器件周围的死角产生阻挡，形成阴影区，使焊料无法在焊接面上漫流导致漏焊或焊接不良。

为克服这些片式元器件的焊接缺陷，人们已经研制出许多新型或改进型的波峰焊设备（如空心波、组合空心波、紊乱波等新的波峰形式），可以有效地解决原有波峰焊机的焊接缺陷。按波峰形式可分为单峰、双峰、三峰和复合峰四种类型。以下是目前常见的新型波峰焊机。

1. 斜坡式波峰焊机

斜坡式波峰焊机的传送导轨以一定角度的斜坡方式安装，并且斜坡的角度可以调整，如图 6-6（a）所示，优点是增加了 PCB 焊接面与焊料波峰接触的时间。假如 PCB 以同样速度通过焊料波峰，等效增加了焊点润湿的时间，从而可以提高传送导轨的运行速度和焊接效率，不仅有利于焊点内的助焊剂挥发，避免形成夹气焊点，还能让多余的焊锡流下来。

2. 高波峰焊机

高波峰焊机适用于通孔插装元器件“长引脚插焊”工艺，其焊锡槽及喷嘴的原理示意图如图 6-6（b）所示。高波峰焊机特点：焊料离心泵的功率比较大，从喷嘴中喷出的锡波高度也比较高，并且高度 h 可以调节，能保证元器件的引脚从锡波中顺利通过。一般在高波峰焊机的后面配置剪腿机（也被称为切引脚机），用来剪短元器件的引脚。

3. 电磁泵喷射波峰焊机

在电磁泵喷射波峰焊机中，可以通过调节磁场与电流值方便地调节特制电磁泵的压差和流量，从而调整焊接效果。电磁泵的特点是控制灵活，每焊接完成一块 PCB 后，自动停止喷射，减少焊料与空气接触产生的氧化。电磁泵喷射波峰焊机多用在焊接通孔插装加表面安装混合组装的 PCB 中，其原理示意图如图 6-6（c）所示。

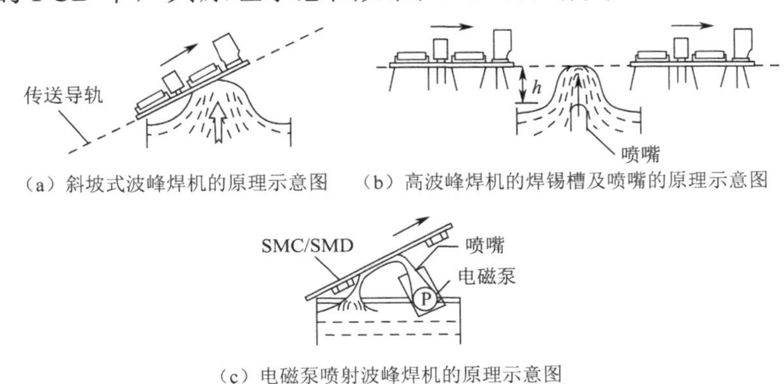

图 6-6　几种波峰焊机的原理示意图

4. 双波峰焊机

双波峰焊机是 SMT 时代发展起来的改进型波峰焊设备，特别适合焊接通孔插装加表面安装混合元器件的 PCB。双波峰焊机的焊料波形如图 6-7 所示。在使用双波峰焊机焊接 PCB 时，通孔插装元器件要采用“短引脚插焊”工艺。PCB 的焊接面要经过两个熔融的 Sn-Pb 焊料形成的波峰，这两个焊料波峰的形式不同，最常见的波形组合是“紊乱波”加“宽平波”，比较常见的波形组合是“空心波”加“宽平波”。焊料熔液的温度、波峰的高度和形状、PCB 通过波峰的时间和速度，都可以通过计算机伺服控制系统进行调整。图 6-8 所示为理想的双波峰焊的焊接温度曲线。

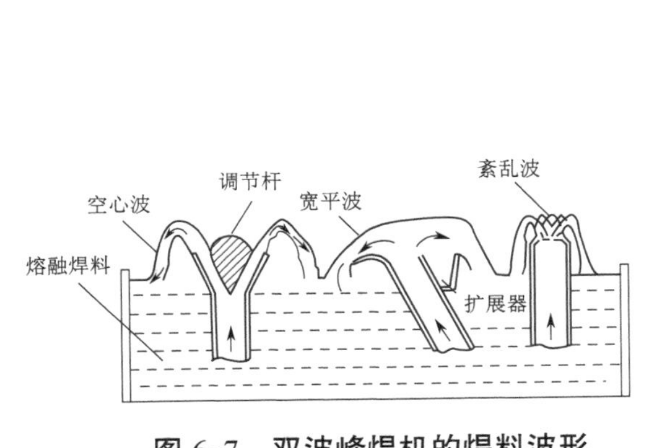

图 6-7　双波峰焊机的焊料波形

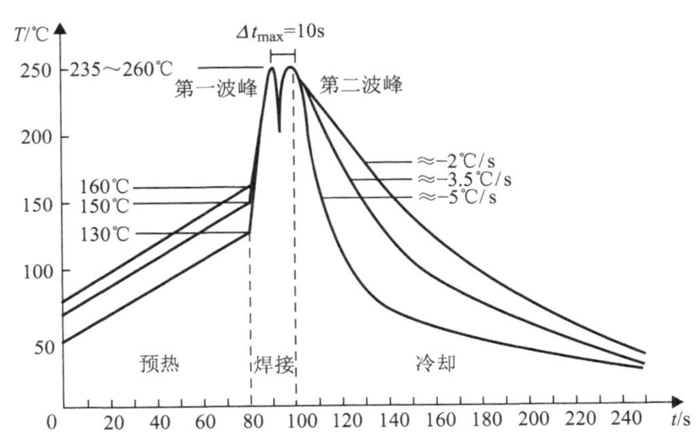

图 6-8　理想的双波峰焊的焊接温度曲线

6.2.4 波峰焊接的过程控制

在预热区内，PCB 上喷涂的助焊剂中的水分和溶剂被挥发，可以减少焊接时产生气体。同时，松香和活化剂开始分解活化，能去除焊接面上的氧化层和其他污染物，并且防止金属表面在高温下再次氧化。PCB 和元器件被充分预热，可以有效地避免焊接时急剧升温产生的热应力损坏。PCB 的预热温度及时间，要根据其大小、厚度，元器件的尺寸、数量，贴装元器件的数量而确定。在 PCB 表面测量的预热温度应该为 90～130℃，如果是多层 PCB 或贴片元器件较多，则预热温度取上限。预热时间由传送带的速度控制。如果预热温度偏低或预热时间过短，则助焊剂中的溶剂挥发不充分，焊接时会产生气体引起气孔、锡珠等焊接缺陷；如果预热温度偏高或预热时间过长，助焊剂被提前分解，使其失去活性，同样会产生毛刺、桥接等焊接缺陷。

为控制好预热温度和时间，达到最佳的预热温度，可以参考表 6-2 中的数据，也可以从焊接前涂敷在 PCB 底面的助焊剂是否有黏性进行经验性判断。

表 6-2 不同 PCB 在波峰焊时的预热温度

PCB 类型	元器件种类	预热温度/℃
单面 PCB	THC+SMD	90～100
双面 PCB	THC	90～110
	THC+SMD	100～110
多层 PCB	THC	100～125
	THC+SMD	110～130

焊接过程是被焊金属表面、熔融焊料和空气等之间相互作用的复杂过程，同样必须控制好焊接温度和焊接时间。如果焊接温度偏低，液体焊料的黏性大，不能很好地在被焊金属表面润湿和扩散，则容易产生拉尖、桥接、焊点表面粗糙等焊接缺陷；如果焊接温度过高，则容易损坏元器件，还会因助焊剂被碳化而失去活性、焊点氧化速度加快，使焊点失去光泽、不饱满。因此，波峰表面温度一般应该在（250±5）℃的范围内。

因为热量、温度是时间的函数，在一定温度下，焊点和元件的受热量随焊接时间增长而增加。波峰焊的焊接时间可以通过调整传送系统的速度控制，传送带的速度要根据不同波峰焊机的长度、预热温度、焊接温度等因素统筹考虑进行调整。以每个焊点接触波峰的时间表示焊接时间，一般约为 2～4s。

合适的焊接温度和焊接时间，是形成良好焊点的首要条件。焊接温度和焊接时间与预热温度、焊料波峰的温度、导轨的倾斜角度、传输速度有关系。双波峰焊的第一波峰一般调整为温度在 235～240℃，时间在 1s 左右，第二波峰一般调整为温度在 240～260℃，时间在 3s 左右。综合调整控制工艺参数，对提高波峰焊质量非常重要。

6.2.5 波峰焊质量缺陷及解决办法

1. 拉尖

拉尖是指在焊点端部出现多余的针状焊锡，这是波峰焊工艺中特有的缺陷。

产生原因：PCB 传送速度不当，预热温度低，锡锅温度低，PCB 传送倾角小，波峰不良，焊剂失效，元器件引脚可焊性差。

解决办法：调整传送速度直到合适，调整预热温度和锡锅温度，调整 PCB 传送角度，调整波峰形状，调换新的焊剂并解决元器件引脚可焊性问题，优选喷嘴。

2. 虚焊

产生原因：元器件的引脚可焊性差，预热温度低，焊料问题，助焊剂活性低，焊盘孔太大，PCB 氧化，PCB 板面有污染，传送速度过快，锡锅温度低。

解决办法：解决元器件引脚可焊性问题，调整预热温度，化验焊料的 Sn 和主要金属杂质含量，调整助焊剂密度，在设计时缩小焊盘孔尺寸，清除 PCB 上的氧化物，清洗 PCB 板面，调整传送速度，调整锡锅温度。

3. 锡薄

产生原因：元器件的引脚可焊性差，焊盘太大（需要大焊盘除外），焊盘孔太大，焊接角度太大，传送速度过快，锡锅温度高，助焊剂涂敷不匀，焊料的 Sn 含量不足。

解决办法：解决元器件的引脚可焊性问题，在设计时缩小焊盘及焊盘孔尺寸，减小焊接角度，调整传送速度，调整锡锅温度，检查预涂助焊剂装置，化验焊料的 Sn 含量。

4. 漏焊

产生原因：元器件引脚可焊性差，焊料波峰不稳，助焊剂失效，助焊剂涂敷不均，PCB 局部可焊性差，传送链抖动，预涂助焊剂和助焊剂不相溶，工艺流程不合理。

解决办法：解决元器件的引脚可焊性问题，检查波峰装置，更换助焊剂，检查预涂助焊剂装置，解决 PCB 可焊性（清洗或退货）问题，检查并调整传送装置，统一使用助焊剂，调整工艺流程。

5. 焊脚提升

焊脚提升，英文为 Lift Off，当该缺陷严重时焊脚会出现撕裂现象。Lift Off 常发生在波峰焊或通孔插装元件回流焊工艺中，特别是在无铅波峰焊过程中发生的概率明显较大。

Lift Off 缺陷的产生原因如下。

（1）PCB 的 Z 方向收缩应力。Lift Off 现象多发生在厚的多层 PCB 上，这与 PCB 的 Z 方向收缩应力有关。通常 FR-4 板材的 T_g 仅有 125～130℃，当处于室温时，PCB 热膨胀系数仅有 0.2×10^{-8}，而当处于焊接温度时，PCB 热膨胀系数高达 0.2×10^{-6}，即高了 2 个数量级。当焊接温度下降到室温后，PCB 和焊点收缩，两者的收缩应力的作用点正好落在焊脚边缘。

（2）焊料偏析会影响焊点的强度。当采用含 Bi 的焊料时，在正常冷却过程中，焊点内部（包含金属引脚部分）热熔量大，往往后冷却，该热量通过过孔孔壁传导给焊盘。因此，焊点在冷却过程中会造成内部 Bi 的偏析现象。偏析现象会使焊点最后冷却的部位（焊盘边缘处）含 Bi 量偏大。Bi 含量不均匀会造成焊接强度下降，并在 PCB 收缩应力的联合作用下加剧产生 Lift Off 现象。

（3）含 Pb 杂质的影响。Lift Off 现象也容易出现在含 Pb 的焊盘中。在波峰焊过程中，当 PCB 焊盘涂层中含 Sn-Pb 焊料时，含 Pb 涂层会与波峰接触而浸入焊料，Pb 杂质与 Bi、Sn 可以构成 Sn-Bi-Pb 三元低温相，从而引起焊点强度下降，产生 Lift Off 现象。

解决办法：上述三种原因均是在极端状态下的分析，但实际生产中往往因多种原因交错在一起而产生焊接缺陷，克服 Lift Off 缺陷的根本方法仍在于减小 PCB 厚度（在进行波峰焊时），以减小收缩应力；焊接后快速冷却以防止发生焊料偏析；不使用 Bi 含量高的焊料；尽量避免含 Pb 杂质的涂层。

6. 冷焊或焊点不亮

焊点碎裂、不平，大部分是零件在焊锡正要冷却形成焊点时遇震动而造成的，解决办法是注意波峰焊炉输送带是否有异常震动。

7. 焊点破裂

焊点破裂通常是焊锡、基板、导通孔及零件引脚之间膨胀系数不匹配而造成的，解决办法应从基板材质、零件材料及设计上去改善。

6.3 回流焊技术

6.3.1 回流焊工艺概述

回流焊也被称为再流焊，是英文 Reflow Soldering 的直译。回流焊工艺是通过重新熔化预先分配到 PCB 焊盘上的膏状软钎焊料，实现表面安装元器件的焊端或引脚与 PCB 焊盘之间机械与电气连接的软钎焊。

回流焊是伴随微型化电子产品的出现而发展起来的锡焊技术，主要应用于各类表面安装元器件的焊接，目前已经成为表面安装 PCB 组装技术的主流。

1. 回流焊的工艺流程

经过焊锡膏印刷和元器件贴装的 PCB 进入回流焊设备；传送系统带动 PCB 通过设备中各个设定的温区，焊锡膏经过干燥、预热、熔化、润湿、冷却，将元器件焊接到 PCB 上。回流焊工艺的核心环节是利用外部热源加热，使焊料熔化后再次流动润湿，完成 PCB 的焊接过程。

由于回流焊工艺有再流动及自定位效应的特点，对贴装精度的要求比较宽松，容易实现焊接的高度自动化与高速度，对焊盘设计、元器件标准化、元器件端头、PCB 质量、焊料质量及工艺参数的设置有更严格的要求。

回流焊操作方法简单、效率高、质量好、一致性高、节省焊料（仅在元器件的引脚下有很薄的一层焊料），是一种适合自动化生产的电子产品装配技术。

回流焊的一般工艺流程如图 6-9 所示。

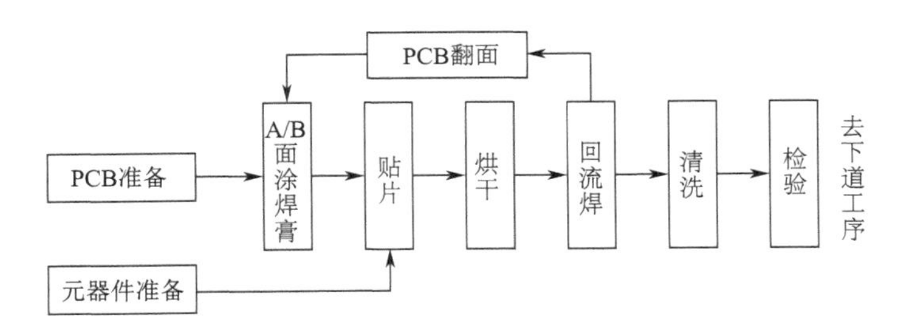

图 6-9 回流焊的一般工艺流程

2. 回流焊的焊接温度曲线

控制与调整回流焊设备内焊接对象在加热过程中的时间-温度参数关系（焊接温度曲线）是决定回流焊效果与质量的关键。各类焊接设备的演变与改善，目的是更加便于精确调整焊接温度曲线。

回流焊的加热过程可分为预热区、焊接区（回流区）和冷却区三个基本温区。回流焊的加热方法主要有两种：一种是沿着传送系统的运行方向，让 PCB 按顺序通过隧道式炉内的各个温区；另一种是把 PCB 放在某一固定位置上，在控制系统的作用下，按照各个温区的梯度规律调节、控制温度的变化。焊接温度曲线主要反映 PCB 组件的受热状态，常规回流焊的理想焊接温度曲线如图 6-10 所示。

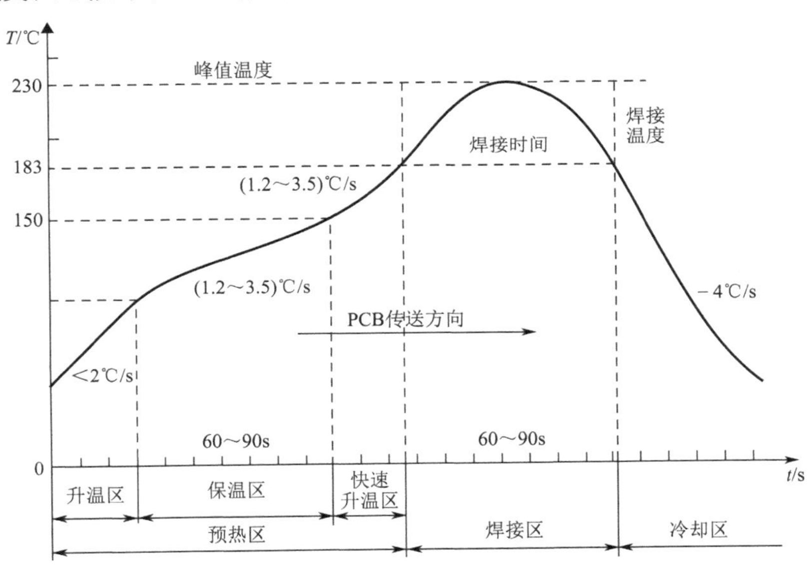

图 6-10 常规回流焊的理想焊接温度曲线

典型的温度变化过程通常由四个温区组成，分别为预热区、焊接区与冷却区。

（1）预热区：焊接对象从室温逐步加热至 150℃左右的区域，减小焊接对象与回流焊过程的温差，此过程会使焊锡膏中的溶剂挥发。

（2）保温区：温度维持在 150～160℃，焊锡膏中的活性剂开始发挥作用，去除焊接对象表面的氧化层。

（3）焊接区：温度逐步上升，超过焊锡膏熔点温度的 30%～40%（一般 Sn-Pb 焊锡的熔点为 183℃，比熔点高 47～50℃），峰值温度达到 220～230℃的时间小于 10s，焊锡膏完全熔化并润湿元器件的焊端与焊盘。焊接区一般被称为工艺窗口。

（4）冷却区：焊接对象迅速降温，形成焊点，完成焊接。

由于元器件的种类、大小、数量及 PCB 的尺寸不同等诸多因素的影响，要获得理想且一致的焊接温度曲线并不容易，需要反复调整焊接设备各温区的加热器，才能得到理想焊接温度曲线。

通过温度测试记录仪可以测量焊接温度曲线，从而调整出最佳工艺参数。这种温度测试记录仪一般由多个热电偶与记录仪组成，5 到 6 个热电偶分别固定在小元件、大器件、BGA 封装的 IC 旁边及 PCB 边缘等位置，连接记录仪后一起随 PCB 进入炉膛，记录仪记录焊接温度曲线。在炉子的出口处取出记录仪后，把参数传送至计算机，用专用软件处理并描绘曲线。

3. 回流焊的工艺要求

回流焊的工艺要求有以下几点。

（1）要设置合理的焊接温度曲线。回流焊是 SMT 生产中的关键工序，焊接温度曲线设置不当，会引起焊接不完全、虚焊、元件翘立（“立碑”现象）、锡珠飞溅等焊接缺陷，从而影响产品质量。

（2）在设计 PCB 时就要确定焊接方向，并应该按照设计的焊接方向进行焊接。一般应该保证主要元器件的长轴方向与 PCB 的运行方向垂直。

（3）在焊接过程中，要严格防止传送带发生震动。

（4）必须对第一块 PCB 的焊接效果进行判断，施行首件检查制度。检查焊接是否完全、有无焊锡膏熔化不充分、有无虚焊和桥接的痕迹、焊点表面是否光亮、焊点形状是否向内凹陷、是否有锡珠飞溅和残留物等现象，还要检查 PCB 的表面颜色是否改变。在批量生产过程中，要定时检查焊接质量，及时对焊接温度曲线进行修正。

6.3.2 回流焊炉的工作方式和结构

1. 回流焊炉的工作方式

回流焊的核心环节是将预敷的焊料熔融、回流、润湿。回流焊对焊料加热有不同的方法，按热量的传导可分为辐射和对流；按加热区域可分为整体加热和局部加热。整体加热的方法主要有红外线加热法、气相加热法、热风加热法、热板加热法；局部加热的方法主要有激光加热法，红外线聚焦加热法、热气流加热法、光束加热法。

回流焊炉的结构主体是一个热源受控的隧道式炉膛，涂敷了膏状焊料并贴装了元器件的 PCB 随传送装置直线匀速地进入炉膛，按顺序通过预热区、焊接区和冷却区这三个最基本的温区。

在预热区内，PCB 在 100～160℃的温度下均匀预热 2～3min，使焊锡膏中的低沸点溶剂和抗氧化剂挥发，化成烟气排出；焊锡膏中的助焊剂润湿，焊锡膏软化塌落，覆盖焊盘和元器件的焊端或引脚，使其与氧气隔离；PCB 和元器件能得到充分预热，以免其进入焊接区后因温度突然升高而损坏。在焊接区，温度迅速上升，比焊料合金的熔点高 20～50℃，膏状焊料在热空气中再次熔融，润湿焊接面，时间为 30～90s。当焊接对象从炉膛内的冷却区通过，使焊料冷却凝固以后，全部焊点同时完成焊接。

回流焊设备可以用于单面 PCB、双面 PCB、多层 PCB 上片式元器件的焊接及其他材料的电路基板（如陶瓷基板、金属芯基板）上的回流焊，也可以用于电子器件、组件、IC 的回流焊，还可以用于对 PCB 进行热风整平、烘干，对电子产品进行烘烤、加热、固化黏合。回流焊设备既可以单机操作，也可以连入电子装配生产线配套使用。

回流焊设备可以焊接 PCB 的两面：先在 A 面漏印焊锡膏，粘贴片式元器件后入炉完成焊接；然后在 B 面漏印焊锡膏，粘贴片式元器件后再次入炉，这时 B 面朝上，在正常的温度控制下完成焊接，A 面朝下，受热温度较低，已经焊好的元器件不会从 PCB 上脱落。回流焊的工作状态如图 6-11 所示。

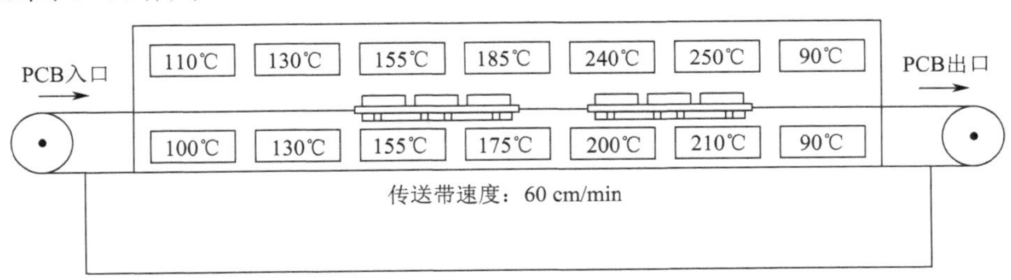

图 6-11　回流焊的工作状态

2. 回流焊炉的结构

热风回流焊是目前应用较广的一种回流焊类型，下面以此为例介绍回流焊炉的结构。

回流焊炉主要由炉体、上下加热源、PCB 传送装置、空气循环装置、冷却装置、排风装置、温度控制装置及计算机控制系统等组成。

（1）外部结构。

① 电源开关：主电源一般为 380V 三相四线制电源。

② PCB 传送装置：一般有传输链和传输网两种。

③ 信号指示灯：指示设备当前状态，共有三种颜色。绿色指示灯亮表示设备各项检测值与设定值一致，可以正常使用；黄色指示灯亮表示设备正在设定中或尚未启动；红色指示灯亮表示设备有故障。

④ 排风装置：在生产过程中将助焊剂烟雾等废气抽出，以保证炉内回流气体干净。

⑤ 显示器、键盘：设备操作接口。

⑥ 散热风扇。

⑦ 紧急开关：按下紧急开关，可以关闭各电动机电源，同时关闭发热器电源，设备进入紧急停止状态。

（2）内部结构。热风回流焊炉的内部结构如图 6-12 所示。

① 加热器：一般为石英发热管组，提供炉温所需的热量。

② 热风电动机：驱动风泵将热量传送至 PCB 表面，保持炉内热量均匀。

③ 冷却风扇：冷却焊接后的 PCB。

④ 传送带驱动电动机：给传送带提供驱动动力。

⑤ 传送带驱动轮：起传动网链作用。

⑥ UPS。在主电源突然停电时，UPS 会自动将存在蓄电池内的电量释放，驱动传送带驱动轮运动，将 PCB 传送出炉。

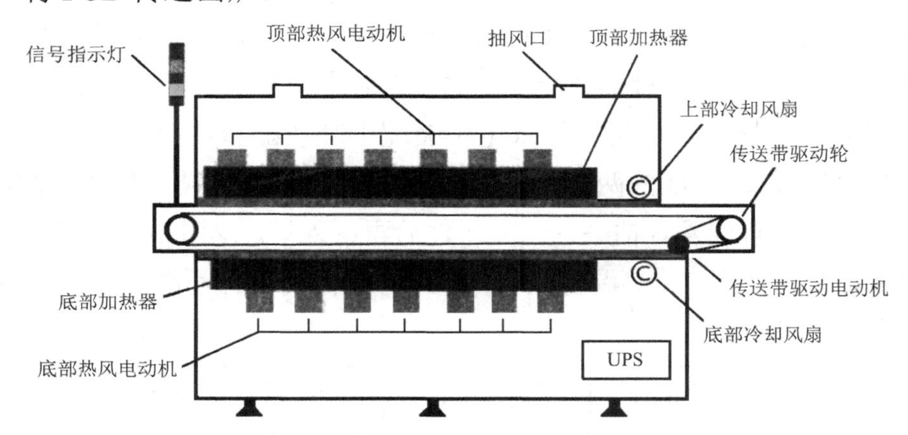

图 6-12　热风回流焊炉的内部结构

3. 回流焊炉的主要技术指标

（1）温度控制精度（指传感器灵敏度）：应该为±0.1～±0.2℃。

（2）温度均匀度：温差为±1～±2℃，炉膛内不同点的温差应该尽可能小。

（3）传输带横向温差：应该在±5℃以下。

（4）焊接温度曲线调试功能：如果设备无此装置，那么要外购温度曲线采集器。

（5）最高加热温度：一般为 300～350℃，如果考虑温度更高的无铅焊接或金属基板焊接，应该选择在 350℃以上。

（6）加热区数量和长度：加热区数量越多、长度越长，越容易调整和控制焊接温度曲线。一般中小批量生产选择 4 到 5 个温区，加热区长度在 1.8m 左右的设备就能满足要求。

（7）焊接工作尺寸：根据传输带宽度确定，一般为 30～400mm。

6.3.3 回流焊设备的类型

根据加热方式的不同，回流焊设备一般分为以下几种类型。

1. 热板回流焊

利用热板进行加热的焊接方法被称为热板回流焊。热板回流焊设备的工作原理如图 6-13 所示。

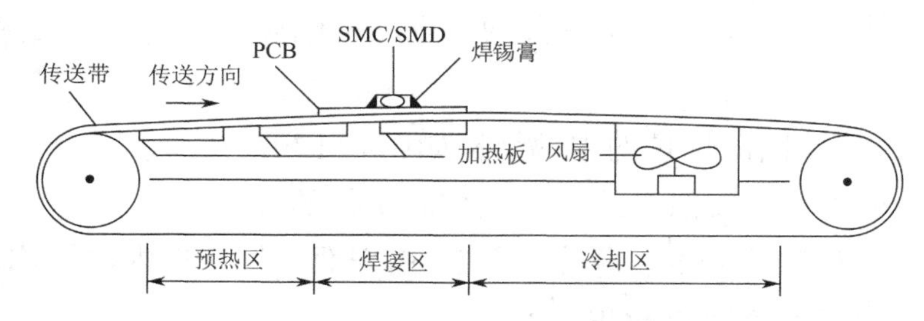

图 6-13　热板回流焊设备的工作原理

（1）工作原理。热板回流焊设备的发热器件的加热板放置在薄薄的传送带下，传送带由导热性能良好的聚四氟乙烯材料制成。将待焊 PCB 放在传送带上，热量先传送至 PCB，再传送至焊锡膏与 SMC/SMD 元器件，焊锡膏熔化以后，通过风冷降温，完成焊接。

（2）特点。热板回流焊设备的加热板表面温度不能大于 300℃，早期用于导热性好的高纯度氧化铝基板、陶瓷基板等厚膜电路单面焊接，随后用于焊接初级 SMT 产品的单面 PCB。热板回流焊设备优点是结构简单，操作方便；缺点是热效率低，温度不均匀，PCB 若导热不良或稍厚就无法适应，对普通覆铜箔 PCB 的焊接效果不好，故很快被其他形式的回流焊炉取代。

2. 红外线辐射回流焊

（1）工作原理。在红外线辐射回流焊设备内部，通电的陶瓷发热板（或石英发热管）辐射远红外线，PCB 通过数个温区，接受辐射并将其转化为热能，达到回流焊所需的温度，使焊料润湿完成焊接并冷却。红外线辐射加热法是使用最早且最广泛的 SMT 焊接方法之一。红外线辐射回流焊设备的原理示意图如图 6-14 所示。

（2）特点。红外线辐射回流焊设备的成本低，适用于低组装密度产品的批量生产，调节温度范围较广的设备也能在点胶贴片后固化贴片胶。设备内有远红外线与近红外线两种热源，一般前者多用于预热，后者多用于回流加热。红外线辐射回流焊设备可以分成几个温区，分别控制焊接温度。

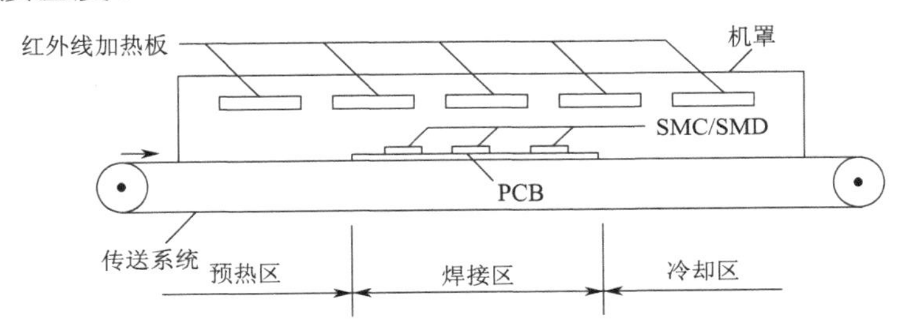

图 6-14　红外线辐射回流焊设备的原理示意图

红外线辐射回流焊的优点是热效率高，温度变化梯度大，焊接温度曲线容易控制，在焊接双面 PCB 时，上下温差大；缺点是 PCB 同一面上的元器件受热不够均匀，温度设定难以兼顾周全，遮蔽效应较明显；当元器件的封装、颜色、材质不同时，各焊点吸收的热量也不同；体积大的元器件会对体积小的元器件形成阴影使其受热不足。

3. 全热风回流焊

（1）工作原理。全热风回流焊设备是一种通过对流喷射管嘴或耐热风机使气流循环，从而实现被焊件加热的焊接方法，该类设备在 20 世纪 90 年代开始兴起。

（2）特点。采用全热风回流焊可以使 PCB 和元器件的温度接近给定加热区的气体温度，从而完全克服了红外辐射回流焊的局部温差和遮蔽效应，故目前应用范围较广。在全热风回流焊设备中循环气体的对流速度至关重要。为确保循环气体作用于 PCB 的任一区域，气流必须具有足够快的速度，这在一定程度上容易造成 PCB 抖动和元器件移位。此外，全热风回流焊的热交换效率较低、耗电较多。

4. 红外线热风回流焊

20 世纪 90 年代后，元器件进一步小型化，SMT 的应用不断扩大。为使不同颜色、体积的元器件（如 QFP、PLCC 封装和 BGA 封装的 IC）同时完成焊接，必须改善回流焊设备的热传导效率，减少元器件之间的峰值温差，在 PCB 通过温度隧道的过程中维持稳定一致的焊接温度曲线。有些设备制造商开发了新一代回流焊设备，改进加热器的分布、空气的循环流向，增加温区划分，使其进一步精确控制设备内各部位的温度分布，便于调节理想的焊接温度曲线。

（1）工作原理。红外线热风回流焊技术结合了热风对流与红外线辐射两者的优点，用波长稳定的红外线（波长约 8μm）发生器作为主要热源，利用对流的均衡加热特性减少元器件与 PCB 之间的温差。

在红外线热风回流焊设备内，热空气不停流动，均匀加热，有极高的热传递效率，不单纯依靠红外线直接辐射加温。

（2）特点。红外线热风回流焊设备的特点是各温区独立调节热量，减小热风对流，可以在 PCB 下面采取制冷措施，从而保证加热温度均匀稳定，PCB 表面和元器件之间的温差小，焊接温度曲线容易控制。红外热风回流焊设备的生产能力强，操作成本低。红外热风回流焊有效克服了红外回流焊的局部温差和遮蔽效应，弥补了热风回流焊因气体流速要求过快而造成的影响，因此目前使用得非常普遍。

随着温度控制技术的进步，高档的强制对流热风回流焊设备的温度隧道又细分了不同的温区，如把预热区细分为升温区、保温区和快速升温区等。在国内，焊接设备条件好的企业已经使用 7～10 个温区的回流焊设备了。当然，回流焊炉的强制对流加热方式和加热器形式也在不断地改进，使传导对流热量给 PCB 的效率更高，加热更均匀。图 6-15 所示为红外线热风回流焊炉。

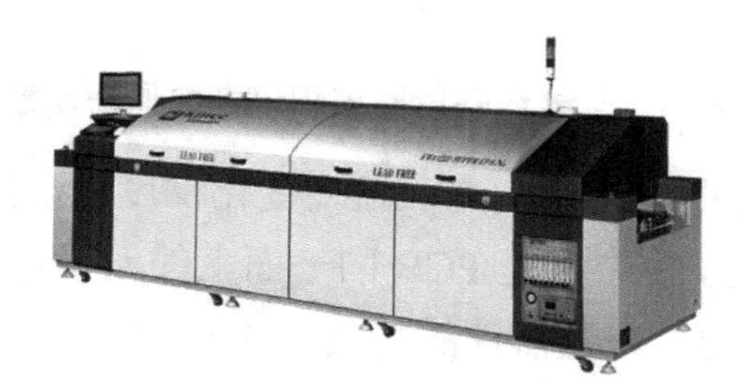

图 6-15　红外线热风回流焊炉

5. 气相回流焊

气相回流焊是美国西屋公司于 1974 年首创的焊接方法，曾经在美国的 SMT 焊接中占很高的比例。

（1）工作原理。加热传热介质氟氯烷系溶剂，使其沸腾产生饱和蒸汽；在气相回流焊设备内，介质的饱和蒸汽遇到温度低的待焊 PCB，能转变成为相同温度的液体，并释放出汽化潜热，使膏状焊料熔融润湿，从而使 PCB 上的所有焊点同时完成焊接。

（2）加热过程。利用 PCB 托盘有规律地运动，首先经过红外预热，其次进入隔离区进一步预热，最后将被加热对象逐层依次送入加热层。由于主加热器位于设备底部，因此从工艺腔体底部到顶部不同的高度会产生一定温差，在腔体内的不同高度形成不同的温度，从而使腔体内分成多个不同的温区。在加热过程中，利用这些温区可以精密调整加热工艺曲线，使 PCB 和元器件都被充分加热，完成被加热对象焊接前的预热过程，达到润湿准备的目的。

被加热对象在气相层内进行润湿焊接和充分的热交换。在热交换过程中，蒸汽中的热量被交换到温度相对较低的被加热对象上，热量被交换走的部分蒸汽冷凝成液体，流回主加热槽中，主加热槽下的电加热器会不断地提供气相液沸腾所需的热能。由此周而复始，直至被加热对象的温度与气相液蒸汽的温度完全一致，并在气相液表面重新形成一层稳定的气相层。

PCB 在离开加热区后，PCB 上的冷凝液体将流回气相液槽内。由于冷凝液体会很快蒸发，因此 PCB 在被取出前已经干燥。

（3）特点。在加热过程中，PCB 任何部位的温度都完全相同，即使被长时间加热，这个温度也不会超过气相液的沸点温度，因此不会出现加热温度过高的问题。

气相回流焊能精确控制温度（取决于熔剂沸点），气相液的沸点是人为设定、选择的，厂家提供多种不同温度（150～276℃）、规格的气相液，可以由使用者根据被加热对象所需的温度而事先选择。

气相液沸腾后的蒸汽的密度大于空气，因此会在气相液表面上方形成一层稳定的沉于空气底部的气相层，而气相液是一种惰性的介质，为被加热对象提供一个惰性气体环境，能够完全避免被加热对象产生氧化反应。

气相回流焊的缺点是介质液体及设备的价格高。介质液体是典型的臭氧层损耗物质，在工作时会产生少量有毒的全氟异丁烯（PFIB）气体，因此在应用上受到了极大限制。图 6-16 所示为气相回流焊设备的工作原理，其中溶剂在加热器的作用下沸腾并产生饱和蒸汽，PCB 从左向右进入炉膛受热进行焊接，设备上方、左方、右方有冷凝管，将蒸汽限制在炉膛内。

6. 简易红外线热风回流焊机

图 6-17 所示为简易红外线热风回流焊机。简易红外线回流焊机是内部只有一个温区的小加热炉，能够焊接的 PCB 最大面积为 400mm×400mm（小型设备的有效焊接面积会小一些）。炉内的加热器和风扇受单片机控制，焊接温度随时间变化，PCB 在炉内处于静止状态。在使用时打开炉门，放入待焊 PCB（见图 6-17），按下启动按钮，PCB 连续经历预热、回流和冷却的温度过程，完成焊接。简易红外线回流焊机的控制面板上装有温度调整按键和 LCD 显示屏，焊接过程中可以监测温度变化情况。

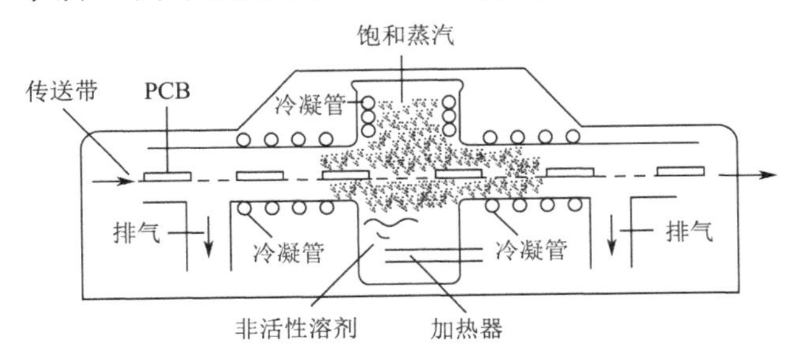

图 6-16　气相回流焊设备的工作原理

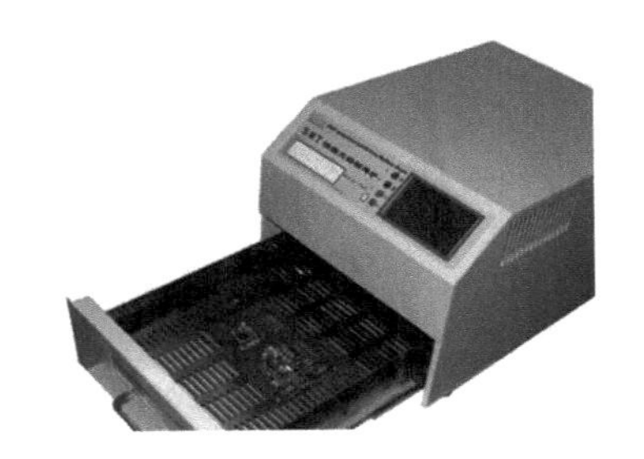

图 6-17　简易红外线热风回流焊机

简易红外线热风回流焊设备的价格比隧道炉膛式红外线热风回流焊设备的价格低很多，适用于生产批量不大的小型企业。

7. 各种回流焊工艺主要加热方法比较

各种回流焊工艺主要加热方法的优缺点如表 6-3 所示。

表 6-3　各种回流焊工艺主要加热方法的优缺点

加热方法	原理	优点	缺点
热板	利用热板的热传导加热	①减少对元器件的热冲击； ②设备结构简单、操作方便、价格低	①受基板热传导性能影响大； ②不适用于大型基板、元器件； ③温度分布不均匀
红外线	吸收红外线辐射加热	①设备结构简单，价格低； ②加热效率高，温度可调范围广； ③减少焊料飞溅、虚焊及桥接	元器件材料、颜色与体积不同，热吸收不同，温度控制不够均匀
热风	高温加热的气体在炉内循环加热	①加热均匀； ②温度控制容易	①容易产生氧化； ②能耗大
红外线加热风	强制对流加热	①温度分布均匀； ②热传递效率高	设备价格高
气相	利用惰性溶剂的蒸汽冷凝时释放的潜热加热	①加热均匀，热冲击小； ②升温快，温度控制准确； ③在无氧环境下进行焊接，氧化少	①设备和介质费用高； ②不利于环保

6.3.4　回流焊质量缺陷及解决办法

1. 立碑现象

在回流焊工艺中，片式元器件出现立起的现象被称为立碑现象，也被称为吊桥现象、曼哈顿现象，如图 6-18 所示。这种现象是在回流焊工艺中经常发生的一种缺陷。

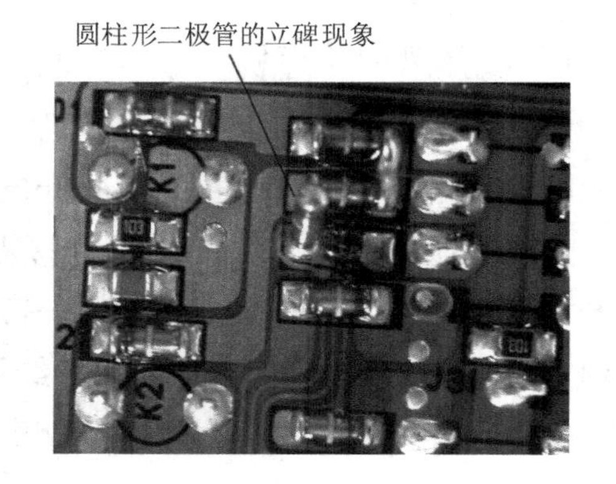

图 6-18　立碑现象

产生原因：根本原因是元件两端的润湿力不平衡，力矩也不平衡，从而产生立碑现象，如图 6-19 所示。若 $M_1>M_2$，则元件将向左侧立起；若 $M_1<M_2$，则元件将向右侧立起。

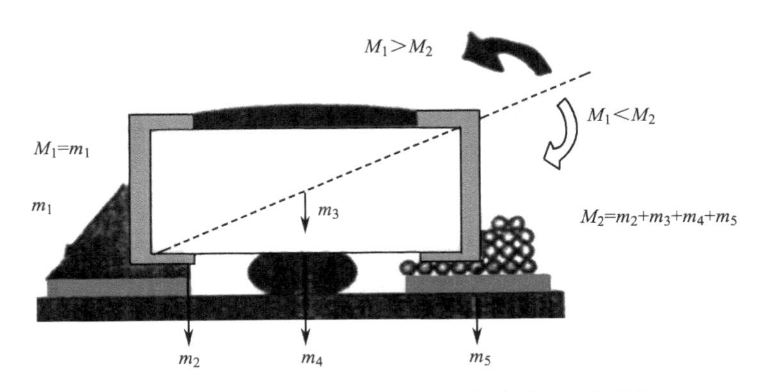

图 6-19　元件两端的力矩不平衡产生立碑现象

下列情形均会导致在回流焊工艺中元件两边的润湿力不平衡。

（1）焊盘设计与布局不合理。如果焊盘设计与布局有以下缺陷，将引起元件两端的润湿力不平衡。

① 元件的一侧焊盘与地线相接或焊盘面积过大，导致焊盘两端热容量不均匀。

② PCB 表面各处的温差过大导致元件焊盘两端吸热不均匀。

③ QFP、BGA 封装的大型器件、散热器周围的小型片式元件焊盘两端出现温度分布不均匀的情况。

解决办法：改善焊盘设计与布局。

（2）焊锡膏与印刷焊锡膏。焊锡膏的活性不高或元件的可焊性差，在焊锡膏熔化后，表面张力不一样，将导致焊盘润湿力不平衡。焊盘两端的印刷焊锡膏不均匀，多的一端会因焊锡膏吸热量增加而熔化时间滞后，导致润湿力不平衡。

解决办法：选用活性较高的焊锡膏，改善印刷焊锡膏参数，特别是模板的窗口尺寸。

（3）贴片。*Z* 轴方向受力不均匀会导致元件浸入焊锡膏的深度不均匀，在焊锡膏熔化时会因时间差而导致元件两端的润湿力不平衡。如果元件贴片移位，则会直接产生立碑现象，如图 6-20 所示。

解决办法：调节贴片机的工艺参数。

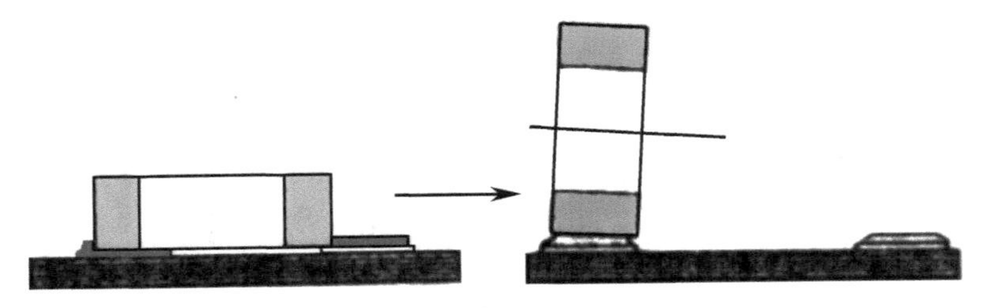

图 6-20　元件因偏离焊盘而产生立碑现象

（4）炉温曲线。PCB 加热的工作曲线不正确，导致 PCB 板面上温差过大，通常回流焊炉炉体过短和温区太少会出现这种缺陷。有缺陷的炉温工作曲线如图 6-21 所示。

解决办法：根据不同产品调节适当的焊接工作曲线。

（5）N_2 在回流焊中的氧浓度。采用 N_2 保护回流焊会增加焊料的润湿力，但越来越多的报道说明，在氧含量过低的情况下产生立碑的现象反而增多。通常将氧含量控制在（100～500）$\times10^{-6}$ 左右最为适宜。

2. 芯吸现象

芯吸现象也被称为抽芯现象，是常见的焊接缺陷之一，多发生在气相回流焊工艺中。芯吸现象是焊料脱离焊盘沿引脚上升到引脚与 IC 之间，通常会造成严重的虚焊，如图 6-22 所示。

芯吸现象产生的原因主要是元件引脚的导热率高，升温迅速，导致焊料先润湿引脚，焊料与引脚之间的润湿力大于焊料与焊盘之间的润湿力。此外，引脚的上翘会加剧产生芯吸现象。

解决办法如下。

（1）对于气相回流焊工艺，应将 SMA 充分预热后再放入气相回流焊炉。

（2）应认真检查 PCB 焊盘的可焊性，可焊性不好的 PCB 不应用于生产。

（3）充分重视元件的共面性，共面性不良的元件也不应用于生产。

在红外回流焊工艺中，PCB 基材与焊料中的有机助焊剂是红外线良好的吸收介质，而引脚能部分反射红外线，相比而言焊料先熔化，焊料与焊盘的润湿力会大于焊料与引脚之间的润湿力，故焊料不会沿引脚上升，从而产生芯吸现象的概率会小很多。

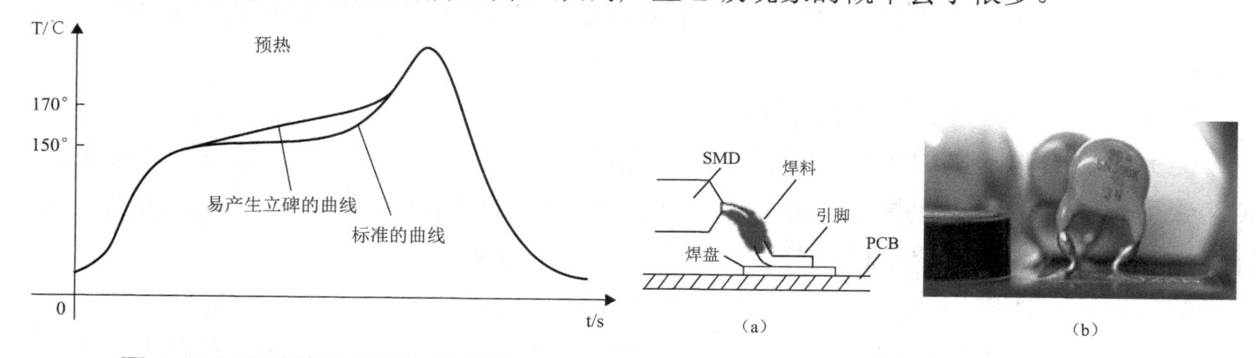

图 6-21　有缺陷的炉温工作曲线

图 6-22　芯吸现象

3. 桥连

桥连是 SMT 生产中常见的缺陷之一，会引起元器件之间的短路，遇到桥连必须返修。产生桥连的过程如图 6-23 所示。

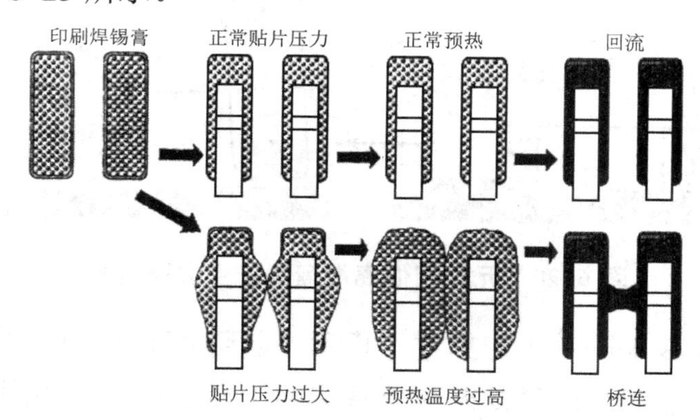

图 6-23　产生桥连的过程

产生桥连的原因很多，以下是主要的四种。

（1）焊锡膏质量问题。

① 焊锡膏中的金属含量偏高，特别是印刷时间过长后，容易出现金属含量增高，导致

IC 的引脚产生桥连。

② 焊锡膏黏度低，预热后漫流到焊盘外。

③ 焊锡膏塌落度差，预热后漫流到焊盘外。

解决办法：调整焊锡膏配比或改用质量好的焊锡膏。

（2）印刷系统。

① 印刷机重复精度差，对位不齐（钢板、PCB 对位不齐），导致焊锡膏印刷到焊盘外，尤其是细间距 QFP 的焊盘。

② 模板窗口尺寸与厚度设计错误及 PCB 焊盘 Sn-Pb 合金层不均匀，导致焊锡膏用量偏多。

解决方法：调整印刷机，纠正模板窗口设计错误，改善 PCB 焊盘涂覆层。

（3）贴放。贴放压力过大，焊锡膏受压后漫流是生产中多见的现象。另外，贴片精度不够引起元件移位及贴放了引脚变形的 IC 等。

（4）预热。回流焊炉的升温速度过快，焊锡膏中溶剂来不及挥发。

解决办法：调整贴片机 *Z* 轴高度及回流焊炉的升温速度。

桥连是波峰焊工艺中的缺陷，但在回流焊工艺中常见。

4. 元件偏移

一般说来，元件偏移距离大于可焊端宽度的 50%被认为是不可接受的，通常要求元件偏移距离小于 25%。

（1）产生原因。

① 贴片机精度不够。

② 元件的尺寸容差不符合要求。

③ 焊锡膏黏性不足或在安装时元件压力不足，传输过程中的震动引起元件移动。

④ 助焊剂含量太高，在回流焊时助焊剂沸腾，元件在液态焊料上移动。

⑤ 焊锡膏塌边引起元件偏移。

⑥ 焊锡膏超过使用期限，助焊剂变质。

⑦ 元件旋转，可能是程序的旋转角度设置错误。

⑧ 热风炉风量过大。

（2）防止措施。

① 校准定位坐标，注意安装元件的准确性。

② 使用黏性强的焊锡膏，增加元件的安装压力，增强黏接力。

③ 选用合适的焊锡膏，防止焊锡膏塌陷的出现，以及合适的助焊剂含量。

④ 如果每块 PCB 都发生同样程度的元件偏移，则需要修改程序；如果每块 PCB 的偏移程度都不同，则可能是 PCB 的加工问题或位置错误。

⑤ 调整热风电动机转速。

6.3.5　回流焊与波峰焊均会出现的焊接缺陷

1. 锡珠

锡珠是回流焊常见的缺陷之一，在波峰焊中也时有发生。锡珠不仅影响外观而且会产生桥接。锡珠可分为两类：一类出现在片式元器件一侧，呈独立的大球状，如图 6-24（a）所示；另一类出现在 IC 引脚的四周，呈分散的小珠状。产生锡珠的原因有以下几个方面。

（1）焊接温度曲线不正确。在回流焊的焊接温度曲线中预热、保温 2 个区段的目的是使 PCB 表面温度在 60～90s 内上升到 150℃，并保温约 90s，这不仅可以降低 PCB 及元件的热冲击，还确保焊锡膏的溶剂能部分挥发，避免因溶剂太多而引起飞溅，导致焊锡膏冲出焊盘形成锡珠。

解决办法：注意升温速率，并采取适中的预热，使焊接过程中有一个很好的平台让大部分溶剂挥发。升温速率及保温时间控制曲线如图 6-24（b）所示。

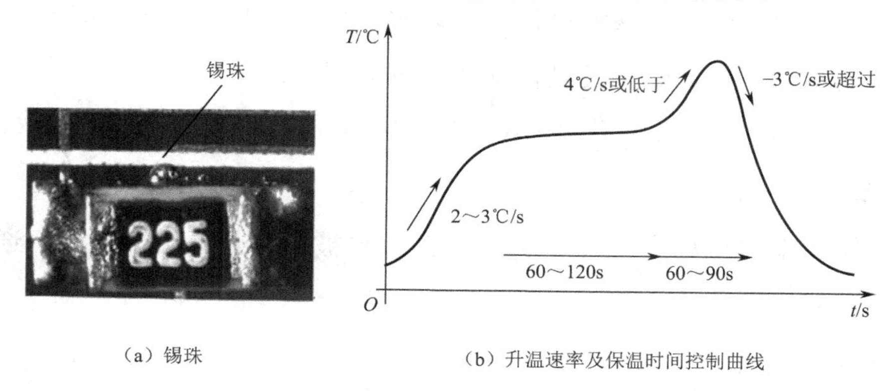

（a）锡珠　　（b）升温速率及保温时间控制曲线

图 6-24　锡珠和升温速率及保温时间控制曲线

（2）焊锡膏的质量。

① 焊锡膏中的金属含量通常为（90±0.5）%，金属含量过低会导致助焊剂成分过多，过多的助焊剂会因在预热阶段不易挥发而产生锡珠。

② 焊锡膏中的水蒸气和氧含量增加也会产生锡珠。焊锡膏通常被存放在冰箱中，当从冰箱中取出时，没有确保恢复时间，则会导致水蒸气进入。此外，焊锡膏瓶的盖子每次打开后要盖紧，若没有及时盖紧，则也会导致水蒸气进入。

放在模板上印制的焊锡膏在完工后，剩余的部分应另行处理，若再放回原来瓶中，则会引起瓶中焊锡膏变质，也会产生锡珠。

解决办法：选择优质的焊锡膏，注意焊锡膏的保存与使用要求。

（3）印刷与贴片。

① 在焊锡膏的印刷工艺中，由于模板与焊盘对中会发生偏移，若偏移距离过大，则会导致焊锡膏浸流到焊盘外，加热后容易产生锡珠。此外，印刷工作环境不好也会产生锡珠，理想的印刷工作环境温度为（25±3）℃，相对湿度为 50%RH～65%RH。

解决办法：仔细调整模板的装夹，防止其松动。改善印刷工作环境。

② 在贴片过程中，贴片机 Z 轴的压力也是产生锡珠的一项重要原因，往往不会引起人

们的注意，部分贴片机 Z 轴是依据元件的厚度进行定位的，如 Z 轴高度调节不当，会产生元件贴到 PCB 上的一瞬间将焊锡膏挤压到焊盘外的现象，焊接时这部分焊锡膏会形成锡珠。在这种情况下产生的锡珠尺寸稍大，如图 6-25 所示。

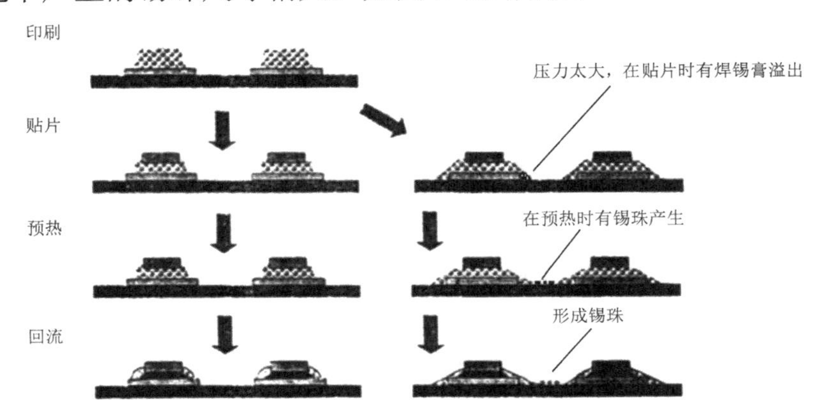

图 6-25　贴片压力太大容易产生锡珠的示意图

解决办法：重新调节贴片机 Z 轴高度。

③ 模板的厚度与开口尺寸。模板的厚度与开口尺寸过大会增加焊锡膏用量，也会产生焊锡膏漫流到焊盘外的现象，特别是用化学腐蚀方法制造的模板。

解决办法：选用适当厚度的模板、开口尺寸、开口形状，一般模板的开口面积为焊盘尺寸的 90%。图 6-26 所示为几种可以减少产生锡珠概率的模板开口形状。

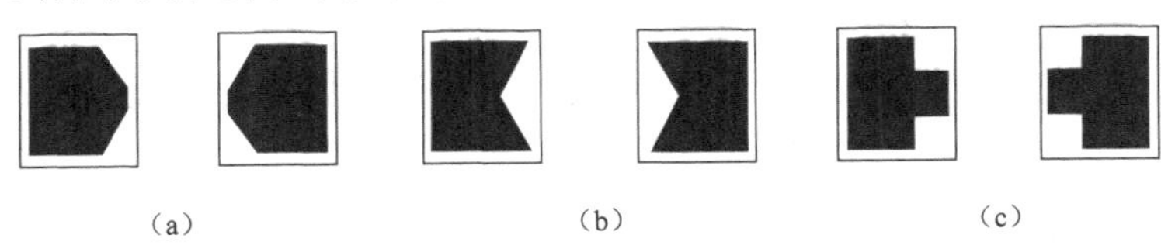

图 6-26　几种可以减少产生锡珠概率的模板开口形状

2. SMA 焊接后 PCB 基板上起泡

SMA 焊接后产生指甲大小的泡状物，主要原因是 PCB 基材内部夹带了水汽。特别是多层 PCB 的加工，此类 PCB 是由多层环氧树脂半固化片预成型再热压后形成的，若环氧树脂半固化片存放时间过短，树脂含量不足，预烘干去除水汽不干净，则热压成型后很容易夹带水汽，或者因环氧树脂半固化片本身含胶量不足，层与层之间的结合力不够，而留下起泡的内在原因。此外，购进 PCB 后，存放时间过长，存放环境潮湿，PCB 贴片前没有及时预烘，也会使受潮的 PCB 贴片后产生起泡现象。

解决办法：购进的 PCB 应在验收后方能入库；PCB 贴片前应在（125±5）℃温度下预烘 4h。

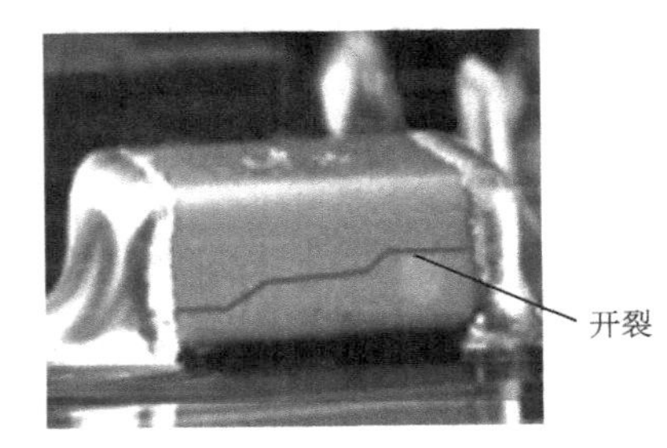

图 6-27　片式元器件开裂

3. 片式元器件开裂

片式元器件开裂常见于片式多层陶瓷电容器，如图 6-27 所示。片式元器件开裂的原因主要是热应力与机械应力的作用。

（1）产生原因。

① 片式多层陶瓷电容器在结构上存在着很大的脆弱性，这是因为该电容器通常是由多层陶瓷电容叠加制成的，所以强度低，极易受热应力与机械应力的冲击，特别是在波峰焊中尤为明显。

② 在贴片过程中，受贴片机 Z 轴的吸放高度的影响，特别是一些不具备 Z 轴软着陆功能的贴片机，由于吸放高度是根据片式元件的厚度决定的，不是根据压力传感器决定的，因此片式元器件会因自身厚度公差而造成开裂。

③ PCB 的曲翘应力，特别是在焊接后 PCB 的曲翘应力很容易造成元件的开裂。

④ 在分割拼板的 PCB 时，如果操作不当也会损坏元件。

（2）解决办法。

① 认真调节焊接工艺温度，特别是预热区温度不能过低。

② 在贴片过程中应认真调节贴片机 Z 轴的吸放高度。

③ 在分割时注意割刀形状；检查 PCB 的曲翘度，尤其是焊接后的曲翘度应进行针对性校正。

④ 若是 PCB 板材质量的问题，则需考虑将其更换。

4. 焊点不光亮和残留物多

通常焊锡膏中氧含量多会产生焊点不光亮的现象，有时焊接温度不到位（峰值温度不到位）也会产生焊点不光亮的现象。

SMA 出炉后，未能强制风冷会产生焊点不光亮和残留物多的现象。焊点不光亮与焊锡膏中金属含量有关，介质不容易挥发会产生残留物过多的现象。

对焊点光亮度有不同的理解：有些人喜欢焊点光亮，有些人认为焊点光亮反而不利于目测检查，故有的焊锡膏中会使用消光剂。

5. PCB 扭曲

PCB 扭曲是大批量生产 SMT 中经常出现的问题，会对装配及测试带来相当大的影响，因此在生产中应尽量避免出现这个问题。

（1）产生原因。

① PCB 本身原材料选用不当。例如，PCB 的 T_g 低，特别是纸基 PCB，如果加工温度过高，则 PCB 容易变得弯曲。

② PCB 设计不合理，元件分布不均会造成 PCB 热应力过大，外形较大的连接器和插座会影响 PCB 的膨胀和收缩，导致 PCB 永久性的扭曲。

③ PCB 设计问题。例如，双面 PCB 的一面铜箔过多（如设计有大面积地线或电源线，信号线过宽、过密等），另一面铜箔过少，会使两面收缩不均匀导致变形。

④ 夹具使用不当或夹具距离太短。例如，在波峰焊中，PCB 因焊接温度的影响而膨胀，由于指爪夹持太紧 PCB 没有足够的膨胀空间而导致变形。PCB 太宽、预加热不均、预热温度过高、波峰焊时锡锅温度过高、传送速度慢等问题，也会导致 PCB 扭曲。

（2）解决办法。

① 在价格和利润空间允许的情况下，选用 T_g 高的 PCB 或增加 PCB 的厚度。

② 合理设计 PCB，以取得最佳长宽比；双面 PCB 的铜箔面积应均衡，在没有电路的地方布满铜层，并以网格形式呈现，以增加 PCB 的刚度。

③ 在贴片前对 PCB 进行预烘，预热条件是在 125℃温度下预烘 4h。

④ 调整夹具或指爪夹持距离，以保证 PCB 的膨胀空间；焊接工艺温度尽可能低。若 PCB 已经出现轻度扭曲，则可以放在定位夹具中升温复位，以释放应力，一般会有满意的效果。

6. IC 的引脚焊接后开路或虚焊

IC 的引脚焊接后出现部分引脚虚焊是常见的焊接缺陷。

（1）产生原因。

① 引脚共面性差，特别是 FQFP 的器件，因保管不当而造成引脚变形，如果贴片机没有检查引脚共面性的功能，则有时不容易被发现。因引脚共面性差而产生开路或虚焊的过程如图 6-28 所示。

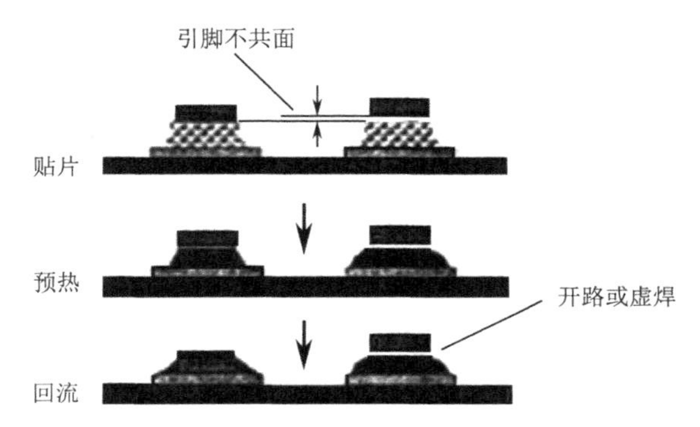

图 6-28　因引脚共面性差而产生开路或虚焊的过程

② 引脚可焊性不好、IC 存放时间过长、引脚发黄，引脚可焊性差是引起虚焊的主要原因。

③ 焊锡膏质量差、金属含量低，通常用于焊接 FQFP 的器件的焊锡膏金属含量应不低于 90%。

④ 预热温度过高，容易引起 IC 的引脚氧化，使引脚可焊性变差。

⑤ 印刷模板窗口尺寸小，导致焊锡膏用量不足。

（2）解决办法。

① 注意元器件的保管，不要随便拿取元器件或打开包装。

② 在生产中应检查元器件的可焊性，特别注意 IC 的存放时间不应过长（自制造日期起一年内），在保管时应避免高温、高湿环境。

③ 仔细检查模板窗口尺寸，不应太大也不应太小，并且注意与 PCB 焊盘尺寸配套。

7. 焊接后 PCB 阻焊膜起泡

SMA 在焊接后会在个别焊点周围出现浅绿色的小泡，严重时还会出现指甲盖大小的泡状物，不仅影响外观质量，还影响性能。

（1）产生原因：阻焊膜起泡的根本原因在于阻焊膜与 PCB 基材之间存在气体或水蒸气，这些微量的气体或水蒸气会在不同工艺过程中被夹带到其中，当遇到焊接高温时，因气体膨胀而导致阻焊膜与 PCB 基材分层，在焊接时焊盘温度相对较高，故气泡先出现在焊盘周围。

下列原因之一均会导致 PCB 夹带水汽。

① PCB 在加工过程中经常需要先清洗、干燥后再进入下道工序，一般完成腐刻应先干燥再贴阻焊膜，若此时干燥温度不够，则会夹带水汽进入下道工序，在焊接时遇高温会产生气泡。

② PCB 加工前存放环境不好，湿度过高，在焊接时又没有及时进行干燥处理。

③ 在波峰焊工艺中，现在经常使用含水的助焊剂，若 PCB 预热温度不够，助焊剂中的水汽会沿过孔孔壁进入 PCB 基材的内部，焊盘周围先进入水汽，在遇到焊接高温后会产生气泡。

（2）解决办法。

① 严格控制各个生产环节，购进的 PCB 应检验后入库，通常 PCB 在 260℃焊接温度下 10s 内不应产生起泡现象。

② PCB 应存放在通风干燥的环境中，存放时间不能超过 6 个月。

③ 在焊接 PCB 前，应将其放入烘箱，在（120±5）℃温度下预烘 4h。

④ 在波峰焊中预热温度应严格控制，进入波峰焊前温度应为 100～140℃，如果使用含水的助焊剂，预热温度应为 110～145℃，确保水汽能挥发完。

第 7 章

手工焊接技术

手工焊接是传统的焊接方法，是焊接技术的基础，也是电子产品装配工作的一项基本操作技能。

一般来说，手工焊接适用于小批量生产的小型化产品、一般结构的电子整机产品、具有特殊要求的高可靠产品、某些不便于机器焊接的场合、调试和维修过程中修复焊点和更换元器件等。焊接质量的好坏也直接影响维修效果。手工焊接是一项实践性很强的技能，在了解一般方法后，要多练、多实践，才能掌握较好的焊接质量。

7.1 焊接前的准备工作

7.1.1 导线加工及引脚浸锡

1. 剪裁

导线应按先长后短的顺序用斜口钳、自动剪线机或半自动剪线机进行剪裁。对于绝缘导线，应防止绝缘层损坏，影响绝缘性能。在用手工剪裁绝缘导线时，要先拉直绝缘导线再进行剪裁。细裸导线可采用人工拉直，粗裸导线可采用调直机拉直。要按工艺文件中的导线加工表规定进行剪裁，长度要符合公差要求，若无特殊要求，则可按表 7-1 中的数据选择公差。

表 7-1 导线长度公差

导线长度/mm	50	50～100	100～200	200～500	500～1000	1000 以上
公差/mm	+3	+5	+5～+10	+10～+15	+15～+20	+30

2. 剥头

将绝缘导线的两端去掉一段绝缘层露出芯线的过程被称为剥头，如图 7-1 所示。绝缘导线剥头可采用刃剪法和热剪法。刃剪法操作简单，但有可能损伤芯线；热剪法虽然不伤芯线，但是绝缘材料会产生有害气体。在采用刃剪法之一的剥线钳进行剥头时，应选择与芯线粗细匹配的钳口，对准所需的剥头距离，切勿损伤芯线。剥头长度应符合导线加工表，若无特殊要求，则可按表 7-2 中的数据选择剥头长度。

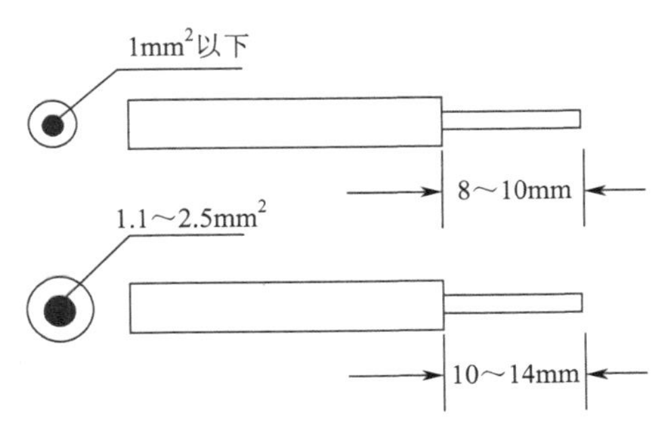

图 7-1 绝缘导线的剥头

表 7-2　剥头长度

芯线截面积/mm²	1 以下	1.1～2.5
剥头长度/mm	8～10	10～14

3. 捻头及清洁

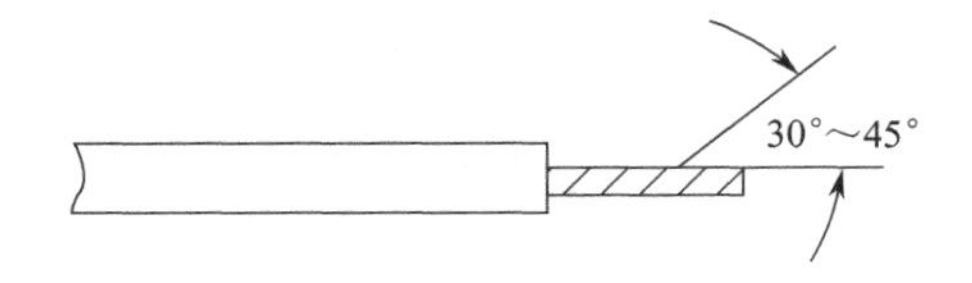

图 7-2　多股芯线的捻线角度

（1）捻头。多股芯线被剥去绝缘层后，芯线可能松散，应将其捻紧，以便进行浸锡和焊接。手工捻线时用力不宜过大，否则容易捻断芯线。芯线捻过后，螺旋角一般为 30°～45°，如图 7-2 所示。工厂在大批量生产时一般使用专用的捻头机捻线。

（2）清洁。绝缘导线的端头在浸锡前应进行清洁处理，清除导线表面的氧化层，提高端头的可焊性。

4. 浸锡工艺

浸锡是为了提高导线及元器件在整机安装时的可焊性，是防止产生虚焊、假焊的有效措施之一。

（1）芯线浸锡。绝缘导线经过剥头、捻头和清洁工序后，应进行浸锡。浸锡前应先浸助焊剂，再浸锡。浸锡时间一般为 1～3s，且只能浸到距绝缘层前 1～2mm 处，以防止导线绝缘层因过热而收缩或破裂。浸锡后要立刻浸入酒精进行散热，并按工艺图要求进行检验、修整。

（2）裸导线浸锡。裸导线、铜带、扁铜带等应用刀具、砂纸或专用设备等清除浸锡端面的氧化层，蘸上助焊剂后，再浸锡。若使用镀银导线，则不需要浸锡；若银层已氧化，则需要清除氧化层后再浸锡。

（3）元器件的引脚及焊片浸锡。元器件的引脚在浸锡前应先进行整形，即用刀具在离元器件根部 2～5mm 处开始清除氧化层，如图 7-3 所示。浸锡应在清除氧化层后的数小时内完成。焊片在浸锡前应清除氧化层。无孔的焊片浸锡的长度应根据焊点的大小或工艺确定，有孔的小型焊片浸锡没过小孔 2～5mm，浸锡后不能将小孔堵塞，如图 7-4 所示。浸锡时间应根据焊片或引脚的粗细酌情掌握，一般为 2～5s。浸锡时间太短，焊片或引脚未能充分预热，容易造成浸锡不良，浸锡时间过长，大部分热量被传到元器件内部，容易造成元器件变质、损坏。元器件的引脚、焊片浸锡后应立刻浸入酒精进行散热。

目前，新的商品元器件引脚绝大部分都已经被处理过，可以不进行浸锡，但对于旧的或长时间搁置不用的元器件则必须进行浸锡。

经过浸锡的引脚、焊片等，浸锡层要牢固均匀、表面光滑、无孔状、无锡瘤。

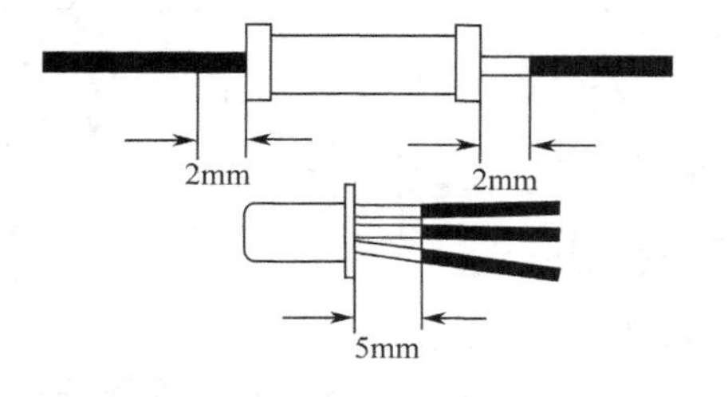

图 7-3　元器件的引脚浸锡

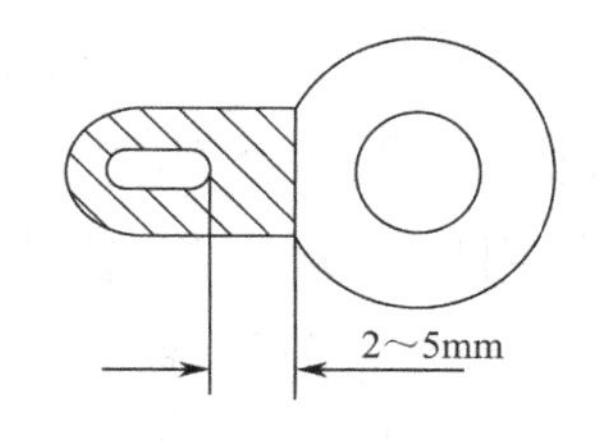

图 7-4　焊片浸锡

7.1.2　通孔插装元器件的引脚成型

为了方便地将元器件插到 PCB 上，提高插件效率，应预先将通孔插装元器件的引脚加工成一定的形状，如图 7-5 和图 7-6 所示。图 7-5（a）～图 7-5（c）为卧式安装的弯折成型；图 7-5（d）～图 7-5（f）为立式安装的成型，成型时引脚折弯处离元器件根部至少 2mm，弯曲半径不小于引脚直径的 200%，以减小机械应力，防止引脚被折断或拔出；图 7-5（a）、图 7-5（f）成型后的元件可以直接贴装到 PCB 上；图 7-5（b）、图 7-5（d）主要用于双面 PCB 或发热器件的成型，安装元件时与 PCB 保持 2～5mm 的距离；图 7-5（c）、图 7-5（e）有绕环使引脚较长，多用于焊接时怕热的元器件或容易破损的玻璃壳二极管。凡有标记的元器件，其引脚成型后标称值都处于方便查看的位置。

折弯的工具：工厂在大批量生产时使用自动折弯机、手动折弯机和手动绕环器等；业余条件下一般使用圆嘴钳。在使用圆嘴钳折弯时应注意勿用力过猛，以免损坏元器件。

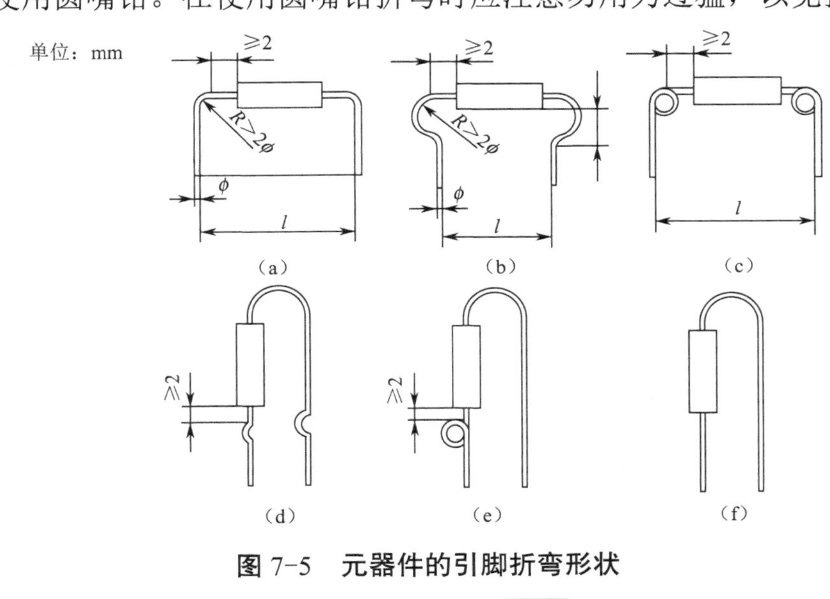

图 7-5　元器件的引脚折弯形状

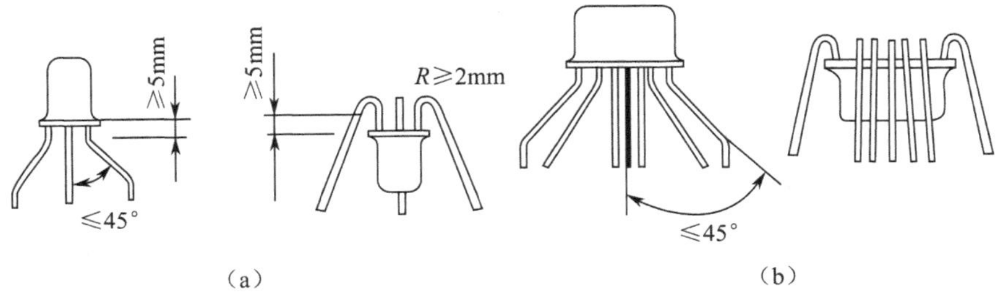

图 7-6　三极管和 IC 的引脚折弯形状

7.2　元器件在 PCB 上的插装

PCB 的组装是指根据设计文件和工艺规程要求，将通孔插装元器件按一定的方向和顺序插装到印制基板上，并用紧固件或锡焊等方法将其固定的过程，是整机组装的关键环节。

7.2.1 PCB 安装工艺的基本要求

PCB 组装质量的好坏，直接影响产品的电路性能和安全性能。为此，在工厂批量生产条件下，在 PCB 上安装元器件时必须遵循如下基本要求。

（1）各插件工序必须严格执行设计文件规定，认真按工艺作业指导卡操作。

（2）组装流水线各工序的设置要均匀，防止某些工序 PCB 的堆积，确保均衡生产。

（3）按整机装配准备工序的基本要求做好元器件的引脚成型、表面清洁、浸锡、装散热片等准备加工工作。

（4）做好 PCB 的准备加工工作。对于体积较大、质量较重的元器件，要用铜铆钉对其基板上的插装孔进行加固，即印制基板铆孔，以防止元器件在插装、焊接后，因运输、震动等原因而发生焊盘剥脱、损坏现象。

7.2.2 元器件安装的一般规则

（1）元器件安装应遵循先小后大、先低后高、先里后外、先易后难、先片式元器件后通孔插装元器件、先一般元器件后特殊元器件的基本原则。图 7-7 所示为两个技能实训项目的元器件安装顺序示例（图中数字表示顺序先后）。

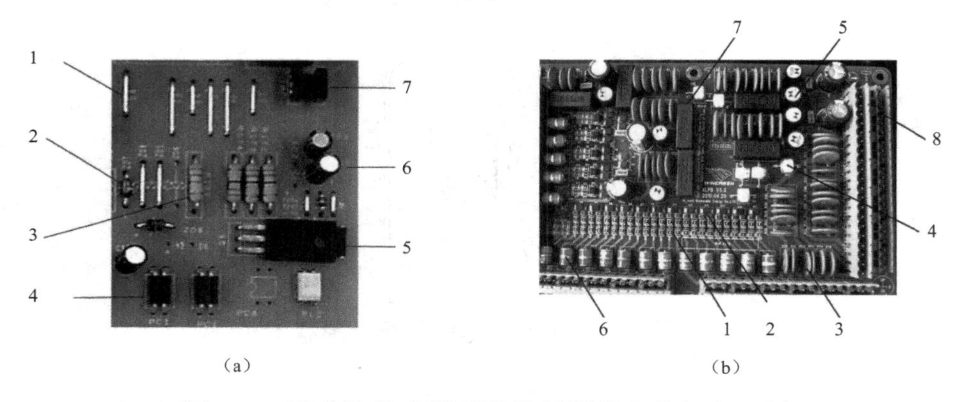

图 7-7　两个技能实训项目的元器件安装顺序示例

（2）对于电容器、三极管等立式插装元件，应保留适当长的引脚。引脚太短会造成元器件在焊接时因过热而损坏；引脚太长会降低元器件的稳定性或引起短路。一般要求距离 PCB 2mm。在插装过程中，应注意元器件的电极极性，有时还需要在不同电极上套上相应的套管。

（3）元器件的引脚穿过焊盘后应保留 2～3mm 的长度，以便沿着印制导线方向将其打弯固定。为使元器件在焊接过程中不浮起和脱落，又便于拆焊，引脚折弯的角度最好为 45°～60°。

（4）在安装水平插装的元器件时，标记号应向上，且方向一致，以便于观察。功率小于 1W 的元器件可以贴近 PCB 平面插装，功率较大的元器件要求元器件距离 PCB 2mm，以便于元器件散热。

（5）在插装体积较大、质量较重的大容量电解电容器时，应采用胶黏剂将其底部粘在

PCB 上或用加橡胶衬垫的办法，以防歪斜、引脚折断或焊点焊盘损坏。

（6）在插装 CMOS IC、场效应晶体管时，操作者需要戴防静电腕套进行操作。已经插装好这类元器件的 PCB，应在接地良好的流水线上传递，以防止元器件被静电击穿。

7.2.3 元器件在 PCB 上的插装方法

1. 一般元器件的插装方法

电子元器件种类繁多、结构不同、引出线多种多样，元器件的插装形式也有差异，必须根据产品的要求、结构特点、装配密度及使用方法决定。一般有以下几种插装形式。

焊接 PCB 上的一般元器件，以板面为基准，插装方法通常有直立式装置和水平式装置两种。直立式装置也被称为垂直装置，是将元器件垂直装置在 PCB 上，特点是装配密度大、便于拆卸，但机械强度较差，元器件的一端在焊接时受热较多。直立式装置的示意图，如图 7-8 所示。

水平式装置也被称为卧式装置，优点是机械强度高，元器件的标记字迹清楚，便于检查维修，适用于结构比较充裕或装配高度受到一定限制的地方；缺点是占据 PCB 的面积大。水平式装置又分为有间隙的和无间隙的两种。水平式装置的示意图如图 7-9 所示。

图 7-9（a）所示为有间隙的水平式装置，安装距离一般为 3～8mm。有间隙的水平式装置适用于装置大功率电阻器、三极管及双面 PCB 等。在装置元器件时与 PCB 留有一定间隙，以免元器件与 PCB 的金属层相碰造成短路，也便于双面 PCB 的焊接及散热。

图 7-9（b）所示为无间隙的水平式装置，在装置时元器件可以紧贴在 PCB 上，小于 0.5W 的电阻器、单面 PCB 一般采用这种方法装置。

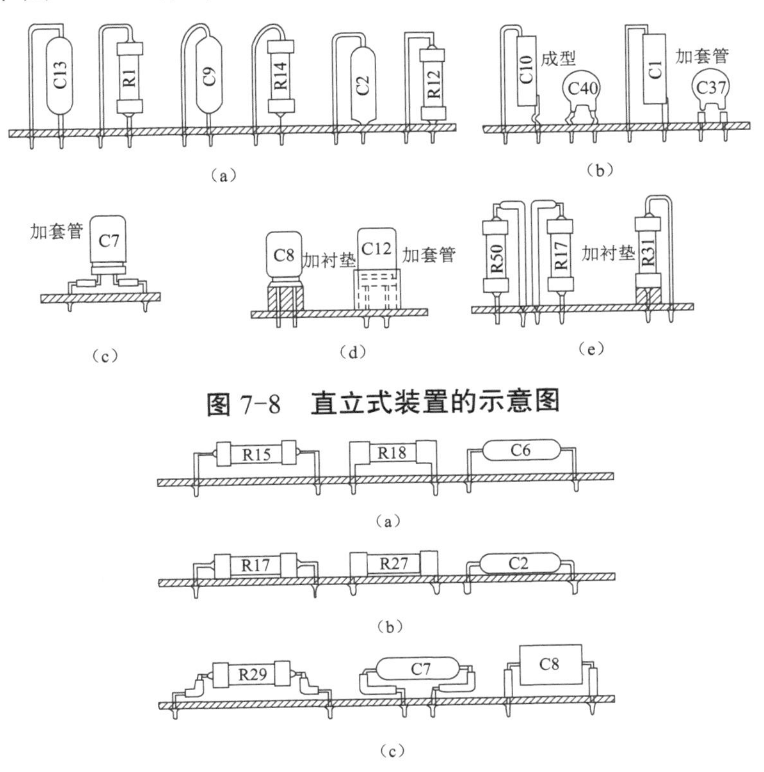

图 7-8 直立式装置的示意图

图 7-9 水平式装置的示意图

2. 晶体管的插装方法

（1）二极管的插装方法。对于普通的二极管，可采用如图 7-10 所示的装置方法；对于玻璃壳体的二极管，其根部受力容易开裂，可采用如图 7-10（a）所示的装置方法，将引脚绕 1 到 2 圈成螺旋形，以增加引脚长度；对于金属壳体的二极管，可采用如图 7-10（b）所示的装置方法，不要从根部折弯，以防点焊处脱落。在装置二极管时，必须注意其极性，正、负极一定不能装错。

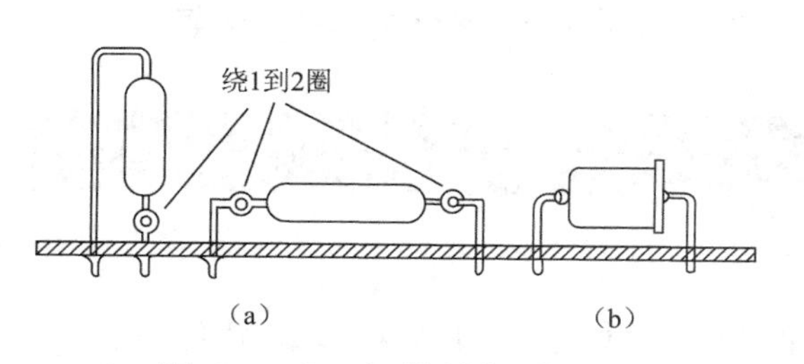

图 7-10　二极管的插装方法

（2）小功率三极管的装置方法。小功率三极管的装置方法有正装、倒装、卧装及横装等，应根据需要及安装条件来选择。小功率三极管的装置方法如图 7-11 所示。

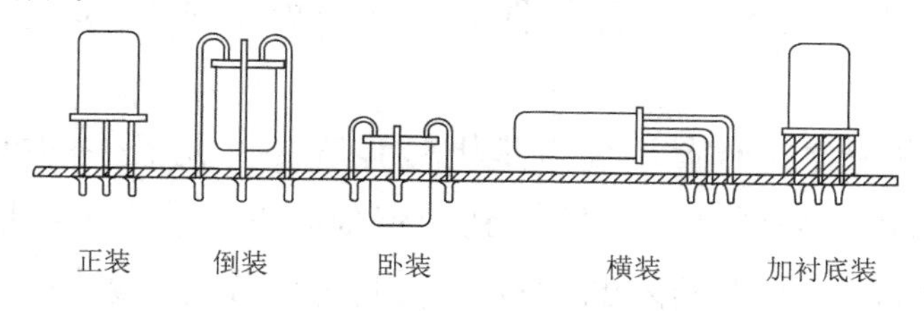

图 7-11　小功率三极管的装置方法

3. IC 的插装方法

常用的通孔插装 IC 的外形有晶体管式和扁平式两类。IC 的插装方法如图 7-12 所示。

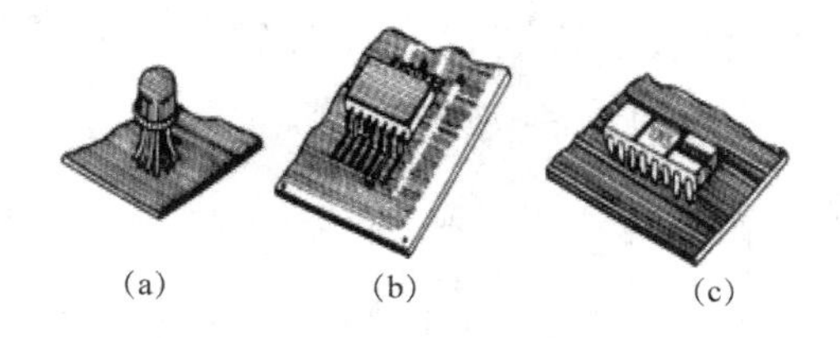

图 7-12　IC 的插装方法

晶体管式器件与晶体管相似，但其引脚较多，如运放，这类器件的插装方法与小功率三极管的直立式插装相同，引脚从器件外壳凸出部分开始等距离排列。图 7-12（a）所示为晶体管式器件的插装示意图。

扁平式器件的引脚外形有两种：一种是轴向式的，应先将触片成形，然后直接焊在 PCB 的接点上，如图 7-12（b）所示；另一种是径向式（DIP）的，可以直接插入 PCB 进行焊接，如图 7-12（c）所示。

4. 元件的引脚穿过焊盘孔后的处理

元件的引脚穿过焊盘孔后，应留有一定的长度，这样才能保证焊接的质量。露出的引脚可以根据需要折弯成不同的角度，如图 7-13 所示。

图 7-13（a）所示为引脚不折弯，这种形式焊接后机械强度较差；图 7-13（b）所示为折弯成 45°，这种形式焊接后机械强度较强，而且在更换元件时比较容易拆焊，所以采用较多；图 7-13（c）所示为折弯成 90°，这种形式焊接后机械强度最强，但拆焊困难，在采用此种方法时，折弯方向应与印制铜箔方向一致。

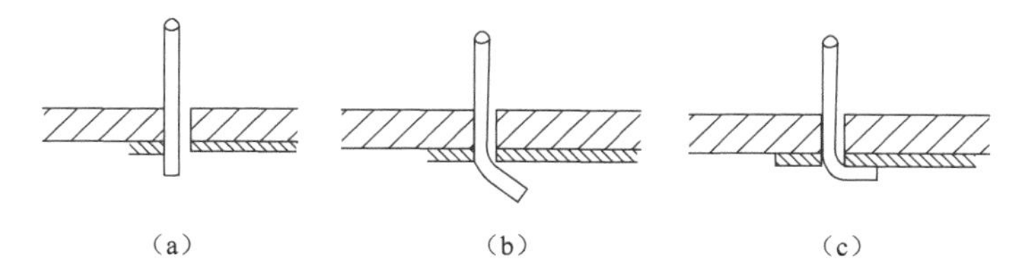

图 7-13 元件的引脚穿过焊盘孔后的处理

7.3 焊接工具及材料

7.3.1 手工焊接与拆焊工具

1. 电烙铁

电烙铁是手工焊接的基本工具，作用是加热焊料和被焊金属，使熔融的焊料润湿，被焊金属表面生成合金层。随着焊接的需要和发展，电烙铁的种类也不断增多。电烙铁有外热式电烙铁、内热式电烙铁、恒温电烙铁、吸锡电烙铁等多种。

（1）外热式电烙铁。外热式电烙铁是应用广泛的普通型电烙铁，由烙铁头、烙铁芯、外壳、手柄、电源线等几部分组成。烙铁芯用电阻丝绕在薄云母片绝缘筒子上，烙铁头安装在烙铁芯里面，故被称为外热式电烙铁。

烙铁头是电烙铁的导热部件，主要由 Gu、Fe、Ni、Gr、Sn 五种金属材料组成，缺一不可。

① Cu：作为导热体，是烙铁头的主要成分，占烙铁头材料的 85%左右，Cu 的导热性能好，有利于烙铁头迅速升温，好的烙铁头都是用紫铜做的。

② Fe：起抗腐蚀的作用，是影响烙铁头使用寿命的关键因素。好的烙铁头镀铁层晶体结构细而密，耐腐蚀效果好，这样的烙铁头使用寿命长，下锡效果也好。

③ Ni：起到镀铁层防锈的作用，而且便于后面镀铬。

④ Gr：不粘锡，防止在使用时焊锡往烙铁头上部跑。

⑤ Sn：在烙铁头最前部，使用时是用来粘锡的部位。

外热式电烙铁的规格有 20W、25W、30W、50W、75W、100W、150W、300W 等。外热式电烙铁的功率越大，热量越大，烙铁头的温度越高。在焊接 PCB 时，一般使用 25W 电烙铁。如果使用的电烙铁功率过大、温度太高，则容易烫坏元器件或使 PCB 的铜箔脱落；如果电烙铁的功率太小、温度过低，则焊锡不能充分熔化，会造成焊点不光滑、不牢固。所以，电烙铁的功率应根据不同的焊接对象合理选用。

外热式电烙铁的特点：构造简单、价格便宜、热效率低、升温慢、体积较大、温度只能靠改变烙铁头的长短和形状来控制。外热式电烙铁的外形和烙铁头的形状及内部结构如图 7-14 所示。

（2）内热式电烙铁。内热式电烙铁的外形和烙铁头的形状及内部结构如图 7-15 所示。内热式电烙铁由烙铁头、烙铁芯、手柄、连接柱等组成。烙铁芯采用镍铬电阻丝缠绕在瓷管上制成，电阻丝外面套有高温瓷管。因烙铁芯装在烙铁头的里面，而被称为内热式电烙铁。内热式电烙铁的特点是体积小、质量轻、升温快、耗电省、热效率高，但烙铁芯的镍铬电阻丝较细，很容易被烧断，瓷管易碎、不耐敲击。

内热式电烙铁的规格有 20W、30W、50W 等，主要用于焊接 PCB，是手工焊接半导体器件的理想工具。

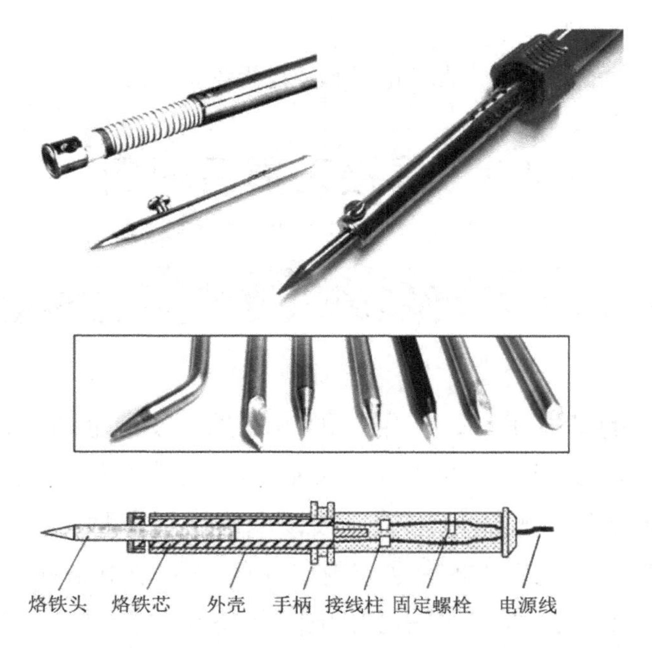

图 7-14　外热式电烙铁的外形和烙铁头的形状及内部结构

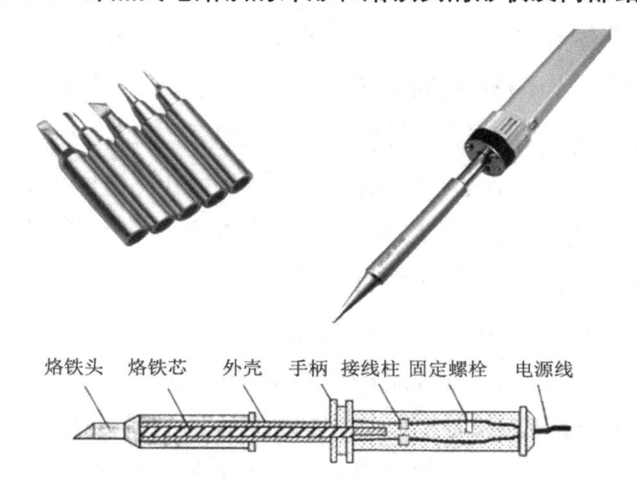

图 7-15　内热式电烙铁的外形和烙铁头的形状及内部结构

（3）恒温电烙铁。恒温电烙铁的烙铁头温度可以控制，根据控制方式可分为电控恒温电烙铁和磁控恒温电烙铁两种。

电控恒温电烙铁采用热电偶来检测和控制烙铁头的温度。当烙铁头的温度低于预定温度时，温控装置控制开关，接通继电器，给电烙铁供电，使烙铁头升温。当烙铁头的温度达到预定温度时，控制电路构成反动作，停止向电烙铁供电。如此循环往复，使烙铁头的温度基本保持一个恒定值。电控恒温电烙铁是较好的焊接工具，但价格昂贵。

目前，采用较多的是磁控恒温电烙铁。磁控恒温电烙铁的烙铁头上装有一个强磁体传感器，利用强磁体传感器在温度达到某个温度时磁性消失这一特性，将其用作磁控开关，通过控制加热器元件的通/断控制烙铁头的温度。恒温电烙铁采用断续加热的方式，比普通电烙铁节电 1/2 左右，并且升温速度快。由于磁控恒温电烙铁的烙铁头始终保持恒温，在焊接过程中焊锡不易氧化，因此可减少虚焊，提高焊接质量，烙铁头也不会产生过热现象，使用寿命较长。

（4）吸锡电烙铁。在电子产品的调试与维修过程中，有时需要从 PCB 上拆下某个元器件，采用普通电烙铁进行拆焊，往往因焊点上的废锡不易清除而难以取下该元器件，此时采用吸锡电烙铁进行拆焊会非常方便。

吸锡电烙铁的实物图如图 7-16（a）所示。吸锡电烙铁与普通电烙铁相比，其烙铁头是空心的，多了一个吸锡装置。在操作时，先加热焊点，待焊锡熔化后，按动吸锡装置，焊锡被吸走，使元器件与 PCB 脱焊。

还有一种被称为吸锡器[见图 7-16（b）]的工具，可以与普通电烙铁配合使用，完成清除焊锡的工作。吸锡器本身不能发热，相当于吸锡电烙铁中的吸锡装置。在使用时，将吸锡器弹簧压杆压下，右手持电烙铁加热待拆焊的元件引脚，左手持吸锡器，待焊点全部熔化后，迅速将吸锡器的吸嘴靠近熔化的焊锡，按下吸锡按钮，反复操作，直至将残锡全部吸尽。

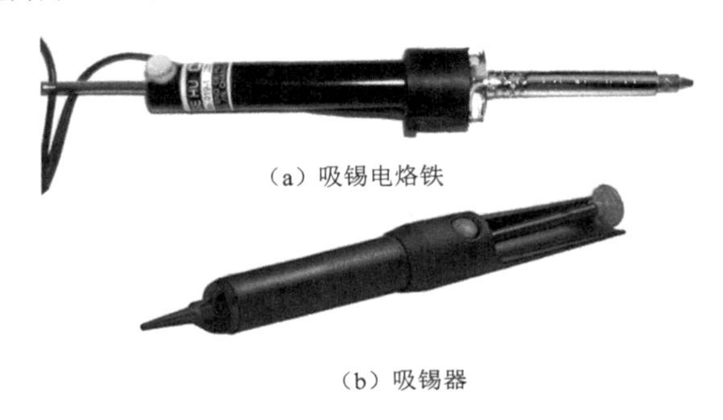

（a）吸锡电烙铁

（b）吸锡器

图 7-16 **吸锡电烙铁和吸锡器的实物图**

2. 真空吸锡枪

真空吸锡枪主要由吸锡枪和真空泵两大部分构成。真空吸锡枪的前端是中间空心的烙铁头，具有加热功能。按动真空吸锡枪手柄上的开关，真空泵通过烙铁头中间的孔把熔化了的焊锡吸到后面的锡渣储罐中，取下锡渣储罐可以清除锡渣。真空吸锡枪的自动化程度及工作效率远大于吸锡电烙铁，其实物图如图 7-17 所示，其中图 7-17（a）为台式，图 7-17（b）为手持式。

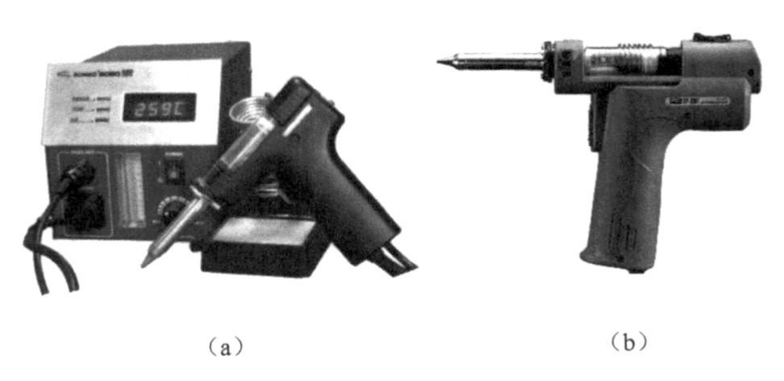

（a） （b）

图 7-17 **真空吸锡枪的实物图**

3. 恒温焊台

为了保护环境，各国已经禁止使用含铅焊锡，这就提高了焊接温度，因为无铅焊锡比有铅焊锡熔点高，所以对焊台的温度补偿、升温及回温速度有了更高的要求。恒温焊台的温度控制能力非常出色，误差一般在±3°以内，可以满足精加工企业的生产要求。恒温焊台与传统恒温电烙铁的区别在于升温及回温速度，即恒温焊台的温度控制能力得到了极大提高。

恒温焊台一般使用传感器和 IC 检测、控制烙铁头的温度，通过温控器调整通电时间来控制发热元件。当烙铁头温度低于预定温度时，主机接通，供电给发热元件发热；当烙铁头温度高于预定温度时，主机关闭，发热元件停止发热。

恒温焊台与电烙铁的区别：除温度控制能力外，恒温焊台的回温速度快，操作者的工作效率能得到提高；恒温焊台的热效率为 80%左右，能耗低，同样的焊接效果用电量较少；恒温焊台的手柄电压只有交流 24V，属于安全电压，一般不会出现触电现象；恒温焊台还具有除静电功能，电烙铁一般没有。

恒温焊台温度控制范围通常为 200～480℃，常见的型号为 936、FX951、FX-888、942 等。恒温焊台的用途非常广泛，常用于家电维修、IC 和片式元器件的手工装联，较常用于电子制造企业 PCB 的锡焊。恒温焊台的实物图如图 7-18 所示。

4. 其他辅助工具

为了方便焊接操作，常采用尖嘴钳、偏口钳、剥线钳、镊子和小刀等作为辅助工具，如图 7-19 所示。操作者应学会正确使用这些工具。

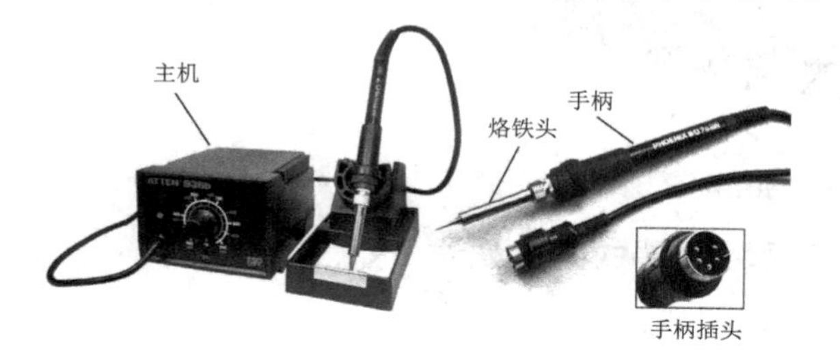

图 7-18　恒温焊台的实物图

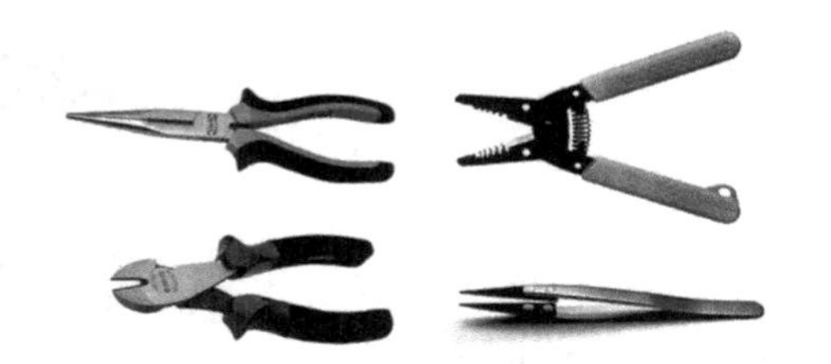

图 7-19　辅助工具

7.3.2　焊接材料

1. 焊料

能熔合两种或两种以上的金属，使其成为一个整体的易熔金属或合金都被称为焊料。焊料的性质、成分、作用原理及选用知识是电子工艺技术中的重要内容之一，对保证产品的焊接质量具有决定性的影响。焊料的种类很多，焊接不同的金属使用不同的焊料，按成分可分为 Sn-Pb 焊料、Ag 焊料、Gu 焊料等，按耐温情况可分为高温焊料、低温焊料、低熔点焊料等。在一般电子产品装配中，通常使用 Sn-Pb 焊料，俗称焊锡。

焊锡是 Pb 和 Sn 以不同的比例熔成的合金。Sn 是一种质地软、熔点低的金属元素，熔点为 232℃。纯 Sn 较贵，质脆而力学性能差。在常温下，Sn 的抗氧化性强，当温度高于 13.2℃时，呈银白色；当温度低于 13.2℃时，呈灰色；当温度低于-40℃时，变成粉末。Pb 是一种银灰色的软金属元素，熔点为 327℃，力学性能差，可塑性好，有较高的抗氧化性和抗腐蚀性。当 Pb 和 Sn 以不同的比例熔合成 Sn-Pb 合金以后，熔点和其他物理性能都会发生变化。

一般Sn-Pb焊料中Sn占63%、Pb占37%的焊锡被称为共晶焊锡，其是比较理想的焊锡，也是常用的焊锡。共晶焊锡的优良特点如下。

（1）熔点低。Pb的熔点为327℃，Sn的熔点为232℃，而共晶焊锡的熔点为183℃。焊接温度低，防止损害元器件。

（2）无半液态。共晶焊锡的熔点和凝固点一致并且呈无半液体状态，可以使焊点快速凝固从而避免虚焊。这点对自动焊接有重要意义。

（3）表面张力低。共晶焊锡的表面张力低，焊料的流动性就强，对被焊件有很好的润湿作用，有利于提高焊点质量。

（4）抗氧化能力强。Sn和Pb熔合后，提高了化学稳定性，焊点表面不易氧化。

（5）力学性能好。共晶焊锡的拉伸强度大、折断力大、硬度高，并且结晶细密，所以机械强度高。在电子产品装配中，使用的焊锡多为共晶焊锡。

焊锡在整个焊接过程中，Pb几乎不起反应。但在Sn中加入Pb可以获得Sn和Pb都不具备的优良特性。

目前，手工焊接均使用商品焊锡丝（Solder Wire）。焊锡丝也被称焊丝、焊锡线、锡线、锡丝。焊锡丝由Sn合金和助焊剂两部分组成，合金成分可分为Sn-Pb、无铅，助焊剂均匀灌注到Sn合金的中间部位。

焊锡丝的标准线径为0.3mm、0.5mm、0.6mm、0.8mm、1.0mm、1.2mm。

2. 助焊剂

助焊剂（焊剂）是指在焊接时用于清除被焊金属表面的氧化膜及杂质的混合物质。电子设备的金属表面与空气接触后会生成一层氧化膜，焊接温度越高被焊金属表面氧化越严重，这层氧化膜能阻碍焊锡对被焊金属的润湿作用。助焊剂是用于清除氧化膜，保证焊锡润湿的一种化学制剂，但其仅起到清除氧化膜的作用，不能清除被焊金属表面的所有污物。

助焊剂的种类很多，一般可分为以下三大类。

（1）无机助焊剂。无机助焊剂包括酸（正磷酸、盐酸、氟酸等）和盐（ZnCl、NH_4Cl、$SnCl_2$等）。它的活性最强，常温下就能清除被焊金属表面的氧化膜，但很容易损伤被焊金属及焊点，在电子焊接中使用较少。无机助焊剂是用机油乳化后制成的一种膏状物质，俗称焊油。无机助焊剂虽然活性很强，焊接后可以用溶剂清除，但在元器件的焊点中，如接线柱空隙、导线绝缘皮内、元件根部等难以到达的部位，很难用溶剂清除，因此除非特别准许，一般情况下不得使用。

（2）有机助焊剂。有机助焊剂包括有机酸（硬脂酸、乳酸、油酸、氨基酸等）、有机卤素（盐酸、苯胺等）、胺类（尿素、乙二胺等）。有机助焊剂具有一定的腐蚀性，不易清除，所以使用场合受到限制。

（3）松香基助焊剂。松香基助焊剂包括松香助焊剂、活化香剂、氢化松香等，在电子产品中普遍使用的是松香助焊剂。将松树和杉树等针叶树的树脂进行水蒸气蒸馏，去掉松节油剩下的不挥发物质就是松香。

松香的助焊能力和电气绝缘性能好、不吸潮、无毒、无腐蚀、价格低，因此被广泛采用。制好的 PCB，最后涂上松香水（松香+酒精，比例一般为 1:3）。松香不但具有助焊的能力，还具有防止 Gu 发生氧化的能力，有利于焊接。

应该注意：由于松香助焊剂反复加热后会因炭化（发黑）而失效，因此发黑的松香助焊剂不起作用。

氧化松香是一种新型助焊剂，具有比松香助焊剂更多的优点，更适合于电子产品的超密度、小型化、可靠性高的要求。

助焊剂除了可以清除氧化物，还可以防止被焊金属继续氧化和提高焊锡的流动性。在焊接过程中，由于焊接温度过高，因此会加速被焊金属表面氧化，而助焊剂会在整个被焊金属表面形成一层薄膜并包住被焊金属，使其与空气隔绝，从而保护焊点，使焊点不会继续氧化。

7.4 手工焊接操作规范

7.4.1 通孔插装元器件的手工焊接

1. 准备焊接

（1）电烙铁准备。新烙铁在使用前，应用细砂纸将烙铁头打磨光亮，通电烧热，蘸上松香后用烙铁头刃面接触焊锡丝，使烙铁头上均匀地镀上一层焊锡。这样做便于焊接和防止烙铁头表面氧化。电烙铁要用 220V 交流电源，使用时要特别注意安全。在正式焊接前，要提前预热。

（2）焊前处理。在焊接前，应对元器件的引脚或 PCB 的焊接部位进行焊前处理，根据具体情况，清除焊接部位的氧化膜或做引脚、引脚端头镀锡处理。

2. 电烙铁的握法

根据电烙铁的大小、形状和被焊件的要求等不同情况，电烙铁的握法通常有反握法、正握法、握笔法三种形式，如图 7-20 所示。图 7-20（a）所示为反握法，在焊接时采用这种握法动作稳定，长时间操作手不易疲劳，适用于操作功率较大的烙铁；图 7-20（b）所示为正握法，这种握法适用于使用弯烙铁头的操作，或者用直烙铁头在大型机架上的焊接；图 7-20（c）所示为握笔法，这种握法和手拿笔的握法相同，适用于操作小功率电烙铁，一般电子元器件的焊接均使用握笔法。

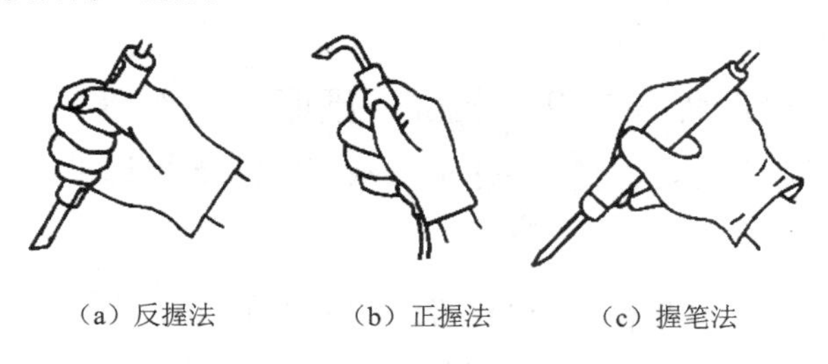

（a）反握法　（b）正握法　（c）握笔法

图 7-20　电烙铁的握法

3. 焊锡丝的拿法

焊锡丝一般有两种拿法，如图 7-21 所示。一般在进行连续焊接时采用如图 7-21（a）

所示的拿法；在进行断续焊接时采用如图 7-21（b）所示的拿法。由于焊锡丝中含有一定比例的 Pb，而 Pb 是对人体有害的一种重金属，因此在操作时应该戴上手套或在操作后及时洗手，避免食入铅尘。

（a）

（b）

图 7-21　焊锡丝的拿法

4. 焊接操作

（1）锡焊五步操作法，如图 7-22 所示。

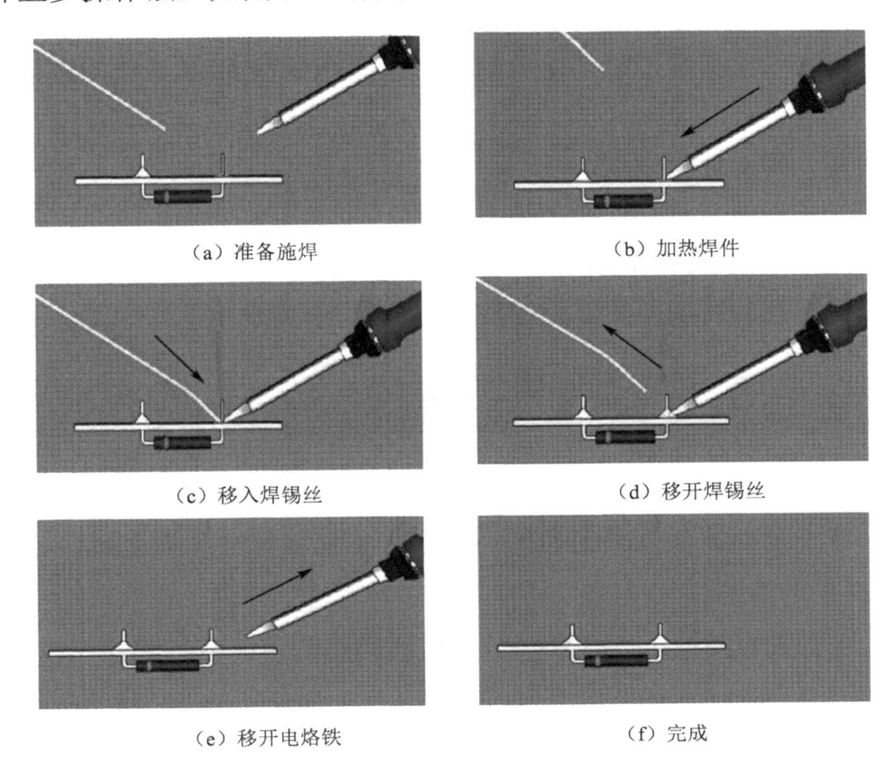
（a）准备施焊　（b）加热焊件　（c）移入焊锡丝　（d）移开焊锡丝　（e）移开电烙铁　（f）完成

图 7-22　锡焊五步操作法

第一步：准备施焊［见图 7-22（a）］。左手拿焊锡丝，右手握电烙铁，进入备焊状态。要求烙铁头保持干净，无焊渣等氧化物，并在被焊件的焊接面镀上一层焊锡。

第二步：加热被焊件［见图 7-22（b）］。烙铁头靠在被焊件的连接处，加热整个被焊件，时间为 1 到 2s。对于在 PCB 上焊接元器件，要注意用烙铁头同时接触元器件的引脚与焊盘，使其同时均匀受热。

第三步：移入焊锡丝［见图 7-22（c）］。当被焊件的焊接面被加热到一定温度时，用焊锡丝从电烙铁对面接触被焊件。注意不要把焊锡丝送到烙铁头上。

第四步：移开焊锡丝［见图 7-22（d）］。当焊锡丝熔化一定量后，立即向左上 45° 移开焊锡丝。

第五步：移开电烙铁［见图 7-22（e）］。焊锡润湿焊盘和被焊件的施焊部位以后，向右上 45° 移开电烙铁，结束焊接。从第三步到第五步，时间为 1～2s。

在上述过程中，焊接一般焊点大约需要三四秒。对于热容量较小的焊点，如 PCB 上的小焊盘，有时用三步法概括操作方法，即将第一步、第二步合为一步，将第四步、第五步合为一步，实际细微区分还是五步。所以，五步操作法具有普遍性，是掌握手工烙铁焊接的基本方法。特别是各步骤的节奏控制，顺序的准确掌握，动作的熟练协调，对保证焊接质量至关重要，只有通过实践并用心体会才能逐步掌握。

有人总结出了在五步操作法中用数秒的办法控制时间：烙铁头接触焊点后数一、二（约 2s），送入焊锡丝后数三、四，移开电烙铁，焊锡丝熔化量要靠观察决定。此办法可以作为参考，但由于电烙铁功率的不同、焊点热容量的差别等因素，实际控制焊接时间并无定章可循，必须具体条件具体对待。例如，对于一个热容量较大的焊点，若使用功率较小的电烙铁进行焊接，在上述时间内，可能加热温度还不能使焊锡丝熔化，焊接就无从谈起了。

（2）锡焊三步操作法。对于热容量小的焊点，如 PCB 上较细导线的连接，可以简化为以下三步操作。

第一步：准备。同上述第一步。

第二步：加热与送丝。将烙铁头放在被焊件上后马上放入焊锡丝。

第三步：去丝移烙铁。焊锡丝在焊接面润湿扩散到预期范围后，立即移去焊锡丝和电烙铁，注意移去焊锡丝的时间不得滞后于移去电烙铁的时间。

7.4.2 手工焊接操作的注意事项

在保证得到优质焊点的目标下，具体的焊接操作手法可以有所不同，但下面这些前人总结的方法，对初学者的指导作用是不可忽略的。

1. 保持烙铁头的清洁

在焊接时，烙铁头长期处于高温状态，又接触助焊剂等弱酸性物质，表面很容易氧化、被腐蚀并沾上一层黑色杂质。这层杂质会形成隔热层，阻碍烙铁头与被焊件之间的热传导，因此要注意用一块湿布或湿的木质纤维海绵随时擦拭烙铁头。对于普通烙铁头，在腐蚀污染严重时可以使用锉刀磨去表面的氧化层；对于用特殊合金制作或表面处理过的长寿命耐用烙铁头，绝对不能使用这种方法。

2. 靠增加接触面积加快传热

在加热时，要让被焊件上需要焊锡润湿的各部分均匀受热，不要仅加热被焊件的一部分，更不要用电烙铁对被焊件施加压力，以免造成被焊件损坏或不易觉察的隐患。有些初学者用烙铁头对焊接面施加压力，企图加快焊接，这是不正确的方法。正确的方法是，要根据被焊件的形状选用不同的烙铁头，或者自己修整烙铁头，使其与被焊件形成面的接触而不是点或线的接触，这样能大大提高传热效率。

3. 加热要靠焊锡桥

在非流水线作业中，焊接的焊点形状是多种多样的，不太可能随时更换烙铁头。要提高加热的效率，需要有焊锡桥传递热量。所谓焊锡桥，是指在烙铁头上保留少量的焊锡作为烙铁头与被焊件之间传递热量的桥梁。由于金属熔液的导热效率远高于空气，因此被焊件很快就被加热到焊接温度。应该注意，焊锡桥的焊锡量不可以保留过多，因为长时间保留在烙铁头上的焊料处于过热状态，实际已经降低了质量，可能会造成焊点之间误连桥接。

4. 烙铁头撤离有讲究

烙铁头的主要作用是加热被焊件和熔化焊料。合理地利用烙铁头可以控制焊料用量和带走多余的焊料，这与烙铁头撤离的方向和角度有关，如图 7-23 所示。

（1）烙铁头沿斜上方 45° 撤离。这种方法可使焊点圆滑，烙铁头能带走少量焊料。

（2）烙铁头沿垂直向上撤离。这种方法容易造成焊点拉尖，烙铁头能带走少量焊料。

（3）烙铁头沿水平方向撤离。这种方法可使烙铁头带走大量焊料。

（4）烙铁头沿焊接面垂直向下撤离。这种方法可以使烙铁头带走大量焊料。

（5）烙铁头沿焊接面垂直向上撤离。这种方法可以使烙铁头带走少量焊料。

由此可见，掌握烙铁头的撤离方向，可以控制焊料用量或带走多余焊料，从而使焊点的焊料用量符合要求。

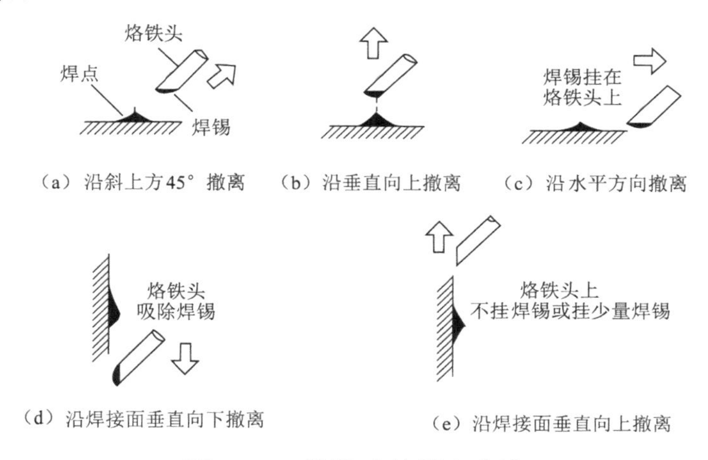

图 7-23　烙铁头的撤离方法

5. 在焊锡凝固之前不能移动被焊件

烙铁头的撤离要及时，在焊点凝固前切勿使被焊件移动或受到震动，特别是在用镊子夹住被焊件时，一定要等焊锡凝固后再将其移走，否则极易造成焊点结构疏松或虚焊。

6. 焊锡用量要适中

手工焊接使用的管状焊锡丝，内部已经有由松香和活化剂制成的助焊剂。焊锡丝的直径有多种规格，要根据焊点的大小选用。一般焊锡丝的直径应略小于焊盘的直径。

焊锡用量要适中，焊锡用量过多不但没必要，还消耗材料、延长焊接时间、降低工作效率，更为严重的是很容易造成不易觉察的桥接故障；焊锡用量过少也不能形成牢固的结合，对焊接同样不利，特别是在焊接 PCB 的引出线时，焊锡用量不足，极易造成导线脱落。

7. 助焊剂用量要适中

适量使用助焊剂对焊接非常有利。过量使用助焊剂，完成焊接后势必要擦除多余的助焊剂，并且延长加热时间，降低工作效率；当加热时间不足时，又容易形成“夹渣”的缺陷。在焊接开关件、接插件时，过量使用助焊剂容易流到触点上，造成接触不良。合适的助焊剂用量，应该是松香水仅能润湿要形成焊点的部位，不会透过 PCB 上的过孔流走。对使用松香芯焊锡丝的焊接来说，基本上不需要再涂助焊剂。目前，PCB 生产厂在 PCB 出厂前大多进行过松香水喷涂处理，无须再涂助焊剂。

8. 不要使用烙铁头作为运送焊锡的工具

有人习惯在焊接面上焊接，即先用烙铁头蘸取焊锡，再运送到焊接处施焊，结果造成焊料氧化。因为烙铁头的温度一般都在 300℃以上，运送过程中焊锡丝中的助焊剂在高温下容易分解失效，焊锡也处于过热的低质量状态。特别指出的是，在一些陈旧的教材及资料中还介绍过用烙铁头运送焊锡的方法，请读者注意鉴别。

7.4.3 片式元器件的手工焊接要求

在生产企业里，焊接片式元器件主要依靠自动焊接设备，但在电子产品的维修（如手机、数码产品、计算机主板、家电等）、生产，以及返修、检测和产品研发过程中都可能需要手工焊接片式元器件。

在高密度的 SMT 印制电路板上，对于微型贴片元器件，如 BGA 封装、CSP、倒装的 IC 等，完全依靠手工无法完成焊接任务，有时必须借助半自动的维修设备和工具。

1. 手工焊接片式元器件与焊接通孔插装元器件的几点不同

（1）焊接材料。焊锡丝更细，一般可以使用直径为 0.5～0.8mm 的活性焊锡丝，也可以使用膏状焊料（焊锡膏），但要使用腐蚀性小、无残渣的免清洗助焊剂。

焊锡膏也被称为锡膏，英文为 Solder Paster，为灰色膏体。焊锡膏是伴随 SMT 应运而生的一种新型焊接材料，是由焊锡粉、助焊剂、其他表面活性剂、触变剂等混合制成的膏状混合物。焊锡膏主要用于 SMT 行业 PCB 表面的电阻器、电容器、晶体管、IC 等电子元器件的回流焊接。焊锡膏在常温下有一定的黏性，可以将电子元器件初粘在既定位置，在焊接温度下随着溶剂和部分添加剂的挥发，将被焊元器件与 PCB 焊盘焊接在一起，形成永久连接。

焊锡丝和焊锡膏的实物图如图 7-24 所示。

图 7-24　焊锡丝和焊锡膏的实物图

（2）工具设备。使用更小巧的专用镊子和电烙铁，电烙铁的功率不超过 20W，烙铁头是尖细的锥状，如图 7-25 所示。如果提高要求，则最好备有热风台、SMT 维修工作站和专用工装。

（3）要求操作者熟练掌握片式元器件的焊接技能，要有严密的操作规程。

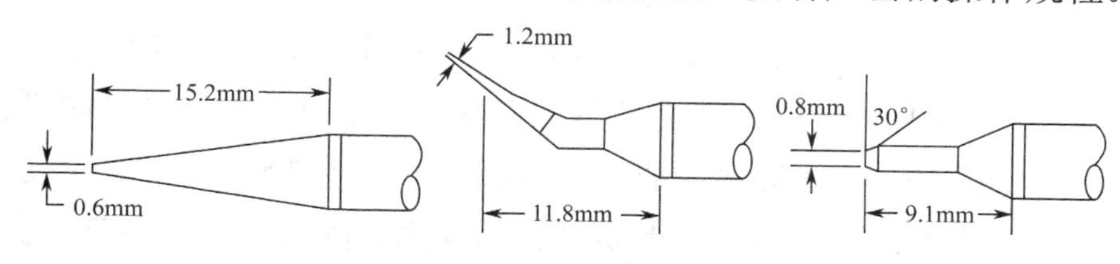

图 7-25　锥状烙铁头

2. 手工焊接片式元器件的专用工具及设备

（1）检测探针。一般测量仪器的表笔或探头不够细，可以配用检测探针（探针）。探针前端是针尖，末端是套筒，使用时将表笔或探头插入探针。用探针测量电路比较方便、安全。

探针也被称为测试针，是用于测试 PCB 的一种工具。探针表面镀金，内部有平均使用寿命为 30 000～100 000 次的高性能弹簧。探针根据电子测试用途可分为光 PCB 探针（未安装元器件前的 PCB 测试和只进行开路、短路检测的探针），以及用于测试 PCBA（PCB 空板先经过 SMT 上件，再经过 DIP 的插件的整个制程，简称 PCBA）的在线测试探针。探针如图 7-26 所示。

（2）热风台。热风台也被称为热风工作台、热风拔放台、热风枪，是一种用热风作为加热源的半自动焊接设备，配有多种规格的热风嘴，用热风台很容易拆焊片式元器件，比使用电烙铁方便，热风台也能用于片式元器件的焊接。目前已有将恒温焊台和热风台合而为一的设备，使用更加方便，如图 7-27 所示。

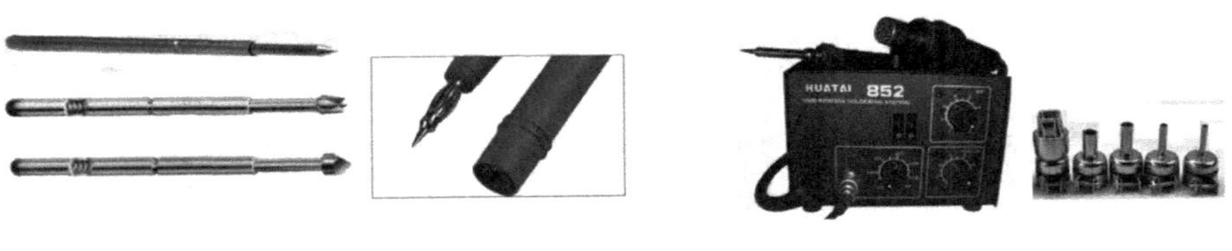

图 7-26　探针　　　　图 7-27　热风台和热风嘴

热风台的热风筒内装有电热丝，软管连接热风筒和热风台内置的吹风电动机。按下热风台前面板上的电源开关，电热丝和吹风电动机同时工作，电热丝被加热，吹风电动机压缩空气通过软管从热风筒前端吹出，当电热丝达到足够的温度后，就可以用热风进行焊接或拆焊；断开电源开关电热丝停止加热，但吹风电动机还要继续工作一段时间，直到热风筒的温度降低以后才能自动停止。

热风台的前面板上，除了电源开关，还有“HEATER（加热温度）”和“AIR（吹风强度）”两个旋钮，分别用于调整、控制电热丝的温度和吹风电动机的送风量。两个旋钮的刻度都为 1～8，分别指示热风的温度和吹风强度。

（3）电热镊子。电热镊子也被称为热夹工具，是一种专门用于拆焊片式元器件（SMD）的高档工具，如图 7-28 所示。电热镊子相当于两把组装在一起的电烙铁，只是两个电热芯独立安装在两侧，接通电源以后，用其夹住元件的两个焊端，让加热头的热量熔化焊点，便很容易把元件取下来。

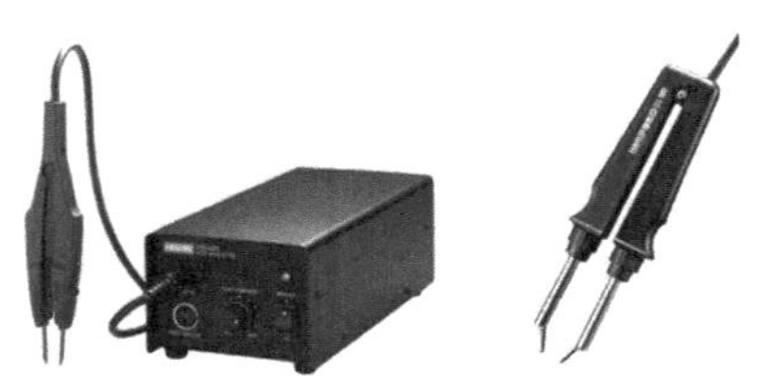

图 7-28　电热镊子

（4）电烙铁专用加热头。在电烙铁上配用不同规格的专用加热头后，可以拆焊引脚数目不同的 QFP 的 IC 或 SO 封装的二极管、三极管、IC 等。电烙铁专用加热头的外形如图 7-29 所示。

  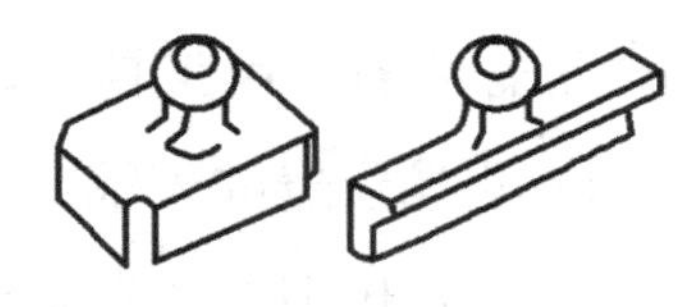

图 7-29　电烙铁专用加热头的外形

3. 手工焊接片式元器件时电烙铁的温度设定

在焊接时，电烙铁的温度设定非常重要。最适合的焊接温度是让焊点上的焊锡温度比焊锡的熔点高 50℃左右。焊接对象的体积、电烙铁的功率和性能、焊料的种类和型号不同，在设定烙铁头的温度时，一般要求在焊锡熔点的基础上增加 100℃左右。

（1）手工焊接或拆除下列元器件时，电烙铁的温度设定为 250～270℃或（250±20）℃。

① 1206 型号以下所有 SMT 电阻器、电容器、电感器元件。

② 所有电阻排、电感排、电容排元件。

③ 面积在 5mm×5mm（包含引脚长度）以下并且少于 8 个引脚的 SMD。

（2）除上述元器件外，电烙铁的温度设定为 350～370℃或（350±20）℃。

7.4.4 片式元器件的手工焊接与拆焊操作

1. 用电烙铁焊接

在用电烙铁焊接片式元器件时，最好使用恒温焊台，若使用普通电烙铁，则其金属外壳应该接地，以防止感应电压损坏元器件。由于片式元器件的体积小，烙铁头尖端的截面积应该比焊接面小一些，如图 7-30 所示，其中图 7-30（a）为合适，图 7-30（b）为太小，图 7-30（c）为太大。在焊接时，要注意随时擦拭烙铁头，保持烙铁头干净；焊接时间要短，一般不要超过 2s，看到焊锡丝开始熔化就立即抬起烙铁头；在焊接过程中，烙铁头不要碰到其他元器件；焊接完成后，要用带照明灯的 2～5 倍放大镜仔细检查焊点是否牢固、有无虚焊现象。假如被焊件需要镀锡，先将烙铁头接触待镀锡处约 1s，再放入焊锡丝，焊锡丝熔化后立即移去电烙铁。

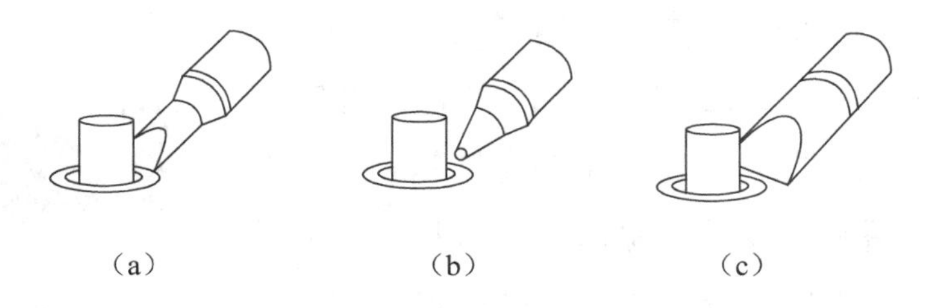

图 7-30　选择大小合适的烙铁头

（1）在焊接电阻器、电容器、二极管类两端片式元器件时，一种焊接方法是在一个焊盘上镀锡后，电烙铁不要离开焊盘，保持焊锡丝处于熔融状态，立即用镊子夹住元器件放到焊盘上，先焊接好一个焊端，再焊接另一个焊端，如图 7-31 所示。

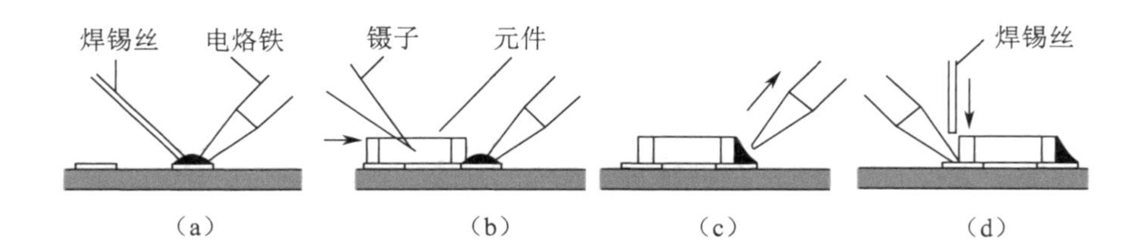

图 7-31　手工焊接两端片式元器件

另一种焊接方法是先在焊盘上涂敷助焊剂，并在基板上滴一滴不干胶，再用镊子将元器件粘放在预定的位置上，先焊接好一个引脚，再焊接其他引脚。在安装钽电解电容器时，要先焊接正极，再焊接负极，以免将其损坏。

（2）在焊接 QFP 的 IC 时，先把 IC 放在预定的位置上，用少量的焊锡焊住 IC 角上的 3 个引脚，如图 7-32（a）所示，使 IC 被准确地固定；然后给其他引脚均匀地涂上助焊剂，逐个焊牢，如图 7-32（b）所示。在焊接时，如果引脚之间发生焊锡粘连现象，可以按照如图 7-32（c）所示的方法清除：在粘连处涂抹少许助焊剂，用烙铁头轻轻沿引脚向外刮抹。

有经验的技术工人会采用刀型烙铁头进行“拖焊”，沿着 IC 的引脚，把烙铁头快速向后拖，将所有引脚一次性焊好，如图 7-32（d）所示。

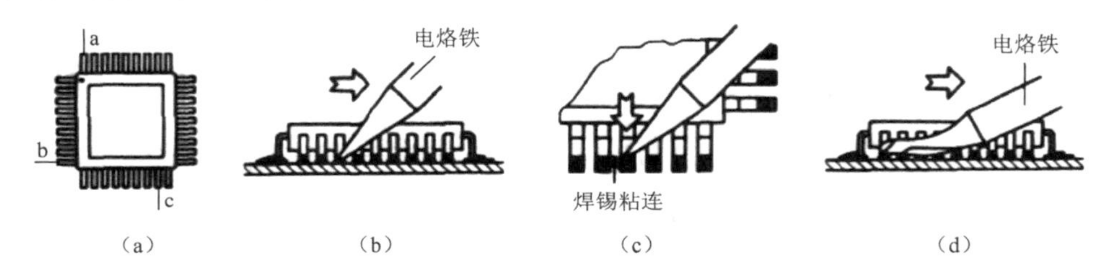

图 7-32　焊接 QFP 的 IC 的手法

焊接 SOT 封装的晶体管或 SO、SOL 封装的 IC 与此相似，先焊住两个对角，然后给其他引脚均匀涂上助焊剂，逐个焊牢。

如果使用含松香芯或助焊剂的焊锡丝，可以一手持电烙铁，另一手持焊锡丝，烙铁与焊锡丝尖端同时对准待焊接器件引脚，在焊锡丝被熔化的同时将引脚焊牢，焊接前可以不必涂助焊剂。

（3）拖焊的操作。

首先，将贴片 IC 的引脚对准 PCB 焊盘，用焊锡先固定住对引脚上的四个引脚（指 QFP）；然后，在引脚的头部镀锡，并把所有引脚涂上助焊剂，略倾斜 PCB，用电烙铁蘸松香助焊剂后将贴片 IC 的引脚上多余的焊锡往外拖，反复进行蘸松香助焊剂、往外拖操作，直到引脚之间的焊锡分开；最后，用酒精将 PCB 上残留的松香助焊剂清除，如图 7-33 所示。

图 7-33　拖焊的操作

2. 用专用加热头拆焊元器件

仅用电烙铁拆焊 SMC/SMD 是很困难的。同时用两把电烙铁只能拆焊电阻器、电容器等两端元件或二极管、三极管等引脚数目少的元器件，如图 7-34 所示。想要拆焊晶体管和 IC，就要使用专用加热头。

（1）长条加热头配合吸锡线可以拆焊翼形引脚的 SO、SOL 封装的 IC，操作方法如图 7-35 所示。

首先，将长条加热头放在 IC 的一排引脚上，按图 7-35 中箭头方向来回移动加热头，以便将整排引脚上的焊锡全部熔化；注意当所有引脚上的焊锡都熔化并被吸锡铜网吸走、引脚与 PCB 之间没有焊锡后，用专用螺钉旋具或镊子将 IC 的一侧撬离 PCB。然后，用同样的方法拆焊 IC 的另一排引脚，就可以拆卸下 IC。但是，用长条加热头拆卸下的 IC 即使电气性能没有损坏，一般也不再重复使用，这是因为其引脚变形比较大，即使将其焊接到 PCB 上，也不能保证焊接质量。

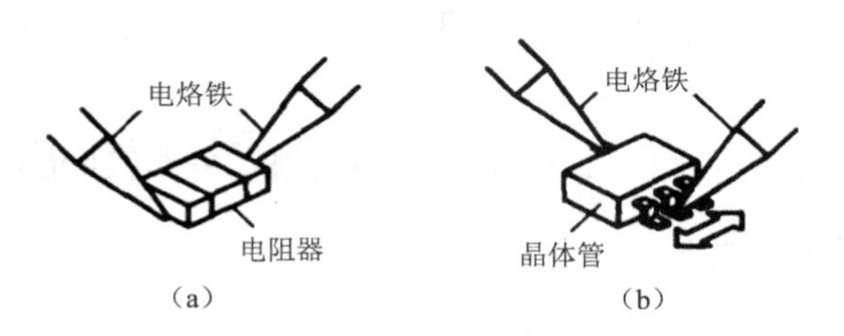

图 7-34　用两把电烙铁拆焊两端元器件或晶体管

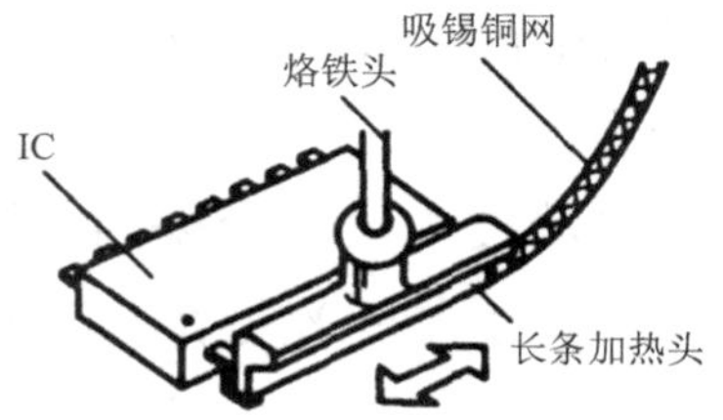

图 7-35　用长条加热头拆焊 IC 的方法

（2）S 型、L 型加热头配合相应的固定基座可以拆焊 SOT 封装的晶体管和 SO、SOL 封装的 IC。头部较窄的 S 型加热头用于拆卸晶体管，头部较宽的 L 型加热头用于拆卸 IC。在使用时，选择两个合适的 S 型或 L 型加热头先用螺丝固定在基座上，再把基座接到电烙铁发热芯的前端。先在加热头的两个内侧面和顶部镀锡，再把加热头放在器件的引脚上面，3～5s 后焊锡熔化，用镊子将器件轻轻夹起，如图 7-36 所示。

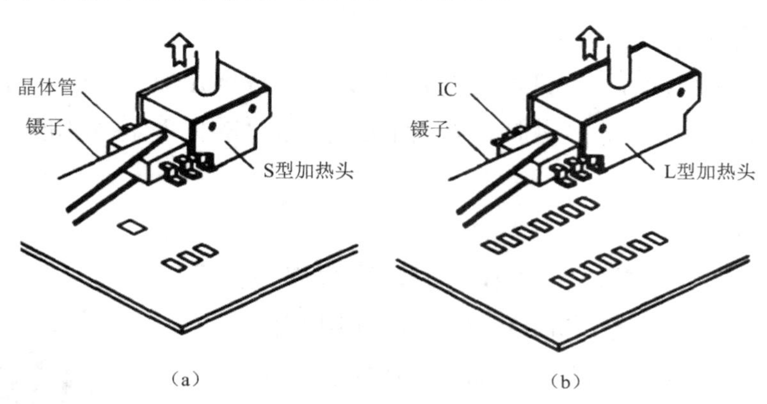

图 7-36　用 S 型、L 型加热头拆焊晶体管和 IC 的方法

（3）在用专用加热头拆卸 QFP 的 IC 时，应根据 IC 的大小和引脚数目选择不同规格的加热头，将烙铁头的前端插入加热头的固定孔。先在加热头的顶端涂上焊锡，再把加热头靠在 IC 的引脚上，3～5s 后，在镊子的配合下，轻轻转动 IC 并垂直向上抬起，如图 7-37 所示。

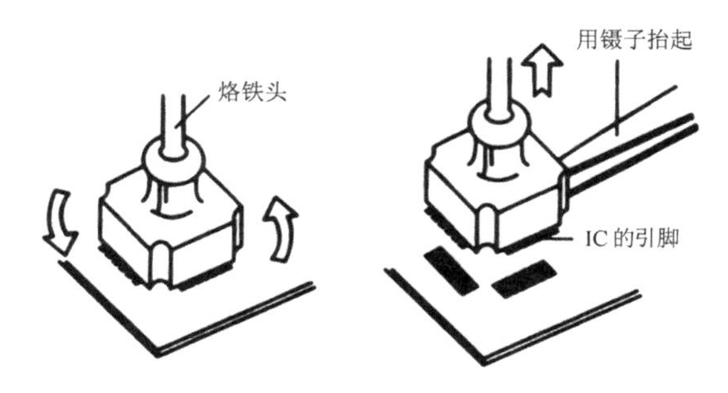

图 7-37　用专用加热头拆焊 IC 的方法

3. 用热风台焊接或拆焊 SMC/SMD

近年来，国产热风台已经在电子产品维修行业普及。用热风台拆焊 SMC/SMD 很容易操作，比用电烙铁方便，能够拆焊的元器件种类也更多。

（1）用热风台拆焊。按下热风台上的电源开关，同时接通吹风电动机和电热丝的电源，调整热风台面板上的旋钮，使热风的温度和送风量适中。这时，热风嘴吹出的热风就能够用来拆焊 SMC/SMD 了。

热风台的热风筒上可以装配各种专用的热风嘴，用于拆焊不同尺寸、封装方式的 IC。

图 7-38（a）所示为用热风台拆焊片式 IC 的示意图。其中，虚线箭头表示在用针管状的热风嘴拆焊 IC 时，热风嘴沿着 IC 周边迅速移动、同时加热全部引脚焊点的操作方法。针管状的热风嘴使用比较灵活，可以用来拆焊两端元件，有经验的操作者也可以用其拆焊其他不同封装的片式 IC。图 7-38（b）所示为拆焊 QFP 的 IC 的热风嘴，图 7-38（c）所示为拆焊 SOP 的 IC 的热风嘴。

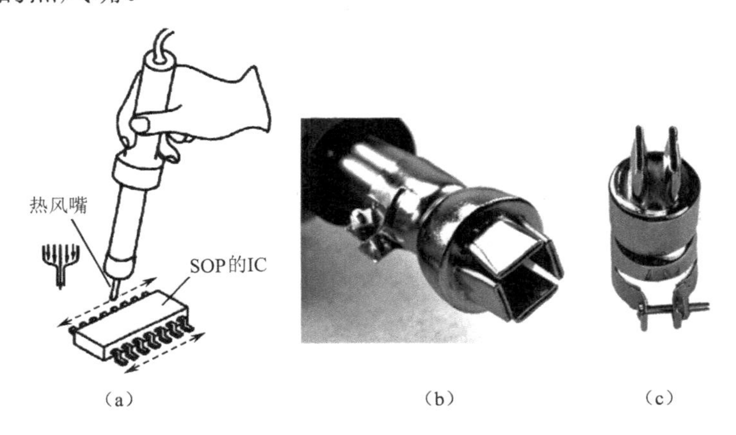

图 7-38　用热风台拆焊

用热风台拆焊元器件要注意调整温度的高低和送风量的大小，温度低，熔化焊点的时间过长，让过多的热量传到 IC 内部，反而容易损坏器件；温度高，可能烤焦 PCB 或损坏元器件；送风量大，可能把周围的其他元器件吹跑；送风量小，加热的时间则明显变长。初学者在用热风台时，应该把温度和送风量旋钮都置于中间位置（温度旋钮刻度在 4 左右，送风量旋钮刻度在 3 左右），如果担心周围的元器件受热风影响，则可以把待拆 IC 周边的元器件粘贴上胶带，将其保护起来。必须特别注意的是，全部引脚的焊点都已经被热风充分熔化以后才能用镊子夹取元器件，以免 PCB 焊盘或线条受力脱落。

（2）用热风台焊接。用热风台也可以焊接 IC，焊料应该使用焊锡膏，不能使用焊锡丝。

可以先用手工点涂的方法往焊盘上涂敷焊锡膏，贴放元器件以后，用热风嘴沿着 IC 周边迅速移动，均匀加热全部引脚焊盘，就可以完成焊接。

假如在用电烙铁焊接时，发现有引脚桥接或焊接质量不好，也可以用热风台修整：先往焊盘上滴涂免清洗助焊剂，再用热风加热焊点使其熔化，短路点在助焊剂的作用下分离，让焊点表面变得光亮圆润。用热风台拆焊要注意以下几点。

① 热风嘴应距离待焊接或待拆除的焊点 1～2mm，不能直接接触元器件的引脚，也不要过远，同时保持稳定。

② 在焊接或拆除元器件时，一次不要连续吹热风超过 20s，同一位置吹热风不要超过 3 次。

③ 针对不同的待焊接或待拆除对象，可以参照设备生产厂家提供的温度曲线，通过反复试验，优选出适宜的温度与送风量。

7.4.5 其他手工焊接

1. 有机注塑元件的焊接

现在，大量的各种有机材料广泛地应用于电子元器件、零部件的制造。这些材料包括有机玻璃、聚氯乙烯、聚乙烯、酚醛树脂等，通过注塑工艺，这些材料可以被制成各种形状复杂、结构精密的开关件和插接件，且成本低、精度高、使用方便，但最大缺点是不能承受高温。在焊接这类元件的电气接点时，如果不注意控制加热时间，则极易造成有机材料的热塑性变形，导致零件失效或性能降低，造成故障隐患。

（1）正确焊接有机注塑元件的方法如下。

① 在元件预处理时尽量清理好接点，一次镀锡成功，特别是将元件放在锡锅中浸镀时，更要掌握好浸入深度及时间。

② 在焊接时，要将烙铁头修整得尖一些，避免碰到相邻接点。

③ 非必要尽量不使用助焊剂；必须添加时，要尽可能少地使用助焊剂，防止其浸入机电元件的接点。

④ 在任何方向都不要用烙铁头对接线片施加压力，避免接线片变形。

⑤ 在保证润湿的情况下，焊接时间越短越好。在实际操作中，焊件的可焊性良好时，用已镀锡的烙铁头轻轻一点即可。完成焊接后，不要在塑壳冷却前对焊点进行牢固性试验。

（2）因焊接技术不当而造成有机注塑元件失效的原因如下。

① 在焊接时，侧向加力，造成接线片变形，导致开关不通。

② 在焊接时，垂直施力，使其中一个接线片垂直位移，造成闭合时与另一接线片不能导通。

③ 在焊接时，助焊剂用量过多，使其沿接线片润湿到接点上，造成接点绝缘或接触电阻过大。

④ 镀锡时间过长，造成下部塑壳软化，接线片因自重而移位，簧片无法接通。

2. 焊接簧片类元件的接点

簧片类元件，如继电器、波段开关等，特点是在制造时接触簧片被施加了预应力，使其产生适当弹力，保证电接触的性能。在安装焊接过程中，不能对簧片施加过大的外力和热量，以免破坏接触点的弹力，造成元件失效。焊接簧片类元件的要领如下。

（1）可焊性预处理。

（2）加热时间要短。

（3）在任何方向都不能对焊点施加外力。

（4）焊锡丝用量宜少不宜多。

3. 导线连接

导线与接线端子、导线与导线之间的连接有以下三种基本方法。

（1）绕焊。导线与接线端子的绕焊：先把经过镀锡的导线端头在接线端子上绕一圈，再用钳子拉紧缠牢并焊接，如图 7-39（a）所示。在缠绕时，导线一定要紧贴接线端子表面，绝缘层不要接触接线端子。一般取 $L=1\sim3$mm 为宜。

（2）钩焊。将导线弯成钩形钩在接线端子上，用钳子夹紧后再焊接，如图 7-39（b）所示。导线端头的处理方法与绕焊相同，这种方法的强度低于绕焊，但操作简便。

（3）搭焊。图 7-39（c）所示为搭焊。搭焊是把经过镀锡的导线搭到接线端子上进行焊接，仅用于临时连接或不便于缠、钩的地方及某些接插件。搭焊操作非常方便，但强度和可靠性非常差。在调试或维修时，若需要临时连接导线，则可以采用搭焊。搭焊不能用在正规产品中。

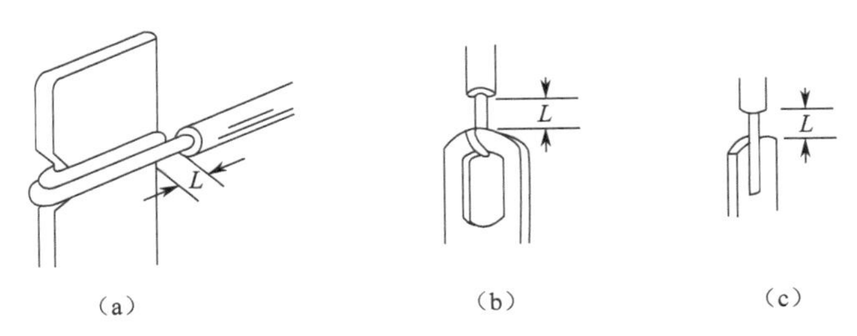

图 7-39　导线与接线端子之间的连接

导线与导线的连接以绕焊为主，如图 7-40 所示，操作步骤如下。

① 去掉导线端头一定长度的绝缘皮。

② 将导线端头镀锡，并套上合适的热缩套管。

③ 将两根导线绞合后进行焊接。

④ 趁热把热缩套管推到接点上，用热风或电烙铁烘烤热缩套管，热缩套管冷却后应该固定并紧裹接点。绕焊可靠性最好，在要求可靠性高的地方经常被采用。

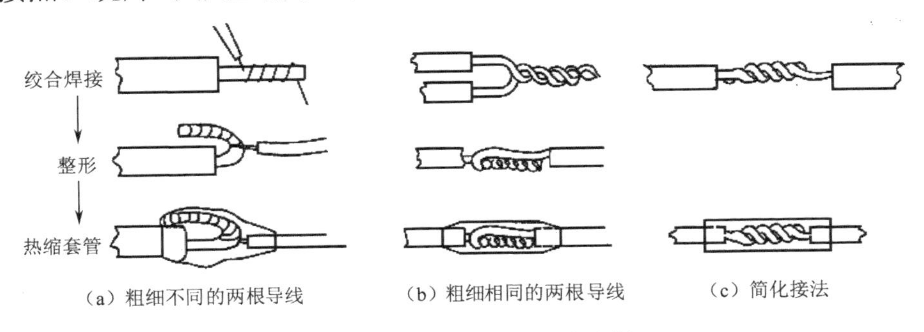

图 7-40　导线与导线的连接

4. 环形焊件的焊接

环形焊件接点多见于接线柱和接插件，一般尺寸较大，如果焊接时间不足，则容易造成“冷焊”。环形焊件一般和多股软线连接，焊接前要对导线进行处理，先绞紧各股软线，再镀锡。环形焊件也要进行处理，操作方法如图 7-41 所示。

（1）往环形孔内滴助焊剂，若孔较大，则用脱脂棉蘸助焊剂在孔内均匀地擦一层。

（2）用电烙铁加热待焊区并将焊锡丝熔化，靠润湿作用流满内孔。

（3）将导线垂直插入孔的底部，移开电烙铁并保持到焊锡凝固。在焊锡凝固前，切不可移动导线，以保证焊点质量。

（4）完全凝固后立即套上热缩套管。

由于这类焊点一般外形较大，散热较快，因此在焊接时应选用功率较大的电烙铁。

5. 金属板与导线的焊接

在金属板上焊接的关键是往金属板上镀锡，如图 7-42 所示。一般金属板的面积大、吸热多、散热快，要用功率较大的电烙铁。根据金属板的厚度和面积不同，选用 50～300W 烙铁为宜。当金属板的厚度在 0.3mm 以下时，可以选用 20W 烙铁，只是要适当增加焊接时间。

对于紫铜、黄铜、镀锌板等材料，只要其表面干净，使用少量的助焊剂就可以镀锡。若想要焊点更可靠，则可以先在待焊区用力划出一些刀痕再镀锡。

在焊接时，铝板的表面很容易生成氧化层，并且不能被焊锡润湿，采用一般方法很难镀锡。事实上，铝及其合金本身很容易“吃锡”。镀锡的关键是破坏铝的氧化层，先用刀刮干净待焊面并立即加上少量的助焊剂，再用烙铁头适当用力在铝板上做圆周运动，同时将一部分焊锡熔化在待焊区，靠烙铁头破坏氧化层并不断地将锡镀到铝板上。铝板镀锡后，焊接就比较容易了。

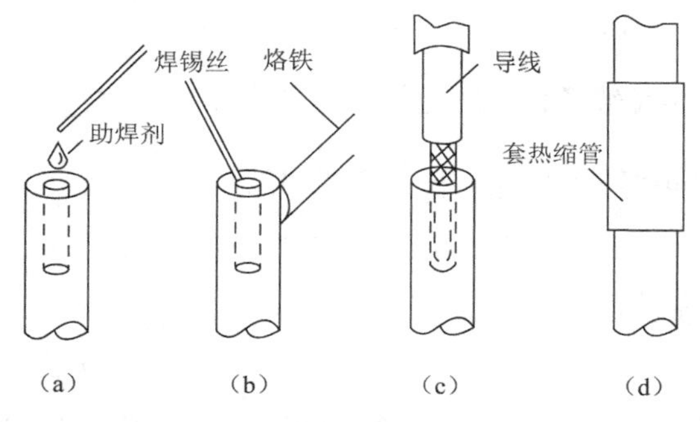

图 7-41　环形焊件的焊接

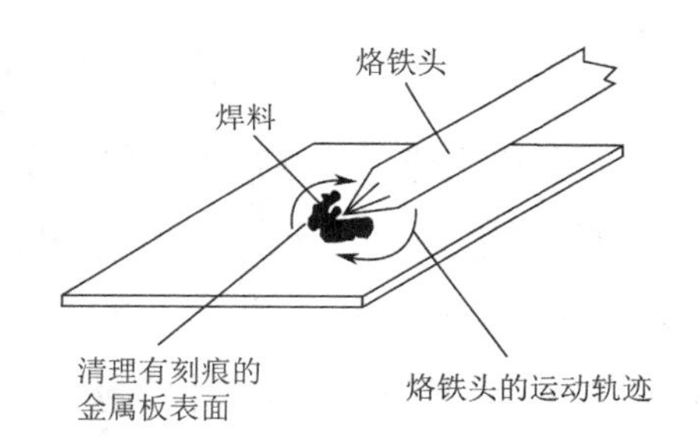

图 7-42　在金属板上焊接

7.4.6　焊点质量标准及检查

对焊点的质量要求应该包括电气接触良好、机械结合牢固和美观三个方面。保证焊点质量最重要的一点是必须避免虚焊。

1. 对焊点的要求

（1）可靠的电气连接。焊接是电子线路从物理上实现电气连接的主要手段。锡焊连接不是靠压力，而是靠焊接过程中形成的牢固连接的合金层达到电气连接的目的。焊锡仅是堆在焊件表面或只有少部分形成合金层，也许在最初的测试和工作中不会发现焊点存在问题，但随着条件的改变和时间的推移，焊件会出现接触层氧化、电路产生时通时断现象或干脆不工作，而这时观察焊点外表，依然连接如初。这是电子产品工作中最棘手的问题，也是电子产品制造中必须重视的问题。

（2）足够的机械强度。焊接不仅起到电气连接的作用，也是固定元器件，保证机械连接的手段，必须考虑机械强度的问题。Sn-Pb 合金作为锡焊材料，其本身机械强度比较低，常用的 Sn-Pb 焊料抗拉强度只有普通钢材的 10%。要想提高机械强度，就要有足够的连接面积。如果是虚焊点，焊料仅堆在焊盘上，自然就谈不上机械强度了。

造成机械强度较低的常见缺陷是焊锡未流满焊点或焊锡量过少，还可能是在焊接时焊料尚未凝固就发生震动而引起焊点的结晶粗大（像豆腐渣状）或有裂纹。

在插装元器件后，先把引脚弯折，实行钩接、绞合、网绕再进行焊接，也是增加机械强度的有效措施。

（3）光洁整齐的外观。良好的焊点要求焊料用量恰到好处，表面圆润，有金属光泽。焊点外观是焊接质量的反映。注意：焊点表面有金属光泽是焊接温度合适、生成合金层的标志，这不仅仅是美观的要求。

焊点外观检查：除了用目测（或借助放大镜、显微镜观测）焊点是否合乎上述标准，还包括从以下几个方面检查整块 PCB 焊接质量。

① 有无漏焊。

② 有无焊料拉尖。

③ 有无焊料引起导线间短路（桥接）。

④ 有无损伤导线及元器件的绝缘层。

⑤ 有无焊料飞溅。

在检查时，除了用目测，还要用手指触摸、镊子拨动、拉线等办法，检查导线有无断线、焊盘剥离等缺陷。

2. 产生虚焊的原因及危害

虚焊主要是由被焊金属表面的氧化物和污垢造成的，使焊点成为有接触电阻的连接状态，导致电路工作不正常，出现连接时好时坏的现象，噪声增加并且没有规律，给电路的调试、使用和维护带来重大隐患。此外，也有一部分虚焊点在电路开始工作的一段较长时间内，仍能保持良好接触，因此不易被发现。但在温度、湿度和震动等环境条件的作用下，接触表面逐渐氧化，接触慢慢地变得不完全。虚焊点的接触电阻会引起局部发热，局部温度升高又促使不完全接触的焊点情况进一步恶化，甚至脱落，电路不能正常工作，这一过程有时可长达一两年。这个原理可以用“原电池”的概念来解释：当焊点受潮使水汽渗入间隙后，水分子溶解金属表面的氧化物和污垢形成电解液，虚焊点两侧的 Gu 和 Sn-Pb 焊料相当于原电池的两个电极，Sn-Pb 焊料失去电子被氧化，Gu 获得电子被还原。在这样的原电池结构中，虚焊点内发生金属损耗性腐蚀，局部温度升高加剧化学反应，机械振动让其中的间隙不断扩大，直至恶性循环使虚焊点形成开路。

统计数字表明，在电子整机产品的故障中，有将近一半的故障是由焊接不良引起的，而要从一台有成千上万个焊点的电子设备中找出引起故障的虚焊点不是一件容易的事。所以，虚焊是电路可靠性的重大隐患，必须避免，在进行手工焊接时尤其加以注意。

一般来说，产生虚焊的主要原因是焊锡丝质量差；助焊剂的还原性不良或用量不足；被焊区表面未预先清洁干净，镀锡不牢；烙铁头的温度过高或过低，表面有氧化层；焊接时间掌握不好（太长或太短）；在焊锡未凝固时，被焊元件松动。

3. 典型焊点的形成及外观

单面 PCB 和双面（多层）PCB 上形成的焊点是有区别的：在单面 PCB 上，焊点仅在焊接面的焊盘上方形成；在双面 PCB 或多层 PCB 上，熔融的焊料不仅润湿焊盘上方，还因毛细作用而渗透到金属化孔内，形成焊点的区域包括焊接面的焊盘上方、金属化孔内和元件面上的部分焊盘，如图 7-43 所示。

从外表直观地看典型焊点，对其要求是形状近似圆锥形，表面稍微凹陷，呈慢坡状；以焊接导线为中心，对称成裙形展开，如图 7-44 所示。虚焊点的表面往往向外凸出，可以被鉴别出来；在焊点上，焊料的连接面呈凹形平滑过渡，焊锡和焊件的交界处平滑，接触角尽可能小；表面平滑，有金属光泽；无裂纹、针孔、夹渣。

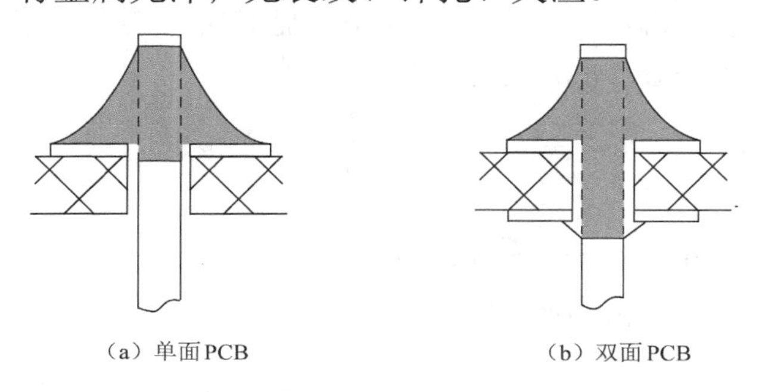

（a）单面 PCB　　（b）双面 PCB

图 7-43　单面 PCB 和双面 PCB 上焊点的区别

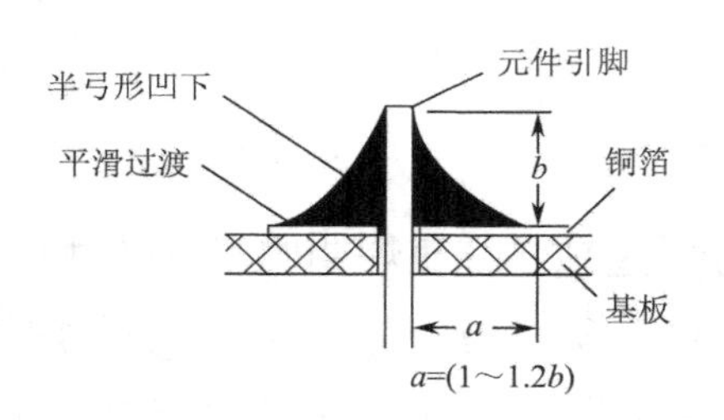

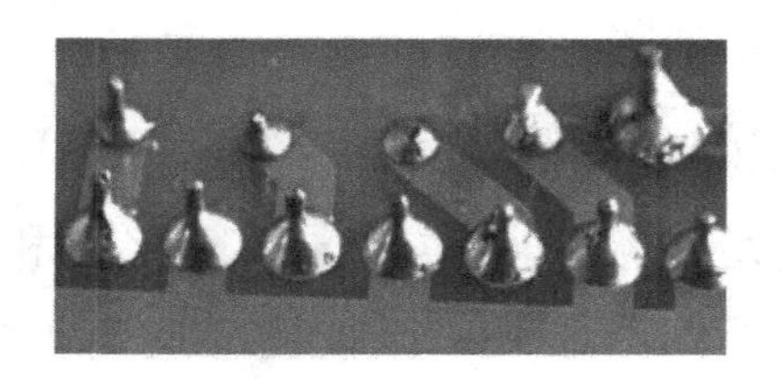

图 7-44　典型焊点的外观

4. 手工焊接常见的焊点缺陷及原因

手工焊接常见的焊点缺陷及产生的原因如表 7-3 所示。

表 7-3　手工焊接常见的焊点缺陷及产生的原因

序号	缺陷类型	缺陷分析	缺陷图示
1	焊料过多	从外观看焊料过多且形状呈蒙古包，这种焊点容易造成引脚桥接，又浪费焊料，产生的原因是焊锡丝撤离过迟	焊料过多

续表

序号	缺陷类型	缺陷分析	缺陷图示
2	焊料过少	特点是焊面未形成平滑面，危害是机械强度不足，容易造成假焊，产生的原因是焊锡丝撤离过早	焊料过少
3	桥接	相邻导线连接，造成电器短路，最主要的原因是焊料过多或电烙铁撤离方向不当	桥接
4	不对称	锡焊没流满焊盘会导致焊点不对称，最大的危害是机械强度不足，产生的原因是焊料的流动性不好，助焊剂不足或质量差，加热不足	不对称
5	拉尖	焊点出现尖端，外观不佳，容易造成桥连现象，产生的原因是助焊剂过少，加热时间过长，电烙铁撤离方向不当	拉尖
6	表面粗糙	焊点表面粗糙是过热所致，焊点表面发白、无金属光泽，焊点表面粗糙容易造成焊盘脱落且强度降低，产生的原因是电烙铁功率过大或加热时间过长	表面粗糙
7	松动	在完成焊接后，导线和元器件的引脚可挪动，这种现象容易造成假焊，产生的原因是焊锡未凝固前引脚被挪动造成空隙	松动
8	松香焊	焊盘缝隙中有松香渣的情况容易引起焊盘强度不足、导通不良、有可能时通时断，产生的原因是助焊剂过多或失效，焊接时间、加热不足	松香焊
9	浮焊	焊点剥落，浮在焊盘上（不是铜箔，而是焊锡与焊盘没有焊接上），浮焊现象产生剥离最容易引起短路，产生的原因是焊盘镀层不牢	浮焊
10	气泡	引脚有喷火式焊料隆起，内部藏有空洞，这种现象暂时可以导通，时间久了会引起导通不良，产生原因是引脚与焊盘孔间隙大或引脚润湿不良。	气泡
11	针孔	目测或借助放大镜可见有针孔，这样的焊点机械强度不足，焊点容易腐蚀，产生的原因主要是焊盘孔与引脚间隙太大或焊料不足	针孔

7.5 无铅焊接

Pb 是一种银灰色金属元素，质地较软，因为熔点比较低，所以很容易被冶炼、加工和制造成各种合金。电池、电缆、电子产品焊接用的焊锡里面都含 Pb。

近年来，Pb 对人体的毒害正越来越受到重视，许多国家立法禁止在电子产品、汽车和飞机制造业中使用含 Pb 焊料。开发绿色环保电子产品，采用无铅焊料已是大势所趋，国内一些大型电子产品加工企业，为推进中国无铅焊接的加速发展，也都在积极进行无铅焊料的研究开发和推广使用。

7.5.1 Pb 的危害及“铅禁”的提出

1. Pb 的危害与铅污染

Pb 是一种对人的神经系统有害的重金属元素，易于在人体内积累，由于 Pb 是多亲和性毒物，主要损害人的神经系统、造血系统、心血管及消化系统，因此是引发多种重症疾病的因素。并且，Pb 对水、土壤和空气都能产生污染，人体吸收过量的 Pb 会导致铅中毒，少量吸收 Pb 也会影响人的认识能力，甚至损伤人的神经系统。与成人相比，儿童更容易受到 Pb 的威胁，当儿童体内 Pb 含量超过 100μg/L 时，其脑发育就会受到不良影响。

Pb 对地球的污染问题日趋严重，主要是大量含 Pb 的电子产品均无回收约束机制。以美国为例，每年随着电子产品丢弃的 PCB 约 1 亿块，若按每块含 Sn-Pb 焊料 10g，其中 Pb 含量为 40%计算，则每年随 PCB 丢弃的 Pb 量为近 400t。

2. “铅禁”的提出

早在 1978 年美国就禁止在商业经营活动中使用含 Pb 颜料，1986 年又立法禁止在饮用水供应网中使用铅管，20 世纪 80 年代起，许多国家明令要求使用无铅汽油。1992 年，美国国会提出了 Reid 法案，这是一个多方面的环境保护法案，其中一点就是在电子组装行业中禁止使用含 Pb 物质。

由于日本的无铅电子制造技术在世界处于领先地位，日本政府从 2003 年 1 月开始全面推行无铅化。日本的松下、NEC、SONY、东芝、富士通、先锋等公司均于 2000 年开始采用无铅制造技术，到 2002 年年底基本或全部实现无铅化。2003 年起日本推行无铅化后，用“无铅”牌阻止或限制美、中、韩及欧洲有铅电子产品的进口。日本一些大电子公司已开始对中国国内的电子配套制造企业提出无铅化要求。

如今，全球范围内从法律上对无铅产品有严格要求并加以强制执行的当数欧盟。2003 年，欧盟公布了欧洲议会和欧盟部长理事会共同批准的《报废电子电气设备指令》（简称 WEEE 指令）和《关于在电子电气设备中禁止使用某些有害物质指令》（简称 RoHS 指令），以降低电子设备所含有害物质对环境的影响。其中，RoHS 也被称为《无铅条例》（2002/95/EC 号决议），此两项指令在欧盟成员国生产和进口的电子设备中适用。它们要求在 2006 年 7 月 1 日之后在欧盟地区上市销售的电子产品一律不得超标含以 Pb 为首的 6 种有害物质。

无铅并不是指含 Pb 量为零，狭义的无铅或者说无铅的本义是指电子产品中 Pb 含量不得超过 0.1%（质量百分比）。RoHS 针对所有生产过程中及原材料中可能含以 Pb 为首的 6 种有害物质的电子电气设备，主要包括电冰箱、洗衣机、微波炉、空调、吸尘器、热水器等家电，DVD、CD、电视接收机等音视频产品、IT 产品、数码产品、通信产品等。电动工具、电动电子玩具、医疗电气设备也在此列。

我国相关政府部门积极应对 RoHS，并于 2006 年 2 月 28 日公布了中国版 RoHS 指令——《电子信息产品污染控制管理办法》，这是中国首部防治电子产品污染环境的法规。

中国版 RoHS 与欧盟版 RoHS 在内容上大体相同，不同之处在于所限制的设备种类要少一些。中国版 RoHS 于 2007 年 3 月 1 日起实行。随着国内行业标准的提升与 RoHS 规范的实施，国内电子产品厂商已经将无铅生产提上了议事日程，逐步推出采用无铅制程的电子产品。

7.5.2 无铅焊料的定义

无铅焊料的推广涉及方方面面，包括元器件行业、PCB 行业、助焊剂行业、焊料行业和设备行业；元器件的引脚及内部连接要采用无铅焊料和无铅镀层；PCB 基材应适合更高的温度，焊盘表面涂覆层也应适应高温焊接；助焊剂在高温情况下不应变色；在焊接设备中机械材料、传动、控制系统应适应在较高温场合下使用等。无铅焊料是指，焊料的化学成分中不含 Pb 或满足 PoHS 指令中要求 Pb 含量不超过 1000PPM（0.1%）的焊料。

由于纯 Sn 熔点高（232℃），焊接工艺性也较差，因此不便直接作为无铅焊料使用。然而 Sn 仍是作用优良且无法被代替的焊料基材，这是因为 Sn 与其他许多金属之间有良好的亲和作用，无毒无公害，特别是在地球上储藏量大、价格低。因此，所谓的无铅焊料仍是以 Sn 为基材的焊料。

1. 无铅焊料应具备的条件

Sn-Pb 合金具有优良的焊接工艺、优良的导电性、适中的熔点等综合性能。一个可以代替目前通用的 Sn-Pb 合金的无铅焊料通常应满足以下条件。

（1）无公害，无毒或毒性很低。某些金属，如 Cd、Te 等因有毒而不列入考虑范围。

（2）熔点应与 Sn-Pb 焊料相接近，要能在现有的加工设备上和现有的工艺条件下操作。

（3）机械强度和耐热疲劳性能要与 Sn-Pb 合金相当。

（4）焊料熔化后应对许多材料（目前在电子行业中已经使用的）有很好的润湿性，形成优良的焊点，如 Cu、Ag-Pd、Au、Ni、Fe-42Ni，以及焊盘保护涂层 OSP 等。

（5）可以接受的市场价格。价格应接近 Sn-Pb 焊料或不应超过太多。

（6）储量丰富，应有充足的原料来源以满足越来越多的电子产品制造需求。某些元素，如 In 和 Bi 储量较小，因此只能作为无铅焊料的添加成分。

（7）可以和现有元件基板、引脚及 PCB 材料在金属学性能上兼容。

（8）合适的物理性能（如电导率、热导率、热膨胀系数）、足够的力学性能（剪切强度、蠕变抗力、等温疲劳抗力、热机疲劳抗力、金属学组织的稳定性）和良好的润湿性。

（9）可以容易地被制成条状、丝状、膏状等。不是所有的合金都能够被加工成所有形式，如 Bi 的含量增加将导致合金变脆而不能拉拔成丝状。

不难看出，无铅焊料要满足上述诸多条件不是一件容易的事。

2. 几种实用的无铅焊料

根据无铅焊料应具备的条件，最有可能替代 Sn-Pb 焊料的是以 Sn 为主，添加 Ag、Zn、Cu、Sb、Bi、In 等金属元素组成的无毒合金，通过改变焊料中不同金属元素的质量比改善合金性能，提高可焊性。

目前常用的无铅焊料主要是以 Sn-Ag、Sn-Zn、Sn-Bi 为基体，添加适量其他金属元素组成三元合金和多元合金。

（1）Sn-Ag 系焊料。Sn-Ag 是人们很早就已熟悉的高温焊料，具有较好的焊接性能，早期就开始用在厚膜技术中，但由于其焊接温度高，因此未能被广泛应用。Sn-Ag 合金的熔点温度为 221℃。Sn-Ag 焊料具有优良的机械性能、拉伸强度及蠕变特性。缺点：熔点偏高，比 Sn-Pb 焊料高 30～40℃，润湿性差，成本高。

（2）Sn-Ag-Cu 系焊料。通过对 Sn-3.5Ag 的改进性研究，人们发现通过添加少量或微量的 Cu、Bi、In 等金属元素可以降低其熔点，并且润湿性和可靠性得到了提高，特别是 Cu 的加入，使 Sn-Ag-Cu 焊料在波峰焊时可以有效地减少对 PCB 焊盘上 Cu 的熔蚀。现在已经投入使用最多的无铅焊料就是 Sn-Ag-Cu 合金，配比为 96.3Sn-3.2Ag-0.5Cu，熔点为 217～218℃，市场价格是 Sn-Pb 共晶焊料的 3 倍及以上。

（3）Sn-Zn 系焊料。Sn-Zn 焊料的共晶组成是 Sn-8.8Zn，共晶温度为 199℃，Sn、Zn 金属元素以固溶体的形式构成合金，说明 Sn-Zn 有较好的互熔性，Zn 能均匀致密地分散在 Sn 中。Sn-Zn 系焊料是无铅焊料中与 Sn-Pb 共晶熔点接近的焊料，适合用于耐热性差的电子器件的焊接。Sn-Zn 焊料的机械性能好，拉伸强度比 Sn-Pb 共晶焊料好，可以拉制成丝材使用，具有良好的蠕变特性。

缺点：Zn 极易氧化，润湿性和稳定性差，具有腐蚀性，尤其是用 Sn-Zn 合金配制的焊锡膏，其保质期短。

（4）Sn-Bi 系焊料。Bi 是一种低熔点金属元素，熔点为 271℃，其在元素周期表中排在第 V 主族的末位，具有脆性，是一种金属性弱的表现。42Sn-58Bi 合金是人们早已熟悉的低温（139℃）焊料，但因熔点过低而未能被大规模地用于电装行业。该合金的共晶温度为 139℃，因此 42Sn-58Bi 通常用作低温焊料。缺点：延展性不好，由于硬而脆，因此加工性差，不能被加工成线材使用。

（5）Sn-Cu 系焊料。Sn-0.7Cu 为 Sn-Cu 合金的共晶点，表明在纯 Sn 中加入 0.7%的 Cu 后可以使 Sn 的熔点由 231.9℃降为 227℃，此温度就是 Sn-Cu 合金的共晶温度。

由于 Sn-Cu 系焊料构成简单，供给性好且成本低，因此被大量用于基板的波峰焊、浸焊，适合作松脂芯软焊料。其中，由添加 Ni 构成的 Sn-Cu-Ni 焊料（产品名为 SN100C）在熔融时流动性得到了明显改善，在细间距 QFP 的 IC 波峰焊中无桥接现象，也没有无铅焊料特有的针状晶体和气孔，焊点有光泽。

Sn-0.7Cu（Ni）合金主要被用作波峰焊焊料的原因：其一，波峰焊的成本主要来自焊料本身，而 Sn-0.7Cu（Ni）的成本比 Sn-Ag-Cu 低；其二，虽然 Sn-0.7Cu（Ni）合金的机械性能相对于 Sn-37Pb 低了很多，但由于通孔焊点的结构使焊点有较强的机械强度，因此足以补充焊料的不足；其三，在波峰焊中，焊料温度虽然高，但通孔插装元件的引脚在焊料槽停留时间短，元件受到的影响相对较小；其四，在回流焊中，元器件停留时间长而焊接温度高（245℃），以及无引脚焊点强度不如通孔插装元件焊点，所以 Sn-0.7Cu（Ni）合金不推荐用于回流焊工艺。

7.5.3　无铅手工焊接技术

无铅手工焊接是无铅焊接的一个重要组成部分。无铅手工焊接产品的开发、生产和应用与无铅自动焊接技术一样，被业界视为中国电子工业的又一次革命。与一般手工焊接相比，无铅手工焊接需要解决的问题仍然是无铅焊料带来的影响。

扩展能力差：无铅焊料在焊接时，润湿、扩展的面积只有 Sn-Pb 共晶焊料的 1/3 左右。

熔点高：无铅焊料的熔点一般比 Sn-Pb 共晶焊料的熔点高 34～44℃。

1. 无铅手工焊接面临的问题

（1）烙铁头使用寿命短：一般烙铁头结构，内部主要由 Gu 制成，外面镀铁（镀铁层），而镀铁层前端再镀锡（镀锡层），后端则会镀抗氧化的 Cr。由于 Sn 和 Fe 同样属于高活动性的金属，因此其很容易结合成混合金属，特别是在高温的状态下。而且焊接时使用的助焊剂（特别是高活性的）也会加速它们产生混合金属反应的催化剂。当使用 Sn-Pb 共晶焊料时近乎不会产生混合金属，但当使用 Sn-3.7Ag-0.7Cu 焊料时就会产生 15μm 厚度的混合金属。

混合金属的产生速度会因焊接温度不同而改变，焊接温度越高，产生速度越快，特别在 400℃或以上的温度下更为明显。焊接时 Sn 与 Fe 先会不断地产生混合反应，由于产生的混合金属会从烙铁头镀层表面剥落，因此烙铁头镀层会逐渐被侵蚀，然后 Sn 会很快地侵蚀烙铁头内的 Gu，最后会在很短时间内造成烙铁头穿洞。

在 400℃的焊接温度下，Sn-3.5Ag-0.75Cu 焊料对烙铁头的侵蚀速度是传统的共晶焊锡的 3 倍，是 Sn-0.7Cu 焊料的 4 倍。除了侵蚀，无铅焊接还会加速烙铁头氧化。

（2）由于无铅焊料的熔点较高，因此高温焊接会加速焊料氧化，影响焊料的扩散性及润湿性。

（3）高温焊接会破坏一些电子组件，包括塑料连接器、继电器、发光二极管、电解电容器、多层陶瓷电容器，甚至会使塑料组件熔解或变形。

（4）高温焊接会使 PCB 弯曲，导致多层陶瓷电容器损毁。

（5）需要使用活性较高（腐蚀性强）的助焊剂。

（6）要有较多热量及较长焊接时间才可以达到理想的焊接效果。

（7）容易产生桥连和虚焊，且不易修正。

（8）容易产生锡珠使助焊剂飞散。

2. 克服无铅手工焊接缺陷的措施

（1）在满足无铅焊料熔化温度的前提下，应尽量在低温下焊接，一般设定在 350℃左右为宜。

（2）使用高热回复性的焊台，使烙铁头温度相对稳定。普通电烙铁功率一般在 60W 以下，每焊接一个焊点，大约需要消耗 50～100℃的热量，要焊接下一个焊点需要迅速地进行温度补偿，但是普通电烙铁补偿焊接所需的温度大约为 5s 或更长时间，很难满足焊接需要。为满足焊接需要，往往通过提高烙铁的设定温度来实现，然而，单纯追求设定高温会导致上述其他负面影响。所以，普通焊台无法实现高频无铅焊接。

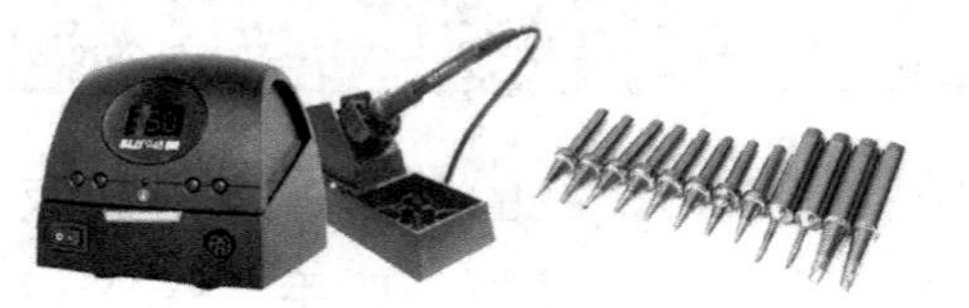

图 7-45　无铅手工焊接设备

目前，市场上已有很多专门用于无铅手工焊接的无铅焊台和无铅电烙铁，以及不同形状的无铅烙铁头，如图 7-45 所示。

图 7-46 所示为 PS-800E 型无铅焊接系统的烙铁头和烙铁手柄及使用实况。PS-800E 型无铅焊接系统采用具有过程控制的智能加热（SmartHeat）技术，烙铁头加热快，焊接效率高，不会因过热而损坏 PCB 和元件，SmartHeat 技术可以在不提高烙铁头温度的情况下满足无铅合金对热量的苛刻要求；整个主机系统由主机电源、烙铁手柄（含 PS-CA1，AC-CP2）、烙铁加热组件、自动休眠烙铁支架、功率表等组成；可以为大规模的生产应用提供高效率和更经济的焊接解决方案。

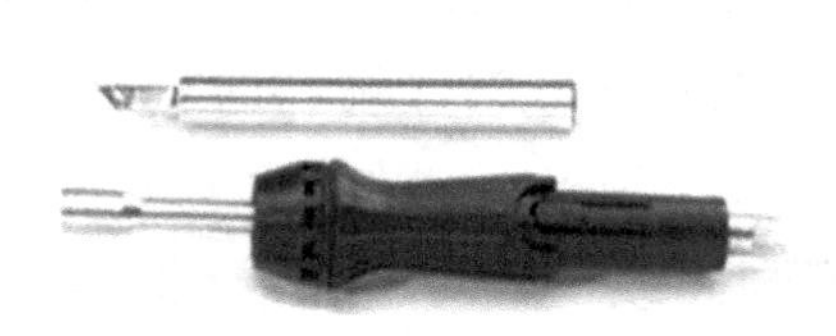

图 7-46　PS-800E 型无铅焊接系统的烙铁头和烙铁手柄及使用实况

（3）在 N_2 环境下焊接，也就是在焊接过程中在烙铁头的周边喷出保护性的 N_2。通过对焊接部位的覆盖，可以起到改善焊接润湿性、防止基板氧化的作用，这种做法在使用 Sn-Zn 系焊料时很有效果。另外，在使用 N_2 保护焊接时，喷出的 N_2 具有一定的温度，还具有对元器件、基板预热的作用。在烙铁设定温度相同情况下，使用 N_2 进行焊接，可以使烙铁头温度下降，测定得到的温度差约为 15℃。

（4）配合焊点大小的同时，应尽量选择相对较大的烙铁头焊接，因为烙铁头越大，设定温度可以越低，热量流失越少。PS-800E 型无铅焊接系统就是大功率增强型无铅焊台，拥有较大的功率输出及加大几何尺寸和加厚镀层的烙铁头。

3. 提高烙铁头使用寿命的方法

（1）使用尽量低的温度进行焊接，在进行无铅焊接时不要使烙铁头的温度超过 400℃。实验证明，当用温度超过 400℃的烙铁头进行连续焊接时，烙铁头的寿命大约缩短 1/4～1/3。虽然无铅焊锡的熔点较高，但是不代表必须使用较高的温度进行焊接。

（2）在进行无铅焊接时，烙铁头必须经常保持清洁，原因是相比传统焊锡，无铅焊锡不能容忍杂质污染。

（3）使用烙铁头清洁海绵进行清洁。将清洁海绵保持潮湿状态，请勿加水太多或太干燥，加水过多，会加速烙铁头氧化；太干燥，会破坏烙铁头表面的镀锡层和镀铬层。

（4）当停止使用烙铁头时，一定要镀新锡层，以保护烙铁头，防止其氧化。

（5）在不使用烙铁头时，不要让其长时间处于高温状态。烙铁头处于高温状态会使烙铁头上的助焊剂转化为氧化物，导致烙铁头导热功能大为减弱，并加速氧化。

（6）当发现烙铁头的头部有黑色氧化物时，应及时清除氧化物，方法是：调整烙铁头温度至 200～250℃，用清洁海绵进行反复清理，直至黑色氧化物清除。立即使用或镀新锡层。烙铁头镀锡不当也会对烙铁头寿命造成危害，这是因为在对烙铁头进行镀锡时要清除烙铁头上厚厚的黑色氧化物和使用活性助焊剂。如果镀锡后不进行除酸，则烙铁头会很快被腐蚀。正确的方法是：首先，镀锡并清洗烙铁头，清除氧化物；然后，用清洁海绵清洗烙铁头，清除残留的酸，清洁海绵必须用去离子水浸湿，不能用自来水，因为自来水中的污染物会污染烙铁头，加热后形成黑斑点；最后，将烙铁头镀锡，并用焊料覆盖，以保证其与空气隔绝，避免再次氧化。

（7）使用高质量的免清洗助焊剂可以延长烙铁头的使用寿命。

4. 无铅焊台的选用

无铅焊台与普通焊台的区别主要是焊接温度不同，无铅焊料要求的焊接温度更高一些。现在某些型号的有铅恒温焊台已经达到了无铅焊接的要求，普通的恒温焊台的焊接温度最高也能达到 450℃，如普通的 ULMAY936A 恒温焊台。

当然也有为要求较高的无铅精密电子焊接设计的真正无铅焊台，如高频无铅焊台，其功率最高能达到 200W，供热和补热速度快，能真正做到恒温焊接，从而使焊接过程中的焊点无任何气泡、空洞和缝隙，常见的无铅焊台型号有 ULMAY2000A、ULMAY2000C 等。

从理论上讲，用无铅焊台也可以焊有铅焊点，因为无铅焊台的温度可以达到有铅焊料的熔点。实际上是不允许这样用的，因为一旦用有铅焊料在无铅焊台上焊接后，无铅焊台就会受到污染而无法再做无铅环保产品了。

一般有铅焊台是焊不了无铅焊料的，因为有铅焊台的温度可能达不到无铅焊料的熔化温度。当然也有例外，在无铅焊料中，也有低温的焊料，其熔点比有铅焊料的熔点还要低。但这种低温焊料的价格相当昂贵。

第 8 章

手工焊接技能实训

8.1 通孔插装元器件在 PCB 上的安装与焊接

8.1.1 基本焊接练习

❖ **任务 1 导线与接线端子的焊接**

1. 目的

学会对元件进行焊前处理的方法，掌握元器件引脚与导线，以及导线与接线端子焊接的基本技能。

2. 器材

20W 内热式电烙铁 1 台，红、黑色软芯塑料导线各 2 根，电池盒，2 只鳄鱼夹，100Ω 固定电阻器、470Ω 电位器、发光二极管各 1 只。

3. 内容与步骤

（1）焊接电池盒。

① 将 4 根软导线两端塑料外皮各剥去 1cm 左右：先用小刀刮亮，然后将多股芯线绞合在一起，最后镀锡。

② 将电池盒正、负极引脚焊片，以及 2 只鳄鱼夹焊线处用小刀刮亮后镀锡。

③ 取红色导线 1 根，一端焊在红色鳄鱼夹上，另一端焊在电池盒的正极焊片上。

④ 取黑色导线 1 根，一端焊在黑色鳄鱼夹上，另一端焊在电池盒的负极焊片上。

⑤ 检查焊接质量：检查各焊点是否牢固；有无虚焊、假焊；是否光滑无毛刺；将不合格的焊点重新焊接。

（2）焊接电路（按照图 8-1 进行焊接）。

① 焊前处理：将电阻器的引脚、电位器的引脚焊片、发光二极管的引脚用小刀刮亮后镀锡。

② 将电阻器一端焊接在电位器的引脚一侧焊片上。

③ 将电位器的引脚中间的焊片焊上 1 根导线。

图 8-1　焊接电路

④ 将导线另一端焊接在发光二极管的负极上。

⑤ 将发光二极管的正极焊接上另一根导线。

⑥ 检查焊接质量：检查各焊点是否牢固；有无虚焊、假焊；是否光滑无毛刺；将不合格的焊点重新焊接。

注意：在焊接发光二极管时，时间要短，并应用尖嘴钳夹住引脚根部，以利于二极管散热。

（3）将电池盒引脚上的鳄鱼夹分别夹在焊好的电路两端（注意正、负极），观察发光二极管的发光情况，旋转电位器使发光二极管的发光亮度适中。

（4）焊接完毕，拔下电烙铁电源插头，待其冷却后收入工具箱。

❖ 任务 2　通孔插装电阻器在 PCB 上的焊接

1. 目的

练习通孔插装元器件的焊前处理，练习焊接 PCB。初步掌握元器件在 PCB 上安装焊接的方法。

2. 器材

20W 内热式电烙铁 1 台，废旧 PCB 1 块，1/8W 小电阻器、小瓷片电容器各 10 只，松香酒精溶液 1 瓶。

3. 内容与步骤

（1）焊前处理。

① 将 PCB 铜箔用细砂纸打光后，均匀地在铜箔面涂一层松香酒精溶液。若是已焊接过的 PCB，则应将各焊孔扎通（可以用电烙铁熔化焊点，趁热用针将焊孔扎通）。

② 将 10 只电阻器及 10 只电容器的引脚逐个用小刀刮亮后，在刮净的引脚上分别镀锡。可将引脚蘸一下松香酒精溶液后，用带锡的热烙铁头压在引脚上并轻轻转动，即可使其均匀地镀上一层很薄的锡层，如图 8-2 所示。

（2）焊接。

① 将元器件插入 PCB 孔（从正面插入，不带铜箔面）。电阻器的引脚可以预先剪短留 3～5mm，也可以待焊接完成后再剪短；如果预先剪短，则可使焊点圆润光滑，但对可能出现的虚焊因被掩盖而不易及时发现。

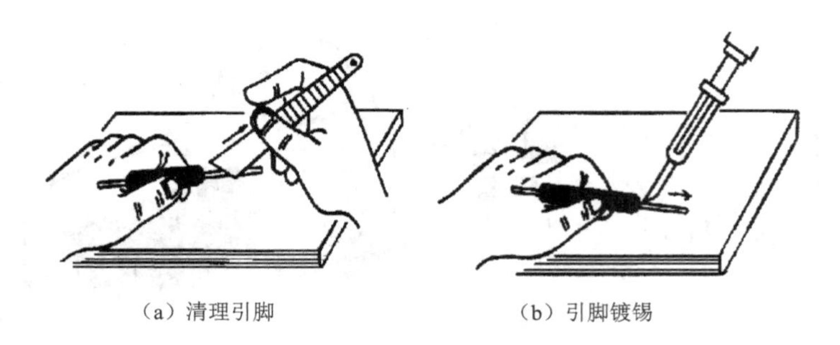

图 8-2　元件的焊前处理

② 在 PCB 反面（带铜箔面）将电阻器、电容器的引脚焊在铜箔上，控制焊接时间为 2 到 3s。若准备重复练习，则可以不剪断引脚。将 20 只元件逐个焊接在 PCB 上。

（3）检查焊接质量：检查各焊点是否牢固；有无虚焊、假焊；是否光滑无毛刺；将不合格的焊点重新焊接。

（4）将元件逐个拆下。拔下电烙铁电源插头，收拾好器材。

以上操作内容与步骤可以灵活掌握，开始练习时不必追求速度，既可以每焊接完一个元件检查一次及剪短引脚，也可以焊接完全部元件后统一检查及剪短引脚。图 8-3 所示为焊接、检查及剪短引脚的操作手法。

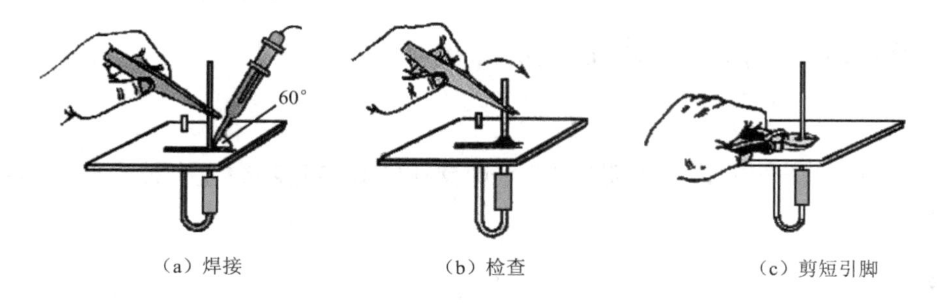

图 8-3　焊接、检查及剪短引脚的操作手法

❖ 任务 3　撰写实训报告

将本小节中两个实训任务的题目、目的、所用器材、内容、步骤，以及在实训过程中出现的问题、解决方案、实训完成情况、所用时间等分别如实填入实训报告。在实训报告中还应有不少于 300 字的实训心得体会、自我评价、小组评价、教师评语。

具体格式由指导教师拟定。

【特别提示】

（1）在焊接元件和 PCB 时，由于器材较多，为了便于操作，避免发生事故，因此要把工具和元器件放置在桌上的固定位置，电烙铁一定要放在烙铁架上，工具和元器件放在操作时方便拿取的位置，养成器材摆放有序的良好习惯。目前，在职业院校技能大赛的评分标准中，桌面管理（工具器材摆放）和文明生产占 10%～15%的比例。

（2）电烙铁在使用过程中，不能用力敲击，要防止其掉落。当烙铁头上焊锡过多时，可以用布擦掉，不可以乱甩，要防止烫伤其他人。

（3）当电烙铁使用时间较长时，烙铁头上会有黑色氧化物和残留的焊锡渣，会影响后面的焊接。想一想，怎样不断地清洁烙铁头，以使其保持良好的工作状态呢？

8.1.2　综合焊接练习

【知识链接】

如何用万能 PCB 组装焊接电路

万能 PCB 也被称为万用板、实验板或万用 PCB，是一种通用设计的 PCB，通常板上布满点阵式圆形独立焊盘，焊盘与焊盘之间是标准的 DIP 的 IC 的引脚中心距，即 2.54mm（100mil），看起来整个板子上都是小孔，所以俗称“洞洞板”。相比专业的 PCB，万能 PCB 具有成本低、使用方便、扩展灵活的特点。

1. 万能 PCB 的选择

目前市场上出售的万能 PCB 主要有两种：一种是焊盘各自独立的，被称为单孔板；另一种是多个焊盘（一般是每 3 个连成 1 组）连在一起的，被称为连孔板，如图 8-4 所示。单孔板又分为单面板和双面板两种。

一般单孔板较适合于数字电路和单片机电路；连孔板更适合于模拟电路和以分立元件为主的电路。因为数字电路和单片机电路以 IC 为主，电路比较规则，而模拟电路和分立元件电路往往不规则，且分立元件的引脚常常需要连接多根导线，这时如果有多个焊盘连在一起，组装电路会比较方便。

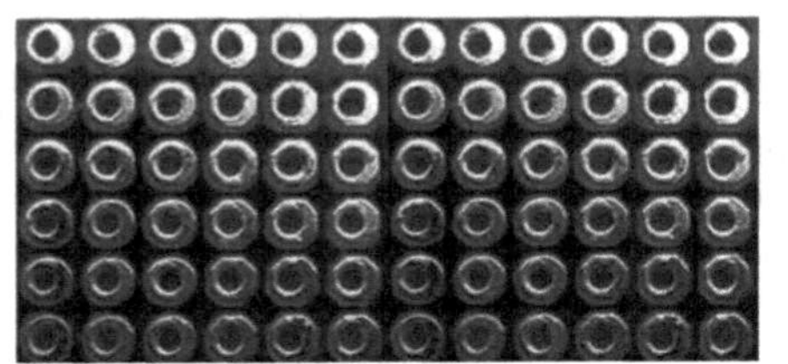

（a）单孔板　　（b）连孔板

图 8-4　单孔板和连孔板

无论是单孔板还是连孔板，都有铜板和锡板两种不同材质。铜板的焊盘是裸露的铜箔，呈现金黄色；焊盘表面镀了一层锡的是锡板，焊盘呈现银白色。锡板的基板材质要比铜板坚硬，不容易变形。铜板平时应该用纸包好保存，以防止焊盘氧化，若焊盘氧化了，则会失去光泽、不容易镀锡，可以用棉棒蘸酒精清洗或用橡皮擦拭。

2. 万能 PCB 组装电路的辅助材料和工具

在焊接万能 PCB 之前需要准备足够的细导线用于走线。细导线分为单股和多股。单股细导线可弯折成固定形状，剥皮之后还可以作为跳线使用；多股细导线质地柔软，但焊接后显得较为杂乱。

万能 PCB 具有焊盘紧密等特点，这就要求烙铁头有较高的精度，建议使用功率在 30W 左右的尖头电烙铁或恒温焊台。同样，焊锡丝也不能太粗，一般选择线径为 0.6～0.8mm 的比较合适。

3. 万能 PCB 的焊接技巧

初学者组装的 PCB 往往工作不稳定，容易短路或开路。除布局不够合理和焊工不良等因素外，缺乏技巧是造成这些问题的重要原因之一。掌握一些技巧可以使电路硬件结构的复杂程度大大降低，减少飞线的数量，使电路更加稳定。

（1）初步确定电源、地线的布局。电源贯穿电路始终，合理的电源布局对简化电路起着十分关键的作用。某些万能 PCB 布置有贯穿整块板子的铜箔，应将其用作电源线和地线，如果无此类铜箔，则也需要对电源线、地线的布局有个初步的规划。

（2）善于利用元器件的引脚。万能 PCB 的焊接需要大量的跨接、跳线等，焊接时不要急于剪断元器件多余的引脚，有需要时将其直接跨接到周围待连接的元器件的引脚上会事半功倍。另外，本着节约材料的目的，可以把剪断的元器件的引脚收集起来作为跳线的材料。图 8-5 所示为利用引脚作为连接线的示例。

（3）善于设置跳线。不管是元件面还是焊接面，一般是不允许有太多、太长的连接线的，这样作品完成后不但显得凌乱不堪，而且不便于调试检查；多设置跳线不仅可以简化连接线，而且美观得多，如图 8-6 所示，在元件面可见 5 条跳线。

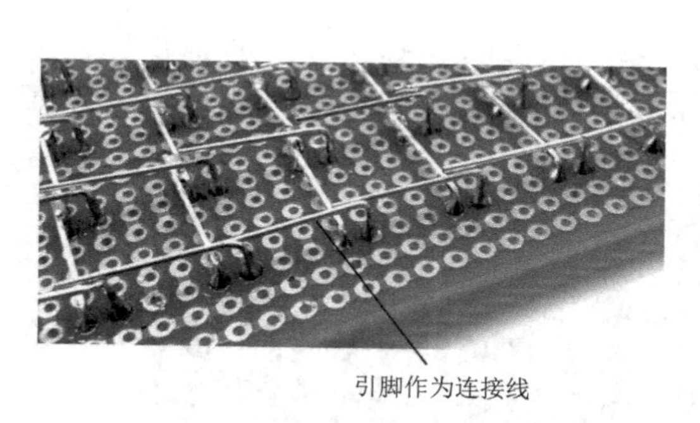

图 8-5　利用引脚作为连接线的示例

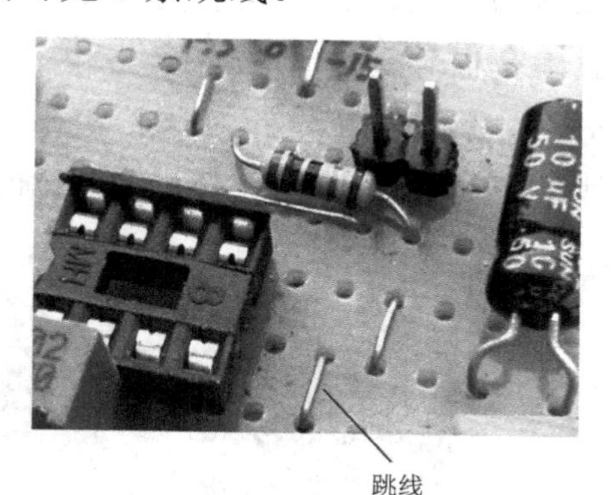

图 8-6　设置跳线

在有些电子技能竞赛中，为考查选手的综合能力，对于跳线的数量和长度是有限制的，此时可以考虑使用 0Ω 电阻器或采用下面介绍的一些方法。

（4）善于利用元器件自身结构。利用元器件自身结构的特点可以简化连接线，如有的轻触式按键有 4 个引脚，其中两两相通，电气相通的两个引脚就可以充当跳线。还有一些元器件同一功能的引脚不止一个，或者两个不同位置的引脚内部是相通的，都可以用作连接线使其简化。

（5）善于利用排针。排针是一种广泛应用于电子、电器、仪表中的 PCB 连接器。图 8-7 所示为排针与排母。排针在电路内起到被阻断处或互不相通的功能电路之间桥梁的作用，担负起传输电流或信号的任务。排针通常与排母配套使用，构成板对板连接，或者与电子线束端子配套使用，构成板对线连接。排针既起到两块板子间的机械连接作用，又起到电气连接的作用。

（6）在需要时隔断铜箔。在使用连孔板时，为了充分利用空间，必要时可以用小刀割断某处铜箔，这样可以在有限的空间放置更多的元器件。

（7）充分利用双面板。双面板价格较贵，既然选择了就应该充分利用。双面板的每一个焊盘都可以当作过孔，灵活实现正反面电气连接，尤其是通孔插装和片式元件混装的电路。

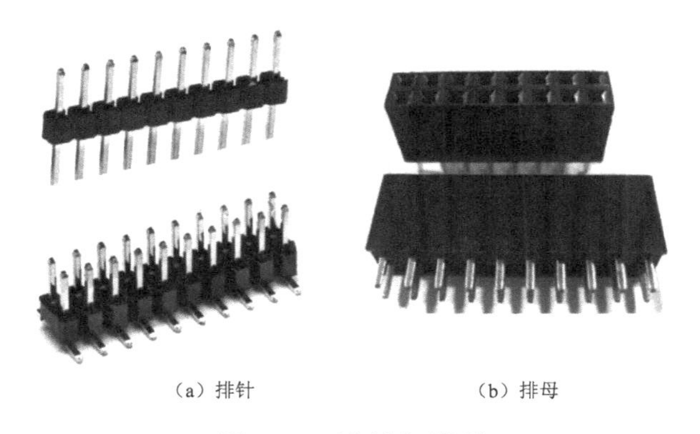

（a）排针　　　　（b）排母

图 8-7　排针与排母

（8）充分利用板上的空间。体积较小的元件，如 1/8W 电阻器、瓷片电容器、石英晶体谐振器等可以装在 IC 插座里。在 IC 插座里隐藏元件，既美观又能保护元件，如图 8-8 所示。

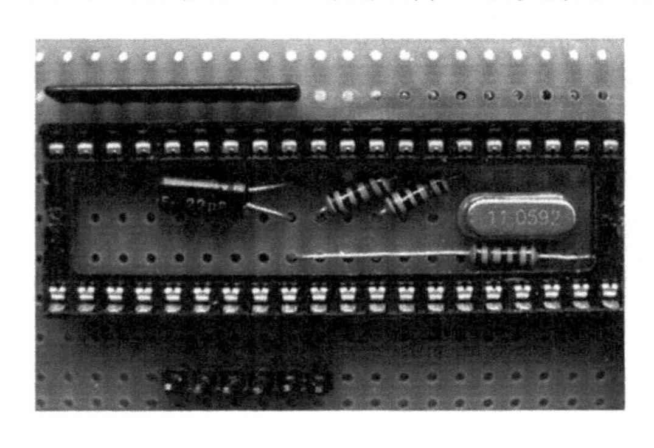

图 8-8　在 IC 座里安装元件

（9）元件布局。一般在万能 PCB 上布置元器件基本上是对照电路原理图上元器件的布局来规划的，以关键器件为中心（如引脚较多的 IC），其他元器件围绕着中心以见缝插针的方式布局。对于熟悉电路的人，可以遵照这种方式边焊接边规划，无序中体现着有序，效率较高。一般不推荐直接焊板，而是建议按照以上的布局原则，先在纸上按照初步的设想做好图纸，初学者甚至可以用笔在万用 PCB 正面画上走线，以方便对照焊接。

在画线的过程中如果发现连线交叉严重、跳线使用太多或操作时费时费力，则要适当调整布局，考虑将一些体积较大、质量较重的或要经常调试的元件放在板子边缘处，输入、输出元器件及连线不要靠近和平行等。

图 8-9 所示为两款较为合理的元件布局示例。

图 8-9　两款较为合理的元件布局示例

（10）走线方式。焊接万能 PCB 有很多种方法，传统用得最多的是“飞线连接法”，而近来比较流行的一种方法是“锡接走线法”。

① 飞线连接法。飞线连接走线方式没有太多的技巧，一般选用细导线或漆包线进行电路连接，尽量沿着水平和竖直方向走线，线路整洁清晰。不过这种方式对于稍微复杂的电路，假如布局不合理可能存在较多交叉或重叠的飞线，有可能对电气特性有一定影响，而且在焊接时要求操作者头脑特别清晰，要有一定的焊接经验才能厘清交错的飞线。另外，由于使用这种方法要求准备较多的细导线或漆包线，因此一般不推荐这种走线方式。

图 8-10 所示为以飞线连接法为主焊接 PCB 的示例。

② 锡接走线法。锡接走线是直接借助焊锡把各焊盘节点连接起来的一种走线方式，有着线路清晰、工艺美观、性能稳定等特点。假如直接用焊锡连接相邻焊盘，会比较浪费焊锡丝，而且对焊接质量和操作者的焊接工艺都有较高要求。建议使用细金属线作为连接的媒介，在有金属线的焊盘节点上再镀锡焊接。这样操作比较简单，也比较适合初学者学习，还适合在较复杂电路中使用。图 8-11 所示为用锡接走线法焊接 PCB 的示例。

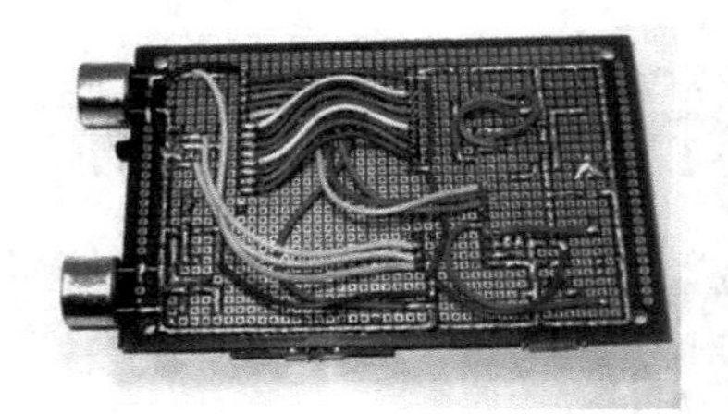

图 8-10 以飞线连接法为主焊接 PCB 的示例

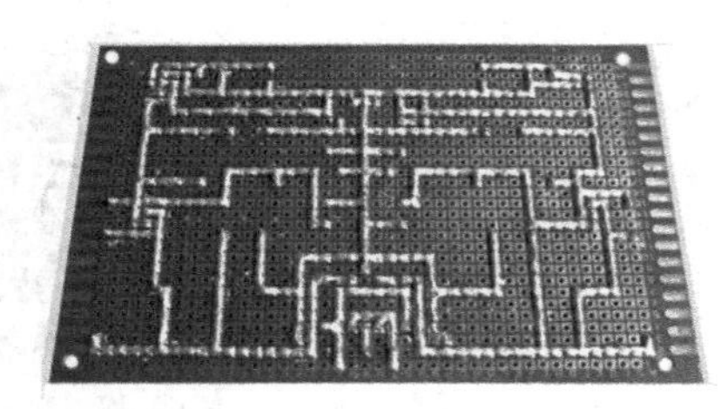

图 8-11 用锡接走线法焊接 PCB 的示例

在实际的组装过程中，除非有特殊要求或硬性规定，一般两种方法是可以同时使用的。使用原则是可靠、美观、操作不过分费时费力。仔细观察图 8-10，其实是一种混合走线的方式，只是锡接走线用得较少。

❖ 任务 1 用电烙铁手工焊接通孔插装元器件

1. 目的

通过在 PCB 上练习两端或三端通孔插装元器件的焊接，进一步掌握在 PCB 上焊接通孔插装元器件的技巧。

2. 器材

20W 内热式电烙铁 1 台，万能通孔 PCB 1 块，1/8W 电阻器、电容器、电位器、二极管、三极管、8P 或 14PIC 插座、按钮开关等若干，松香酒精溶液 1 瓶，尖嘴钳、偏口钳、镊子各 1 把。

3. 内容与步骤

（1）焊前处理。

① 根据 PCB 上的孔距，对所有元器件进行引脚成形处理，用尖嘴钳校直并折弯成所需形状，如果引脚可焊性不好，则需要做镀锡处理。

② 检查 PCB，如果其表面没有预涂助焊剂或有锈蚀，则必须用细砂纸打磨光亮并涂上松香酒精溶液。

③ 根据所给元器件数量、种类，确定元器件在 PCB 上的安装位置，图 8-12 所示为元

器件安装焊接示例，可以作为参考。

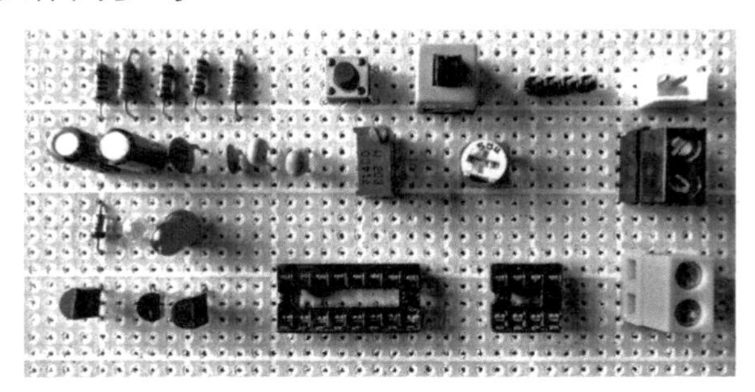

图 8-12　元器件安装焊接示例

（2）准备焊接。将电烙铁通电预热，有条件时可以使用恒温电烙铁或恒温焊台。注意使用方法，将焊接温度调至合适。

（3）焊接。注意安装焊接顺序，遵循“先小后大，由里及外，上道工序不得影响下道工序”的原则。

① 电阻器、二极管采用贴板卧式安装。

② 瓷片电容器、电解电容器等径向元件采用立式安装，元件底端距离 PCB 2～3mm。

③三极管、电位器等三端元器件要做好引脚分配，一般不焊接在同一直线的插孔中。

④ IC 插座的焊接应按照 IC 的焊接要求来操作，对于 DIP 的 IC，要先焊接对角的两个引脚，以使其定位，再从左到右或从上到下逐个焊接。

（4）检查焊接质量：检查各焊点是否牢固；有无虚焊、假焊；是否光滑无毛刺；将焊点不合格的元器件拆下重新焊接。

【延伸阅读】

焊接电子元器件用什么样的烙铁头好

烙铁头作为 IC 焊接中最常见的工具之一，其作用越来越引起人们的重视。选择好用的烙铁头，对提升 IC 焊接品质和焊接效率至关重要。

常用的烙铁头。在焊接 IC 时，用 K 型（刀型嘴）烙铁头拖焊效率高，品质也相对理想，在实践中应用非常广泛。K 型烙铁头的特点是使用刀形部分焊接，可用于竖立式或拉焊式焊接，属于多用途烙铁头，适用于 SOJ、PLCC 封装、SOP、QFP 的元件等，以及电源、连接器、接地部分的焊接；尖嘴烙铁头在返修中非常具有优势；I 型烙铁头尖端细小，适用于精细焊接或焊接空间狭小的情况，可以修正焊接 IC 时产生的锡桥。常用的烙铁头形状如图 8-13 所示。

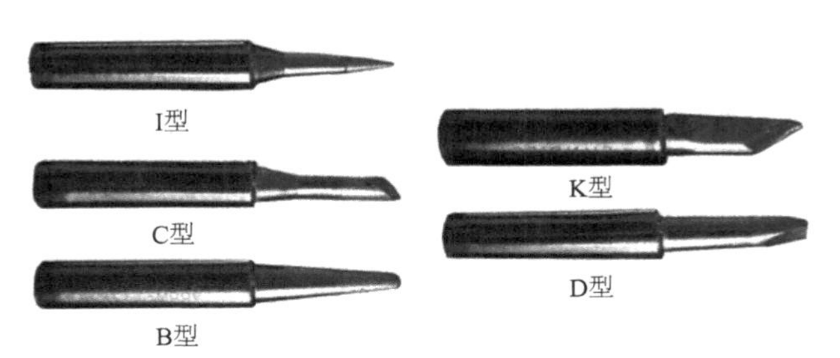

图 8-13　常用的烙铁头形状

选择合适的烙铁头应符合以下几个原则。

（1）焊点大小：根据焊点的大小选择合适的烙铁头能使工作更顺利。I 型烙铁头可用于焊接精密及焊接环境受局限的焊点；B 型烙铁头与 C 型烙铁头可用于焊接相对较大的焊点，这样可以提高工作效率、节省焊接时间。

（2）焊点密集程度：在焊接较密集的 PCB 时，使用较细的烙铁头能减小形成锡桥的概率，而焊点相对宽松，如 IC 的引脚，完全可以用 K 型烙铁头一刀拖完。

（3）焊点形状：由于元器件的引脚形状不同，因此必须选择对应的烙铁头嘴型，如电阻器、电容器、SOJ 封装的 IC、SOP 的 IC，需要不同烙铁头配合使用以提高工作效率。

（4）尽量选用接触面积大的烙铁头，其可以承受较大的压力，减少磨损，还能加速热传导，提高焊接速度。

❖ 任务 2　在万能 PCB 上焊接光控灯电路

1. 目的

通过对实用电路的组装焊接，体验电子产品的制造生产过程，进一步熟练手工焊接技术，培养学生的责任感及团队合作精神。

2. 器材

20W 内热式电烙铁 1 台，5cm×7cm 万能 PCB 1 块，松香酒精溶液 1 瓶，其他元器件清单如表 8-1 所示。

表 8-1　其他元器件清单

元器件名称	规格型号	数量
电阻器	100Ω	2
电容器	0.01μF	1
电位器	470kΩ	1
光敏电阻器	GL4526	1
发光二极管	ϕ5mm 高亮	2
IC	NE555	1
DIP 的插座	8P	1

3. 内容与步骤

（1）焊前处理与准备。

① 对所有元器件进行引脚成形及镀锡处理。

② 检查 PCB，看其表面有无锈蚀、铜箔是否起皮、焊盘是否短路桥接，若可焊性不好，则必须用细砂纸打磨光亮并涂上松香酒精溶液。不能使用铜箔起皮、焊盘短路桥接的 PCB。

③ 根据所给元器件数量、种类，设计元器件在 PCB 上的安装位置。

确定元器件安装位置的具体要求：以 NE555 集成电路为核心安排外围元件，以方便电路焊接、元件面不使用跳线、焊接面无交叉连接线为原则，同时适当考虑线路合理与美观问题。

图 8-14 所示为光控灯安装焊接的示例，可以作为参考。

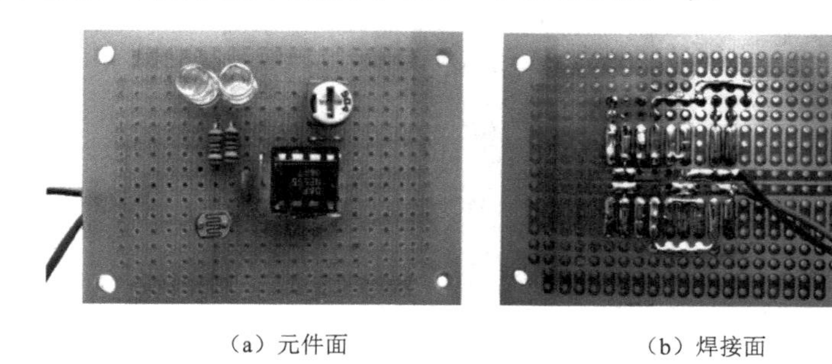

（a）元件面　　（b）焊接面

图 8-14　光控灯安装焊接的示例

（2）焊接。安装焊接顺序要遵循的原则见本节任务 1 中有关要求。

① 将 DIP 的插座插装在 PCB 的合适位置（一般均置于中心），逐一将 8 个引脚焊好。也可以直接将 NE555 集成电路焊在 PCB 上。为防止初学者在焊接 IC 的过程中将其损坏，在本次组装中先焊上插座完成焊接，后续通电调试时再将其插上。

② 电阻器采用贴板卧式安装，瓷片电容器、光敏电阻器采用立式安装，元件底端距离 PCB 2～3mm。

③ 将发光二极管立式安装在 PCB 边缘处，注意不要组装在靠近光敏电阻器的位置。

④ 电位器的引脚较粗，如果不能和插装孔较好配合，就需要对引脚或通孔做适当处理。

⑤ 在全部元件插装完毕后，按如图 8-15 所示的光控灯电路进行连线，使其形成一个实用的功能电路。

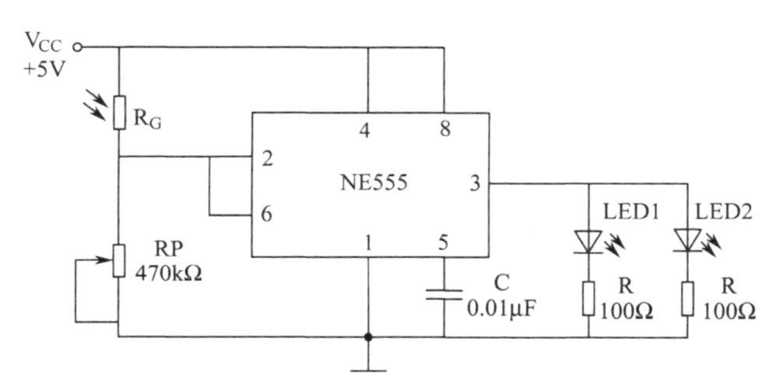

图 8-15　光控灯电路

（3）检查焊接质量。核对电路图，小组内互相检查，评价优劣，指出不足之处并对错焊、漏焊、多焊、连线错误的地方进行修正，将焊点不合格的元器件拆下重新焊接。

【特别提示】

在对光控灯电路进行连线时，应满足以下要求（此要求也适用于组装其他 PCB）。

① 尽量利用万能 PCB 上原有的铜箔和焊盘作为连接线，孔与相邻孔之间可以使用锡接走线法连接；如两个焊点之间距离较远，可以用一根裸导线辅助连接，中间设若干个固定焊点。在电路有多处接电源和多个接地点时，应设置公共电源和公共地，如图 8-16 所示。若在使用锡接走线法有困难的情况下，则可以使用飞线连接法，但要尽量横平竖直，避免交叉重叠。

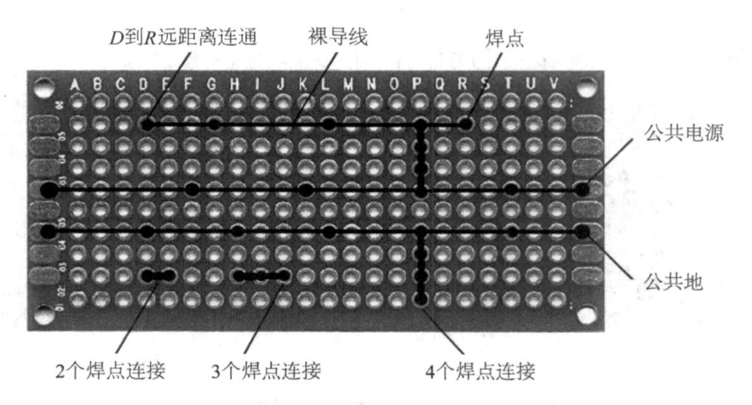

图 8-16 线路的连接

② 元件面不可以出现悬浮的连接线，尽量使用短跳线或 0Ω 电阻器。

③ 电源线端头要捻线、镀锡。

（4）通电调试。在完成焊接后，检查各焊点合格、电路连接无误，并经过指导教师确认、允许后，再通电调试。

① 将组装在 PCB 上的两根电源线连接到直流稳压电源（+5V）上，注意正、负极不要接错；一般电源正极用红线，负极用黑线，以便识别。

② 通电后，先在有光处用小螺丝刀仔细调节电位器，使发光二极管处于亮与不亮的临界状态，然后用手或其他物体遮住光敏电阻器的透光窗口，此时发光二极管应发光；当移去遮挡物时，发光二极管熄灭，电路正常工作。根据理论课学到的知识，小组内讨论电路的工作原理。

❖ 任务 3 撰写实训报告

将本小节中两个实训任务的题目、目的、所用器材、内容、步骤，以及在实训过程中出现的问题、解决方案、实训完成情况、所用时间等分别如实填入实训报告。实训报告中还应有不少于 300 字的实训心得体会、自我评价、小组评价、教师评语。

具体格式由指导教师拟定。

【小技巧】

如何在万能通孔 PCB 上焊接片式元器件

某些情况下，需要在万能通孔 PCB 上焊接片式元器件，如在基层或小规模的电子技能竞赛中，电子产品的组装与调试项目环节不提供产品 PCB，而要求在万能 PCB 上混装电子元器件，对于片式阻容件、二极管等，只要封装尺寸与万能 PCB 上的孔距（2.54mm）相近，焊接还是比较方便的，而对于 SOT-23 的三极管或 SO 封装的 IC 却有一定困难。这里介绍一种在万能 PCB 上焊接 SOP-8 的器件的方法，以供操作者借鉴。

在 PCB 上焊接 8 根单芯塑料导线，将 8 根导线伸到元件安装面，并剥去绝缘皮，将 SOP-8 的 IC 用贴片胶或热熔胶粘到如图 8-17 所示的位置，将 8 根导线剪短并折弯到相对应的 IC 引脚处，用尖头电烙铁逐一焊好。

对于 0805、0603 型两端片式元件（二极管、阻容件），在万能 PCB 上的焊接一般较为简单，方法是先将焊盘镀锡，锡层不要太厚，用镊子放上元件并按住不动，用烙铁头碰触每个引脚，这样使焊点上的焊锡融化，进而将引脚焊好。图 8-18 所示为焊接有片式元件的万能 PCB 的实物图。

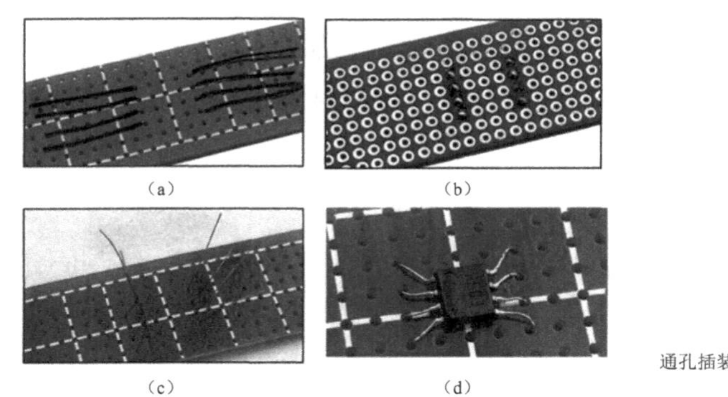

图 8-17　在万能 PCB 上焊接片式 IC

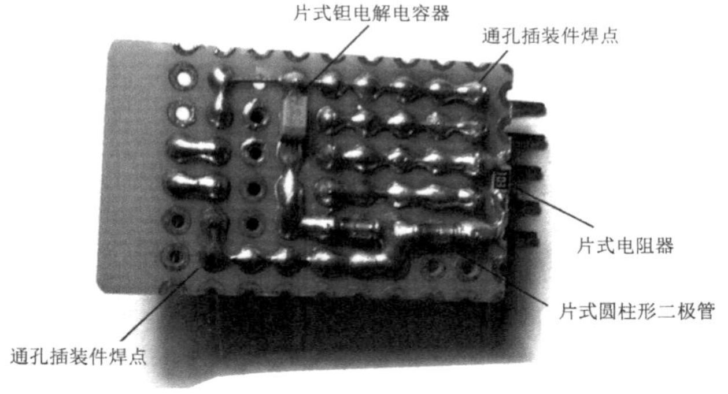

图 8-18　焊接有片式元件的万能 PCB 的实物图

8.2　片式元器件在 PCB 上的焊接实训

1. 目的

通过手工焊接片式元器件，体验 SMT 工艺过程，掌握利用电烙铁焊接片式 0805、0603 型电阻器，SOT-23 的三极管，SO-14 封装、QFP-44 封装的 IC 的焊接方法。

2. 器材

恒温焊台或恒温电烙铁 1 台，0.5mm 焊锡丝、片式元器件若干，台灯放大镜 1 台，镊子 1 把，焊接练习板 1 块，吸锡带 1 条，酒精棉球、棉签适量，废旧计算机主板（拆焊用）。

3. 内容与步骤

（1）利用电烙铁在焊接练习板上焊接手工片式元器件。

（2）利用热风台在废旧计算机主板（或其他 PCBA）上进行返修练习（IC 拆焊与焊接）。

4. 实训所需器材、工具的要求

（1）焊接练习板。焊接练习板的样式如图 8-19 所示。焊接练习板可以在电子元件商店或网络商店上选购，也可以自行设计制作。要求练习板上应具备 0805、0603 型电阻器，0805 型电容器，0805 电阻排，3216 型二极管，SOT-23 的三极管，SO-14 封装的 IC，QFP-44 的 IC 焊盘等和测试孔。

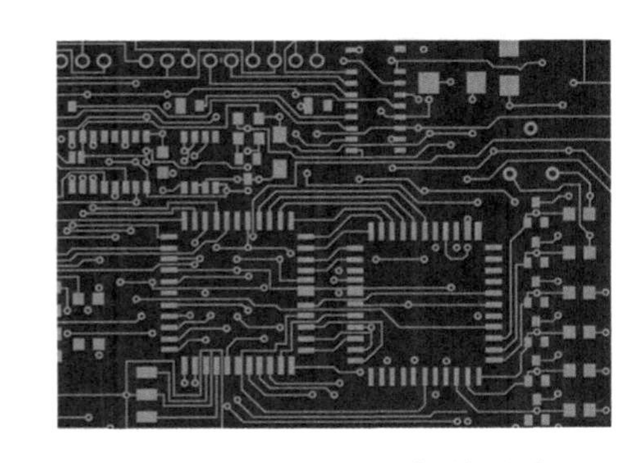

图 8-19　焊接练习板的样式

（2）电烙铁和镊子。电烙铁和镊子是手工焊接片式元器件的基本工具。有条件时尽量使用恒温焊台或恒温电烙铁，在使用 I 型烙铁头时，顶端要足够细，焊接温度一般控制在 300～350℃。镊子最好是防静电的。

❖ 任务 1　用电烙铁手工焊接片式元器件

【操作步骤】

（1）清洁和固定 PCB。在焊接前，应对待焊的 PCB 进行检查，确保干净，对表面的油性手印及氧化物等进行清除，避免影响镀锡。如果条件允许，可以用焊台之类的器具固定 PCB，以方便焊接，一般情况下用手固定即可。注意：在固定时，避免手指接触 PCB 焊盘，否则会影响镀锡。

（2）固定片式元件。片式元件的固定是非常重要的。根据片式元件的引脚数目，固定方法大体上可分为两种：单引脚固定法和多引脚固定法。对于引脚数目少（一般为 2～5 个）的片式元件，如电阻器、电容器、二极管、三极管等，一般采用单引脚固定法：先在 PCB 上对其中的一个焊盘镀锡，如图 8-20（a）所示；然后用左手拿镊子夹持元件放到安装位置并轻抵住 PCB，右手拿电烙铁靠近已镀锡的焊盘，熔化焊锡将该引脚焊好，如图 8-20（b）所示。

焊好一个焊盘后元件不会移动，此时可以松开镊子。对于引脚数目多且 4 面分布的贴片 IC，单引脚固定是难以将其固定好的，这时需要多引脚固定，一般可以采用对角固定的方法，即焊接固定一个引脚后再对该引脚对面的引脚进行焊接固定，从而达到整个 IC 被固定好的目的。引脚多且密集的贴片 IC，精准地将引脚与焊盘对齐非常重要，应仔细检查核对。

（3）焊接剩余的引脚。元件固定好之后，继续焊接剩余的引脚。对于引脚少的元件，可以左手拿焊锡丝，右手拿电烙铁，依次点焊即可。

（4）清除多余的焊锡。焊接时造成的引脚短路现象可以用吸锡带（线）吸掉多余的焊锡。吸锡带的使用方法很简单，先向吸锡带上涂敷适量助焊剂（如松香助焊剂），然后紧贴焊盘，用干净的烙铁头放在吸锡带上，使吸锡带加热到一定温度，焊盘上要吸附的焊锡融化后，慢慢地从焊盘的一端向另一端轻压拖拉，焊锡会被吸入吸锡带，如图 8-21 所示。

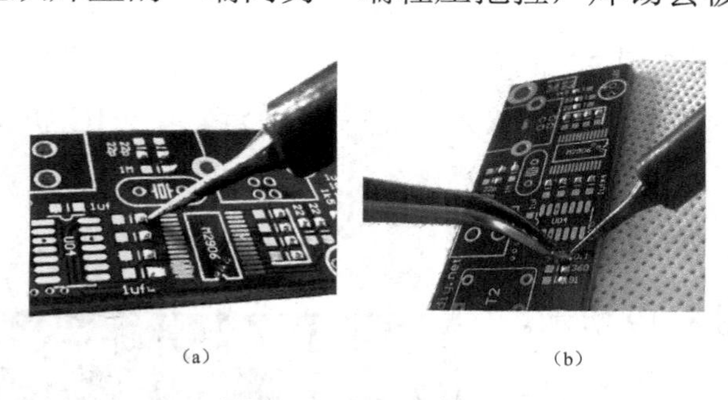

图 8-20　固定片式元件

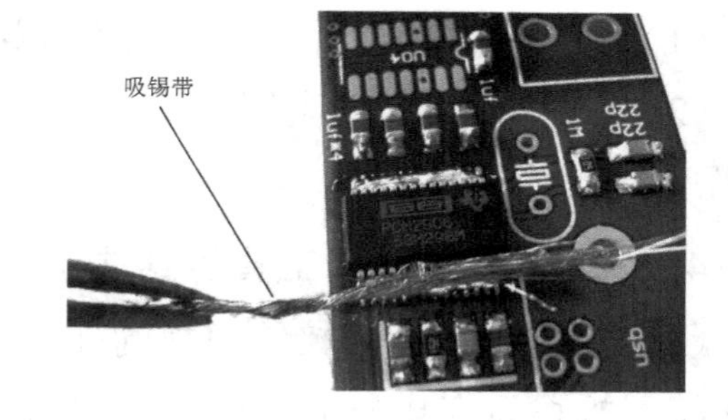

图 8-21　用吸锡带清除多余的焊锡

吸锡结束后，应将烙铁头与吸锡带同时撤离焊盘。此时，如果吸锡带粘在焊盘上，千万不要用力拉，而是再次向吸锡带上加助焊剂或重新将烙铁头加热后轻拉吸锡带使其顺利脱离焊盘，并且防止烫坏周围元器件。此外，如果对焊接结果不满意，则可以在重复使用吸锡带清除焊锡后，再次焊接元件。

（5）清理。在焊接和清除多余的焊锡后，IC 基本上焊接好了。由于使用松香助焊剂和吸锡带吸锡的缘故，PCB 上 IC 引脚的周围残留了一些松香助焊剂，虽然不影响 IC 工作和正常使用，但是不美观，有可能不方便检查。因此，要对这些残余物进行清理。常用的清理方法是用洗板水或酒精清理，清理工具可以用棉签，如图 8-22 所示，也可以用镊子夹着卫生纸之类的物品清理。

在清理擦除时，首先要注意酒精要适量，酒精浓度最好高，以便快速溶解松香助焊剂等残留物；其次擦除的力道要控制好，不能太大，以免擦伤阻焊层及伤到IC的引脚等。清理完毕后可以用烙铁或热风台对酒精擦洗位置进行适当加热让残余的酒精快速挥发。

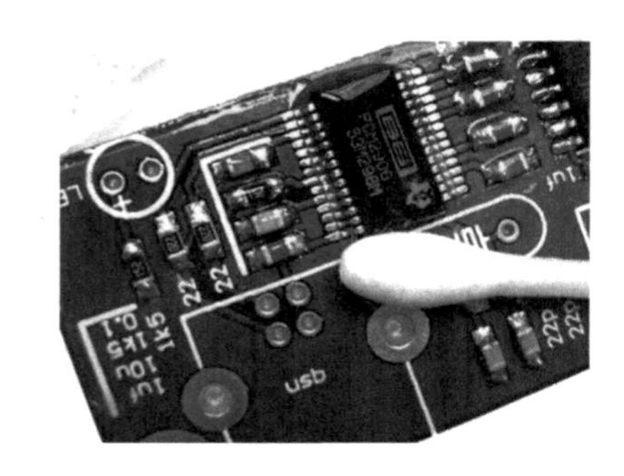

图8-22 用棉签清理

综上所述，焊接片式元件的过程是固定→焊接→清理。其中，元件的固定是焊接质量好坏的前提，一定要有耐心，确保每个引脚与对应的焊盘精确对准。在焊接多引脚的IC时，引脚出现被焊锡短路现象不用担心，可以用吸锡带吸锡，或者只用电烙铁，利用焊锡熔化后流动及表面张力作用等因素清除多余的焊锡。当然掌握这些技巧是要经过练习的。对于众多其他类型的多引脚的片式IC，其引脚密集程度、机械强度、数量等在不同的情况下相应的焊接方法也基本相同，只是细节处理稍有不同。

❖ 任务2 采用拖焊法焊接四面引脚的QFP的IC

对于引脚数目多且密集的IC，如QFP的片式IC，虽然也可以采用点焊，却相当费力费时，实践中一般采用拖焊。拖焊的具体做法：用毛刷将适量的松香助焊剂涂敷在引脚或焊盘上，适当倾斜PCB；在IC的引脚未固定的那边，用电烙铁拉动焊锡球沿IC的引脚从上到下慢慢滚下，当滚到头时将电烙铁提起，不让焊锡球粘到周围的焊盘上，由于熔化的焊锡可以流动，因此有时也可以将PCB适当地倾斜，从而将多余的焊锡处理掉。

无论采用点焊还是拖焊，都很容易造成相邻的引脚被焊锡短路，但由于后续可以处理掉，因此焊接时不必有过多顾忌。需要特别注意所有引脚都要与焊盘很好地连接在一起，不能出现虚焊。

【操作步骤】

按如图8-14所示的示例，采用拖焊法，逐步完成对QFP-44的IC的焊接。

（1）把IC平放在焊盘上，检查其共面性，如图8-23（a）所示。

（2）将引脚与焊盘对齐，要注意IC的方向性，如图8-23（b）所示。

（3）用手压住IC，用电烙铁（最好使用斜口的刀嘴烙铁头，考虑以后实际焊接有防静电的要求，建议有条件时使用恒温焊台）将每列引脚的任意几个焊好（不必考虑连焊，后续可以处理），使其定位，如图8-23（c）所示。

（4）从右上角开始，在每列引脚的头部熔化焊锡，先右上角，再左下角，依次将四面全都镀好锡，锡量要足够完成拖焊一列引脚，如图8-23（d）所示。

如果引脚数目不多，则也可在定位时只焊接对角的四个引脚，拖焊前把烙铁头蘸满焊锡（但不能滴下）即可。

（5）将助焊剂（焊油或松香酒精溶液）涂在所有引脚上（可以涂厚一些），如图8-23（e）所示。

（6）将 PCB 适当倾斜，烙铁头蘸上助焊剂，清除多余的焊锡，把粘有助焊剂的烙铁头迅速放到倾斜的 PCB 头部的焊锡部分，加热熔化已镀好的焊锡，按如图（f）所示的方向和手法拖焊：从上端拖动电烙铁往下走，烙铁头不能抵着引脚（可能造成引脚弯曲，两个引脚相连），这就是为什么事先在引脚头部或烙铁头上镀满锡的原因。如果焊锡量不足，则边拖焊边上焊锡丝，焊锡丝多点也无所谓，多的会自动流下。

（7）完成一面后，用同样的方法拖焊另外三面，拖焊完成后的效果如图 8-23（g）所示，可见四面引脚均已焊接好，但引脚周围有大量的助焊剂残留物。

（8）用酒精清理助焊剂残留物，如图 8-23（h）所示。焊接完成。

【教学建议】

手工拖焊 QFP 的 IC 是一项十分重要而技术含量较高的技能，不是经过一两次练习就能够熟练掌握的。在教学时建议先用引脚数目较少的 SOP 的器件（两面引脚）练习，初步掌握焊接手法与技巧后，再逐步对引脚数目多、间距密度大的器件进行拖焊练习，直至熟练掌握。

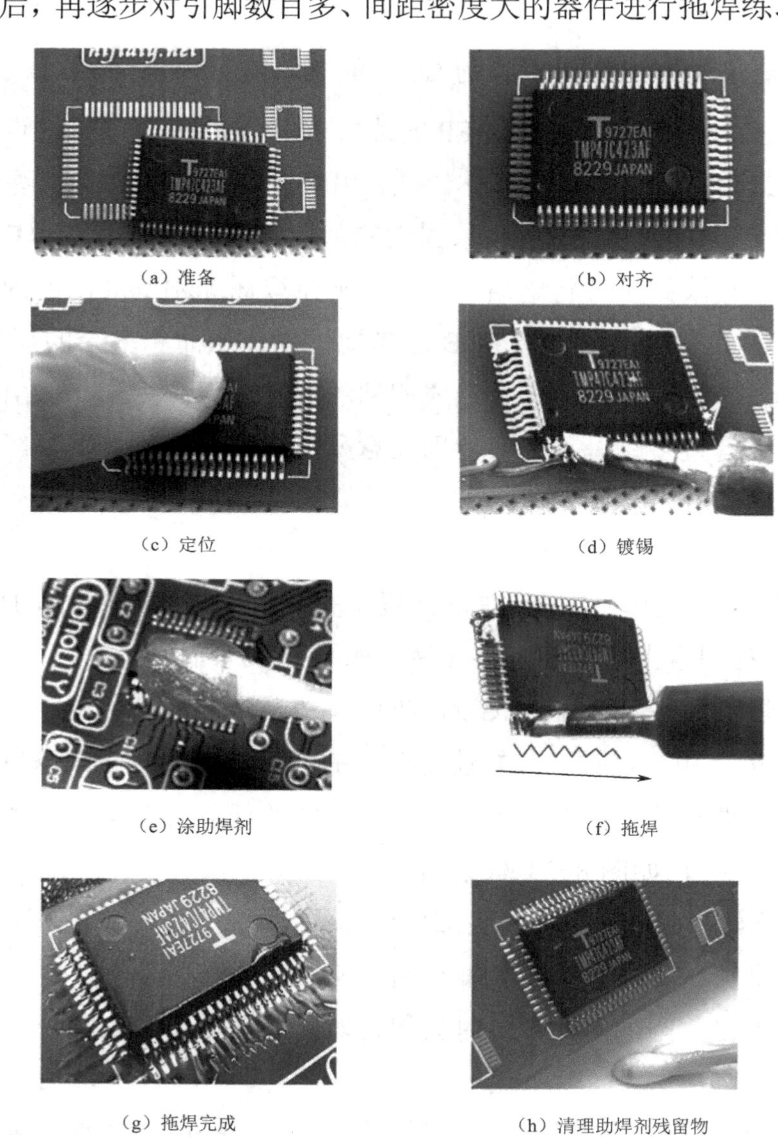

（a）准备　（b）对齐

（c）定位　（d）镀锡

（e）涂助焊剂　（f）拖焊

（g）拖焊完成　（h）清理助焊剂残留物

图 8-23　采用拖焊法焊接 QFP 的 IC

8.3　片式元器件的拆焊与返修实训

8.3.1　Chip 元件的返修实训

1. 目的

学会利用电烙铁和电热镊子在 PCB 上拆焊、焊接 Chip 元件，掌握返修 Chip 元件的技巧。

2. 器材

20W 内热式电烙铁 1 台，电热镊子、普通防静电镊子各 1 把，吸锡线一条，松香酒精溶液 1 瓶。

3. 内容与步骤

片式电阻器、片式电容器、片式电感器在 SMT 中通常被称为 Chip 元件，对于 Chip 元件的返修可以使用普通防静电电烙铁，也可以使用专用的电热镊子对两个端头同时加热。Chip 元件一般较小，所以在对其加热时，温度要控制得当，否则温度过高会使元件受热被损坏。电烙铁在加热时一般在焊盘上停留的时间不得超过 3s。具体的返修工艺流程是清除涂覆层→涂敷助焊剂→加热焊点→拆除元件→清理焊盘→焊接。

在上述返修工艺流程中，核心流程有三部分：Chip 元件的解焊拆卸、清理焊盘和元件的组装焊接。

【操作步骤】

（1）Chip 元件的解焊拆卸，如图 8-24 所示。

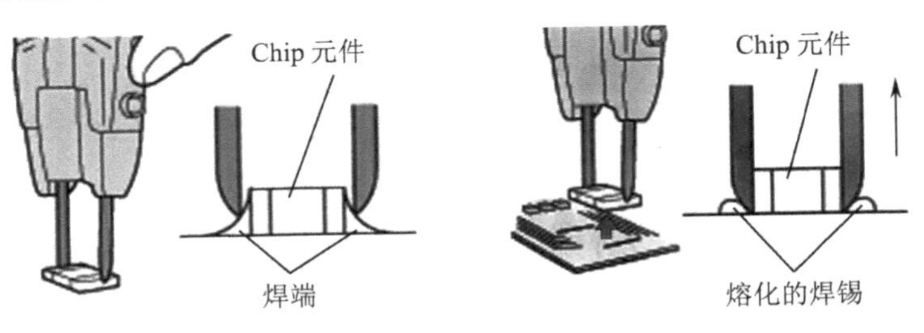

图 8-24　Chip 元件的解焊拆卸

① 若 Chip 元件上有涂覆层，则应先清除涂覆层再清除元件表面的残留物。

② 在电热镊子上安装形状、尺寸合适的热夹烙铁头。

③ 将烙铁头的温度设定在 300℃左右，可以根据需要做适当改变。

④ 在 Chip 元件的两个焊点上涂上助焊剂。

⑤ 用湿清洁海绵清除烙铁头表面的氧化物和残留物。

⑥ 把烙铁头放置在 Chip 元件的上方，并夹住元件的两端与焊点接触。

⑦ 当两端的焊点完全熔化时提起 Chip 元件。

⑧ 把拆下的 Chip 元件放置在耐热的容器中。

（2）清理焊盘。

① 使用 C 型烙铁头，把烙铁头的温度设定在 300℃左右，可以根据需要做适当改变。

② 在 PCB 的焊盘上涂敷助焊剂。

③ 用湿清洁海绵清除烙铁头表面的氧化物和残留物。

④ 把具有良好可焊性的柔软的吸锡带放在焊盘上，如图 8-25（a）所示。

⑤ 将烙铁头轻轻压在吸锡带上，待焊盘上的焊锡熔化时，同时缓慢地移动烙铁头和吸锡带，清除焊盘上残留的焊锡，如图 8-25（b）所示。

（a）吸锡带

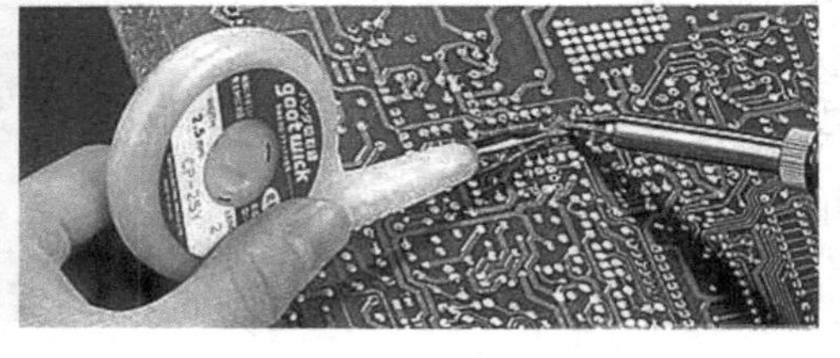

（b）吸锡操作

图 8-25　吸锡带和吸锡操作

（3）Chip 元件的组装焊接。此步骤与 Chip 元件的焊接实训操作基本相同。

① 选用形状、尺寸合适的烙铁头。

② 将烙铁头的温度设定在 280℃左右，可以根据需要做适当改变。

③ 在 PCB 的两个焊盘上涂刷助焊剂。

④ 用湿清洁海绵清除烙铁头表面的氧化物和残留物。

⑤ 用电烙铁在一个焊盘上镀适量的锡。

⑥ 用镊子夹住 Chip 元件放在焊盘上，并用电烙铁加热已经镀锡的焊盘，使 Chip 元件的一端与焊盘连接，固定 Chip 元件。

⑦ 用电烙铁和焊锡丝把 Chip 元件的另一端与焊盘焊好。

【特别提示】

（1）当没有电热镊子时，对于电阻器、电容器、二极管等两端元件，也可以用两台普通电烙铁同时加热 Chip 元件的两端，待焊锡熔化后将元件夹下来。

（2）Chip 元件也可以使用热风台拆焊，可参考 8.3.2 节任务 2 的内容。

8.3.2　SOP、QFP、PLCC 封装的器件的返修实训

1. 目的

学会利用热风台和电热镊子在 PCB 上拆焊、焊接 SOP、QFP、PLCC 封装的器件，掌握返修 PCB 的技巧。

2. 器材

20W 内热式电烙铁、热风台各 1 台，电热镊子、普通防静电镊子各 1 把，吸锡线 1 条，松香酒精溶液 1 瓶。

3. 内容与步骤

返修 SOP、QFP、PLCC 封装的器件，可以用电热镊子或热风台拆卸 IC，操作流程是 PCB、IC 预热→拆除 IC→清理焊盘→器件的安装焊接。

❖ 任务 1　用电热镊子拆焊和用电烙铁焊接 SOP、QFP、PLCC 封装的器件

【操作步骤】

（1）将 PCB 和 IC 预热。

将 PCB 和 IC 预热的主要目的是去除潮气，如果 PCB 和 IC 内的潮气很小（如 IC 刚拆封），则这一步可以省略。可以利用热风台预热，将热风嘴对准待拆器件上方，左右移动加热，如图 8-26 所示。

图 8-26　将 PCB 和 IC 预热

（2）拆除 IC。

① 如果元件上有涂覆层，则应清除涂覆层后再清除元件表面的残留物。

② 在电热镊子上安装形状尺寸合适的热夹烙铁头。

③ 把烙铁头的温度设定在 300℃左右，可以根据需要做适当改变。

④ 在 SOP、QFP、PLCC 封装的器件两侧或四周的焊点上涂敷助焊剂。

⑤ 将电烙铁和焊锡丝放在器件的引脚上，使焊锡丝熔化并把器件的所有引脚短路。

⑥ 在电热镊子头的底部和内侧镀锡。

⑦ 用电热镊子轻轻夹住器件两侧或四周的引脚，并与焊点接触。

⑧ 当引脚的焊点完全熔化时提起器件。

⑨ 把拆下的器件放在耐热的容器中。

（3）清理焊盘。

清理焊盘主要目的是将拆除 IC 后留在 PCB 表面的助焊剂、焊锡清理掉。清理方法有 C 型烙铁头配吸锡线、刮刀，刮刀配吸锡线等。残锡清理干净后，用棉签蘸松香酒精溶液清理助焊剂，直至焊盘光亮如新。

（4）组装焊接。

① SOP、QFP 的器件的组装焊接。

a．选用 I 型烙铁头，将温度设定在 280℃左右，可以根据需要做适当改变。

b．用真空吸笔或普通防静电镊子把 SOP 或 QFP 的器件放在 PCB 上，使器件的引脚和 PCB 焊盘对齐。

c．用焊锡把 SOP 或 QFP 的器件对角的引脚与焊盘焊接，以固定器件。

d．在 SOP 或 QFP 的器件的引脚上涂敷助焊剂，如图 8-27 所示。

e．用湿清洁海绵清除烙铁头表面的氧化物和残留物。

f．用电烙铁将引脚逐个焊好。

② PLCC 封装的器件组装焊接。

a．选用形状、尺寸合适的烙铁头，最好是刀形或铲子形的烙铁头（尖头也可），用湿清洁海绵清除烙铁头表面的氧化物和残留物，并把烙铁头温度设定在 280℃左右，可以根据需要做适当改变。

b．用真空吸笔或普通防静电镊子把 PLCC 封装的器件放在 PCB 上，使器件的引脚和 PCB 焊盘对齐。使用真空吸笔取放元器件如图 8-28 所示。

图 8-27　在 SOP 或 QFP 的器件的引脚上涂敷助焊剂

图 8-28　使用真空吸笔取放元器件

c．用焊锡把 PLCC 封装的对角的一个或几个引脚与焊盘焊接以固定器件，如图 8-29 所示。

图 8-29　固定器件

d．在 PLCC 封装的器件的引脚上涂刷助焊剂。

e．用湿清洁海绵清除烙铁头表面的氧化物和残留物。

f．采用点焊法用烙铁头和焊锡丝把 PLCC 封装的器件四边的引脚与焊盘焊接好。

【提示】

一般 SOP、QFP、PLCC 封装的器件引脚中心距只有 1.27mm，对初学者来说手工焊接有一定难度，最好使用恒温焊台，选用尖细的烙铁头。实训所用 QFP、PLCC 封装的器件引脚数目最好不超过 28 个，以 QFP-20、PLCC-24 封装的器件等为宜。

❖ 任务 2　用热风台拆焊扁平封装的 IC

【操作步骤】

（1）在要拆的 IC 引脚上加适当的松香酒精溶液，可以使拆下元件后的 PCB 焊盘光滑，否则会起毛刺，重新焊接时不容易对位。

（2）把调整好的热风台在距离元件周围 $20mm^2$ 左右的面积均匀预热，热风嘴距离 PCB 1cm 左右，在预热位置快速移动，PCB 的温度不超过 130～160℃。预热可以除去 PCB 的潮气，避免返修时出现起泡现象，加热时减小 PCB 上方焊接区内零件的热冲击。

（3）PCB 和元件加热：用普通防静电镊子轻轻夹住 IC 对角线部位，热风嘴距离 IC 1cm 左右，沿 IC 边缘慢速均匀做圆周转动，直至观察到焊锡融化，如图 8-30 所示。

图 8-30　用热风台拆焊示意图

（4）如果焊点已经加热至熔点，则拿普通防静电镊子的手会在第一时间感觉到，一定要等到 IC 引脚的焊锡全部都熔化后再通过“零作用力”小心地将元件从 PCB 上垂直拎起，这样能避免将 PCB 或 IC 损坏，也能避免 PCB 被留下的焊锡短路。加热控制是拆焊的一个关键因素，焊料必须完全熔化，以免在取走元件时损伤焊盘。同时，防止 PCB 被加热过度，避免造成其扭曲。

（5）取下 IC 后，观察 PCB 上的焊点是否短路，如果短路，则可以用热风台重新对其进行加热，待短路处焊锡熔化后，用镊子顺着短路处轻轻划一下，焊锡会自然分开。尽量不要用电烙铁处理，因为电烙铁会把 PCB 上的焊锡带走，PCB 上的焊锡少了，重新焊接时会增加虚焊的可能性。

❖ 任务 3　用热风台焊接扁平封装的 IC

【操作步骤】

将在本小节任务 2 中拆下来的 IC 重新装回去。

（1）观察要装的 IC 的引脚是否平整，如果有引脚被焊锡短路，则用吸锡线处理；如果引脚共面性不好，则将其放在一个平板上，用平整的镊子背压平；如果 IC 的引脚不正，则可以用手术刀将其修正。

（2）在焊盘上涂敷适量的助焊剂。助焊剂过多，加热时会使 IC 漂走；助焊剂过少起不到应有作用，务必小心掌握。

（3）将扁平封装的 IC 按原来的方向放在焊盘上，引脚与 PCB 焊盘位置对齐，对位时眼睛垂直向下观察，四面引脚都要对齐，从视觉上观察四面引脚长度一致，引脚平直无歪斜现象（可以利用松香助焊剂遇热后黏着现象粘住 IC）。

（4）用热风台对 IC 进行预热及加热，注意整个过程不能停止移动热风台（如果停止移动，则会造成局部温度过高而损坏 IC），边加热边注意观察 IC，如果发现 IC 有移动，则要在不停止加热的情况下用镊子轻轻地将其调正；如果没有 IC 移动，则只要 IC 引脚下的焊锡都熔化了（要在第一时间发现，如果焊锡熔化了会发现 IC 有轻微下沉，则松香助焊剂有轻烟、焊锡发亮等现象。此时，也可以用镊子轻轻碰旁边的小元件，如果旁边的小元件有移动，则说明 IC 引脚下的焊锡也临近熔化了），就立即停止加热。因为热风台设置的温度比较高，所以 IC 及 PCB 上的温度是持续增长的，如果不能及早发现，则温升过高会损坏 IC 或 PCB。

（5）等 PCB 冷却后，用洗板水清洗并吹干焊接点。检查是否有虚焊和短路。如果有虚焊，则可以用电烙铁一个一个引脚地加焊或用热风台把 IC 拆掉重新焊接；如果有短路，则可以用潮湿的耐热清洁海绵把烙铁头擦干净后，蘸松香助焊剂顺着短路处引脚轻轻划过，带走短路处的焊锡，或者用吸锡带处理，如图 8-31 所示。

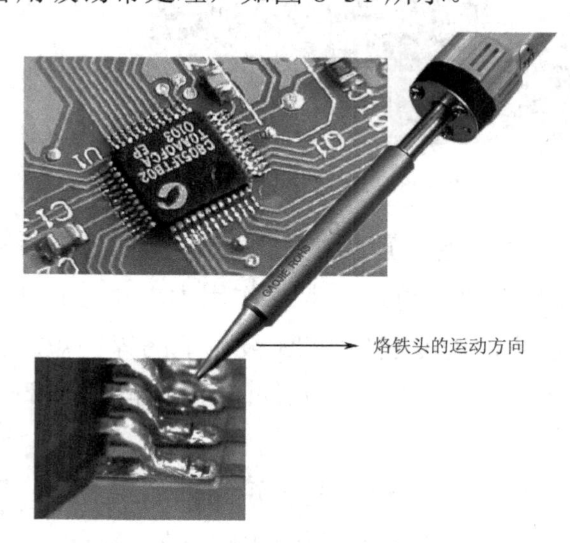

图 8-31　用烙铁头清理引脚之间的焊锡

【延伸阅读】

正确使用热风台

（1）安装通电：打开包装，取出主机，并接通 220V 电源，打开电源开关（POWER），系统即可开始工作。若是第 1 次使用的新机器，则通电前要拆下机身底部的红螺丝（一定要注意，否则无法使用）。

（2）热风头使用：打开电源开关后，先根据需要选择不同的热风嘴和吸锡针（已配附件），然后把热风温度调节钮（HEATER）调至适当的温度，同时根据需要调节热风风量调节钮（AIRCAPACITY），调至所需风量，待预热温度达到所调温度时即可使用。如果短时间不用，则可以将热风风量调钮调节至最小、热风温度调节钮调至中间位置，使加热器处于保温状态，再次使用时调节热风风量调节钮、热风温度调节钮即可。

【注意】

第一次使用热风台可能会冒白烟，属于正常现象。

针对不同封装的 IC，更换不同型号的专用热风嘴。针对不同焊点，选择不同温度、风量及热风嘴距板的距离。

使用注意事项如下。

① 在热风台内部，装有过热自动保护开关，热风嘴过热自动保护开关断开，机器停止工作。必须把热风风量调节钮调至最大，延迟 2min 左右，加热器才能工作，机器恢复正常。

② 使用完要注意冷却机身。关电后，发热管会自动短暂喷出冷风，在此冷却阶段不要拔掉电源插头。

③ 不使用时，把手柄放在支架上，以防意外。

8.3.3　实训报告

总结手工焊接片式元器件及返修 IC（用热风台拆焊、焊接）的过程，并将实训步骤及实训中出现的问题填入实训报告（见表 8-2）。

表 8-2　实训报告

实训项目					
姓名		班级		指导教师	
实训目的					
实训器材					
元器件类型名称	元器件 1	元器件 2	元器件 3	元器件 4	元器件 5
元器件外形					
元器件颜色					
所用拆焊工具					
所用拆焊方法					
所用焊接工具					
用时					
详细写出对某个元器件进行拆焊和焊接的具体顺序，焊接过程中遇到的问题及解决办法					
写出本次实训过程中的体会及感想，提出对实训的改进意见					
自我评价					
小组评价					
教师评价					

参 考 文 献

[1] 韩满林，郝秀云，王玉鹏，等. 表面安装技术（SMT）工艺[M]. 北京：人民邮电出版社，2010.
[2] 张立鼎，周志春. 先进电子制造技术——信息装备的能工巧匠[M]. 北京：国防工业出版社，2000.
[3] 黄永定. 电子线路实验与课程设计[M]. 北京：电子工业出版社，2005.
[4] 夏淑丽，张江伟. PCB 板的设计与制作[M]. 北京：北京大学出版社，2011.
[5] 何丽梅. SMT—表面安装技术[M]. 北京：机械工业出版社，2006.
[6] 周德俭，吴兆华. 表面安装工艺技术[M]. 北京：国防工业出版社，2002.
[7] 何丽梅，黄永定. SMT 技术基础与设备 [M]. 2 版. 北京：电子工业出版社，2011.
[8] 黄永定. 电子实验综合实训教程[M]. 北京：机械工业出版社，2004.
[9] 朱国兴. 电子技能与训练[M]. 2 版. 北京：高等教育出版社，2005.